郑伟涛 编著

薄膜材料与薄膜技术

第二版

BOMO
CAILIAO
YU BOMO
JISHU

化学工业出版社
·北京·

本书系统阐述了薄膜材料与薄膜技术的基本原理和基本知识，重点介绍了薄膜材料的真空制备技术、薄膜的化学制备和物理气相沉积方法、薄膜的形成和生长原理、薄膜的表征，对目前广泛研究和应用的几种主要薄膜材料进行了介绍、评述和展望。

本书技术先进，内容实用，适合于从事材料研究的科研、技术人员阅读参考，同时也可作为高校材料专业教材使用。

图书在版编目（CIP）数据

薄膜材料与薄膜技术/郑伟涛编著. —2版. —北京：化学工业出版社，2007.10（2025.1重印）

ISBN 978-7-122-01314-9

Ⅰ. 薄… Ⅱ. 郑… Ⅲ. ①薄膜材料②薄膜技术 Ⅳ. TQ320.72 TB43

中国版本图书馆CIP数据核字（2007）第155857号

责任编辑：丁尚林 李 辉　　文字编辑：徐雪华
责任校对：吴 静　　装帧设计：王晓宇

出版发行：化学工业出版社（北京市东城区青年湖南街13号 邮政编码100011）
印 装：大厂回族自治县聚鑫印刷有限责任公司
787mm×1092mm 1/16 印张16¼ 字数390千字 2025年1月北京第2版第18次印刷

购书咨询：010-64518888　　售后服务：010-64518899
网 址：http://www.cip.com.cn
凡购买本书，如有缺损质量问题，本社销售中心负责调换。

定 价：49.00元

第二版前言

自本书 2004 年第一版问世以来，因其技术先进、内容实用而深受行业读者的好评，并被许多高校选为教材。近年来，薄膜材料与薄膜技术又有了许多新的发展。特别值得一提的是，2005 年英国科学家首次在实验室成功制备出单原子层石墨片，这是迄今为止人们所能得到的最薄的薄膜材料——严格意义上的二维材料。单原子层石墨片的稳定存在一方面突破了传统理论的束缚，另一方面也为纳米器件的实际制作和应用开辟了广阔前景。由此，石墨片二维薄膜材料已经成为当前薄膜材料研究的热门和前沿课题。

在本书的第二版中，我们将尽可能地反映薄膜材料研究的这一最新进展情况。为此，在第六章中，我们将原来的第四节“三族元素氮化物薄膜材料”的全部内容更换为“石墨片二维薄膜材料”。其他修订内容包括：删去了第三章中过多的物理气相沉积示意图，以使全章篇幅不致过大；在第四章第四节和第六章第三节中，我们又补充了一些相关的薄膜材料最新研究成果和研究进展。此外，对第一版出现的一些错误，特别是文字错误，我们都一一进行了修改。

王欣博士、田宏伟博士、郑冰博士和于陕升博士等参与了本书部分章节的编写与修订，在此一并表示感谢。

郑伟涛

2008 年 1 月于长春

第一版前言

当固体或液体的一维线性尺度远远小于它的其他二维尺度时，我们将这样的固体或液体称为膜。通常，膜可分为两类，一类是厚度大于 1μm 的膜，称为厚膜；另一类则是厚度小于 1μm 的膜，称为薄膜。显然，膜的这种划分具有一定的任意性。本书中，我们只关注在固态基片（衬底、基底）上的固态薄膜。

薄膜在基片上的形成涉及原子或分子在基片表面上的凝结、形成、长大和随后的薄膜生长过程。薄膜生长过程中在基片表面上或者发生化学反应，或者发生物理变化。可见，薄膜生长本身便涉及材料学、物理学、化学等多个学科领域。

薄膜的研究及其技术发展史可以追溯到 17 世纪。1650 年 R Boye，R Hooke 和 I Newton 观察到在液体表面上液体薄膜产生的相干彩色花纹。随后，各种制备薄膜的方法和手段相继诞生，1850 年 M Faraday 发明了电镀制备薄膜方法，1852 年 W Grove 发现了辉光放电的溅射沉积薄膜方法，T A Edison 则在 19 世纪末发明了通电导线使材料蒸发的物理蒸发制备薄膜方法。虽然薄膜技术不断发展，但薄膜的应用最早则只局限于抗腐蚀和制造镜面。由于早期技术的落后，所制得的薄膜重复性较差，从而限制了薄膜的应用。只有在制备薄膜的真空系统和检测系统（如电子显微镜、低能电子衍射以及其他表面分析技术）有了长足进步以后，薄膜的重复性才大有改观，从此薄膜的应用也迅速拓展，尤其到了 20 世纪 50 年代，随着电子工业和信息产业的兴起，薄膜技术和薄膜材料愈发显示出其重要的、关键性作用。特别是在印刷线路的大规模制备和集成电路的微型化方面，薄膜材料与薄膜技术更是显示出其独有的优势。今天，某一新材料的研究与开发，往往起始于这种新材料的薄膜合成与制备，薄膜技术已经成为新材料研制必备的、不可或缺的重要手段之一。现在，薄膜技术和薄膜材料已经渗透到现代科技和国民经济的各个重要领域，如航空航天、医药、能源、交通、通信和信息等。同样，在高新技术产业，薄膜技术和薄膜材料也占有重要的一席之地。如今，薄膜材料正在向综合型、智能型、复合型、环境友好型、节能长寿型以及纳米化方向发展，它必将为整个材料的发展起到推动和促进作用。

薄膜材料归属于材料范畴。因此，如同对一般材料研究一样，我们对薄膜材料的研究也从薄膜材料的合成与制备、组分与结构、性质与性能以及它们之间的相互关系入手。当然，薄膜材料本身除具有一般材料的共性外，还具有其他一般材料所不具备的特性。研究薄膜材料的这些共性和个性就构成了本书的主要内容。

现代薄膜技术是建立在真空技术基础之上，在本书第一章，我们首先对真空技术的一些基本知识进行介绍。在第二、三章重点讨论了薄膜的化学和物理制备方法和手段。在第四章阐述了薄膜形成过程和基本原理。本书第五章则给出薄膜材料表征的方法及其原理。在本书的最后一章，重点介绍了一些新型薄膜材料。

本书第一章由王欣编写，第二、三、四、五章由郑伟涛编写，第六章由郑伟涛、李晓天、王欣、田宏伟、郑冰共同编写。全书的校对及作图由郑冰完成。

特别感谢于陕升、安涛、乔靓在本书编写过程中所给予的帮助。

由于时间仓促，加上我们的水平有限，书中肯定有不妥或错误之处，敬请读者批评指正。

郑伟涛

2003 年 9 月于长春

目录

第一章 真空技术基础

1643年，意大利物理学家托里拆利演示了著名的大气压实验，揭示了“真空”这个物理状态的存在。此后，真空技术获得了飞速发展。真空技术是薄膜制备的基础，几乎所有薄膜材料的制备都是在真空或者在较低的气压条件下进行的。因此，本章中我们将对真空的一些基本知识及有关真空的获得、真空的测量进行简要介绍[1,2]。

第一节 真空的基本知识

一、表示真空程度的单位

人类所接触的真空大体上可分为两种：一种是宇宙空间所存在的真空，称之为“自然真空”，另一种是人们用真空泵抽调容器中的气体所获得的真空，人们称之为“人为真空”。不论哪一种类型上的真空，只要在给定空间内，气体压强低于一个大气压的气体状态，均称之为真空，而往往把完全没有气体的空间状态称为绝对真空。一般意义上的“真空”并不是指“什么物质也不存在”。目前，即使采用最先进的真空制备手段所能达到的最低压强状态下，每立方厘米体积中仍有几百个气体分子。因此，平时我们所说的真空均指相对真空状态。在真空技术中，常用“真空度”这个习惯用语和“压强”这一物理量表示某一空间的真空程度，但是应当严格区别它们的物理意义。某空间的压强越低意味着真空度越高，反之，压强高的空间则真空度低。

“毫米汞柱（mmHg)”是人类使用最早、最广泛的压强单位，它是通过直接度量长度来获得真空的大小。尤其在使用托里拆利气压计时，把毫米用作压力测量则更为直观。但是1958年，为了纪念托里拆利，用“托（Torr)”代替了毫米汞柱。1托就是指在标准状态下，1毫米汞柱对单位面积上的压力，表示为1Torr＝1mmHg。1971年国际计量会议正式确定“帕斯卡”作为气体压强的国际单位，$1Pa=1N/m^2\approx7.5\times10^{-3}$ Torr。表1-1给出了目前真空技术中常用的压强单位及其之间的换算关系。

表1-1 几种压强单位的换算关系

项　目	帕(Pa)	托(Torr)	毫巴(mbar)	标准大气压(atm)
1Pa	1	7.5×10^{-3}	1×10^{-2}	9.87×10^{-6}
1Torr	133.3	1	1.333	1.316×10^{-3}
1mbar	100	0.75	1	9.87×10^{-4}
1atm	1.013×10^{5}	760	1.013×10^{3}	1

二、真空区域的划分

为了研究真空和实际使用方便，常常根据各压强范围内不同的物理特点，把真空划分为以下几个区域：

粗真空：$1\times10^{5}\sim1\times10^{2}$ Pa

低真空：$1\times10^{2}\sim1\times10^{-1}$ Pa

高真空：$1\times10^{-1}\sim1\times10^{-6}$ Pa

超高真空：$<1\times10^{-6}$ Pa

真空各区域的气体分子运动性质各不相同。粗真空下，气态空间近似为大气状态，分子仍以热运动为主，分子之间碰撞十分频繁；低真空是气体分子的流动逐渐从黏滞流状态向分子状态过渡，此时气体分子之间和分子与器壁之间的碰撞次数差不多；当达到高真空时，气体分子的流动已为分子流，气体分子以与容器器壁之间的碰撞为主，而且碰撞次数大大减少，在高真空下蒸发的材料，其粒子将沿直线飞行；在超高真空时，气体的分子数目更少，几乎不存在分子间的碰撞，分子与器壁的碰撞机会也更少了。

三、固体对气体的吸附及气体的脱附

在真空技术中，常常会遇到各种各样的气体，这些气体在固体表面的吸附和脱附现象是很常见的，这对于高真空技术，尤其是超高真空技术来说是一个具有重大意义的问题。例如，为了提高管内的真空度，需预先对零件进行除气处理，这个过程就是固体表面的气体分子脱附的过程，伴随着气体的脱附，容器中将形成一定程度的真空状态。另外，真空设备中还常利用吸附原理制作各种吸附泵来获得高真空，有时也利用洁净表面具有吸附大量气体分子的能力来进行真空的获得等。

所谓的气体吸附就是固体表面捕获气体分子的现象，吸附分为物理吸附和化学吸附。其中物理吸附没有选择性，任何气体在固体表面均可发生物理吸附，物理吸附主要靠分子间的相互吸引力来实现。物理吸附的气体容易发生脱附，而且这种吸附只在低温下有效；化学吸附则发生在较高的温度下，与化学反应相似，气体不易脱附，但只有当气体中的原子和固体表面原子接触并形成化合键合时才能产生吸附作用。气体的脱附是气体吸附的逆过程。通常把吸附在固体表面的气体分子从固体表面被释放出来的过程叫做气体的脱附。

真空技术中，气体在固体表面的吸附和脱附现象总是存在的，只是外界条件不同，产生吸附或脱附的程度不同。一般地，影响气体在固体表面吸附和脱附的主要因素是气体的压强、固体的温度、固体表面吸附的气体密度以及固体本身的性质，如表面光洁程度、清洁度等。当固体表面温度较高时，气体分子容易发生脱附，对真空室的适当烘烤有利于真空的获得就是利用这个道理。除上述影响以外，在一些有电离现象的真空泵和真空计中，都不同程度地存在电吸收作用和化学清除作用，这两个因素也将加速固体对气体的吸附。其中电吸收是指气体分子经电离后形成正离子，正离子具有比中性气体分子更强的化学活泼性，因此常常和固体分子形成物理或化学吸附；化学清除现象常在活泼金属（如钡、钛等）固体材料的真空蒸发时出现，这些蒸发的固体材料将与非惰性气体分子生成化合物，从而产生化学吸附。

第二节 真空的获得

真空的获得就是人们常说的“抽真空”，即利用各种真空泵将被抽容器中的气体抽出，使该空间的压强低于一个大气压。目前常用获得真空的设备主要有旋转式机械真空泵、油扩

散泵、复合分子泵、分子筛吸附泵、钛升华泵、溅射离子泵和低温泵。其中前三种真空泵属于气体传输泵，即通过将气体不断吸入并排出真空泵从而达到排气的目的；后四种真空泵属于气体捕获泵，是一种利用各种吸气材料所特有的吸气作用将被抽空间的气体吸除，以达到所需真空度。由于这些捕获泵工作时不使用油作为介质，故又称之为无油类泵。表 1-2 列出了几种常用真空泵的工作压强范围和通常所能获得的极限压强。极限压强是表示真空泵性能的重要参数之一，是指当标准容器作为负载时，使泵按规定的条件正常工作一段时间，真空度不再变化而趋于稳定时的最低压强。表中虚线部分表示该真空泵和别的装置组合起来使用时所能扩展的区域。

表 1-2 几种常用真空泵的工作压强范围

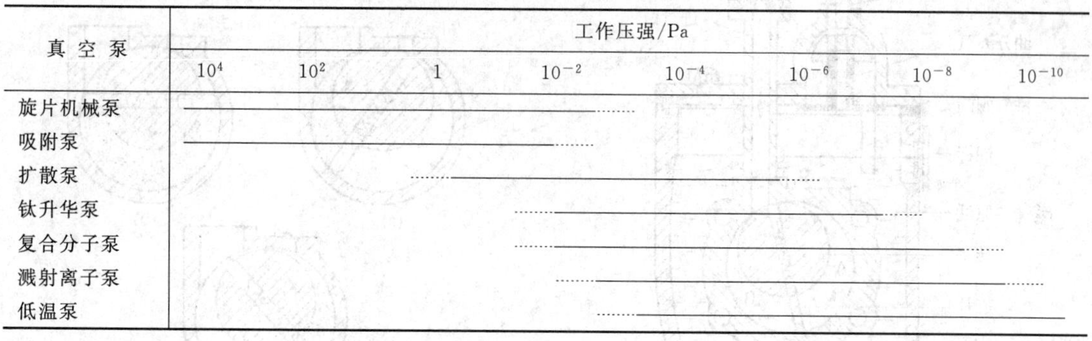

真 空 泵
工作压强/Pa
10^{4}
10^{2}
1
10^{-2}
10^{-4}
10^{-6}
10^{-8}
10^{-10}
旋片机械泵
吸附泵
扩散泵
钛升华泵
复合分子泵
溅射离子泵
低温泵

从表中可以看出，代表真空度的压强其变化范围在十几个数量级，如果从大气开始抽气，仅使用一种真空泵是很难达到超高真空度的，即没有一种真空泵可以涵盖从大气压到 10^{-8}Pa 的工作范围。人们常常把 2～3 种真空泵组合起来构成复合排气系统以获得所需要的高真空。例如，有油真空系统中，油封机械泵（两极）＋油扩散泵组合装置可以获得 10^{-6}～10^{-8}Pa 的压强；无油系统中，采用吸附泵＋溅射离子泵＋钛升华泵装置可以获得 10^{-6}～10^{-9}Pa 的压强；有时也将有油、无油系统混用，如采用机械泵＋复合分子泵装置可以获得超高真空。其中机械泵和吸附泵都是从一个大气压力下开始抽气，因此常将这类泵称为“前级泵”，而将那些只能从较低的气压抽到更低的压力下的真空泵称为“次级泵”。本节将重点介绍机械泵、复合分子泵和低温泵的结构和工作原理。

一、旋片式机械真空泵

凡是利用机械运动（转动或滑动）以获得真空的泵，称为机械泵。它是一种可以从大气压开始工作的典型的真空泵，既可以单独使用，又可作为高真空泵或超高真空泵的前级泵。由于这种泵是用油来进行密封的，所以又属于有油类型的真空泵。这类机械泵常见的有旋片式、定片式和滑阀式（又称柱塞式）几种，其中以旋片式机械泵最为常见。

旋片式真空泵是用油来保持各运动部件之间的密封，并靠机械的办法，使该密封空间的容积周期性地增大，即抽气；缩小，即排气，从而达到连续抽气和排气的目的。图 1-1 是单级旋片泵的结构图，泵体主要由定子、转子、旋片、进气管和排气管等组成。定子两端被密封形成一个密封的泵腔。泵腔内，偏心地装有转子，实际相当于两个内切圆。沿转子的轴线开一个通槽，槽内装有两块旋片，旋片中间用弹簧相连，弹簧使转子旋转时旋片始终沿定子内壁滑动。

如图 1-1 所示，旋片 2 把泵腔分成了 A、B 两部分，当旋片沿图中给出的方向进行旋转时，由于旋片 1 后的空间压强小于进气口的压强，所以气体通过进气口，吸进气体，如图 1-2(a) 所示；图 1-2(b) 表示吸气截止。此时，泵的吸气量达到最大，气体开始压缩；当旋片继续运动到图 1-2(c) 所示的位置时，气体压缩使旋片 1 后的空间压强增高，当压强高于 1 个大气压时，气体推开排气阀门排出气体；继续运动，旋片重新回到图 1-1 所示的位置，排气结束，并重新开始下一个吸气、排气循环。单级旋片泵的极限真空可以达到 1Pa，而双级旋片泵的极限真空可以达到 10^{-2} Pa 数量级。

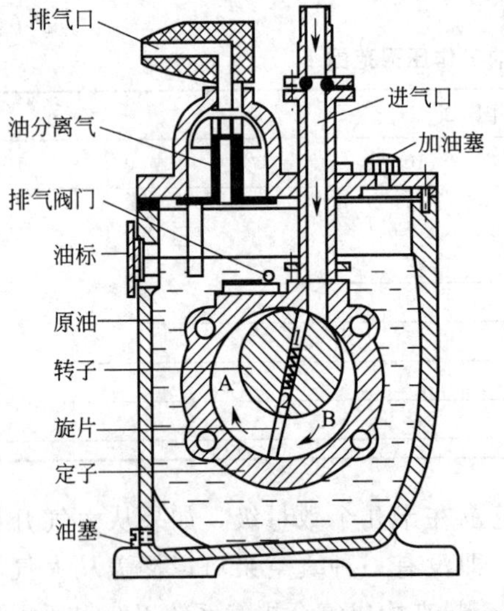

图 1-1 旋片泵结构示意图

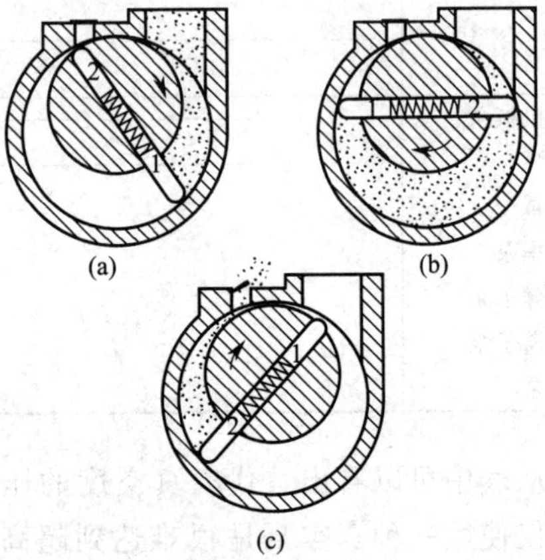

图 1-2 旋片泵工作原理图

由于泵工作时，定子、转子全部浸在油中，在每一吸气、排气周期中将会有少量的油进入到容器内部，因此要求机械泵油要具有较低的饱和蒸气压及一定的润滑性、黏度和较高的稳定性。

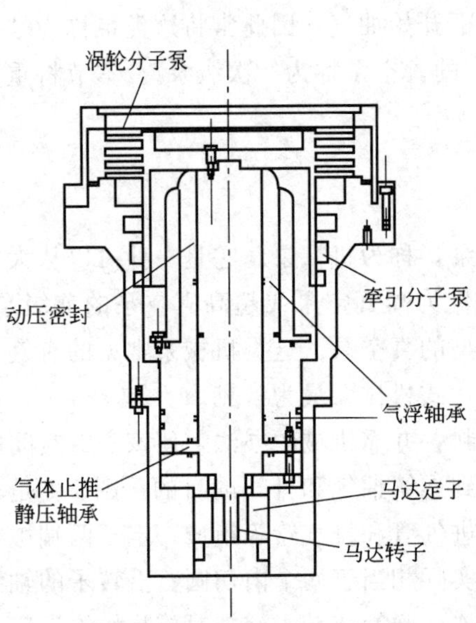

图 1-3 分子泵结构示意图

二、复合分子泵

分子泵是旋片式机械真空泵的一大发展。同机械泵一样，分子泵也属于气体传输泵，但它是一种无油类泵，可以与前级泵构成组合装置，从而获得超高真空。目前，可把分子泵分为牵引泵（阻压泵）、涡轮分子泵和复合分子泵三大类。其中，牵引泵在结构上更为简单，转速较小，但压缩比大；涡轮式分子泵又可以分成“敞开”叶片型和重叠叶片型。前者转速高，抽速也较大，后者则恰好相反。复合型分子泵将涡轮分子泵抽气能力高的优点和牵引分子泵压缩比大的优点结合在一起，利用高速旋转的转子携带气体分子而获得超高真空。图 1-3 为其结构示意图，该泵转速可以达到 24000r/min，复合型分子泵的第一部分是一个只有几级敞开叶片的涡轮分子泵，第二部分是一个多槽的牵引分子泵，抽速为460L/s，转速为零时的压缩比为150。

三、低温泵

低温泵是利用20K以下的低温表面来凝聚气体分子以实现抽气的一种泵，是目前具有最高极限真空的抽气泵。它主要用于大型真空系统，如高能物理、超导材料的制备、宇航空间模拟站等要求高清洁、无污染、大抽速、高真空和超高真空等场合。低温泵又称冷凝泵、深冷泵。按其工作原理又可分为低温吸附泵、低温冷凝泵、制冷机低温泵。前两种泵直接使用低温液体（液氮、液氦等）来进行冷却，成本较高，通常仅作为辅助抽气手段；制冷机低温泵是利用制冷机产生的深低温来进行抽气的泵，其基本结构如图1-4所示。在制冷机的第一级冷头上，装有辐射屏和辐射挡板，温度处于50～77K，用以冷凝、抽除水蒸气和二氧化碳等气体，同时还能屏蔽真空室的热辐射，保护第二级冷头和深冷板；深冷板装在第二级冷头上，温度为10～20K，板正面光滑的金属表面可以去除氮、氧等气体，反面的活性炭可以吸附氢、氦、氖等气体。通过两极冷头的作用，可以达到去除各种气体的目的，从而获得超高真空状态。

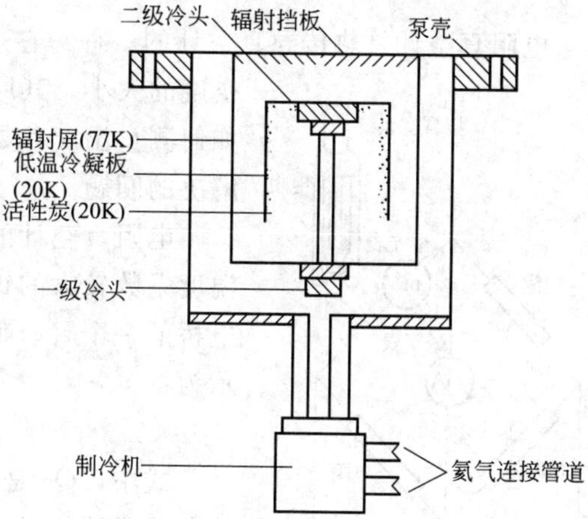

图1-4 低温泵结构示意图

低温泵作为捕获泵，能用来捕集各种包括有害的或易燃易爆气体，使其凝结在制冷板上，以达到抽气的目的。但是，工作一段时间后，低温泵的低温排气能力会降低，因此必须经“再生”处理，即清除低温凝结层。再生时必须注意以下几点要求：

① 一旦开始再生处理，就必须清除彻底。这是因为局部升温时会使屏蔽板上冷凝的大量水蒸气转移到内部的深冷吸气板上，严重损害低温泵的抽气能力。

② 再生时应使凝结层稳定蒸发，一定不能使系统内气体压力超过允许值，否则在除掉氢气这类易燃易爆气体时，一旦漏入空气就有爆炸的危险。

③ 再生时，需严防来自前级泵的碳氢化合物进入低温泵内污染吸气面，因此要求抽气时间尽可能短。

第三节 真空的测量

真空测量是指用特定的仪器和装置，对某一特定空间内真空高低程度的测定。这种仪器或装置称为真空计（仪器、规管）。真空计的种类很多，通常按测量原理可分为绝对真空计和相对真空计。凡通过测定物理参数直接获得气体压强的真空计均为绝对真空计，例如U形压力计、压缩式真空计等，这类真空计所测量的物理参数与气体成分无关，测量比较准确，但是在气体压强很低的情况下，直接进行测量是极其困难的；而通过测量与压强有关的物理量（所测量的物理量必须能够与真空中的压强值建立起一一对应的线性关系），并与绝对真空计比较后得到压强值的真空计则称为相对真空计，如放电真空计、热传导真空计、电离真空计等，它的特点是测量的准确度略差，而且和气体的种类有关。在实际生产中，除真空校准外，大都使用相对真空计。本节主要对电阻真空计、热偶真空计、电离真空计的工作原理、测量范围等进行介绍。

一、电阻真空计

电阻真空计是热传导真空计的一种，它是利用测量真空中热丝的温度，从而间接获得真空度的大小。其原理是低压强下气体的热传导与压强有关，所以如何测量温度参数并建立电阻与压强的关系就是电阻真空计所要解决的问题。

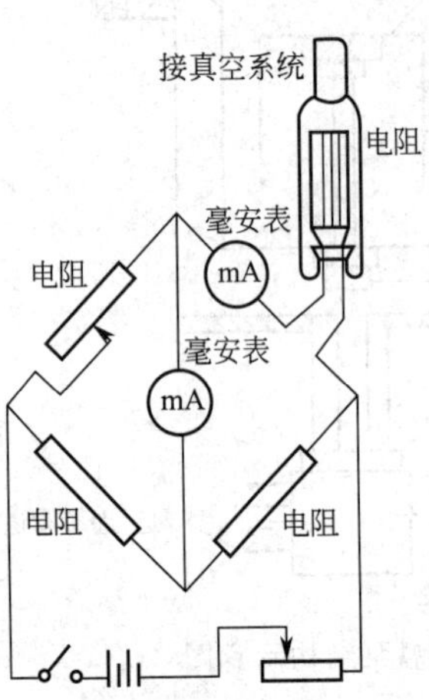

图 1-5　电阻真空计

电阻真空计的结构如图 1-5 所示。规管中的加热灯丝是电阻温度系数较大的钨丝或铂丝，热丝电阻连接惠斯顿电桥，并作为电桥的一个臂。低压强下加热时，灯丝所产生的热量 Q 可以表示为：

$$Q=Q_1+Q_2 \tag{1-1}$$

式中，Q_1 是灯丝辐射的热量，与灯丝的温度有关；Q_2 是气体分子碰撞灯丝而带走的热量，大小与气体的压强有关。当热丝温度恒定时，Q_1 是恒量，即热丝辐射的热量不变。在某一恒定的热丝电流条件下，当真空系统的压强降低，即空间中气体的分子数减少时，Q_2 将随之降低，此时灯丝所产生的热量将相对增加，则灯丝的温度上升，灯丝的电阻将增大，真空室的压强和灯丝电阻之间的存在这样的关系 $p\downarrow\rightarrow R\uparrow$，所以可以利用测量灯丝的电阻值来间接地确定压强。

电阻真空计测量真空的范围是 $10^5\sim10^{-2}$Pa。由于是相对真空计，所测压强对气体的种类依赖性较大，其校准曲线都是针对干燥的氮气或空气的，所以如果被测气体成分变化较大，则应对测量结果做一定的修正。另外，电阻真空计长时间使用后，热丝会因氧化而发生零点漂移，因此在使用时要避免长时间接触大气或在高压强下工作，而且往往需要调节电流来校准零点位置。

二、热偶真空计

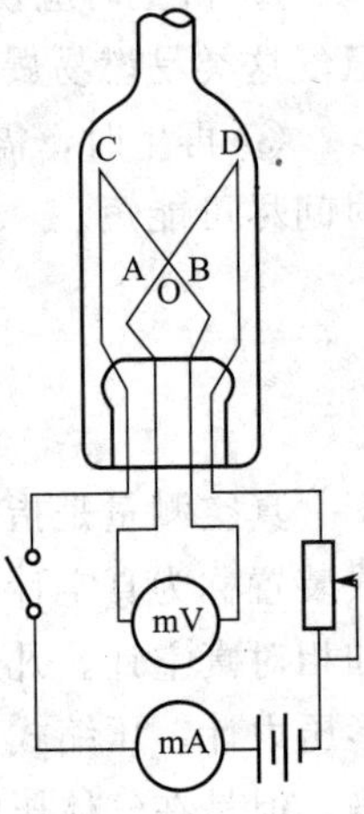

图 1-6　热偶真空计

图 1-6 为热偶真空计的结构示意图。热偶真空计的规管主要由加热灯丝 C 与 D（铂丝）和用来测量热丝温度的热电偶 A 与 B（铂铑或康铜-镍铬）组成。热电偶热端接热丝，冷端接仪器中的毫伏计，从毫伏计中可以测出热偶电动势。测量时，热偶规管接入被测真空系统，热丝通以恒定的电流，同电阻真空计不同的是，此时灯丝所产生的热量 Q 有一部分将在灯丝与热偶丝之间传导散去。当气体的压强降低时，热电偶接点处温度将随热丝温度的升高而增大，同样，热电偶冷端的温差电动势也将增大，即气体压强和热电偶的电动势之间存在这样的关系：$p\downarrow\rightarrow\varepsilon\uparrow$。

热偶真空计对不同的气体的测量结果是不同的，这是由于各种气体分子的热传导性能不同，因此在测量不同的气体时，需进行一定的修正。表 1-3 给出了一些气体或蒸气的修正系数。

表 1-3 常见气体和蒸气的修正系数

气体或蒸气	修正系数	气体或蒸气	修正系数
空气、氮	1	氦	2.30
氢	0.6	一氧化碳	0.97
氦	1.12	二氧化碳	0.94
氖	1.31	甲烷	0.61
氩	1.56	己烯	0.86

热偶真空计的测量范围大致是 $10^2 \sim 10^{-1}$Pa，测量压强不允许过低，这是由于当压强更低时，气体分子热传导逸去的热量很少，而以热丝、热偶丝的热传导和热辐射所引起的热损失为主，则热电偶电动势的变化将不是由于压强的变化所引起的。

热偶真空计具有热惯性，压强变化时，热丝温度的改变常滞后一段时间，所以数据的读取也应随之滞后一些时间；另外，和电阻真空计一样，热偶计的加热灯丝也是钨丝或铂丝，长时间使用，热丝会因氧化而发生零点漂移，所以使用时，应经常调整加热电流，并重新校正加热电流值。

三、电离真空计

电离真空计是目前广泛使用的真空测量计，它是利用气体分子电离原理进行真空度测量的。根据气体电离源的不同，又分为热阴极电离真空计和冷阴极电离真空计，前者又分为普通型热阴极电离计、超高真空热阴极电离计和低真空热阴极电离计。图 1-7 给出了普通电离计规管的结构，它主要有三个电极：发射电子的灯丝作为发射极 A，螺旋型加速并收集电子的栅极（又称加速极）B 和圆筒形离子收集极 C 三部分组成，其中发射极接零电位，加速极接正电位（几百伏），收集极接负电位（几十伏），B 和 C 之间存在拒斥场。电离计的工作原理是热阴极 A 发射电子，经过加速极加速，大部分电子飞向收集极，在 B—C 之间的拒斥场作用下，电子运动速度降低，当速度减到零时，电子又重新飞向 B 极。电子在 B—C 空间的反复运动，将与气体分子不断发生碰撞，使气体分子获得能量而不断产生电离，电子最终被加速极收集，而电离产生的正离子则被收集极接收并形成离子流 I^+，对于某一规管，当各电极电位一定时，I^+ 与发射电子流 I_e、气体的压强有如下的线性关系

$$I^+ = kI_e p \tag{1-2}$$

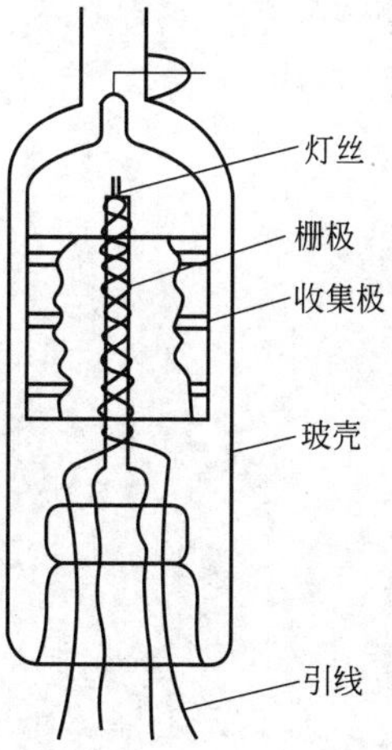

图 1-7 电离真空计

式中，k 为比例常数，其意义是单位电子电流和单位压强下所得到的离子电流值，单位为 1/Pa，可以通过实验确定。对于不同气体，k 的大小不同，其存在的范围在 4～40 之间。当发射电流一定时，离子流只与气体的压强成正比，因此可以根据离子流的大小来确定真空室中气体压强值。

普通型热阴极真空计的测量范围是 $1.33\times10^{-1} \sim 1.33\times10^{-5}$Pa，无论高于还是低于此测量极限均会使离子流 I^+ 和气体的压强之间失去线性关系。当压强较高时，电子与分子多

次碰撞的概率大大增加，由于加速电位（几百伏）比气体的电离电位（几十伏）高很多，因而由电离产生的电子足以引起气体电离，如此循环发展下去将使电离规管中的电子流急剧增加，从而导致 I^+ 与压强 p 严重偏离线性关系。另一方面，在压强较高时，收集极收集到的离子流 I^+ 则与压强 p 无关。除此之外，由于气体密度较高，电子的自由程很短，电子与气体分子的大多数碰撞属于低能碰撞，不能引起气体分子电离，致使电子在加速极附近的振荡路程缩短，离子在到达收集极之前极有可能与电子复合发生湮灭，这些现象都会导致较高压强下离子流与压强之间不再保持线性关系。当压强较低时（低于 1.33×10^{-1} Pa），高速运动的电子到达加速极上会产生软 X 射线，软 X 射线再射向离子收集极 C 上，会引起收集极产生光电发射，发射出电子流，从而使原离子流中叠加了这个与压强无关的电流，使离子流 I^+ 和气体的压强之间失去线性关系，这时电离真空计就不能够准确测量真空室中的压强了。

电离真空计可以迅速、连续地测出待测气体的总压强，而且规管体积小，易于连接。但是，规管中的发射极由钨丝制成，当压强高于 10^{-1} Pa 时，规管寿命将大大降低，甚至烧毁，应避免在高压强下工作；在真空系统暴露大气时，电离计规管的玻壳内表面和各电极会吸附气体，这些气体会影响真空测量的准确程度，因此，当真空系统长期暴露在大气或使用一段时间以后，应定时进行规管的除气处理。

参 考 文 献

[1] 赵宝升编著. 真空技术. 北京：科学出版社，1998.
[2] 杨邦朝，王文生. 薄膜物理与技术. 成都：电子科技大学出版社，1994.

第二章 薄膜制备的化学方法

不同于物理气相沉积，薄膜制备的化学方法是以发生一定的化学反应为前提的，这种化学反应可以由热效应引起或者由离子的电致分离引起。在常规化学气相沉积如热丝化学气相沉积和化学热生长过程中，化学反应是靠热效应来实现，而在电镀和阳极氧化沉积则是靠离子的电致分离来实现。

与物理气相沉积相比，尽管化学方法中的沉积过程控制较为复杂，有时也较为困难，但薄膜沉积的化学方法所使用的设备一般较为简单，价格也较为便宜。

化学气相沉积技术已经成为现代高新技术如微电子技术中的重要组成部分，这一章将就薄膜沉积的不同化学方法和沉积技术进行详细介绍。

第一节 热氧化生长

在充气条件下，通过加热基片的方式可以获得大量的氧化物、氮化物和碳化物薄膜。一个最常见的例子是室温下在 Al 基片上形成氧化铝膜。可以通过升高基片温度而使薄膜增厚，但是氧化铝膜的总厚度由于氧化生长速率会随着厚度的增加而减小甚至消失而受到限制。

化学热生长制备化合物薄膜并不是一种常用技术。但是，由于氧化物可以钝化表面，而氧化物的绝缘性质在电子器件制备中非常有用，因而热生长金属和半导体氧化物的研究则较为广泛。这一节我们将简要讨论热氧化薄膜生长。

所有金属除了 Au 以外都与氧发生反应形成氧化层，人们对此提出了许多金属的热氧化模型，这些模型涉及金属和合金热氧化膜的成核和形成。在所有模型中，人们皆假设金属阳离子或氧阴离子通过氧化物点阵扩散而不是沿着晶界或孔洞扩散形成氧化膜。Wilmen[1] 对有关这方面的研究工作已作了详细评述。

热氧化过程通常是在传统的氧化炉中进行。文献［2～6］报道了一些材料的热氧化研究。其中大量的报道集中在 Si 的氧化，即 SiO_2 薄膜的形成，这是因为 SiO_2 在硅器件制备技术中极其重要。有关详细的硅热氧化研究见文献［7～9］。Mott[10] 对硅氧化的一些现行理论作了评述。

Ponpon 等人[11] 在干燥的氧气气氛下，在硅上进行了快速热氧化生长，制备了很薄的氧化硅膜。其生长速率较在传统氧化炉中的高，且与时间的平方根成正比。在高温快速热循环系统中，可以在不到 1min 的时间里制备出厚度达 30nm 的氧化层。他们所使用的生长系统在 1～64s 时间内温度范围可在 1000～1200℃之间变化。这一高温、快速方法有两个优点：①可精确控制氧化硅（≤30nm）的生长；②可获得低荷电、低界面态密度的

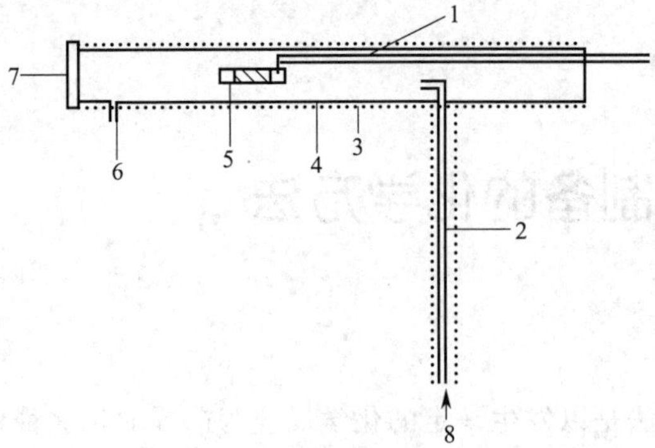

图 2-1 在空气和超热水蒸气下，薄 Bi 膜氧化实验装置示意图

1—热电偶；2—窄玻璃管；3—加热线圈；4—玻璃管；5—样品；6—出气口；7—盖；8—进气口

氧化硅膜。

George 等人[12]使用如图 2-1 所示的实验装置，在空气和超热水蒸气下，通过薄 Bi 膜的氧化制备了 Bi_2O_3 膜。首次得到了单相膜 α-Bi_2O_3、β-Bi_2O_3 和 γ-Bi_2O_3。值得注意的是：在实验过程中，即使在最高温度 367℃时，水蒸气分子也不会分解成氧和氢，高温水蒸气对反应不起作用，而只是取代了反应室中存在的空气，从而改变了反应室里的有效氧气含量。

一般来说，热氧化生长设备简单，成本较低，所得到的薄膜纯度高，结晶性好，不足的是薄膜生长的厚度受到严重限制。

第二节 化学气相沉积

化学气相沉积是制备各种薄膜材料的一种重要和普遍使用的技术，利用这一技术可以在各种基片上制备元素及化合物薄膜。化学气相沉积相对于其他薄膜沉积技术具有许多优点：它可以准确地控制薄膜的组分及掺杂水平使其组分具有理想化学配比；可在复杂形状的基片上沉积成膜；由于许多反应可以在大气压下进行，系统不需要昂贵的真空设备；化学气相沉积的高沉积温度会大幅度改善晶体的结晶完整性；可以利用某些材料在熔点或蒸发时分解的特点而得到其他方法无法得到的材料；沉积过程可以在大尺寸基片或多基片上进行。

化学气相沉积的明显缺点是化学反应需要高温；反应气体会与基片或设备发生化学反应；在化学气相沉积中所使用的设备可能较为复杂，且有许多变量需要控制。

化学气相沉积有较为广泛的应用，例如利用化学气相沉积，在切削工具上获得的 TiN 或 SiC 涂层，通过提高抗磨性可大幅度提高刀具的使用寿命；在大尺寸基片上，应用化学气相沉积非晶硅可使太阳能电池的制备成本降低；化学气相沉积获得的 TiN 可以成为黄金的替代品从而使装饰宝石的成本降低。而化学气相沉积的主要应用则是在半导体集成技术中的应用，例如：在硅片上的硅外延沉积以及用于集成电路中的介电膜如氧化硅、氮化硅的沉积等。

一、一般化学气相沉积反应

在化学气相沉积中，气体与气体在包含基片的真空室中相混合。在适当的温度下，气体发生化学反应将反应物沉积在基片表面，最终形成固态膜。在所有化学气相沉积过程中所发生的化学反应是非常重要的。在薄膜沉积过程中可控制的变量有气体流量、气体组分、沉积温度、气压、真空室几何构型等。因此，用于制备薄膜的化学气相沉积涉及三个基本过程：反应物的输运过程，化学反应过程，去除反应副产品过程。广义上讲，化学气相沉积反应器的设计可分成常压式和低压式，热壁式和冷壁式。常压式反应器运行的缺点是需要大流量携载气体、大尺寸设备，膜被污染的程度高；而低压化学气相沉积系统可以除去携载气体并在低压下只使用少量反应气体，此时，气体从一端注入，在另一端用真空泵排出。因此，低压式反应器已得到广泛应用和发展。在热壁式反应器中，整个反应器需要达到发生化学反应所需的温度，基片处于由均匀加热炉所产生的等温环境下；而在冷壁式反应器中，只有基片需要达到化学反应所需的温度，换句话说，加热区只局限于基片或基片架。

下面是在化学气相沉积过程中所经常遇到的一些典型的化学反应。

1. 分解反应

早期制备 Si 膜的方法是在一定的温度下使硅烷 SiH_4 分解，这一化学反应为：

$$SiH_4(\text{气态}) \longrightarrow Si(\text{固态}) + 2H_2(\text{气态})$$

许多其他化合物气体也不是很稳定，因而利用其分解反应可以获得金属薄膜：

$$Ni(CO)_4(\text{气态}) \longrightarrow Ni(\text{固}) + 4CO(\text{气态})$$

$$TiI_2(\text{气态}) \longrightarrow Ti(\text{固态}) + 2I(\text{气态})$$

2. 还原反应

一个最典型的例子是 H 还原卤化物如 $SiCl_4$ 获得 Si 膜：

$$SiCl_4(\text{气态}) + 2H_2(\text{气体}) \longrightarrow Si(\text{固态}) + 4HCl(\text{气态})$$

其他例子涉及钨和硼的卤化物：

$$WCl_6(\text{气态}) + 3H_2(\text{气态}) \longrightarrow W(\text{固态}) + 6HCl(\text{气态})$$

$$WF_6(\text{气态}) + 3H_2(\text{气态}) \longrightarrow W(\text{固态}) + 6HF(\text{气态})$$

$$2BCl_3(\text{气态}) + 3H_2(\text{气态}) \longrightarrow 2B(\text{固态}) + 6HCl(\text{气态})$$

氯化物是更常用的卤化物，这是因为氯化物具有较大的挥发性且容易通过部分分馏而钝化。氢的还原反应对于制备像 Al、Ti 等金属是不适合的，这是因为这些元素的卤化物较稳定。

3. 氧化反应

SiO_2 通常由 SiH_4 的氧化来制备，其发生的氧化反应为：

$$SiH_4(\text{气态}) + O_2(\text{气态}) \longrightarrow SiO_2(\text{固态}) + 2H_2(\text{气态})$$

反应可以在 450℃ 较低的温度下进行。

常压下的化学气相反应沉积的优点在于它对设备的要求较为简单，且相对于低压化学气相反应沉积系统，它的价格较为便宜。但在常压下反应时，气相成核数将由于使用的稀释惰性气体而减少。

其他用于沉积 SiO_2 反应还有：

$$SiH_4(\text{气态}) + 2N_2O \longrightarrow SiO_2(\text{固态}) + 2H_2(\text{气态}) + 2N_2(\text{气态})$$

$$SiH_2Cl_2(\text{气态}) + 2N_2O \longrightarrow SiO_2(\text{固态}) + 2HCl(\text{气态}) + 2N_2(\text{气态})$$

这两个反应所需的温度分别为 850℃ 和 900℃。

$SiCl_4$ 和 $GeCl_4$ 的直接氧化也需要高温：

$$SiCl_4(\text{气态}) + O_2(\text{气态}) \longrightarrow SiO_2(\text{固态}) + 2Cl_2(\text{气态})$$

$$GeCl_4(\text{气态}) + O_2(\text{气态}) \longrightarrow GeO_2(\text{固态}) + 2Cl_2(\text{气态})$$

由氯化物的水解反应可氧化沉积 Al：

$$Al_2Cl_6(\text{气态}) + 2CO_2(\text{气态}) + 3H_2(\text{气态}) \longrightarrow Al_2O_3(\text{固态}) + 6HCl(\text{气态}) + 3CO(\text{气态})$$

4. 氮化反应和碳化反应

氮化硅和氮化硼是化学气相沉积制备氮化物的两个重要例子：

$$3SiH_4(气态)+4NH_3(气态) \longrightarrow Si_3N_4(固态)+12H_2(气态)$$

下列反应可获得高沉积率：

$$3SiH_2Cl_2(气)+4NH_3(气) \longrightarrow Si_3N_4(固)+6HCl(气)+6H_2(气)$$

$$BCl_3(气)+NH_3(气) \longrightarrow BN(固)+3HCl(气)$$

化学气相沉积方法得到的膜的性质取决于气体的种类和沉积条件（如温度等）。例如，在一定的温度下，氮化硅更易形成非晶膜。

在碳氢气体存在情况下，使用氯化还原化学气相沉积方法可以制得 TiC：

$$TiCl_4(气)+CH_4(气) \longrightarrow TiC(固)+4HCl(气)$$

CH_3SiCl_3 的热分解可产生碳化硅涂层：

$$CH_3SiCl_3(气) \longrightarrow SiC(固)+3HCl(气)$$

5. 化合反应

由有机金属化合物可以沉积得到Ⅲ～Ⅴ族化合物：

$$Ga(CH_3)_3(气)+AsH_3(气) \longrightarrow GaAs(固)+3CH_4(气)$$

如果系统中有温差，当源材料在温度 T_1 时与输运气体反应形成易挥发物时就会发生化学输运反应。当沿着温度梯度输运时，挥发材料在温度 T_2（$T_1>T_2$）时会发生可逆反应，在反应器的另一端出现源材料：

$$6GaAs(气)+6HCl(气) \underset{T_2}{\overset{T_1}{\rightleftharpoons}} As_4(气)+As_2(气)+6GaCl(气)+3H_2(气)$$

在逆反应以后，所获材料处于高纯态。

二、化学气相沉积制备薄膜的传统方法

表 2-1 给出了化学气相沉积制备薄膜时所使用的化学气体以及沉积条件。

表 2-1 化学气相沉积

膜	反应气体	沉积温度/℃	基底	参考文献
ZnO	$(C_2H_5)_2Zn$ 和 O_2	200～500	玻璃	[13]
Ge	GeH_4	500～900	Si	[14]
SnO_2	$SnCl_2$ 和 O_2	350～500	玻璃	[15]
Nb/Ge	$NbCl_5$ 和 $GeCl_4$	800 和 900	氧化铝	[16]
BN	BCl_3 和 NH_3	600～1100	SiO_2 和蓝宝石	[17]
TiB_2	H_2,Ar,$TiCl_4$ 和 B_2H_6	600～900	石墨	[18]
BN	BCl_3 和 NH_3	250～700	Cu	[19]
a-Si∶H	Si_2H_6	380～475	Si	[20]
CdTe	CdTe 和 HCl	550～650	CdTe(110)	[21]
Si	SiH_4	570～640	Si(001)	[22]
W	WF_6,Si 和 H_2	300	热氧化 Si 片	[23]
Si_3N_4	SiH_2Cl_2 ∶ NH_3 = 1 ∶ 3	800	n 型 Si(111)	[24]
B	$B_{10}H_{14}$	600～1200 350～700	Al_2O_3 和 Si Ta 片	[25]
Si	SiH_4	775	Si 片	[26]
$TiSi_2$	SiH_4 和 $TiCl_4$	650～700	Si 片	[27]
W	WF_6 和 Si	400	多晶 Si	[28]
B-P-Si	O_2、SiH_4 和 PH_3	350～450		[29]
玻璃	SiH_4 和 B_2H_2			

续表

膜	反应气体	沉积温度/℃	基底	参考文献
SnO_2	SnI_4 和 O_2	380～550	玻璃	[30]
SnO_2：F	$SnCl_4\cdot 5H_2O$ 和 O_2	300～400	石英	[31]
半导体多晶 Si	SiH_4 和 N_2O	565～623		[32]
$TaSi_2$	SiH_4 和 $TaCl_5$	630～750	Si	[33]
Si	100%Si_2H_6 和 1%PH_3		Al_2O_3	[34]
a-Si：H	SiH_4 和 H_2			[35]
CdS	CdS 和 H_2	500～760	(111)CdTe	[36]
Si	SiH_4 和 H_2	550～725	Si 片	[37]
B-H-N	B_2H_6 和 NH_3	350,400 和 440	Si(100)	[38]
$TaSi_2$	SiH_4 和 $TaCl_5$	575	n 型多晶 Si	[39]
W	WF_6 和 H_2 或 Ar	300	$CoSi_2$	[40]
GaAs	GaAs 和 H_2O	750±50	GaAs 和 Ge	[41]
Al	$AlCl_3/H_2$	700～1100	纯 Ni	[42]
a-Si：H	Si_2H_6	200～575		[43]
3C-SiC	$C_3H_8/SiH_4/H_2$	1350	Si(100)	[44]
TiO_2	Ti 醇盐等	400～600	玻璃	[45]
Fe	Fe	490～600	薄 Ni 条	[46]
Ni	Ni	550	不锈钢棒	[47]
Ti(C,N)	$TiCl_4/H_2/N_2/CH_4$	850～1150	WC	[47]
多晶 Si	纯硅烷	630	热氧化(111)p 型 Si	[48]
SnO_2	$SnCl_4$ 和 O_2	300～500	(100)Si	[49]
C	C_6H_6,Ar	1000	石英	[50]
非晶 Si	未稀释硅烷	580～530	热氧化 Si 片	[51]
TiC 和 TiN	$TiCl_4,CH_4,H_2;TiCl_4,H_2,N_2$		Si_3N_4/TiCl	[52]
BC	BCl_3,CH_4,H_2	1027～1227	α-菱形 B	[53]
W	Ar/WCl_6 和 H_2/WCl_6	475～750	Si(100)	[54]
ZrB_2	$ZrCl_4+BCl_3+H_2+Ar$	700～900	Cu 盘	[55]
$Si_{1-x}Ge$	SiH_2Cl_2 和 GeH_4	500～800	Si	[56]

Nakamura 报道了一种新的制备薄膜的化学气相沉积方法并制备了非晶 BN 膜[57]，沉积过程中所使用的反应气体为 NH_3 和 $B_{10}H_{14}$，其实验系统示意于图 2-2，系统中有两个可调节的漏气阀，一个是 NH_3 阀，另一个为 $B_{10}H_{14}$ 阀。Nakamura 使用的沉积条件为：

$B_{10}H_{14}$ 气压	2×10^{-5}
NH_3 气压	$2\times10^{-5}\sim8\times10^{-4}$ Torr
$NH_3/B_{10}H_{14}$ 比	1：40
基片温度	300～1150℃
沉积时间	30～300min
使用的基片	Ta、Si 和 SiO_2

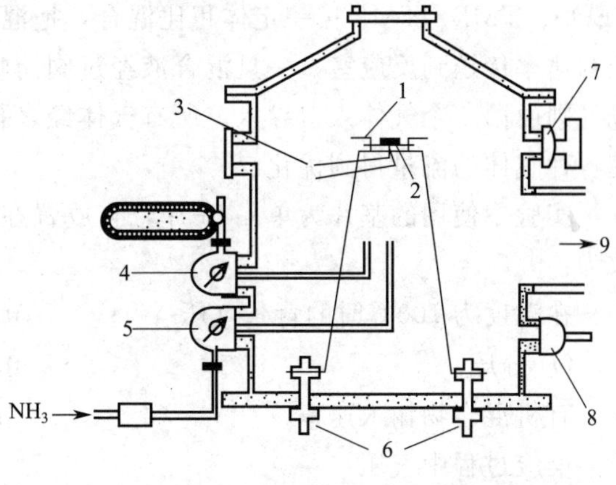

图 2-2 制备非晶 BN 膜的化学气相沉积系统示意图
1—加热器；2—基片；3—热电偶；4—$B_{10}H_{14}$ 气阀；5—NH_3 气阀；6—电极；7—电离计；8—热压力计；9—接真空泵

薄膜的组分由调节反应气体的气压来控制，在 $NH_3/B_{10}H_{14}$ 比为 20 或更大时，且基片温度为 850℃时，获得了具有理想化学配比的 BN 膜。

Fang 和 Hsn[58] 使用立式冷壁低压化学气相沉积系统制备了 WSi_2 膜。反应室为直径 24cm 的石英钟罩，加热装置为石墨片，反应气体为 WF_6 和 SiH_4，基片为（111）n 型 Si 片。沉积过程中，基片温度保持在 400℃，真空室内气压保持在 1Torr，SiH_4 和 WF_6 的流速分别为 0.66L/min 和 0.51L/min，由此得到的沉积率为 30nm/min。

利用适当的金属盐在玻璃基片上的热分解 Ajayi 等人[59] 沉积制备了 Al_2O_3、CuO、CuO/Al_2O_3 和 In_2O_3 金属氧化膜。其实验装置示意于图 2-3。初始反应材料以细粉的形式放在未加热的容器中，将 Ar 气通向细粉，调整 Ar 气流量使 Ar 气携载细粉粒子落在位于炉中心处的基片上。在 420℃温度下，金属乙酰丙醇盐分解，2h 后可长成厚度为 10～20nm 的氧化膜，最后对氧化膜进行退火处理 12h。研究者将所获膜的光学性质与其他方法获得的膜的光学性质进行了比较。这一简单热分解方法对制备可见光范围内的高质量氧化膜非常有用。

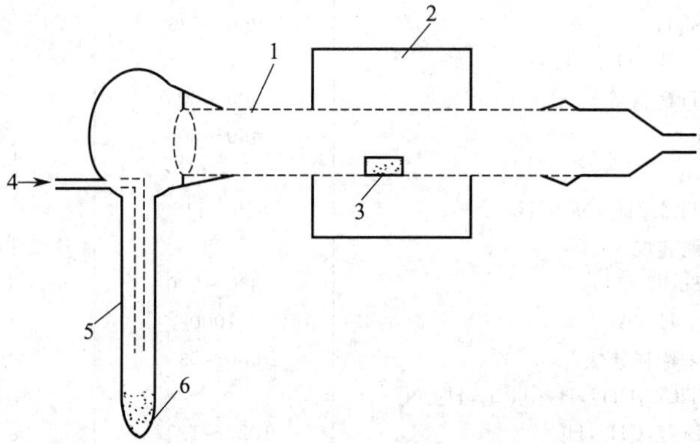

图 2-3　用于沉积金属氧化物膜的热分解实验装置示意图

1—工作室；2—电控制炉；3—基片；4—Ar 气入口；5—容器；6—细粉

Levy 等人[60] 报道了在低压化学气相沉积系统中，通过注入互溶的四乙醛硅酸盐（TEOS）、三甲基硼（TMB）和三甲基磷（TMP）混合液体制备硼磷硅玻璃薄膜。将源材料 TEOS、TMB、TMP 按一定体积比混合，把混合好的溶液通过可调漏阀由虹吸泵以一定的控制速率传送到反应室，一旦混合液经过阀门喷嘴，即将漏阀的一侧加热使混合液体蒸发。氧气则由第二个气体入口导入。所有气体经多孔玻璃扩散器进入反应室以使气体充分混合并使各种气体的流量得到优化。

实验中使用的基片为单晶 Si 片，它放置在用石英玻璃做的基片架上。实验中的典型参数为：

在温度为 700℃时的背景气压	0.03Torr
O_2 分压	0.16Torr
有机混合物输入速率	5mL/h
反应过程中气压	0.3Torr
沉积时间	1h

应用 Cl_2 的金属氯化作用和 H_2 还原作用 Engellhardt 和 Webb[61] 成功制备了 Nb_3Ge 膜。Sakaki 等人[62a] 进一步改进了反应沉积系统，其设备的重要特点是沉积过程中基片始终

受到超声振动作用，而且系统采用单向反应气体注入。在这一系统中，金属的氯化和氢还原按以下反应方式沿着石英反应器顺次发生：

$$2Nb+5Cl_2 \longrightarrow 2NbCl_5$$

$$2NbCl_5+5H_2 \longrightarrow 3Nb+10HCl$$

加热炉分别用于金属的氯化［$T(Cl_2)$ 约 500℃］和氢的还原（$T^d=900$℃），金属膜沉积在石英基片上。为防止反应器中的反应气体倒流，在旁路流有稍稍过量的 H_2，通过对基片施加超声振动，可减少基片附近的扩散层。Sasaki 等人[62a]通过对样品的 X 射线衍射和电子衍射实验分析，发现利用上述系统所得到的 Nb 膜具有面心立方结构。

Vishwakarma 等人[62b]利用化学气相沉积，在玻璃基片上制备了透明导电且掺有 As 的氧化锡。实验中，将清洁的玻璃基片加热到 673K，$SuCl_2$ 气体落到加热基片上，其中 O_2 作为氯化物气体的携载气体，且流量固定在 1.35L/min。为了掺杂，$AsCl_3$ 气体同时被带到基片上，$AsCl_3$ 气体量由携载气体 N_2 来控制，膜沉积温度为 523～723K。在 673K 沉积的膜均匀且为多晶，晶粒尺寸在 0.2～0.45μm 范围。

Matsumura 及其合作者[62c]研制了一种称为催化化学气相沉积的低温化学气相沉积方法，并用来沉积非晶半导体膜[62d]以及氮化硅[62e]膜。其沉积室如图 2-4 所示，基片安放在样品架上，样品架可由加热器加热或由样品架后边的空气喷射来冷却，热电偶安置在基片架附近以测量温度，加热催化器与基片架平行放置，且在基片架和气体喷嘴之间，距基片架 3～4cm 处。催化器为 2%的 Th、W 线圈和 Mo 线构成，且平行于基片架。在所使用的沉积温度下，来自催化器的热辐射影响可忽略不计。室温下为液体的 N_2H_4，经 N_2 吹泡形成 N_2H_4 气体，经多喷嘴系统，N_2H_4、N_2 和 SiH_4 被引入到反应室。具体的沉积条件如下：

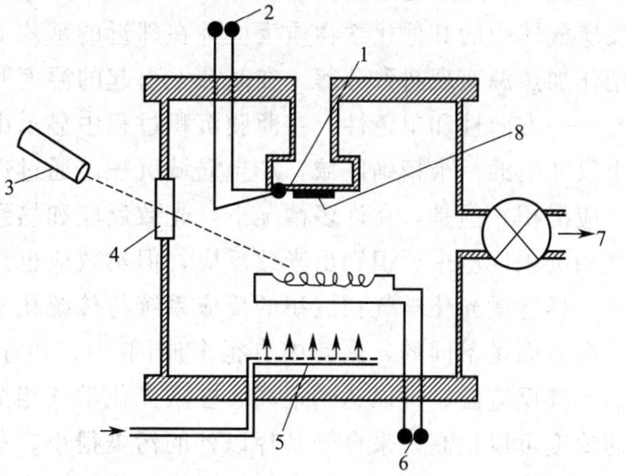

图 2-4 由催化化学气相沉积低温沉积 Si-N 膜实验装置示意图

1—基片架；2—热电偶；3—红外热温测量仪；4—窗口；5—喷嘴；6—加热催化器；7—接真空泵；8—基片

催化器温度	1200～1390℃
基片温度	230～380℃
沉积过程气压	7～1000Pa
SiH_4 气气压	7～24Pa
$(N_2H_4+N_2)/SiH_4$ 气压比	0～10
SiH_4 流量	2～10mL/min

混合气体 N_2H_4、N_2、SiH_4 经催化或加热催化热解反应而分解，Si-N 膜可沉积在温度为 300℃的基片上，其沉积率为 100nm/min。Si-N 膜的电阻率为 10^{14}～$10^{16}\Omega\cdot$cm，击穿电场为 10^6V/m。实验中发现在催化化学气相沉积方法中沉积物的扩散能力很强。

Vander Jengd 等人[62f]首次使用 GeH_4 作为 WF_6 的还原剂，在 Si 基片上沉积了 W。热

力学计算表明在相似的条件下，以 SiH_4 作为还原剂也能获得 W。Vander Jengd 等人使用冷壁、单片反应器进行薄膜沉积。基片夹在石墨夹具上，并用灯丝加热，温度可由夹具上的热电偶控制。他们所使用的基片为 p 型（001）Si 片，表面覆盖热生长氧化膜，Si 未被氧化部分占 10%左右。在 400℃以下，膜由 β-W 单相构成，而在 400℃以上，则由 α、β 型 W 混合相构成。

三、激光化学气相沉积

激光化学气相沉积是通过使用激光源产生出来的激光束实现化学气相沉积的一种方法。从本质上讲，由激光触发的化学反应有两种机制，一种为光致化学反应，另一种则为热致化学反应。在光致化学反应过程中，具有足够高能量的光子用于使分子分解并成膜或与存在在反应气体中的其他化学物质反应并在邻近的基片上形成化合物膜。在另一类过程中，激光束用作加热源实现热致分解，在基片上引起的温度升高控制着沉积反应。激光源的两个重要特性——方向性和单色性，在薄膜沉积过程中显示出独特的优越性。方向性可以使光束射向很小尺寸上的一个精确区域，产生局域沉积。通过选择激光波长可以确定光致反应沉积或热致反应沉积。但是，在许多情况下，光致反应和热致反应过程同时发生。尽管在许多激光化学气相沉积反应中可识别出光致反应，但热效应也经常存在。

尽管激光化学气相沉积的反应系统与传统化学气相沉积系统相似，但薄膜的生长特点在许多方面是不同的，这其中有很多原因[63]。由于激光化学气相沉积中的加热非常局域化，因此其反应温度可以达到很高。在激光化学气相沉积中可以对反应气体预加热，而且反应物的浓度可以很高，来自于基片以外的污染很小。对于成核，表面缺陷不仅可以起到通常意义下的成核中心作用，而且也起到强吸附作用，因此当激光加热时会产生较高的表面温度。由于激光化学气相沉积中激光的点几何尺寸性质增加了反应物扩散到反应区的能力，故此它的沉积率往往比传统化学气相沉积高出几个数量级[64]。注意到激光化学气相沉积中在很短时间内的高温只局限在一个小区域，因此它的沉积率由反应物的扩散以及对流所限制。这些限制沉积率的参数为反应物起始浓度、惰性气体浓度、表面温度、气体温度、反应区的几何尺度等。应用激光化学气相沉积，人们已经获得了 Al[65]、Ni[66]、Au[67]、Si[68]、SiC[69a]、多晶 Si[69b] 和 Al/Au 膜[69c]。

四、光化学气相沉积

光化学气相沉积是一种非常吸引人的气相沉积技术，它可以获得高质量、无损伤薄膜，制备的薄膜具有许多实际应用。这一技术的其他优点是：沉积在低温下进行，沉积速率快，可生长亚稳相和形成突变结（abrupt junction）。与等离子助化学气相沉积相比，光化学气相沉积没有高能粒子轰击生长膜的表面，而且引起反应物分子分解的光子没有足够的能量产生电离。这一技术可以制备高质量薄膜，薄膜与基片结合良好。

在光化学气相沉积过程中，当高能光子有选择性地激发表面吸附分子或气体分子而导致键断裂、产生自由化学粒子形成膜或在相邻的基片上形成化合物时，光化学沉积便发生了，这一过程强烈依赖于入射线的波长。光化学沉积可由激光或紫外灯来实现。除了直接的光致分解过程外，也可由汞敏化（mercury sensitized）光化学气相沉积获得高质量薄膜。值得注意的是在光化学气相沉积中的分解和成核皆由光子源控制，因此基片温度可以作为一个独立变量来选择。

应用光化学气相沉积，人们已经得到许多不同的膜材料：各种金属[70~72]，介电和绝缘体[73,74]，化合物半导体，非晶 Si(a-Si) 和其他合金如 a-SiGe。a-SiGe：H 是一类具有光电应用前景的材料。由汞敏化和直接光化学气相沉积方法[75]可制备高质量 a-Si 膜。Pollock 等人[76]研究了硅烷的汞敏化，其主要步骤为：

$$Hg^* + SiH_4 \longrightarrow Hg + 2H_2 + Si$$

这里 Hg^* 代表由于紫外辐射而使汞原子处于激发态，这个反应是通过几步间接硅烷基反应实现的[77]。

Konagai[78]研制了汞敏化光化学气相沉积系统，这一系统由四个反应真空室和一个过渡室组成，中间由隔门隔开。使用 Si 烷，Konagai 制备了无掺杂 a-Si 膜，沉积过程中的典型沉积率为 0.1～0.3nm/s。

Kim 等人[79a]利用大气压下的汞敏化光化学气相沉积系统制备了无掺杂 a-Si：H 膜，他们的实验装置示意于图 2-5 中。Ar 作为携载气体将 SiH_4 气体导入到真空室。使用的低压汞灯共振线分别为 253.7nm 和 184.9nm。低压氟化油涂在石英窗内表面上，以阻止薄膜沉积在窗口上。汞蒸气引入到反应室中，基片温度为 T_s＝200～350℃。通过优化汞源温度（20～200℃）和气体流速（SiH_4：1～30mL/min；Ar：100～700mL/min）可获得 4.5nm/min 的沉积率。

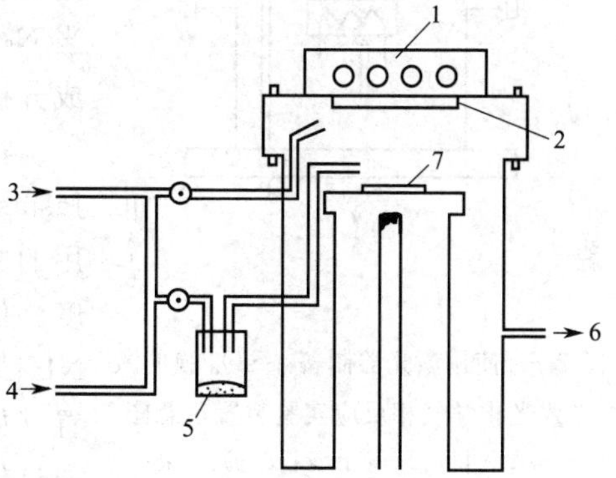

图 2-5 大气压下汞敏化光化学气相沉积制备无掺杂 a-Si：H 膜实验装置示意图

1—汞灯；2—石英玻璃；3—Ar 气入口；4—SiH_4 入口；5—汞；6—废气；7—基片

有人使用 N_2O_3 和 Si_2H_6 混合气体，以外部的氘灯（涂有 MgF_2）作为真空紫外源，利用直接光化学气相沉积制备了 SiO_2，所使用的基片为 n 型（001）Si，得到的最大沉积率为 0.1nm/s。红外吸收光谱研究显示所获薄膜具有理想化学配比，在 SiO_2 膜中没有检测出 Si—N 键而只有少量的 Si—H 键。

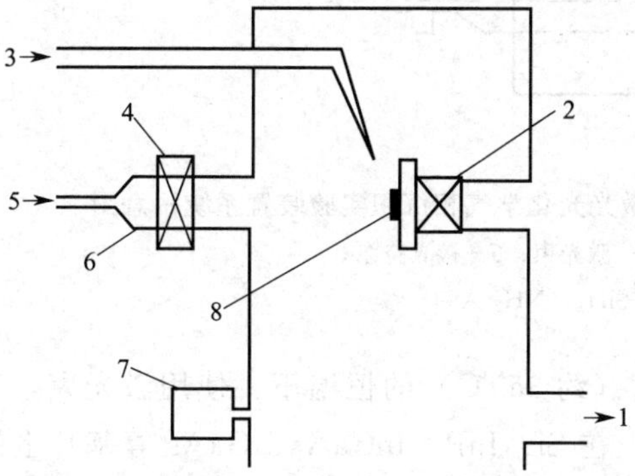

图 2-6 由 Si_2H_6 直接光致分解沉积高质量的 a-Si：H 膜的实验装置示意图

1—接真空泵；2—加热器；3—Si_2H_6 入口；4—微波源；5—H_2 入口；6—石英管；7—真空计；8—基片

Yoshida 等人[79b]利用紫外线引起的 Si_2H_6 光致分解制备了高质量的 a-Si：H 膜，他们的实验装置如图 2-6 所示。在这一实验中，由微波源激发引起的 H_2 放电管用作真空紫外线源，用 He 稀释的 Si_2H_6 作为反应气体源被引入到靠近基片的真空室处，Si_2H_6/He 和 He 流量分别保持在 50mL/min 和 150mL/min。沉积过程中反应室的总气压为 2Torr，基片为玻璃或 Si 片，在基片温度为 50～350℃时沉积持续了 5h。实验发现沉积率与基片温度无关，表明不存在其他热分解。所获薄膜的光敏度 σ_{ph}/σ_d 为 10^{-7}。这一沉积系统的优点是：

① 真空紫外线可以在没有任何吸收损失的

条件下被直接引向窗口；

② 在窗口处可避免薄膜沉积；

③ 没有光线直接到达基片。

在传统的光化学气相沉积过程中，①和②两项在薄膜制备过程中构成非常严重的问题。

激光光致化学气相沉积的应用是有广阔发展前景的。Shirafugi 等人[80]利用激光制备了 a-SiO_x 膜，所使用的气体为 100% 的 Si_2H_6 和 N_2O。这两种气体通过入射的激光光子直接反应而分解，其实验装置示意于图 2-7 中。激光束通过一合成石英透镜被平行准直并接近于基片表面。源混合气体通过多孔盘喷射到基片表面，基片（Si 或玻璃片）温度保持在 300℃，当 N_2O/Si_6H_6 流量比大于 200 时所得到的 a-SiO_x 膜的成分接近理想化学配比。

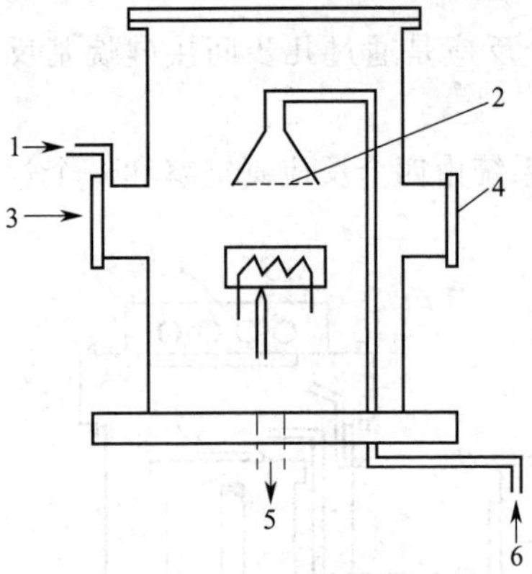

图 2-7 使用激光器制备 a-SiO_x 膜的激光致光化学气相反应实验装置示意图

1—Ar 入口；2—多孔盘；3—激光束；4—石英窗；5—接真空泵；6—源气体入口

在微电子技术应用方面，非晶 Si-N 薄膜非常重要。Jasinski 等人[81]报道其所制备的 Si-N 薄膜显示出非常有用的电学性质——高击穿电场，较低的界面态俘获密度。他们使用了 ArF 激光器，在低压热壁反应器中，将 NH_3 和硅烷光致分解得到了 Si-N 膜。在他们的实验装置（如图 2-8）中。激光束沿反应管水平方向射入，并通过位于基片上方 5～10mm 处。石英管连续抽真空并用 He 连续净化以防止汞油倒流。当激光进入管中时沉积便开始进行。实验中，NH_3 和硅烷比为 5∶1，总气压为 0.25Torr，沉积温度为 225～625℃。通过改变 NH_3/SiH_4 比、沉积温度或气体（例如将 SiH_4 改为 Si_2H_6）可以改变 Si-N 的组分。

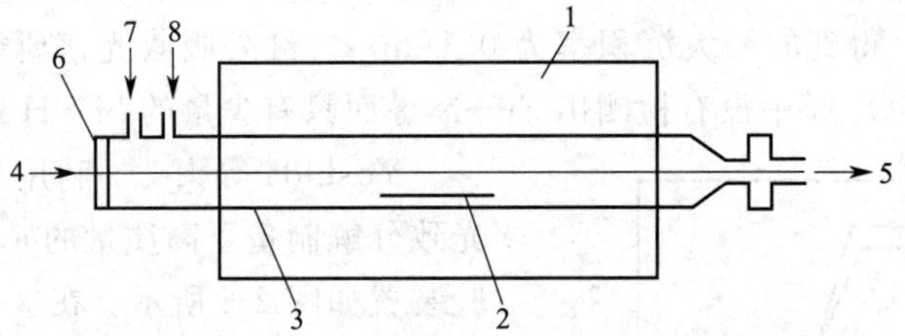

图 2-8 用于制备具有高击穿电场的 Si-N 薄膜的激光光化学气相沉积实验装置系统示意图

1—炉；2—基片架；3—石英管；4—激光束；5—接真空泵；6—窗口；7—He 入口；8—SiH_4、NH_3 入口

Donnelly 等人[82]报道了在低于 InP 分解温度（约 350℃）的恒温下，使用激光束，通过三甲基铟和三甲基磷气相先导物的光化学分解，在 Si、InP、InGaAs、GaAs 等基片上制得了 InP 膜。沉积系统[83,84]由一个玻璃反应室构成，反应室的窗口可以让激光射入，并能检测荧光。携载气体（纯 He）在 50℃时吹向液体 $(CH_3)_3InP$ 使之蒸发，用 Pd 分散器净化的氢气作为稀释和净化气体。为防止凝聚，将加热管中的气体混合，而使用第二个净化气体 He 来防止激光输入时气体在窗口上的沉积。基片可以加热到 400℃，系统工作气压为 0.5～

10Torr。

沉积的驱动力来源于气相的光化学作用，表面辐射一方面将碳除去，另一方面则促进形成膜的结晶。所得到的薄膜可以是非晶膜，也可以是外延生长结晶膜，这完全取决于实验条件。研究者们发现在没有光作用的情况下，没有薄膜沉积现象出现，从而确立了这一化学反应沉积为100%的光化学沉积。

West等人[85]使用CO_2激光器加热氯化钛和硅烷气体，在Si基片上沉积了硅化钛。SiH_4和$TiCl_4$混合气体通过混合气嘴进入冷壁化学气相沉积反应室，而Ar通过另一个位于激光窗口处的入口进入，用以防止窗口上的气体沉积。CO_2（160W）激光束（944.195cm^{-1}）平行于基片方向进入反应器，在稍稍偏离SiH_4共振带944.213cm^{-1}被吸收，从而引起气体温度升高。Ar和$TiCl_4$不直接吸收CO_2激光能量，而是通过分子碰撞以热的方式使反应达到平衡。在总气压为6.5～7.5Torr时沉积率可控制在20nm/min，所沉积膜的形貌很大程度上依赖于基片温度T_s，在T_s＝400℃时，所获膜为非晶。

利用光化学沉积制备薄膜的例子列于表2-2中。

表2-2 光化学气相沉积

膜	反应气体	源	基片及基片温度	参考文献
Zn、Se和ZnSe	$Zn(CH_3)_2$和$Se(CH_3)_2$	1000W Hg/Xe电弧发射总紫外辐射功率1W	石英、室温	[86]
Mo、W和Cr	各种六羰基化合物	激光输出功率的波长为157.0nm，193.0nm，248.0nm或308.0nm	石英、室温	[87]
SiO_2	N_2和N_2O中含5%SiH_4	ArF激光(193.0nm)	Si片，20～600℃	[88]
ZnO_2	二甲基锌和NO_2或N_2O	ArF激光(193.0nm)或KrF激光(248.0nm)	Si或石英，室温～220℃	[89]
Ti	$TiCl_4$	5mW紫外激光，514.5nm	$LiNbO_3$	[90]
Ge	He中含GeH_4	KrF激光(248.0nm)	非晶SiO_2和(100)NaCl	[91]
a-Si∶H	由He稀释的10%Si_2H_2	低压汞灯(253.7nm)	Si，<300℃	[92]
W	WF_6H_2	ArF激光(193.0nm)，平均功率4～7W	Si，240～440℃	[93]
P-N	NH_3(100%)和PH_3(在H_2中含2%)	ArF激光(193.0nm)	InP，100～300℃	[94]
a-SiC∶H	甲基硅烷或乙炔和Si_2H_6	低压汞灯(184.9nm)	玻璃，200	[95]
$Cd_xHg_{1-x}Te$(CMT)	二乙基Te化物和二甲基Cd和Hg	3kW汞灯	CdTe，InSb，250℃	[96]
Si	$Si_2H_6+SiH_2F_2+H_2$或$SiH_4+SiH_2F_2+H_2$	低压Hg灯(184.9nm，253.7nm)	Si(001)，100～300℃	[97]
Zn_3P_2	二甲基锌和PH_3	低压汞灯(184.9nm和253.7nm)	不锈钢、Si、玻璃，室温～250℃	[98]
GaAs	纯H_2含10%As和纯三乙基Ga	1000W Hg-Xe弧灯	SiO_2，240℃	[99]
Si_3N_4	SiH_4和NH_3	石英汞灯	50～250℃	[100]
a-SiO_2	O_2、Si_2H_6和Si_2F_6或SiF_4	氘(D_2)灯	n型Si片，200℃	[101]
SiO_2	Si_2H_6和O_2	Kr共振灯(123.6nm)	Si，145℃	[102]
Si-O-N	Si_2H_6、NH_3、NO_2	真空紫外氘灯	约330℃	[103]
Ge	GeH_4	ArF激光(193nm)	Cr、Si掺杂(100)GaAs，室温～415℃	[104]

续表

膜	反应气体	源	基片及基片温度	参考文献
TiN	$TiCl_4/NH_3$ 或 N_2/H_2	氘(D_2)灯	钢	[105]
SnO_2	$SnCl_4$ 和 N_2O	ArF(193nm)	SiO_2,室温	[106]
TiC	$TiCl_4/CH_4$ 或 $CCl_4/H_2/Ar$	氘(D_2)灯紫外线(160nm)	石墨或 Cu,800～900℃	[107]
a-C∶H	Ar 中含 C_2H_2(5%)	ArF 激光(193nm)	Si 或 GaAs,150～350℃	[108]
W,C 和 W/C 多层膜	WF_6/C_6H_6	ArF 激光(193nm)	B 掺杂(100)Si,室温～300℃	[109]
TiB_2	$TiCl_4/BCl_3/H_2/Ar$	氘灯(160nm)	Cu 片,600～800℃	[110]

五、等离子体增强化学气相沉积

为了满足微电子、现代光学、光电子等方面对新型和优质材料的大量需求，人们开始对等离子体增强沉积技术产生日益浓厚兴趣。等离子体增强化学气相沉积（plasma-enhanced chemical deposition，PECVD）是用于沉积各种材料的一种通用技术，这些材料包括 SiO_2、Si_3N_4、非晶 Si∶H、多晶 Si、SiC 等介电和半导体膜。等离子体增强化学气相沉积的优势在于它可以在比传统的化学气相沉积低得多的温度下获得上述单质或化合物薄膜材料。在大多数所报道的工作中，等离子体由射频场产生，尽管也有采用直流和微波场。等离子体的基本作用是促进化学反应，在等离子体中电子的平均能量（1～20eV）足以使大多数气体电离或分解，电子动能替代热能的一个重要优势是可以避免由于基片的额外加热使之受到的损害，各种薄膜材料可以在温度敏感的基片（如聚合物）上形成。尽管电子是离化源，但它与气体发生碰撞使气体激发可以导致自由团簇的形成。从对 $SiCl_4$ 和 NH_3 的分解形成 Si_3N_4 的研究中，Ron 等人[111]得出结论：等离子体增强化学气相沉积由在辉光放电中产生的自由团簇来实现。值得注意的是对于每一个系统，必须检验辉光放电电子、离子、光子和其他受激粒子在薄膜沉积中的作用。有关等离子体增强化学气相沉积中所出现的基本现象和有关等离子体化学方面的详细知识可参考文献［112～114］。Hess[115]对等离子体增强化学气相沉积中等离子体表面相互作用也进行了评述。

自从 20 世纪 60 年代人们利用等离子体增强化学气相沉积制备了 Si-N 膜以后[116,117]，利用这一技术人们又制备了许多不同的介电、金属、半导体膜，并将所制备的膜材料应用在微电子、光电子等领域。Hollahan 和 Rosler[118]详细讨论了无机膜的等离子体化学气相沉积制备，Djha[119]则作了有关评述。应用等离子体增强化学气相沉积，人们制备了 W、SiO_2、Si、GaAs、GaSb[120]、Ti-Si[121]以及其他许多膜材料。Nguyen[122]对等离子体增强化学气相沉积薄膜在微电子方面的应用作了评述。表 2-3 给出了应用 PECVD 制备一些重要材料的实验条件。

表 2-3 等离子体增强化学气相沉积

膜	输入材料	放电数据	基片,基片温度	参考文献
Si	$SiCl_4$,H_2 和 Ar	射频,27.12MHz	不锈钢	[123]
B-C-N-H	B_2H_6,C_2H_6,Ar	射频,20W,13.56Hz	玻璃,NaCl	[124]
a-Si	SiH_4	射频空阴极放电	玻璃,Cu	[125]
Si	SiH_4	射频	Si,650℃	[126]
金刚石	CH_4,CH_4/H_2,CH_4/Ar 和 CH_4/He	微波放电	p 型(111)Si,700℃	[127]

续表

膜	输入材料	放电数据	基片,基片温度	参考文献
BN	$B_2H_6+NH_3$	13.56MHz 射频		[128]
Si:H	SiH_4/H_2	射频 6W	200℃	[129]
a-$Si_{1-x}Ge_x$:H	SiH_4/GeH_4	射频:3W;13.56MHz	200~400℃	[130a]
TiB_2	$TiCl_3$,BCl_3 和 H_2	射频:20W,15MHz	Al_2O_3,石英,Si,480~650℃	[130b]
TiN	$TiCl_4$,H_2,N_2 和 Ar	直流辉光放电	工具钢,500℃	[131]
Ti(O,C,N)	$Ti(OC_3H_7)_4$,H_2,N_2 和 Ar			
$SiO_x(x<2)$	SiH_4+N_2O	射频:20~60W	350℃	[132]
a-$Si_{1-x}Ge_x$:H,F	SiH_4,GeF_4,H_2	射频:300W	玻璃,400℃	[133]
SiN	SiH_4,N_2,H_2	射频:13.56MHz	Si,玻璃	[134]
BN	B_2H_6,NH_3 和 H_2	射频:13.56MHz	300℃	[135]
SiO_2	SiH_4 和 NO_2	射频:10~50W	n 型(001)Si	[136]
a-Si:H	$SiH_4+B_2H_6$	射频辉光放电	玻璃,250℃	[137]
a-SiC:H	$SiH_4+CH_4+B_2H_6$	射频辉光放电	玻璃,250℃	[137]
SiN	SiH_4,NH_3	射频辉光放电 50kHz	Si,250℃	[138]
Mo	Ar+$Mo(CO)_6$ 或 H_2+$Mo(CO)_6$	射频:100W	在 Si 热生长 SiO_2,100~300℃	[139]
AlN	$AlBr_3+N_2+H_2+Ar$	射频:50~500W,13~56MHz	石墨,200~800℃	[140]
TiN	$TiCl_4$,N_2,H_2	射频:0~200W	钢,350~500℃	[141]
$SiO_xN_yH_z$	SiH_4,N_2O 和 NH_3	射频:13.56MHz	Si,玻璃,200℃	[142]
SiN	NH_3 和 SiH_4	射频:0.44W,13.56MHz	Si(001),300~450℃	[143]
氟化 SiH_xH_y	$SiH_4/He/NF_3/NH_3$ 或 $SiH_4/He/NH_3/F_2$	射频:13.56MHz	p 型 Si(001),300℃	[144a]
Si	SiH_4	射频:2.5~20W,13.56MHz	n 型 Si(001),700~800℃	[144b]
$Si_{1-x}C_x$:F,H	SiF_4,CF_4 和 H_2	射频:13.56MHz	玻璃,Si	[145]
a-C:H	CH_4 和 H_2	低频(50Hz)等离子体	Si,钢,室温	[146]
a-Si:H,F	SiF_4 和 H_2	射频辉光放电(27MHz)	玻璃	[147]
SiN_4	硅烷,NH_3,N_2	射频:20W	p 型 Si(111)	[148]
掺 B:a-Si:H	SiH_4,H_2,B_2H_2	射频:13.56MHz,5~30W	玻璃,200~280℃	[149]
a-SiC_x:H	SiH_4+CH 先导物	射频:13.56MHz	各种基片	[150a]
TiN 或 TiC	N_2(制备 TiN),CH_4(制备 TiC),$TiCl_4$,Ar	直流电压 350~500V	高速钢,425~600℃	[150b]
a-SiN:H	NH_3 和 SiH_4	440kHz,20W 射频	Si,360℃	[151]
金刚石	CH_4(5%),H_2	直流电压 700V,电流密度 1.8A/cm^2	C-BN(111),900℃	[152a]
a-C:H	C_2H_2	13.56MHz 射频	Si	[152b]
金刚石	CH_4 和 H_2	弧光放电:200~300V	Si,800~1000℃	[153]
Si	SiH_4,H_2	射频	玻璃,50~350℃	[154]

Saki 等人[155]报道使用他们称之为“交错立式电极沉积设备”,在玻璃或金属片上沉积了 a-Si:H 膜。设备由加热室、三个沉积室和一个冷却室构成,基片垂直放在沉积室中。交错立式电极构型如图 2-9 所示,由于这一构型提供了四个等离子体区,因此 a-Si:H 膜可以同时沉积在四个基片上。Sakai 等人在他们的实验中使用了如下沉积条件:

气体混合比 $SiH_4/(SiH_4+H_2)$	10%~100%
射频功率密度	10~20mW/cm^2
总气压	0.1~2.0Torr
SiH_4 流量比	60mL/min
基片温度	200~300℃

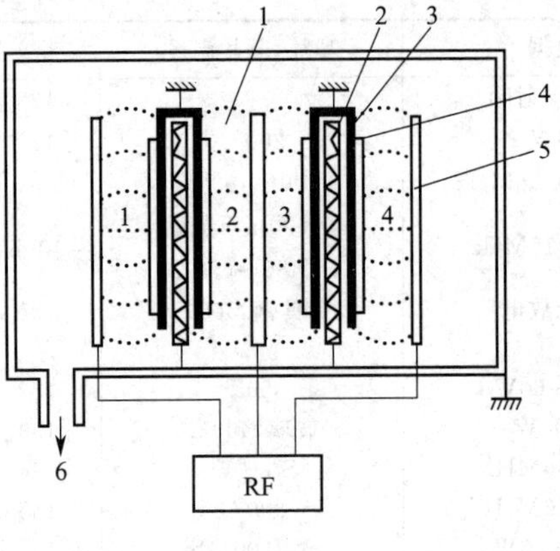

图 2-9 交错立式电极组态示意图
1—等离子体；2—接地电极；3—基片架；4—基片；5—电极；6—接真空泵

Sakai 等人对薄膜的厚度、均匀性、光学和电学性质进行了评价。

等离子体增强化学气相沉积技术已用于制备 SiO_2 和 Si_3N_4 膜，沉积时基片处于低温，使用的混合气体为 SiH_4 和 O_2 或 N_2。通常研究所用的反应器为平行板，射频源为电容耦合式源，它使混合气体辉光放电。所制备的膜中总是含有 H，H 是以氧化物中的 SiH、OH 基形式注入的，或在氮化物中以 SiH 和 NH 形式注入[156]。Richard 等人[157]报道了一种新的低温沉积过程，利用远等离子体增强化学气相沉积，在基片温度为 350～500℃范围内沉积了 SiO_2 和 SiN 膜[158]。他们的沉积过程只涉及一个组元气体——含氧或含氮分子或此种气体与惰性气体的混合物射频受激。他们所设计的沉积室（图 2-10）有两个分离的气体输入口，一个位于真空室上部，另一个耦合到中心处的分散环上。$NH_3/N_2/O_2$ 气体（或与 He 或 Ar 的混合气体）被导入到输送管的中心，然后在真空室上部被感应激发。薄膜沉积过程是在等离子体区外经过以下四个步骤实现的：

① 气体或混合气体的射频受激；

② 受激 N_2 或 O_2 传输离开等离子体区；

③ 受激 N_2 或 O_2 与 SiH_4 或 Si_2H_6 反应（在等离子体区外）；

④ 在加热基片处，实现最后的化学气相沉积反应过程。

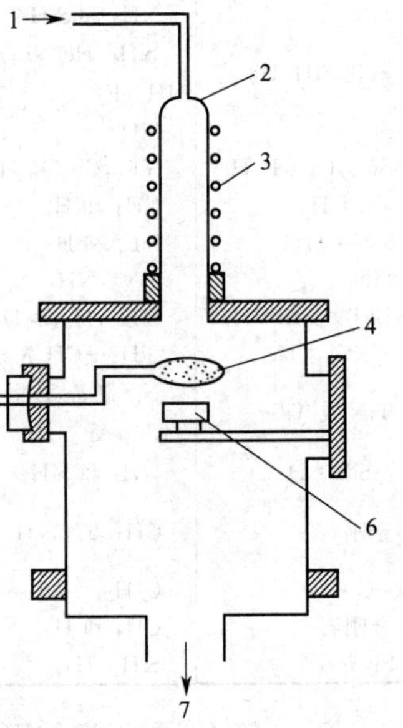

图 2-10 远等离子体增强 CVD 沉积室示意图
1—进气口；2—石英管；3—射频线圈；4—气环；5—硅烷入口；6—基片加热块；7—接真空泵

在远等离子体增强化学气相沉积过程中，前三步是用于产生气相先导物，先导物或是分子或是团簇，它们是沉积膜中的键合集团。Richard 等人采用先导物沉积 SiO_2、$Si(NH_2)$ 和 Si_3N_4，其沉积参数见表 2-4。

Hattangady 等人[159]报道了采用远等离子体增强化学气相沉积，在低温下沉积了低含氢量的 Si-N 膜。在实验中，惰性气体 Ar 放电激发 N_2 和 SiH_4，N_2 是在接近于基片表面、在靠近含有硅烷的区域被激发。

Mito 和 Sekiguchi[160]通过感应加热等离子体方法，在 Si 基片上沉积了 Si-N 膜，实验装置示意于图 2-11 中。感应加热等离子体在感应耦合石英管中产生，N_2 引入到这个放电管中，气压保持在 1Torr，所施加的射频功率为 3～4kW。在感应加热等离子体中，气体被热激发，从而含有长寿命的团簇，而较强的光发射来自感应加热等离子体。在沉积室中的 SiH_4 经真空紫外辐射而分解（而不是靠离子碰撞）。有两种模型用以解释沉积过程：

表 2-4 远等离子体增强化学气相沉积

背景气压		5×10⁻⁸Torr				
工作气压		300mTorr				
混合气体		Ar 中含 10%SiH_4，H_2 中含 20%O_2，He 中含 20%N_2				
沉积膜	射频功率/W	混合气体	流量/(mL/min)		基片温度/℃	沉积速率/(nm/s)
			混合气体	SiH_4，Ar		
SiO_2	10	O_2，He	75	11.6	350	0.25
$Si(NH)_2$	25	NH_3	75	11.6	100	0.05
Si_3N_4	25	NH_3	75	11.6	550	0.04
		N_2、He	65	11.6	400	0.01

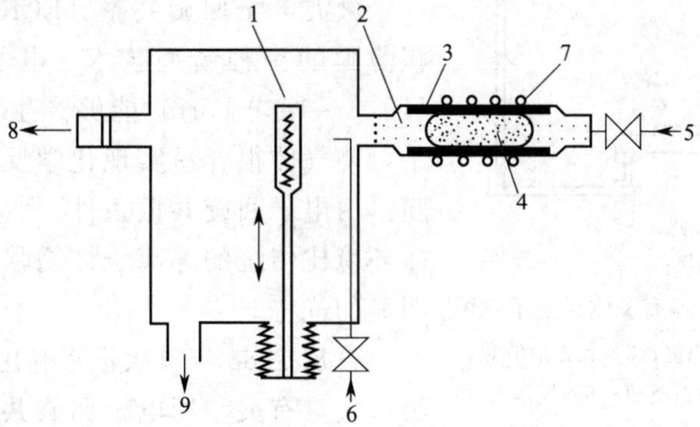

图 2-11 在 Si 基片上，利用感应加热等离子体助化学气相沉积 SiN 实验装置示意图

1—基片架；2—辉光等离子体；3—石英管；4—感应加热等离子体；5—N_2 入口；6—SiH_4 入口；7—射频线圈；8—真空紫外光谱仪；9—接真空泵

模型 1：光和团簇化学气相沉积，其沉积率为 6nm/min，其中等离子体与基片不接触。

模型 2：等离子体化学气相沉积，在此过程中，在感应加热等离子体附近的辉光放电等离子体与基片相接触，沉积率为 50nm/min。

在传统的等离子体增强化学气相沉积中，基片通常放置在放电区，从而暴露在包含荷能粒子（电子、离子等）的等离子体中，结果导致基片及膜的辐射损伤，而且，难以避免来自电极对生长膜的杂质污染。

使用微波受激等离子体[161,162]方法可以避免基片暴露在荷能粒子中。Zaima 等人[163a]使用微波受激等离子体方法在低温下沉积了 SiN_x 介电膜。在图 2-12 所示的装置中，微波激发

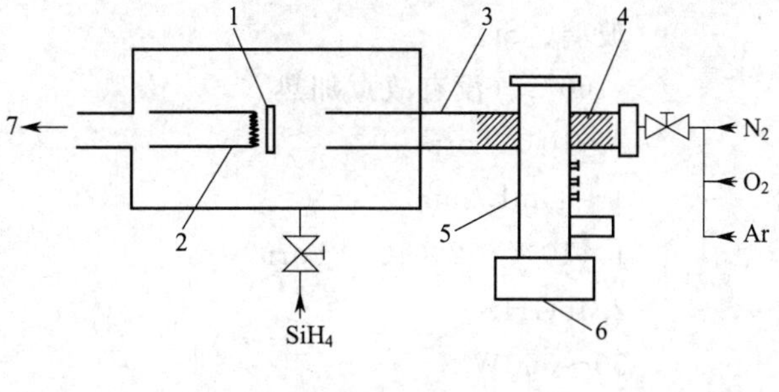

图 2-12 沉积介电薄膜的微波受激等离子体增强化学气相沉积实验装置示意图

1—基片；2—加热器；3—石英管；4—等离子体；5—波导管；6—磁体；7—接真空泵

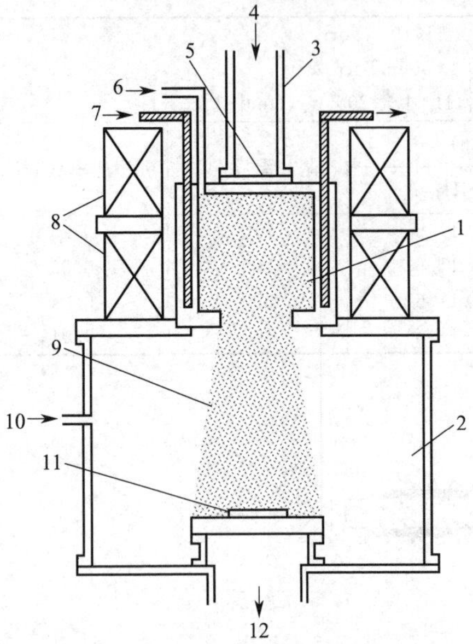

图 2-13 电子回旋共振等离子体系统示意图
1—等离子体室；2—沉积室；3—长方形波导；4—2.45GHz 微波源；5—石英窗；6—气体入口；7—冷却水；8—磁线圈；9—等离子体流；10—气体入口；11—基片；12—进气口

等离子体室与反应室相分离，频率为 2.45GHz 的微波通过长方形波导管导入到直径为 32mm 的石英管中，此石英管即为等离子体激发室。基片放在沉积室中（距离放电区 300mm），基片可由基片加热器加热到 600℃。真空室的真空度可以达到 1×10^{-7} Torr。在等离子体室中被激发的 N_2 扩散到反应室，与未激发的 SiH_4 反应，从而沉积了 SiN_x 膜。Zaima 等人发现形成的 SiN_x 膜在很宽的实验范围内都具有理想化学配比，且具有优异的介电性质。

微波电子回旋共振（ECR）化学气相沉积是沉积薄膜的一种新型技术。电子回旋放电在低压下（$10^{-5}\sim10^{-3}$ Torr）能够产生高密度荷电和受激粒子，使气体很容易实现化学反应从而沉积制备出薄膜。由电子回旋共振条件[163b]得到的独特的等离子体环境比传统的等离子体增强化学气相沉积显示出明显的优势。

自从 1983 年首次报道利用电子回旋共振制备薄膜，大量有关利用电子回旋共振化学气相沉积制备薄膜的报道不断出现[163c~163e]。图 2-13 给出一典型的电子回旋共振等离子体沉积系统。它包含两个室：等离子室和沉积室。等离子体室接受频率为 2.45GHz 的微波，微波由微波源通过波导和石英窗导入，两个共轴磁线圈安放置在等离子体室外壁用于电子回旋等离子体激发，电子回旋共振在 875G 磁场下发生，从而获得高度激活的等离子体。

在这一沉积系统中，离子从等离子体室中被萃取出来而进入沉积室并流向基片而成膜。

在沉积 Si-N 膜时，N_2 被引入到等离子体室，SiH_4 被引入到沉积室。而在沉积 SiO_2 膜时，O_2 被引入到等离子体室。利用微波电子回旋共振等离子体化学气相沉积，人们不用加热基片便能得到高质量薄膜。

利用微波电子回旋共振等离子体化学气相沉积，以 SiH_4 和激发 Ar 或 H_2 为源，在低于 150℃的温度下，人们获得了高质量的 a-Si∶H 膜[163f,163g]。Kitagawa 等人[163h]研究了沉积条件对 a-Si∶H 膜的性质影响，其沉积条件如下：

基片	玻璃、Si
基片温度	<60℃（没有故意加热）
背景气压	2×10^{-6} Torr
SiH_4 流量	4～30mL/min
气压	$1\times10^{-4}\sim2\times10^{-3}$ Torr
微波频率	2.45GHz
微波功率	50～350W
磁场	0.0875T

在低于 4×10^{-4} Torr 气压下制备的薄膜显示出较高的光导率，它比在 4×10^{-4} Torr 以

上气压下所沉积的膜具有较宽的能带隙。

Pool和Shing[163i]利用电子回旋共振微波等离子体分解CH_4（由H_2稀释）制备了a-C∶H膜。其沉积条件为：

微波频率	2.45GHz
微波功率	360W
磁场（ECR）	0.0875T
基片	光学玻璃、石墨和p型Si（0.1Ω·cm）

所有沉积在室温下进行，基片加有射频负偏压，所获膜的性质强烈依赖于射频感应负偏压以及沉积过程中使用的磁场。

Shirai和Gonda[163j]使用B_2H_6/H_2混合气体，由电子回旋共振等离子体化学气相沉积制备了非晶硼膜。实验时基片温度小于600℃，工作气压为0.1Pa。基片为石英和p型Si。实验中研究了各实验参数对沉积率的影响。

Asmussen[163k]对有关电子回旋共振放电的物理机制以及微波系统、ECR的应用等作了评述。微波放电可以在等离子体电位不是很高的情况下发生，这比射频放电要优越得多，这是因为前者对膜表面没有损伤。但是，仍存在其他损伤源如高能电子和离子，直接的微波辐射，紫外线和其他等离子体辐射。

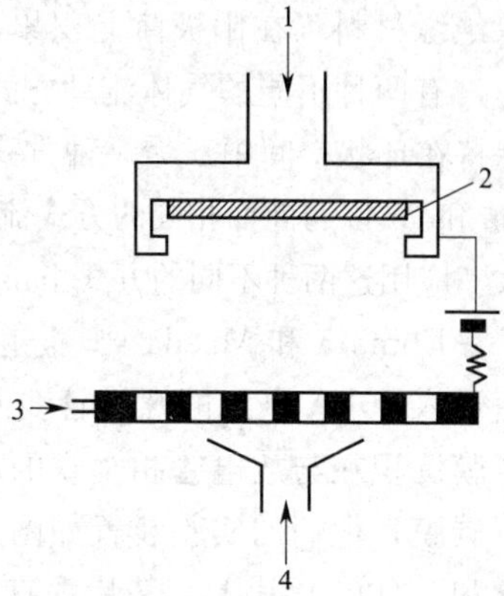

图2-14　制备金刚石薄膜的直流等离子体化学气相沉积实验装置示意图

1,3—水入口；2—基片；4—气体入口

由直流等离子体化学气相沉积，使用CH_4、H_2作为反应气体，在Si和α-Al_2O_3基片上，有人成功地生长了金刚石薄膜[164a]，其实验装置如图2-14所示。压力为200Torr的反应气体CH_4+H_2通过阴极进入反应室，水冷阳极位于阴极上方，基片安装在阳极上，阳极与阴极的距离为2cm，CH_4/H_2比率由0.3%变到4%，但流量固定在20mL/min，所使用的典型放电条件为1kV和0.4nm/cm^2，基片温度为800℃，其温度可通过改变通入阳极的冷却水的流量来改变。Suzuki等人[164a]利用反射高能电子衍射和X射线衍射表征了所获得的薄膜，其面间距、点阵常数、维氏硬度皆与自然金刚石对应值相符。他们也简单讨论了在低真空度（200Torr）下直流放电对金刚石合成的影响。

Jansen等人[164b]报道了应用中空阴极沉积a-Si∶H薄膜，a-Si∶H的沉积率为30μ/min。在等离子体增强化学气相沉积中的可凝聚团簇，由通过中空阴极流过的气体带向基片，最后凝聚。图2-15示意给出电极的构造。图2-15(a)是一等离子体二极管装置，电极为一筒状。在图2-15(b)中，基片不作为阳极。筒状电极由不锈钢制成，用压缩O环密封，密封环正好配在真空系统壁的绝缘件上。为防止图2-15(a)构造中的金属筒外部有直流放电现象，用一石英管围在金属筒周围。这一装置对沉积诸如非晶Si导电膜十分有用。为了从SiH_4中沉积a-Si∶H，未稀释的SiH_4气体以一定的流量流入真空室，真空室总气压保持在500mTorr。从中空阴极到垂直阴极筒40mm处放置基片，薄膜沉积在接地且温度保持在230℃的基片上。放电功率通过改变直流电流（25～15mA）来改变。实验中观察到的高沉积率归因于等离子体中的高功率密度以及团簇向基片进行的有效输运。

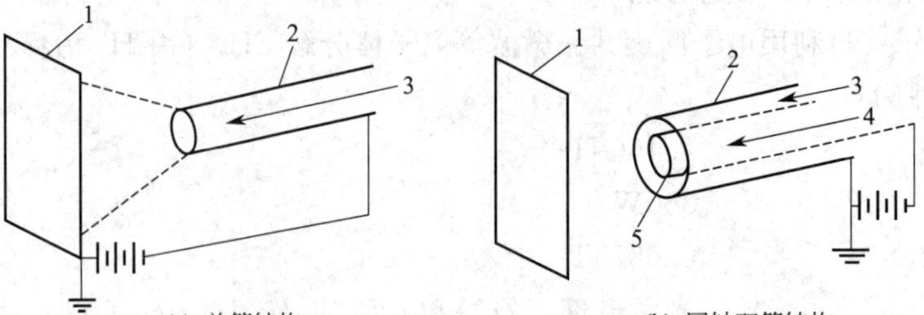

(a) 单管结构

1—基片；2—阴极；3—气体

(b) 同轴双管结构

1—基片；2—阳极；3—气体；4—气体；5—阴极

图 2-15 中空阴极沉积薄膜的电极构造示意图

图 2-15(b) 中的同轴电极装置可用于沉积非晶 Si-N。阳极是由接地的外筒构成，为确保绝缘材料不在阳极筒上积累，在电极间的环型空间中流有屏蔽气体。

有两种不同的气体流动方式沉积 Si-N 膜：一种是 N_2 通过中心筒流入，而 Ar 和 SiH_4 气体保持在环状空间中。另一种方式是对于 SiH_4 气体使用一附加气体入口，使其远离基片架，而 N_2 和 Ar 以与前面相同的方式流入。在这一装置中，可以用 N_2 取代 Ar 流动而不会对结果影响太大。应用这两种不同的方式 Jansen 等人[164b]制备了 Si 和 Si-N 膜，并对其性质进行了讨论。

Ebihara 和 Maeda[165]报道了利用 SiH_4 的脉冲感应放电生长 a-Si 的方法。脉冲等离子体由通入 70kA 电流的螺线管线圈激发所产生，放电管充满 SiH_4/Ar 气（20%SiH_4/80%Ar），薄膜沉积在与放电管相垂直的基片上。使用这一脉冲电磁感应系统，Ebihara 等人[166a]制备了碳膜，他们的实验装置如图 2-16 所示。纯 SiH_4 以 10mL/min 的速度引入，薄膜沉积在玻璃和 Si(001) 片上，基片垂直于管轴方向放置。他们对所得到的非晶碳膜的光学带隙和电导率进行了研究，并与射频放电等离子体增强化学气相沉积获得的膜进行了比较。光学带隙随基片温度和放电电压的增加而减小。膜在红外区透明，且与处于室温的基片结合良好。

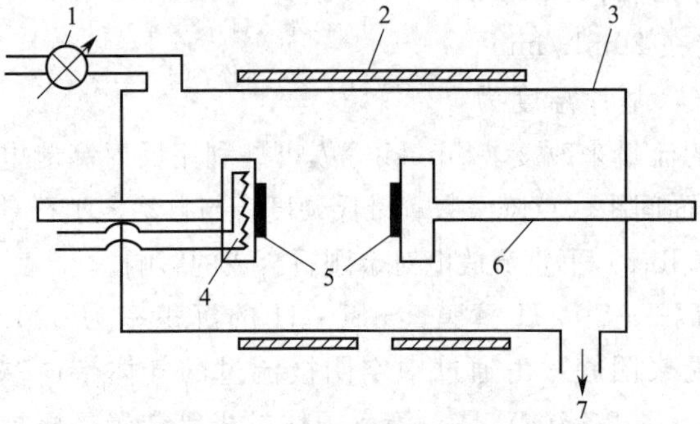

图 2-16 用于沉积碳膜的脉冲电磁感应系统实验装置示意图

1—气阀；2—线圈；3—放电管；4—加热器；5—基片；6—底座；7—接真空泵

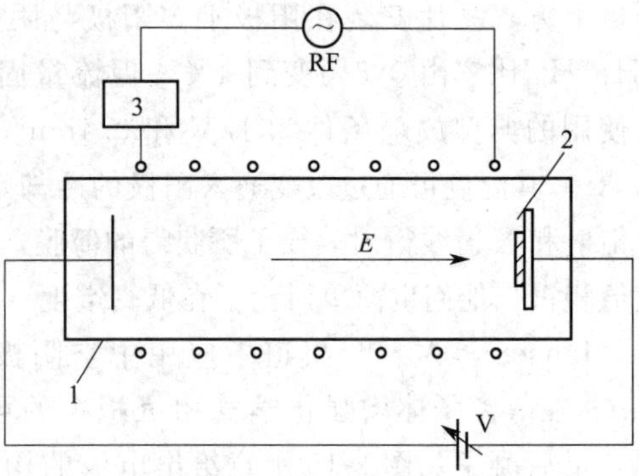

图 2-17 用于制备 a-SiC∶H 的电场增强 PECVD 装置示意图

1—石英管；2—基片；3—可调电容电路

Rahman 等人[166b]利用新型射频等离子体增强化学气相沉积系统制备了含氢非晶 SiC (a-SiC∶H)。在这一系统中除了感应耦合射频场外，还加上了与射频场相独立的纵向直流电场（见图 2-17）。频率为 13.56MHz 的射频源感应耦合到反应器上。石英反应器中包含有两个平行的、作为电极的金属片，其中一个作为基片架，基片为石英和 p 型 Si(111)。源气体为 SiH_4 和 CH_4，且均用 H_2 稀释，利用质量流量控制仪保持 $CH_4/(SiH_4+H_2)$ 的流量比在 0～75％之间，反应器的气压为 0.5Torr，基片温度在 200～500℃之间，射频功率固定在 50W，直流电压从－300V 变到 250V。直流电场对 a-SiC∶H 的生长率、光学带隙、光导率皆有较大影响。

Bausch 等人[166c]使用射频等离子体，以纯 Fe 和 S 作为源材料制备了 FeS_2 膜。薄膜是通过薄 Fe 膜的等离子体硫化，经过两步过程而制得：Fe 膜首先被蒸发到石英基片上，然后暴露在硫等离子体中，通过 Fe 膜与硫气体在低于 450℃温度下的等离子体热反应而形成 FeS_2 膜。

最近，刘建伟和郑伟涛等人[166d]，采用中科院沈阳科学仪器厂制造的直流等离子体增强化学气相系统，成功沉积了高度取向的非晶碳纳米管，采用的基片是单晶 Si，Ni 作为催化剂，CH_4/H_2 作为反应气体。实验发现，H_2、高浓度 CH_4（提供碳源）和大尺寸的催化剂对形成非晶碳纳米管至关重要。

第三节 电　镀

电镀是电流通过导电液（称为电解液）中的流动而产生化学反应最终在阴极上（电解）沉积某一物质的过程。用于电镀的系统由浸在适当的电解液中的阳极和阴极构成，当电流通过时，材料便沉积在阴极上。电镀方法只适用于在导电的基片上沉积金属和合金。薄膜材料在电解液中是以正离子的形式存在，而电解液大多是离子化合物的水溶液。在阴极放电的离子数以及沉积物的质量遵从法拉第定律：

$$\frac{m}{A}=\frac{jtM\alpha}{nF}$$

其中，m/A 代表单位面积上沉积物的质量；j 为电流密度；t 为沉积时间；M 为沉积物的分子量；n 为价数；F 为法拉第常数；α 为电流效率。在 70 多种金属元素中，有 33 种元素可以通过电镀法来制备，但最常使用电镀法制备的金属只有 14 种，即 Al、As、Au、Cd、Co、Cu、Cr、Fe、Ni、Pb、Pt、Rh、Sn、Zn。

电镀法制备薄膜的原理是：离子被加速奔向与其极性相反的阴极，在阴极处，离子形成双层，它屏蔽了电场对电解液的大部分作用。在双层区（大约 30nm 厚），由于电压降导致此区具有相当强的电场（10^7V/cm）。在水溶液中，离子被溶入到薄膜以前经历了以下一系列过程：①去氢；②放电；③表面扩散；④成核、结晶。

电镀法制备的薄膜性质取决于电解液、电极和电流密度。所获得的薄膜大多是多晶的，少数情况下可以通过外延生长获得单晶。这一方法的特点是薄膜的生长速度较快，在电流密度 $j=1A/cm^2$ 时

$$\dot{D}=dD/dt=1\mu m/s \text{（}D\text{ 为膜厚）}$$

电镀法的另一个优点是，基片可以是任意形状，这是其他方法所无法比拟的。电镀法的缺点是电镀过程一般难以控制。

Campbell[167]和 Lowenheim[168]对早期电镀方面的一些工作进行了总结和讨论。值得一提的是，电镀法已经用于制备半导体薄膜，这些半导体薄膜在光电子领域非常有用。表 2-5

表 2-5 电镀制膜：溶液组分和工作条件

膜	溶液组分	基片	参考文献
$MoSe_2$	$H_2MoO_4+NH_4OH+SeO_2+H_2O$	Ti	[169]
$AgInSe_2$	$AgNO_3$,$In(NO_3)$：H_2O 和 SeO_2,水溶液		[170]
$CuInS_2$	包含 $InCl_3$(分别为 10mmol 和 6mmol),0.2%体积分数的三乙醇胺和 0.25%体积百分比的 NH_3 水溶液,由 HCl 稀释直至溶液 pH≈2	Ti	[171]
CdS	包含 2×10^{-3}mol $CdSO_4$,0.1mol Na_2SO_3 水溶液	Al	[172]
CdTe	含 1mol/L $CdSO_4$ 和 1mmol/L TeO_2 的 H_2SO_4 水溶液	Ti 片	[173]
CdSe	(0.75mol Na_2SO_4 + 0.05mol Se) 30mL,[0.1mol/L $N(CH_2CO_2H)_3$ + 0.088mol/L CdCl]10mL	Ti	[174]
Cu_2O	硫酸铜(0.4mol/L),乳酸(2.7mol/L)和 NaOH(≈4mol/L)	不锈钢	[175]
CdS	1.0g $CdCl_2$ 和 0.6g 硫粉溶于 100mL 的二甲基硫氧化物中	玻璃	[176]
$CuInSe_2$	含 10mmol/L CuO_4,25mmol/L $In_2(SO_4)_3$ 和 30mmol/L SeO_2 水溶液,用 H_2SO_4 稀释至 pH=1	Ti	[177]
CdTe	含 Cd,Te 化合物水溶液	Si	[178]
Cu_2O	乳酸(3.25mol/L),无水硫酸铜(0.39mol/L)和足够的 NaOH 使 pH 值调至 4～12 之间	不锈钢	[179]
$AgInSe_2$	5mmol/L Ag_2SO_4,30mmol/L $In_2(SO_4)_3$,30mmol/L H_2SeO_3 用稀 H_2SO_4 调 pH=1	Ti	[180]
$CuInSe_2$	3.7mmol/L $CuCl_2$,20mmol/L $InCl_3$,3.6mmol/L SeO_2 调至 pH=1.5	Ti	[181]

总结了用电镀法所获得的一些薄膜材料。

第四节 化 学 镀

不加任何电场、直接通过化学反应而实现薄膜沉积的方法叫做化学镀。化学反应可以在有催化剂存在和没有催化剂存在时发生，使用活性剂的催化反应也可视为化学镀。Ag 镀是典型的无催化反应的例子，它是通过在硝酸银溶液中使用甲醛还原剂将 Ag 镀在玻璃上。另一方面，也存在还原反应只发生在某些表面上（催化表面）的过程，如在磷酸钠中 $NiCl_2$ 的还原即为一例，此时金属将沉积在 Ni（或 Co/Fe/Al）本身的表面上，金属本身作为催化剂。并不是所有的金属都会有催化沉积的可能，具有催化剂潜能的金属数量有限。但是，非催化金属的表面可以被激活以使在这些金属的表面上实现沉积。例如，浸在 $PbCl_2$ 稀释溶液中的 Cu 是催化沉积，这里激活剂的作用是降低还原反应的激活能以使沉积可以在金属表面实现。

化学镀是一种非常简单的技术，它不需要高温，而且经济实惠。利用这一技术实现大面积沉积也是可能的。

利用化学镀可以沉积一些金属膜（如 Ni、Co、Pd、Au），文献 [168] 对此进行了详细讨论。化学镀技术也被用于制备氧化物膜，其基本原理是首先控制金属的氢氧化物的均匀析出，通过在真空中或空气中对这些膜进行退火而得到氧化膜。例如，利用这一技术制备了 PbO_2[168]、TlO_3[182]、In_2O_3[183] 和 SnO_2、Sb 掺杂 SnO_2[184] 膜。

Raviendra 和 Sharma[185] 利用化学镀技术制备了透明导电硬脂酸钙、氧化锌和 Al 掺杂 ZnO 膜。

化学铁酸盐镀也属于化学镀技术[186]，利用这一技术可将各种成分的 $(Fe,M_3)O_4$，M=Fe，Ni，Co，Mn，Zn 等膜沉积在各种基片上。

利用化学镀方法，人们还得到了 CdS[187]、NiP[188]、Co/Ni/P[189]、Co/P[189]、ZnO[190]、Ni/W/P[191a]、C/Ni/Mn/P[191b]、Cu/Sn[191c]、Cu/In[191d]、Ni[191e]、Cu[191f] 和 Sn[191g] 膜。

第五节 阳极反应沉积

上面讨论的电镀过程所关注的是阴极反应，而阳极反应沉积则依赖于阳极反应。在阳极反应中，金属在适当的电解液中作为阳极，而金属或石墨作为阴极。当电流通过时，金属阳极表面被消耗并形成氧化涂层，换句话，氧化物生长在金属阳极表面。在早期研究中，这种金属氧化物只局限于少量的金属（如 Al，Nb，Ta，Si，Ti，Zr）氧化，但 Al 的氧化膜为迄今最为重要的钝化膜。在半导体上形成氧化物也有过报道，在 $Hg_{1-x}Cd_xTe$ 上形成硫化物的阳极硫化过程，文献［200a］做了报道。

阳极反应这一简单方法可以获得非晶连续膜，但连续膜的厚度受到一定限制。薄膜厚度极限 D_{max} 取决于所加电压 V_j，$D_{max}=kV_j$，k 为材料系数，各种材料的 D_{max} 与 k 值列于表 2-6 中，表 2-7 给出应用阳极反应所获薄膜材料的一些例子。

表 2-6 一些元素的薄膜厚度极限 D_{max} 和 k

元 素	Al	Ta	Nb	Ti	Zr	Si
k/(A/V)	3.5	16.0	43.0	15.0	12.0～13.0	3.5
D_{max}/μm	1.5	1.1			1.0	0.12

表 2-7 阳极反应沉积

作为阳极的基片	电 解 液	所获膜	参考文献
玻璃上的 Al	3%酒石酸用 NH_4OH 调至 pH=5.5	$Al/Al_2O_3/Al$	[192]
Si	在 CH_3OH 中的 KNO_3	SiO_2	[193]
InP	酒石酸/丙烯醇调至 pH=2～12	InP	[194a]
InP	在甘醇中 40%硼酸和 2% NH_3	InP	[194b]
Ni	0.1mol/L KOH	氧化镍	[195]
Mo	乙酸	氧化钼	[196]
$Pb_{1-x}Sn_xSe(x\approx0.068)$	*N*-甲基氨基醋酸，水和丙烯醇	PbO，SnO_2 和氧化硒复合物	[197]
$Al_xGa_{1-x}As$	*N*-甲基氨基醋酸，用 NH_4OH 调 pH=8.0～8.5	氧化膜	[198]
W	含 0.4mol/L KNO_3 和 0.04mol/L HNO_3 水溶液	氧化钨	[199]
$Hg_{1-x}Cd_xTe$	无水 Na_2S 溶液	硫化物	[200a]
Al	硼酸胺，用 0.2mol/L H_3PO_4 调至 pH=9.0，用 NaOH 调 pH=7.6	氧化铅	[200b]
$Cd_xHg_{1-x}Te(x=0.23)$	KOH	氧化物	[201]
Si	水	氧化硅	[202]
Ti	中性磷酸和硫酸溶液	氧化钛	[203]
InP	3%磷酸加丙烯醇	氧化物	[204]
Si	甘醇+0.04mol/L NH_4NO_3	氧化硅	[204]
Nb	0.1mol/L 草酸	氧化铷	[205]
Ti	0.5mol/L H_2SO_3	氧化钛	[206]
Al	40g/L 草酸	氧化铝	[207]
Cd	0.01mol/L NaOH + $y$mol/L Na_2S ($0\leqslant y\leqslant0.03$) 和 $x$mol/L NaOH+0.01mol/L Na_2S ($0.01\leqslant x\leqslant1$)	CdS	[208]
Si	0.04mol/L 硝酸铂+甘醇	氧化硅	[209]
SiNi	0.2mol/L KNO_3，溶液为甘醇	氧氮化物	[210]
Ta	0.1mol/L H_2SO_4 在去离子水中占 4%(体积分数)	氧化铊	[211]
Ta	不同酸	氧化铊	[212]
InP	复合水溶液	氧化物	[213]

第六节 LB 技术

利用分子活性在气液界面上形成凝结膜，将该膜逐次叠积在基片上形成分子层（或称膜）的技术由 Katharine Blodgtt 和 Irving Langmuir 在 1933 年发现，这一技术因此被称为 Langmuir-Blodgett（LB）技术。Gaines[214]讨论了有关 LB 膜的发展史。应用这一技术可以生长高质量、有序单原子层或多原子层，其介电强度较高。这些 LB 膜可以应用到电子仪器和太阳能转换系统上。LB 膜研究领域如今已有长足发展，大量材料如脂肪酸或其他长链脂肪族材料、用很短的脂肪链替代的芳香族以及其他相似材料可以形成高质量的 LB 膜。已有大量有关单层和多层 LB 膜的制备和表征的报道。在本节中将给出制备 LB 膜的一般原理和技术。

如果要形成起始的单层或多层膜，待沉积的分子一定要小心平衡其亲水性和不亲水性区，也就是说，长链一端应为亲水性（如 COOH），而在另一端为不亲水（如 CH_3）。脂肪酸分子结构适合于 LB 膜沉积，例如 $CH_3(CH_2)_{16}COOH$ 有 16 个 CH_2 基团在一端形成 CH_3 链体，而在另一端形成 COOH 链体。

在 Langmuir 原始方法中[215]，一清洁亲水基片在待沉积单层扩散前浸入水中，然后单层扩散并保持在一定的表面压力状态下，基片沿着水表面缓慢被抽出，则在基片上形成一单层膜。这项沉积技术原理简单[216,217]。基片在易挥发溶剂中溶解，其溶液在水表面上扩散，称为亚相，溶剂挥发，不溶分子漂浮在表面上，且无序分布［图 2-18(a)］。通过加上合适的恒定表面压力，分子被压紧，分子的长轴水平面垂直而有序排列［图 2-18(b)］。由于 LB 膜较脆，压缩时一定小心以避免膜在亚相表面的崩塌，从而保持膜原来的均匀性，整个系统应该避免振动。在 LB 膜技术中，也可以将金属引入到水中得到金属盐，例如，为了获得锰硬脂酸盐，Pomerantz 和 Segmuller[218]使用包含 Mn^{2+} 的水，其浓度为 10^{-3}mol/L。当清洁固态基片通过表面插入和抽取时，在表面上即形成单层膜。所形成的膜可以黏着在亲水（如 Al_2O_3、MgO、SiO_2）或不亲水基片（如纯 Au、Ag、Ge）上。所形成膜的类型分为 X、Y 和 Z。如果沉积层只在基片下降时得到，这样的沉积或制造的膜称为 X 型；当基片下降或抽取时实现膜的沉积则此膜为 Y 型，这一类型膜最为常见；当只有在基片抽取时发生膜沉积，此时获得的膜称为 Z 型。这一沉积模式是不常见的。

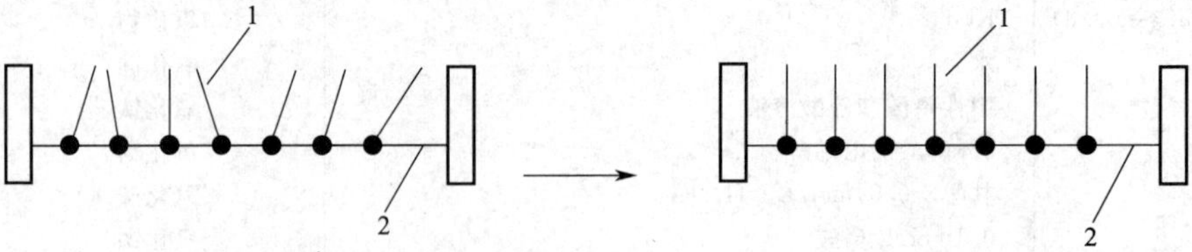

(a) 分子取向无序　　(b) 压缩后垂直取向

图 2-18　在水表面（亚相）上分散的分子

1—分子；2—水

制备 Y 型膜的过程如下：首先将不亲水的基片通过分子单层插入到水中，单分子层在基片运动的方向上折起，然后平铺在基片上［图 2-19(a)］，当抽取基片时，分子层沿基片运动方向卷起，形成第二层［图 2-19(b)］，基片下一个向下运动沉积了第三层［图 2-19(c)］，等等。最后得到的分子层为偶数层。膜的上下表面由不亲水的甲基团组成。

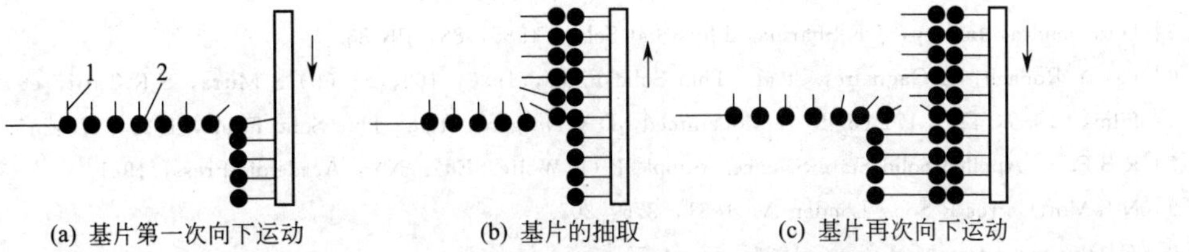

图 2-19 在不亲水基片上 Y 型多层膜的沉积示意图

1—甲基团；2—羧基团

当亲水基片浸入到水中时会完全润湿，形成如图 2-20(a) 所示的弯液面，当沉积发生时，弯液面在与基片运动的同一方向上卷曲。故此，在基片最初的浸润时，将不会形成沉积。在抽取基片时，薄膜将沉积在基片上［弯月形曲线——分子层沿基片运动方向折起，如图 2-20(b) 所示］。分子亲水点附在基片表面的亲水点处，可见基片表面变成非亲水性。在第二个浸入过程中，发生薄膜沉积，导致表面变成亲水性。重复这一过程，最终形成由奇数个层构成的多层膜而结束［如图 2-20(c)］。这里可见到薄膜不是在第一次浸润时形成，而是在抽取时和随后的沉积时形成，但所获得膜仍为 Y 型。

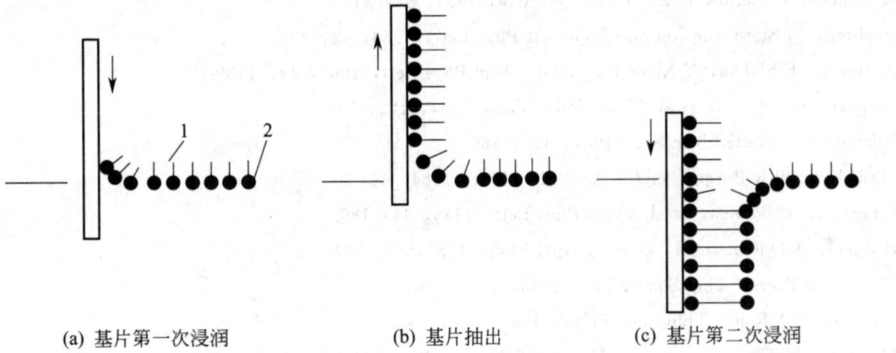

图 2-20 在亲水基片上沉积 Y 型多层分子膜

1—甲基团；2—羧基团

在决定沉积膜的质量时亚相起着十分重要的作用。最好的液体为超纯水，因为它具有非常高的表面张力。所沉积薄膜的性质也取决于 pH 值和亚相温度，基片表面质量和化学组分以及浸入速度和漂浮单层的寿命也很重要。涉及制备 LB 膜的许多参数提供了多样性优点。

在制备高质量 LB 膜时表面压力是一关键因素。获得恒定表面压力以及准确测定这些压力的各种技术已有报道，详细情况可参考相关文献。为沉积 LB 膜，人们使用了单移动阻挡层[219]，旋转阻挡层[220]，恒定周长阻挡层[221]和其他系统。Robert[222]对如何制备和表征 LB 膜做了评述，并总结了 LB 膜在基础科学和应用方面的重要性。近来 LB 膜研究热点集中在电子和非线性光学方面的应用，由此导致了高度复杂 LB 沉积系统的开发和研制[223～225]。

参 考 文 献

[1] C M Wilmsen. Thin Solid Films，1976，39：105.
[2] S K Sharma，S L Pandey. Thin Solid Films，1979，62：209.
[3] N p Sinha，M Misra. Thin Solid Films，1979，62：209.

[4] C D fung, J J Kopanski. Appl Phys Lett, 1984, 45: 757.
[5] D Raviendra, Sudeep, J K Sharma. Phys Stat Sol a, 1985, 88: PK 83.
[6] (a) Y Robach, A Gagnaire, et al. Thin Solid Films, 1988, 162: 81 (b) S Mitra, S R Tatti, et al. Thin Solid Films, 1989, 177: 171 (c) M A Mohammed, D V Norgan, et al. Thin Solid Films, 1989, 176: 45.
[7] R B Fair. Applied Solid State Science. Suppl 2B (R Wolfe. Ed). NY: Academic Press, 1981.
[8] N F Mott. Proc R Soc. Londen A, 1981, 376: 207.
[9] A Atkinsom. Rev Mod Phys, 1985, 57: 437.
[10] N F Mott. Phil Mag, 1987, B55: 117.
[11] J P Ponpon, J J Grob, et al. J Appl Phys, 1986, 59: 3962.
[12] J George, V Pradeep, et al. Thin Solid Films, 1986, 144: 255.
[13] S K Gandhi, R J Field, et al. Appl Phys Lett, 1980, 37: 449.
[14] T F Kuech, M Maenpaa, et al. Appl Phys Lett, 1981, 39: 245.
[15] K B Sundaran, G K Bhagarat. J Phys D: Appl Phys, 1981, 14: 333.
[16] M Suzuki, H Onodera, et al. Appl Phys Lett, 1981, 39: 345.
[17] M Sano, M Aoki. Thin Solid Films, 1981, 83: 247.
[18] H O Pierson, A M Mullendore. Thin Solid Films, 1982, 72: 511.
[19] Y Tamura, K Sugiyama. Thin Solid Films, 1982, 88: 269.
[20] M Akhtar, V l Dalal, et al. Appl Phys Lett, 1982, 41: 1146.
[21] A M Mancini, P Pierini, et al. J Cryst Growth, 1983, 62: 34.
[22] E Kinsbron, M Sternheim, et al. Appl Lett Phys Lett, 1983, 42: 835.
[23] W A Metz, J E Mahan, V Malhotra, et al. Appl Phys Lett, 1984, 44: 1139.
[24] L I Popova, B Z Antov, et al. Thin Solid Films, 1984, 122: 153.
[25] K Nakamura. J Electrochem Soc, 1984, 131: 269.
[26] T J Donahue, W R Burger, et al. Appl Phys Lett, 1984, 44: 346.
[27] P K Tedrow, V Ilderem, et al. Appl Phys Lett, 1985, 46: 189.
[28] H H Busta, A D Feinerman, et al. J Appl Phys, 1985, 58: 987.
[29] A J Learn, B Baerg. Thin Solid Films, 1985, 130: 103.
[30] R D Tarey, T A Raju. Thin Solid Films, 1985, 128: 181.
[31] A K Sexana, R Thankaraj, et al. Thin Solid Films, 1985, 131: 121.
[32] B Verstegen, F H P M Habraken, et al. J Appl Phys, 1985, 57: 2766.
[33] C Weuczorak. Thin Solid Films, 1985, 126: 227.
[34] W Ahmed, B Meakin. J Cryst Growth, 1986, 79: 394.
[35] H Matsumura. Jpn J Appl Phys, 1986, 25: L949.
[36] A M Manci, L Vasanelli, et al. J Cryst. Growth, 1986, 79: 734.
[37] D W Foster, A J Learn. J Vac Sci Technol, 1986, B4: 1182.
[38] S S Dana, J R Maldonado. J Vac Sci Technol, 1986, B4: 235.
[39] A E Wudmer, R F Fehlmann. Thin Solid Films, 1986, 138: 131.
[40] P Vander Putte, D K Sadana, et al. Appl Phys Lett, 1986, 49: 1723.
[41] B A Lombos, D Cote, et al. J Cryst Growth, 1987, 79: 455.
[42] W P Sun, H J Lin, et al. Thin Solid Films, 1987, 146: 55.
[43] S Steven, R E Hegedus, et al. J Appl Phys, 1987, 61: 381.
[44] M Yamanaka, H Daimon, et al. J Appl Phys, 1987, 61: 599.
[45] S R Kurtz, R Gordon. Thin Solid Films, 1987, 147: 167.
[46] G T Stauf, D C Driscoll, et al. Thin Solid Flims, 1987, 153: 421.
[47] D J Cheng, W P Sun, et al. Thin Solid Films, 1987, 146: 45.
[48] C A Dimitriadis, P A Coxon. J Appl Phys, 1988, 64: 1601.

[49] M Kojima, H Kato, et al. J Appl Phys, 1988, 64: 1902.
[50] Y Yoshimoto, T Suzuki, et al. Thin Solid Films, 1988, 162: 273.
[51] M K Hatalis, D W Greve. J Appl Phys, 1988, 63: 2260.
[52] D W Kim, Y J Park, et al. Thin Solid Films, 1988, 165: 149.
[53] U Jason, J O Carlsson, et al. Thin Solid Films, 1989, 172: 81.
[54] A Harsta, J Carlsson. Thin Solid Films, 1989, 176: 263.
[55] S Motojima, K Funahashi, et al. Thin Solid Flims, 1989, 189: 73.
[56] Y Zhong, M C Ozturk, et al. Appl Phys Lett, 1990, 57: 2092.
[57] K Nakamura. J Electrochem Soc, 1985, 132: 1757.
[58] Y K Fang, S L Hsu. J Appl Phys, 1985, 57: 2980.
[59] O B Ajayi, M S Akanni, et al. Thin Solid Films, 1986, 138: 91.
[60] R A Levy, P K Gallegher, et al. J Electrochem, 1987, 143: 430.
[61] J J Engelhardt, G W Webb. Solid State Commun, 1976, 18: 837.
[62] (a) M Sasaki, M Koyano, et al. Thin Solid Films, 1988, 158: 123. (b) S R Vishwakarma, J P Upadhyay, et al. Thin Solid Films, 1989, 176: 99. (c) H Matsumura, H Ihara, et al. in Proceedings of the IEEE Photovoltaic Specialist Conference (A M Barnet. Ed). Las Vegas, 1985, p 1277 (d) H Matsumura. Appl Phys Lett, 1987, 51: 804 (e) H Matsumura, Jpn J. Appl Phys, 1989, 28: 2157 (f) C A Vander Jengd, G I Lensink, et al. Appl Phys Lett, 1990, 57: 354.
[63] S D Allen, R Y Jan, et al. J Appl Phys, 1985, 58: 327.
[64] S D Allen, A B Trigubo, et al. Mater Res Soc Symp Proc, 1983, 17: 207.
[65] R W Bigelow, J G Black, et al. Thin Solid Films, 1982, 94: 233.
[66] T R Jervis. J Appl Phys, 1985, 58: 1400.
[67] T H Baum, C R Jones. Appl Phys Lett, 1985, 47: 538.
[68] M Hanubasa, S Moriama, et al. Thin Solid Films, 1983, 107: 227.
[69] (a) F Shaapur, S D Allen. J Appl Phys, 1986, 60: 470 (b) D Tonneau, G Auvert, et al. Thin Solid Films, 1988, 155: 75 (c) T H Baum. Proc SPIE Int Soc Opt Eng, 1990, 1190: 188.
[70] C R Jones, F A Houle, et al. Appl Phys Lett, 1985, 46: 97.
[71] A E Adams. Photochemical Processing of Semiconductor Materials and Devices Synposium. UK: Wembly, 1985.
[72] M S Chiu, Y G Tseng, et al. Opt Lett, 1985, 10: 113.
[73] R Solanki, W H Richie, et al. Appl Phys Lett, 1983, 43: 454.
[74] (a) K Hamano, Y Numazawa, et al. Jpn J Appl Phys, 1984, 23: 1290. (b) A Tate, K Jinguji, et al. J Appl Phys, 1986, 59: 932 (c) S Motojima, H Mizutane. Appl Phys Lett, 1989, 54: 1104.
[75] K Kumata, U Itoh, et al. Appl Phys Lett, 1986, 48: 1380.
[76] T L Pollock, H S Sandhu, et al. J Am Chem Soc, 1973, 95: 1017.
[77] H Niki, G J Mains. J Phys Chem, 1964, 68: 304.
[78] M Konagai. Tech Digest Int, 1987, PUSEC-3: 15.
[79] (a) W Y Kim, M Konagai, et al. Jpn J Appl Phys, 1988, 27: L948 (b) A Yoshida, K Inone, et al. Appl Phys Lett, 1990, 57: 484.
[80] J Shirafugi, S Miyoshi, et al. Thin Solid Films, 1988, 157: 105.
[81] J M Jasinski, B S Meyerson, et al. J Appl Phys, 1987, 61: 431.
[82] V M Donnelly, D Brasen, et al. J Vac Sci Technol, 1986, A4: 716.
[83] V M Donnelly, M Geva, et al. Appl Phys Lett, 1984, 44: 951.
[84] V M Donnelly, D Brasen, et al. J Appl Phys Lett, 1985, 58: 2022.
[85] G A West, A Gupta, et al. Appl Phys Lett, 1985, 47: 476.
[86] W E Johnson, L A Schile. Appl Phys Lett, 1982, 40: 798.
[87] R Solanki, P K Boyer, et al. Appl Phys Lett, 1982, 41: 1048.

[88] P K Boyer, G A Roche, et al. Appl Phys Lett, 1982, 40: 716.
[89] R Solanki, G J Collins. Appl Phys Lett, 1983, 42: 662.
[90] J Y Tsao, R A Becker, et al. Appl Phys Lett, 1983, 42: 559.
[91] J G Eden, J E Greene, et al. Laser Diagnostics and Photochemical Processing of Semiconductor Devices. Boston: Symposium Proceeding, 1982. 185.
[92] T Inoue, M Kanagai, et al. Appl Phys Lett, 1983, 43: 774.
[93] T F Deutsch, D D Rathman. Appl Phys Lett, 1984, 45: 623.
[94] Y Hirota, O Mikami. Electron Lett, 1985, 21: 77.
[95] A Yamada, J Kenne, et al. Appl Phys Lett, 1985, 46: 272.
[96] S J C Irvine, J Giess, et al. J Vac Sci Technol, 1985, B3: 1450.
[97] A Yamada, S Nishida, et al. 18th Inernational Conference on Solid State Devices and Materials, 1986, 217.
[98] Y Kato, S Kurita, et al. J Appl Phys, 1987, 62: 3733.
[99] D P Norton, P K Ajmera. Appl Phys Lett, 1988, 53: 595.
[100] M Berti, M Meliga, et al. Thin Solid Films, 1988, 165: 279.
[101] H Nonaka, K Arai, et al. J Appl Phys, 1988, 64: 4168.
[102] K Inoue, M Okuyama, et al. Jpn J Appl Phys, 1988, 2 Lett: 2152.
[103] J Watanabe, M Hanabusa. J Mater Res, 1989, 4: 882.
[104] C J Kiely, T Tavitian, et al. J Appl Phys, 1989, 65: 3883.
[105] S Motojima, H Mizutani. Appl Phys Lett, 1989, 54: 1104.
[106] R R Munz, M Rothschild, et al. Appl Phys Lett, 1989, 54: 1631.
[107] S Motojima, H Mizatani. Thin Solid Films, 1990, 186: L17.
[108] B Discheler, E Bayer. J Appl Phys, 1990, 68: 1237.
[109] K Mutoh, Y Yamada, et al. J Appl Phys, 1990, 68: 1361.
[110] S Motojima, H Mizatani. Appl Phys Lett, 1990, 56: 916.
[111] Y Ron, A Revh, et al. Thin Solid Films, 1983, 107: 181.
[112] S C Brown. Introduction to Electrical Discharges in Gases. New York: Wiley, 1966.
[113] F K McTaggard. Plasma Chemistry in Electrical Discharges. Amsterdam: Elsevier, 1967.
[114] J R Hoolhan, A T Bell, et al. Techiques and Applications of Plasma Chemistry. Wiley, New York: 1974.
[115] D W Hess. Annu Rev Mater Sci, 1986, 16: 163.
[116] H F Sterling, R W Warren. Solid State Electron, 1965, 8: 653.
[117] R G G Swan, R R Mehta, et al. J Electrochem Soc, 1967, 114: 713.
[118] J R Hollahan, R S Rosler. in Thin Film Pocesses. New York: Academic Press, 1978. 335.
[119] S M Ojha. in Physics of Thin Films Vol 12. New York: Academic Press, 1982. 237.
[120] K Matsushita, T Sato, et al. IEEE Trans Electron Devices, 1984, 31: 1092.
[121] R S Rosler, G E Engle. J Vac Sci Technol, 1984, B2: 733.
[122] S V Nguyen. J Vac Sci Technol, 1986, B4: 1159.
[123] E Grossman, A Grill, et al. Thin Solid Films, 1984, 119: 349.
[124] K Montasser, S Hattori, et al. Thin Solid Films, 1984, 117: 311.
[125] C M Horwitz, D R Mckenzie. Appl Surface Sci, 1985, 22/23: 925.
[126] T J Donahue, R Reif. J. Appl Phys, 1985, 57: 2757.
[127] O Matsumoto, H Toshima, et al. thin Solid Films, 1985, 128: 341.
[128] T H Yuzuriha, W E Mlynko, et al. J Vac Sci Techol, 1985, A3: 2135.
[129] J Shirafuji, S Nagata, et al. J Appl Phys, 1985, 58: 3661.
[130] (a) K D Msckenzie, J R Eggert, et al. Phys Rev B, 1985, 31: 2198 (b) L M Williams. Appl Phys Lett, 1985, 46: 43.
[131] P Mayr, H R Stock. J Vac Sci Techol, 1986, A4: 2726.

[132] P G Pai, S S Chao, et al. J Vac Sci Technol, 1986, A4: 689.
[133] J Kolodzey, S Aljishi, et al. J Vac Sci Technol, 1986, A4: 2499.
[134] H Watanabe, K Katoh, et al. Thin Solid Films, 1986, 136: 77.
[135] T H Yuzuriha, D W Hess. Thin Solid Films, 1986, 140: 199.
[136] D E Eagle, W I Milne. Thin Solid Films, 1987, 147: 259.
[137] R Vanerjee, S Ray. J Non cryst Solids, 1987, 89: 1.
[138] V S Dharmadhikari. Thin Solid Films, 1987, 153: 459.
[139] N J Ianno, J A Plaster. Thin Solid Films, 1987, 147: 193.
[140] H Itoh, M Kato, et al. Thin Solid Films, 1987, 146: 255.
[141] M R Hilton, G j Vandentop, et al. Thin Solid Films, 1987, 154: 377.
[142] J E Schoenholtz, D W Hess. Thin Solid Films, 1987, 148: 285.
[143] L N Aleksandrov, I I Belousov, et al. Thin Solid Film, 1988, 157: 337.
[144] (a) R V Livengood, D W Hess. Thin Solid Films, 1988, 162: 59 (b) S Ohi, W R Burger, et al. Appl Phys Lett, 1988, 53: 891.
[145] G Ganguly, J Dutta, et al. Phys Rev B, 1989, 40: 3830.
[146] M Shimozuma, G Tochitani, et al. J Appl Phys, 1989, 66: 447.
[147] R Murri, L Schiavulli, et al. Thin Solid Film, 1989, 182: 105.
[148] I Montero, O Sanchez, et al. Thin Solid Film, 1989, 175: 49.
[149] O S Panwar, P N Dixit, et al. Thin Solid Film, 1989, 176: 79.
[150] (a) S Koizumi, T Murakame, et al. Thin Solid Film, 1989, 177: 253 (b) D W Kim, Y J Park, et al. Thin Solid Film, 1989, 165: 149.
[151] J W Osenbach, J L Zell, et al. J Appl Phys. 1990, 67: 6830.
[152] (a) S Koizumi, T Murakame, et al. Appl Phys Lett. 1990, 57: 563 (b) X Jiang, K Reichelt, et al. J Appl Phys. 1990, 68: 1018.
[153] F Zhang, Y Zhang, et al. Appl Phys Lett. 1990, 57: 1467.
[154] S C Kim, M H Jung, et al. Appl. Phys. Lett. 1991, 58: 281.
[155] H Sakai, K Maruyama, et al. Proceedings of the 17th IEEE Photovoltaic Specialists Conference. Florida: 1984. 76.
[156] A C Adams. Solid State Technol. 1983, 26: 135.
[157] P D Richard, R J Markunas, et al. J Vac Sci Technol, 1985, A3: 867.
[158] G Lucovsky, P D Richard, et al. J Vac Sci Technol, 1986, A4: 681.
[159] S V Hattangady, G G Fountain, et al. J Vac Sci Technol, 1989, A7: 570.
[160] H Mito, A Sekiguchi. J Vac Sci Technol, 1986, A4: 475.
[161] I Kato, S Wakana, et al. Jpn J Appl Phys, 1982, 21: L470.
[162] S Kimura, E Murakami, et al. J Electrochem Soc, 1985, 132: 1460.
[163] (a) S Zaima, Y Yasuda, et al. 18th Conference on Solid State Devices and Materials. Tokyo: 1986. 249 (b) S R Mejia, R D McCleod, et al. Rev Sci Instrum, 1986, 57: 493 (c) S Matsuo. Abstracts 16th International Conference on Solid State Device and Materials. Kobe: 1984. 459 (d) T Ono, C Takanashi, et al. Jpn J Appl Phys. 1984, 23: L534 (e) K Wakita, S Matsuo. Jpn J Appl Phys. 1984, 23: L556 (f) T Watanabe, K Azuma, et al. Jpn J Appl Phys. 1986, 25: 1805 (g) K Kobayashi, M Hayama, et al. Jpn J Appl Phys. 1987, 26: 202 (h) M Kitagawa, K Setsune, et al. Jpn J Appl Phys. 1988, 27: 2026 (i) F S Pool, Y H Shing. J Appl Phys. 1990, 68: 62 (j) K Shirai, S Gonda. J Appl Phys. 1990, 67: 6281 (k) J Asmussen. J Vac Sci Technol. 1989, A7: 853.
[164] (a) K Suzuki, A Sawabe, et al. Appl Phys Lett. 1987, 50: 728 (b) F Jansen, D Kuhman, et al. J Vac Sci Technol. 1989, A7: 3136.
[165] K Ebihara, S Maeda. J Appl Phys, 1985, 57: 2482.

[166] (a) K Ebihara, S Kanazawa, et al. J Appl Phys, 1988, 64: 1440 (b) M M Rahman, C Y Yang, et al. J Appl Phys, 1990, 67: 7065 (c) S Bausch, B Sailer, et al. Appl Phys Lett, 1990, 57: 25 (d) J W Liu, W T Zheng, et al. Carbon, 2007, 45: 668-689.
[167] D S Campbell. in Hand of Thin Film Technology. New York: McGraw, 1970. Ch5.
[168] F A Lowenheim. in Thin Film Processes. New York: Academic Press, 1978. 209.
[169] S Chandra, S N Sahu. J Phys D. Appl Phys, 1994, 17: 2115.
[170] D Ravienda, J K Sharma. Phys Stat Sol a, 1985, 88: 365.
[171] G Hodes, T Engelhard, et al. Thin Solid Films, 1985, 128: 93.
[172] E Fates, P Herrasti, et al. J Mater Sci Lett, 1986, 5: 583.
[173] M Takahashi, K Vosaki, et al. J Appl Phys, 1986, 60: 2046.
[174] M Fracastoro-Decker, J L S Ferreira, et al. Thin Solid Films, 1987, 147: 291.
[175] A E Rakshani, J Varghese. Thin Solid Films, 1988, 157: 87.
[176] K S Balakrishnan, A C Rastogi. Thin Solid Films, 1988, 163: 279.
[177] Y Ueono, H Kawai, et al. Thin Solid Films, 1988, 157: 159.
[178] P Sircar. Appl Phys Lett, 1988, 53: 1184.
[179] W Mindt. J Electrochem Soc, 1971, 118: 93.
[180] Y Ueno, Y Kojima, et al. Thin Solid Films, 1990, 19: 91.
[181] N Khare, G Razzine, et al. Thin Solid Films, 1990, 186: 113.
[182] R N Bhattacharya, P Pramanik. Bull Mater Sci, 1980, 2: 287.
[183] R P Goyal, G Raviendra, et al. Phys Stat Sol a, 1985, 87: 79.
[184] D Raviendra, J K Sharma. J Phys Chem Solids, 1985, 46: 945.
[185] D Raviendra, J K Sharma. J Appl Phys, 1985, 58: 838.
[186] M Abe, Y Tamaura. J Appl Phys, 1984, 55: 2614.
[187] P K Nair, M T S Nair. Solar Cells, 1987, 22: 103.
[188] S V S Tyagi, V K Tandon, et al. Bull Mater Sci, 1986, 8: 433.
[189] E L Nicholson, M R Khan. J Electrochem Soc, 1986, 133: 2342.
[190] M Ristov, G J Sinadinovski, et al. Thin Solid Films, 1987, 149: 65.
[191] (a) K Koiwa, M Usuda, et al. J Electrochem Soc, 1988, 135: 1222 (b) L Zhihui, Y Chen, et al. Thin Solid Films, 1989, 182: 255 (c) G T Duncan, J C Banter. Plat Surface Finish, 1989, 76: 54 (d) A Gupta, A S N Murthy. J Mater Sci Lett, 1989, 8: 559 (e) M Lambert, D J Duquette. Thin Solid Films. 1989, 177: 207 (f) J E A M van den Meerakker. Thin Solid Films, 1989, 173: 139 (g) A Molenaar, J W G de Bakker. J Electrochem Soc, 1989, 136: 378.
[192] A Akschi. Thin Solid Films, 1981, 80: 395.
[193] A G Abdullayev, A M Karnaukhov, et al. Thin Solid Films, 1981, 79: 113.
[194] (a) A Yamanoto, M Yamaguchi, et al. J Electrochem Soc, 1982, 129: 2795 (b) D De Cogan, G Eftekhart, et al. Thin Solid Films, 1982, 91: 277.
[195] W Visscher, E Barendrecht. Surface Sci, 1983, 135: 436.
[196] D J Desmet. J Electrochem Soc, 1983, 130: 280.
[197] S C Gupta, H J Richter. J Electrochem Soc, 1983, 130: 1469.
[198] J Yu, Y Aoyagi, et al. J Appl Phys, 1984, 56: 1895.
[199] F M Nazar, F Mahmood. Int J Electron, 1984, 56: 57.
[200] (a) Y Nemirovsky, L Burstein. Appl Phys Lett, 1984, 44: 443 (b) G F Pastore. Thin Solid Films, 1985, 123: 9.
[201] E Bertagnolli. Thin Solid Films, 1986, 135: 267.
[202] F Gaspard, A Halimaoni. Proceedings of the INFOS 85 International Conference. North Holland: 1986. 251.
[203] T Ohtsuka, J Guo, et al. J Electrochem Soc, 1986, 133: 2473.
[204] S K Sharma, B C Chakravarty, et al. Thin Solid Films, 1988, 163: 373.

[205] R K Nigam, K C Singh, et al. Thin Solid Films, 1988, 158: 245.
[206] R M Torresi, C P De Pauli. Thin Solid Films, 1988, 162: 353.
[207] I Farnan, R Dupree, et al. Thin Solid Films, 1989, 173: 209.
[208] S B Saidman, J R Vilche, et al. Thin Solid Films, 1989, 182: 185.
[209] G Mende, E Hensel, et al. Thin Solid Films, 1989, 168: 51.
[210] I Montero, O Sanchez, et al. Thin Solid Films, 1989, 175: 49.
[211] M A Mohammed, D V Morgan. Thin Solid Films, 1989, 176: 45.
[212] K C Kalra, P Katval, et al. Thin Solid Films, 1989, 177: 35.
[213] J Van de Ven, J J M Binsma, et al. J Appl Phys, 1990, 67: 7568.
[214] G L Gaines. Thin Solid Films, 1983, 99: IX..
[215] I Langumuir. Trans Faraday Soc, 1920, 15: 62.
[216] G L Gaines. Insoluble Monolayers at the Liquid-Interface. New York: 1966.
[217] V K Srivastava. Physics of Thin Films. Vol. 7. New York: Academic Press, 1973. 311.
[218] M Pomerantz, A Segmuller. Thin Solid Films, 1980, 68: 33.
[219] C W Pitt, L M Walpita. Thin Solid Films, 1980, 68: 101.
[220] P Fromherz. Rev Sci Instrum, 1980, 46: 1380.
[221] G G Robertz, W A Barlon, et al. Phys Technol, 1981, 12: 69.
[222] G G Robertz. Adv Phys, 1985, 34: 475.
[223] M F Daniel, J C Dolphin, et al. Thin Solid Films, 1985, 133: 235.
[224] G Hunger, L Lorrain, et al. Rev Sci Instrum, 1987, 58: 285.
[225] (a) K Miyano, T Maeda, Rev Sci Instrum, 1987, 58: 428. (b) T Kasuga, H Kumehara, et al. Thin Solid Films, 1989, 178: 183. (c) B R Malcolm. Thin Solid Films, 1989, 178: 191.

第三章 薄膜制备的物理方法

如前一章所述，化学气相沉积方法所得到的薄膜材料是由反应气体通过化学反应而实现的，因此，对于反应物和生成物的选择具有一定的局限性。同时，由于化学反应需要在较高的温度下进行，基片所处的环境温度一般较高，这样也就同时限制了基片材料的选取。相对于化学气相沉积这些局限性，物理气相沉积（physical vapor deposition，PVD）则显示出独有的优越性，它对沉积材料和基片材料均没有限制。故此，我们在这一章中将详细介绍物理气相沉积的原理和方法。

物理气相沉积过程可概括为三个阶段：从源材料中发射出粒子；粒子输运到基片；粒子在基片上凝结、成核、长大、成膜。

由于粒子发射可以采用不同的方式，因而物理气相沉积技术呈现出多种不同形式，下面我们将就每一种具体物理气相沉积技术加以详细介绍。

第一节 真空蒸发

一、真空蒸发沉积的物理原理

真空蒸发沉积薄膜具有简单便利、操作容易、成膜速度快、效率高等特点，是薄膜制备中最为广泛使用的技术。这一技术的缺点是，形成的薄膜与基片结合较差、工艺重复性不好。在真空蒸发技术中，人们只需要产生一个真空环境。在真空环境下，给待蒸发物提供足够的热量以获得蒸发所必需的蒸气压。在适当的温度下，蒸发粒子在基片上凝结，这样即可实现真空蒸发薄膜沉积。

大量材料皆可以在真空中蒸发，最终在基片上凝结以形成薄膜。真空蒸发沉积过程由三个步骤组成：蒸发源材料由凝聚相转变成气相；在蒸发源与基片之间蒸发粒子的输运；蒸发粒子到达基片后凝结、成核、长大、成膜。

基片可以选用各种材料，根据所需的薄膜性质，基片可以保持在某一温度下。当蒸发在真空中开始时，蒸发温度会降低很多，对于正常蒸发所使用的压强一般为 10^{-5} Torr，这一压强能确保大多数发射出的蒸发粒子具有直线运动轨迹。基片与蒸发源的距离一般保持在 10～50cm 之间。

大多数蒸发材料的蒸发是液相蒸发，也有一些属直接固相蒸发。根据 Knudsen 理论[1]，在时间 $\mathrm{d}t$ 内，从表面 A 蒸发的最大粒子数 $\mathrm{d}N$ 为：

$$\frac{\mathrm{d}N}{A\,\mathrm{d}t}=(2\pi mkT)^{-1/2}p \tag{3-1}$$

其中，p 是平衡压强；m 为粒子质量；k 为玻耳兹曼常数；T 为热力学温度。

在真空中，单位面积清洁表面上粒子的自由蒸发率由 Langmuir 表达式[2]给出：

$$m_e = 5.83 \times 10^{-2} p(M/T)^{1/2} \tag{3-2}$$

式中，M 为气体的分子量；p（约 10^{-2} Torr）是平衡蒸气压。

蒸发粒子在基片上的沉积率则取决于蒸发源的几何尺寸、蒸发源相对于基片的距离以及凝聚系数等因素。

考虑一个理想情况，蒸发源是一清洁、均匀发射的点源，基片为一个平面，由 Knudsen 余弦定律所确定的沉积率则随 $\cos\theta/r^2$ 而变化，r 为蒸发源到接收基片的距离，θ 是径向矢量与垂直于基片方向的夹角（如图 3-1 所示）。如果 d_0 是在距点源正上方中心 h 处的沉积厚度，d 为偏离中心 l 处的厚度，则：

$$\frac{d}{d_0} = \frac{1}{[1+(l/h)^2]^{3/2}} \tag{3-3}$$

如果蒸发源为一平行于基片的小平面蒸发源，则有：

$$\frac{d}{d_0} = \frac{1}{[1+(l/h)^2]^2} \tag{3-4}$$

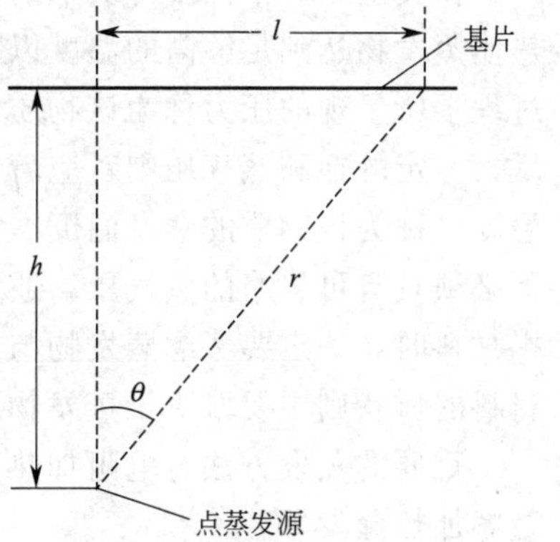

图 3-1 点蒸发源的发射

在真空蒸发过程中，基片不仅受到蒸发粒子轰击，而且也受到真空中残余气体的轰击，残余气体对薄膜生长和薄膜性质皆有重要影响。首先，当蒸发粒子在蒸发源到基片的输运过程中可能与气体分子发生碰撞，碰撞次数取决于分子的平均自由程，总数为 N_0、通过距离 l 没有发生碰撞的分子数 N 为：

$$N = N_0 \exp(-l/\lambda) \tag{3-5}$$

式中，λ 为残余气体的平均自由程。

通常薄膜沉积是在 10^{-5} Torr 或更高的真空下进行，蒸发粒子与残余气体分子的碰撞数可以忽略不计，因而蒸气粒子会沿直线行进。其次，薄膜会被真空系统中残余的气体严重污染，这一污染起源于沉积过程中残余气体分子对基片表面的撞击。残余气体分子的撞击率 N_g 由气体的运动学给出：

$$N_g = 3.513 \times 10^{22} \frac{p_g}{(M_g T_g)^{1/2}} \quad (\mathrm{cm^{-2}/s}) \tag{3-6}$$

式中，p_g 是在温度 T_g 下的平衡气体压强。

表 3-1 给出 25℃时，不同压强下，空气的平均自由程和一些其他相关数据。从表中可以看到，在通常所使用的真空条件和沉积率为 0.1nm/s 情况下，气体分子的冲击率是相当大的，这意味着如果气体的黏附系数不是小到可忽略的程度，则将有大量的气体吸附在基片上。为尽可能减小杂质污染，系统尽量采用超高真空（$<10^{-9}$ Torr）。

表 3-1 在 25℃时空气的平均自由程及一些其他相关数据

压强/Torr	平均自由程/cm	分子间每秒碰撞数	撞击率/(cm^{-2}/s)	每秒单层数
10^{-2}	0.5	9×10^{4}	3.8×10^{18}	4400
10^{-4}	51	900	3.8×10^{16}	44
10^{-5}	510	90	3.8×10^{15}	4.4
10^{-7}	5.1×10^{4}	0.9	3.8×10^{13}	4.4×10^{-2}
10^{-9}	5.1×10^{6}	9×10^{-3}	3.8×10^{11}	4.4×10^{-4}

二、真空蒸发技术

真空蒸发系统一般由三个部分组成：真空室；蒸发源或蒸发加热装置；放置基片及给基片加热装置。

在真空中为了蒸发待沉积的材料，需要容器来支撑或盛装蒸发物，同时，需要提供蒸发热使蒸发物达到足够高的温度以产生所需的蒸气压。在一定温度下，蒸发气体与凝聚相平衡过程中所呈现的压力称为该物质的饱和蒸气压。物质的饱和蒸气压随温度的上升而增大，相反，一定的饱和蒸气压则对应着一定的物质温度。规定物质在饱和蒸气压为 10^{-2} Torr 时的温度，称为该物质的蒸发温度。为避免污染薄膜材料，蒸发源中所用的支撑材料在工作温度下必须具有可忽略的蒸气压，通常所用的支撑材料为难熔金属和氧化物。当选择某一特殊支撑材料时，一定要考虑蒸发物与支撑材料之间可能发生的合金化和化学反应等问题，而支撑材料的形状则主要取决于蒸发物。

重要的蒸发方法有电阻加热蒸发、闪烁蒸发、电子束蒸发、激光熔融蒸发、弧光蒸发、射频加热蒸发等。

（一）电阻加热蒸发

常用的电阻加热蒸发法是将待蒸发材料放置在电阻加热装置中，通过电路中的电阻加热，给待沉积材料提供蒸发热使其汽化。在这一方法中，经常使用的支撑加热材料是难熔金属钨、铊、钼，这些金属皆具有高熔点、低蒸气压特点。支撑加热材料一般采用丝状或箔片形状，如图 3-2 所示。电阻丝和箔片在电路中的连接方式是直接将其薄端连接到较重的铜或不锈钢电极上。图 3-2(a) 和图 3-2(b) 所示的加热装置由薄的钨/钼丝制成（直径 0.05～0.13cm）。蒸发物直接置于丝状加热装置上，加热时，蒸发物润湿电阻丝，通过表面张力得到支撑。一般的电阻丝采用多股丝，这样会比单股丝提供更大的表面积。这类加热装置有四个主要缺点：

① 它们只能用于金属或某些合金的蒸发；

② 在一定时间内，只有有限量的蒸发材料被蒸发；

③ 在加热时，蒸发材料必须润湿电阻丝；

④ 一旦加热，这些电阻丝会变脆，如果处理不当甚至会折断。

凹箔［图 3-2(c)］由钨、铊或钼的薄片制成，厚度一般在 0.005～0.015in（1in＝25.4mm）。当只有少量的蒸发材料时最适合于使用这一蒸发源装置。在真空中加热后，钨、

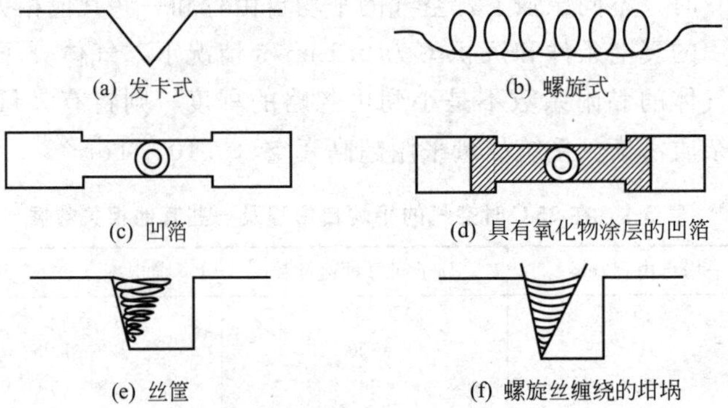

图 3-2 电阻丝和箔片蒸发装置

铊或钼都会变脆，特别是当它们与蒸发材料发生合金化时更是如此。氧化物涂层凹箔［图3-2(d)］也常用作加热源，厚度约为0.025cm的钼或铊箔由一层较厚的氧化物所覆盖，这样的凹箔加热源的工作温度可达到1900℃，这种加热源所需功率远大于未加涂层的凹箔，这是由于加热源与蒸发材料之间的热接触已大大减少。锥形丝筐［图3-2(e)］加热源用于蒸发小块电介质或金属，蒸发材料熔化时，或者升华，或者不润湿源材料。石英、玻璃、氧化铝、石墨、氧化铍、氧化锆坩埚［图3-2(f)］用于非直接的电阻加热装置中。多种Knudsen加热装置[3]使人们能够获得沉积均匀的薄膜，对各种蒸发装置有关书籍已有详尽描述[4~6]，这里不再赘述。目前，尽管许多新型、复杂的技术用于制备薄膜材料，但电阻加热蒸发法仍是实验室和工业生产制备单质[7~10a]、氧化物、介电质、半导体化合物薄膜[10b~12]的最常用方法。

在应用电阻加热法制备高温超导氧化物薄膜时，组成氧化物的元素[13]或化合物[14]通过电阻加热同时被蒸发，然后在氧气气氛下退火使所沉积的薄膜材料具有超导相。Azoulay和Goldschmidt报道：通过对Cu、BaF_2和YF_3的一层层蒸发而制备了Y-Ba-Cu-O薄膜，采用的基片材料为$SrTiO_3$，他们对所沉积的薄膜进行了退火处理。

电阻加热蒸发法的主要缺点是：

① 支撑坩埚及材料与蒸发物反应；

② 难以获得足够高的温度使介电材料如Al_2O_3、Ta_2O_5、TiO_2等蒸发；

③ 蒸发率低；

④ 加热时合金或化合物会分解。

（二）闪烁蒸发法

在制备容易部分分馏的多组元合金或化合物薄膜时，一个经常遇到的困难是所得到的薄膜化学组分偏离蒸发物原有组分。应用闪烁蒸发（或称瞬间蒸发）法可克服这一困难。闪烁蒸发法中，少量待蒸发材料以粉末的形式输送到足够热的蒸发盘上以保证蒸发在瞬间发生。蒸发盘的温度应该足够高，使不容易挥发的材料快速蒸发。当一粒蒸发物蒸发时，具有高蒸气压的组元先蒸发，随后是低蒸气压组元蒸发。实际上，在不同的分馏阶段，蒸发盘上总是存在一些粒子，因为送料是连续的。但在蒸发时不会有蒸发物聚集在蒸发盘上，瞬间分立蒸发的净效果是蒸气具有与蒸发物相同的组分。如果基片温度不太高，允许再蒸发现象发生，则可以得到理想配比化合物或合金薄膜。将粉料输送到加热装置中可以使用不同的装置（机械、电磁、振动、旋转等）。

Harris和Siegel[15]首次采用了闪烁蒸发这一方法，他们采用驱动马达传送带作为输运装置，而Campbell和Hendry[16]则使用了电磁振动输送装置制备Ni-Cr合金薄膜。闪烁蒸发技术已用于制备Ⅲ-Ⅴ族化合物[16]、半导体薄膜[17~19]。Ellis[20]使用闪烁法制备了硫化铜薄膜，Platakis和Gatos研制了以U型管作为蒸发源的闪烁蒸发技术，采用这一技术可以制备结构和化学性质十分均匀的半导体化合物薄膜。Tyagi[21]等人使用了简便的闪烁蒸发装置，这一装置可以很容易地置于真空涂层装置中。作为蒸发源的沟型石英坩埚，通过钽丝可加热到1200℃，他们应用这一装置制备了PbS和PbS-Ag薄膜。实验结果表明，应用这一装置可以避免分解和掺杂分离现象的出现。George和Radhakrishnan使用闪烁蒸发法制备了Sb_2S_3薄膜，他们所采用的填料装置与Campbell和Hendry两人所使用的电磁振动填料装置相似，其装置的示意图见图3-3。图中的低碳钢盘M可通过在轴上的螺旋调节。当电磁铁通上电流时，M盘即会被电磁铁E吸引。改变通电电流的周期可以得到所希望的低碳钢盘振动频率。管式玻璃管的作用是将粉料输送到蒸发盘上，整个装置封入到内部为真空的铝罩中。Gheorghiu[22]等人采用类似的系统设备，制备了GaP和GaSb多晶薄膜。

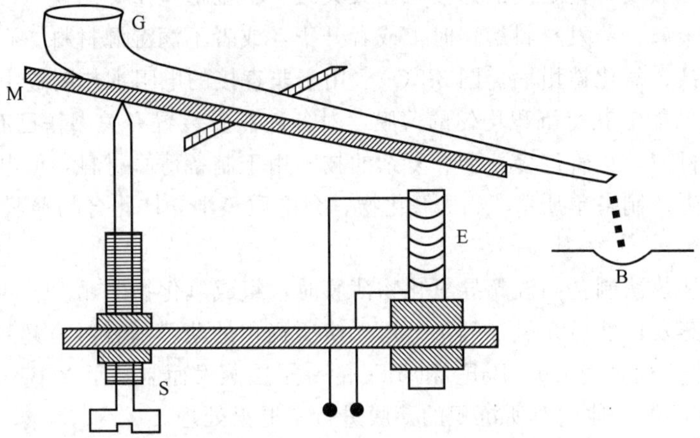

图 3-3　闪烁蒸发装置示意图

M—低碳钢盘；G—管式玻璃管；S—中轴；E—电磁铁；B—钼蒸发盘

应用闪烁蒸发技术制备半导体化合物薄膜也有一些相关报道[23～27]。Sridevi 和 Reddy 使用简单的闪烁蒸发技术制备了 $CuInSe_2$ 薄膜，并研究了它们的电学和光学性质，他们发现所得到的薄膜点阵常数与体材的点阵常数完全吻合。另外，也有人应用闪烁蒸发技术制备了 $CuInSe_2$、$LiInSe_2$ 和 $Li_xCu_{1-x}InSe_2$ 外延膜[28～31]。

闪烁蒸发技术广泛应用于制备金属陶瓷薄膜。金属陶瓷的电阻率随着介电质含量的增加而增加，并可以在很大范围内变化，金属陶瓷高温时具有极大的稳定性。有关金属陶瓷的研究报道最早出现在1964年。Braun 和 Lood[32]使用闪烁蒸发技术制备了SiO和Cr的薄膜金属陶瓷电阻。Scott 使用77%（质量）Cr，Schabowska[33]等人使用50%（质量）Cr 制备了Cr-SiO 膜。Milosavlgevic 等人报道了闪烁蒸发制备的 Cr-SiO 膜的电学和结构性质。Schabowska 和 Scigala 研究了不同金属组分的（50%、60%、70%Cr）金属陶瓷 Cr-SiO 膜的导电性质。

Tohge 等人[34]应用闪烁蒸发技术在玻璃基片上制备了非晶 Ge-Bi-Se 膜，薄膜的具体成分为 $Ge20Bi_xSe_{80-x}$，其中 x 可以达到 17%（原子）。当 $x \geqslant 10\%$（原子）时，薄膜呈现 n 型导电方式。样品退火处理对膜的导电性和光学带隙只有很小的影响。

通过闪烁蒸发技术也可以获得超导氧化物薄膜，Ece 和 Vook[35]报道了在 MgO 基片上沉积 $Yba_2Cu_3O_{7-x}$ 膜，他们对所沉积的薄膜在945℃温度下进行了退火处理，退火是在氧气气氛下进行，退火处理60min薄膜即呈现超导性。

闪烁蒸发技术的一个严重缺陷是待蒸发粉末的预排气较困难。沉积前，需24～36h抽真空，这样在一定程度上才可以完成粉末的排气工作。此外，蒸发沉积过程中可能会释放大量的气体，膨胀的气体可能发生“飞溅”现象。

（三）电子束蒸发

电阻蒸发存在许多致命的缺点，如蒸发物与坩埚发生反应，蒸发速率较低。为了克服这些缺点，可以通过电子轰击实现材料的蒸发。在电子束蒸发技术中，一束电子通过 5～10kV 的电场后被加速，最后聚焦到待蒸发材料的表面。当电子束打到待蒸发材料表面时，电子会迅速损失掉自己的能量，将能量传递给待蒸发材料使其熔化并蒸发，也就是待蒸发材料的表面直接由撞击的电子束加热，这与传统的加热方式形成鲜明的对照。由于与盛装待蒸发材料的坩埚相接触的蒸发材料在整个蒸发沉积过程保持固体状态不变，这样，就使待蒸发材料与坩埚发生反应的可能性减少到最低。直接采用电子束加热使水冷坩埚中的材料蒸发是电子束蒸发中常用的方法。对于活性材料、特别是活性难熔材料的蒸发，坩埚的水冷是必要的。通过水冷，可以避免蒸发材料与坩埚壁的反应，由此即可制备高纯度的薄膜。通过电子束加热，任何材料都可以被蒸发，蒸发速率一般在每秒十几分之一纳米到每秒数微米之间。电子束源形式多样，性能可靠，但电子束蒸发设备较为昂贵，且较为复杂。如果应用电阻加热技术能获得所需要的薄膜材料，一般则不使用电子束蒸发。在需要制备高纯度的薄膜材料，同时又缺乏合适的盛装材料时，电子束蒸发方法具有重要实际意义。

在电子束蒸发系统中，电子束枪是其核心部件，电子束枪可以分为热阴极和等离子体电子两种类型。在热阴极类型电子束枪中，电子由加热的难熔金属丝、棒或盘以热阴极电子的形式发射出来。在等离子体电子束枪中，电子束从局域于某一小空间区域的等离子体中提取出来。

在热阴极电子束系统中，靠近蒸发物有一个环状热阴极，电子束沿径向聚焦到待蒸发材料上。最简单的装置是下垂液滴装置（如图 3-4）。待蒸发金属材料制成丝或棒的形状放在阴极环的中心处，棒的尖端会熔化，从熔化的尖端会出现蒸发，蒸发物最终沉积在蒸发源下部的基片上。由于在尖端处的熔化金属是靠表面张力被托住，因此，这一方法只限于沉积具有高表面张力和在熔点处蒸气压大于 10^{-3} Torr 的金属。另外，所提供的电能也需要小心控制以避免温度会升至太高而远远大于金属的熔点。

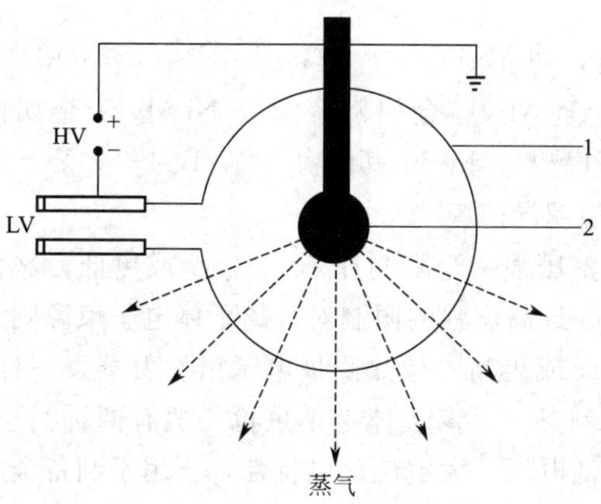

图 3-4 电子束枪的结构——下垂液滴装置

1—热阴极；2—下垂液滴

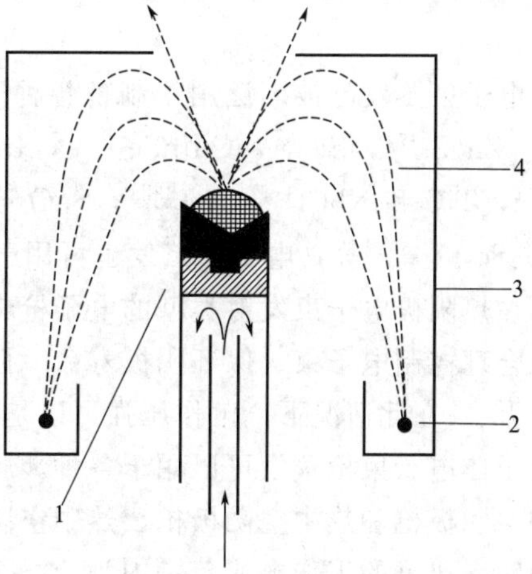

图 3-5 加速式电子枪结构——静电聚焦

1—冷指；2—钨丝；3—聚焦电极；4—电子行走路径

另外一种电子束蒸发装置中，阴极环在下部（图 3-5），并配有水冷系统，电子束由静电场聚焦[36]。由 Chopra 和 Randlet[37]设计的一种可拆卸电子束蒸发系统中，部件之间可以相对移动以便聚焦或调整电子束流。灯丝通过接地的 Ta 屏蔽器得到屏蔽，避免与气体接触，同时，这一设计也起到将电子束通过静电聚焦打到置于水冷钢架上的待蒸发物上。由于材料的熔化和蒸发仅局限于表面，水冷支架不会带来污染问题。这一装置很容易进行改造，可用于蒸发 Si[38]、Mo[39]、Ta[40] 等材料。

另一类热阴极电子发射系统由自加速电子枪组成。电子枪具有一个开有狭缝的阳极，通过狭缝，电子直接打向待蒸发物。在这一装置中，电子束通过静电场和磁场聚焦，直径为几毫米的聚焦斑用于蒸发材料。电子枪在高压条件下运行，灵活方便，应用广泛。远聚焦枪已成功应用于蒸发如 Nb[42] 等难熔金属，所要求达到的温度为 3000℃。虽然电子枪与坩埚的距离较远，但远聚焦电子枪具有足够大的功率密度使电子打到待蒸发物上。由于在此装置中，电子束的路径为直线，基片或电子枪一定要安置在偏离电子路径的一端，除非通过横向磁场使电子束弯曲[43]。在由 Banerjee 等人设计具有弯曲电子束路径的电子枪中，使用的工作电压为 9kV，电流达到 200mA。通过改变高压和聚焦电流，电子束可以被聚焦到位于基片之间的一个或多个支架中的待蒸发物上。

对于电子束蒸发，不同蒸发物需要采用不同类型的坩埚，以获得所要达到的蒸发率。在电子束蒸发技术中，广泛使用的是水冷坩埚，如蒸发难熔金属钨以及高活性材料（如钛）。如果要避免大功率损耗或在某一功率下提高蒸发速率时，可以使用作为阻热器的坩埚嵌入件，坩埚嵌入件可使熔池产生更均匀的温度分布。坩埚嵌入件材料的选择取决于本身的热导率、与蒸发物的化学反应性以及对热冲击的阻抗能力等因素。以 Al_2O_3、石墨、TiN、BN 为基的陶瓷可用于制作坩埚嵌入件。

具有磁聚焦和磁弯曲的各种电子束蒸发装置已经商品化，在市场上很容易买到，这些装置可以制备、生产用于光学、电子和光电子领域的薄膜材料。

Heiblum 等人[44a] 设计并制造了能置入分子束外延生长系统（MBE）中，且与之相容的超高真空电子枪蒸发装置。应用这一装置，他们能够消除在分子束外延系统中由于电子枪蒸发所引起的大多数问题。在 2×10^{-9} Torr 的真空条件下，他们把钨和钼蒸发到 GaAs 基片上。

电子束蒸发已被广泛用于制备各种薄膜材料，如 $MgFe_2$[44b]，Ga_2Te_3[45]，Nd_2O_3[46]，$Cd_{1-x}Zn_xS$[47]，Si[48]，$CuInSe_2$[49]，InAs[50]，Co-Al_2O_3 金属陶瓷[51]，Ni-MgF_2 金属陶瓷[52]，TiC 和 NbC[53a]，V[53b]，SnO_2[53c]，TiO_2[54a]，In-Sn 氧化物[54b]，Be[55a]，Y[55b]，ZrO_2-Sc_2O_3[56a] 等，电子束蒸发也可用于制备高温超导薄膜[56b～56e]。

在热阴极电子束发射类型的电子枪中，真空室压强一定限制在 10^{-4} Torr 或更低，这样才能合理控制电子束、保证阴极寿命。但是，这一最高压强的限制对等离子体电子束源则无必要[57]。在此情况下，工作压强可以是 10^{-3} Torr 或更高。像热阴极电子束发射蒸发一样，等离子体电子束枪蒸发可以用于各种薄膜材料的制备。等离子体电子束枪一般有两种类型：冷中空阴极枪和热中空阴极枪。热中空阴极具有低电压、大电流放电特性，当用于制备金属涂层时，典型的工作电流范围内为 50～200A。放电电弧将电子束射向并打击待蒸发材料的表面，电子束既被用作闪烁蒸发，同时又可以使材料离化。因此，这一薄膜沉积技术可以看作是离子镀技术的一种变体。

（四）激光蒸发

在激光蒸发方法中，激光作为热源使待蒸镀材料蒸发。激光蒸发法属于一种在高真空下制备薄膜的技术。激光源放置在真空室外部，激光光束通过真空室窗口打到待蒸镀材料上使之蒸发，最后沉积在基片上。激光蒸发技术具有许多优点：

① 激光是清洁的，使来自热源的污染减少到最低；

② 由于激光光束只对待蒸镀材料的表面施加热量，这样就会减少来自待蒸镀材料支撑物的污染；

③ 通过使激光光束聚焦，可获得高功率密度激光束，使高熔点材料也可以以较高的沉积速率被蒸发；

④ 由于光束发散性较小，激光及其相关设备可以相距较远，在放射性区域，这一特点十分诱人；

⑤ 通过采用外部反射镜导引激光光束，很容易实现同时或顺序多源蒸发。

Smith 和 Turner 两人[58]对激光蒸发沉积制备的薄膜材料作了初步研究，研究发现：通过激光作为蒸发源，可以使许多材料在真空状态下被气化。他们使用放置在真空室外部的红宝石激光器，将激光束聚焦并通过真空室窗口射到待蒸发样品的表面。大多数待蒸镀材料为粉末状，放置在小坩埚中，通过蒸发，被沉积到位于坩埚上方 20～50mm 的基片上。通过聚焦透镜的横向运动可让激光束的焦点落在所希望的材料表面处。应用这一方法，可以得到光学性质较佳的薄膜材料，包括 Sb_2S_3、ZnTe、MoO_3、PbTe 和 Ge 膜。

尽管以后又有一些激光蒸发沉积薄膜材料的研究，但激光蒸发技术受到高度重视还是在 20 世纪 90 年代。Fujimor 等人[59]应用连续波长（CW）CO_2 激光器（功率 80W）作为加热源制备了碳膜，激光束通过 ZnSe 窗口进入到真空室，而后被 Be-Cu 凹面镜反射聚焦到由钼制蒸发盘盛装的原材料——粉末状的石墨和金刚石上。由于石墨和金刚石具有较低的比热容，石墨和金刚石很容易被蒸发。激光光束可通过凹面镜的旋转和蒸发盘的线性驱动对整个源材料进行扫描。整个装置示意图见图 3-6。研究发现：采用石墨作为源材料所得到的薄膜具有与石墨相似的性质。

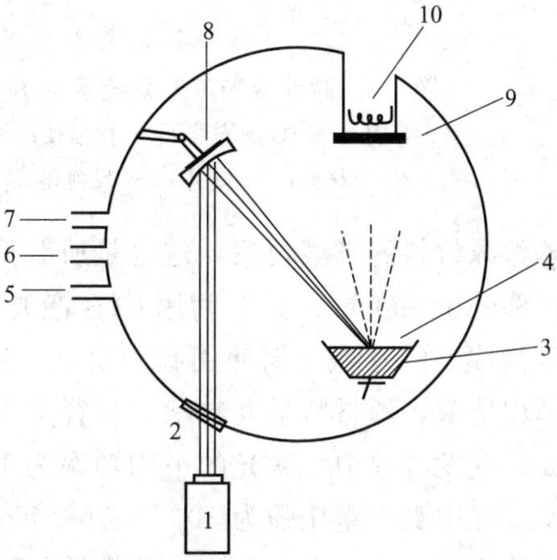

图 3-6 激光蒸发示意图

1—CO_2 激光器；2—ZnSe 窗口；3—钼蒸发盘；4—源材料；5—真空泵；6—真空计；7—质量过滤器；8—凹面镜；9—基片；10—红外加热器

Mineta 等人[60]利用 CO_2 激光器作为加热源研制了一种制备陶瓷涂层的新型技术，可将 Al_2O_3、Si_3N_4 和其他陶瓷材料沉积到钼基片上。CO_2 激光束通过 ZnSe 透镜和 KCl 窗口导入到真空室，聚焦到环形靶的圆周上。环形靶预加热到 800℃，薄膜沉积到距靶表面 25～75mm、预加热到 300～600℃的基片上。实验显示：应用这一方法可以得到与基片结合好、较硬且性质均匀的薄膜，薄膜的组分与源材料的组分相差无几。因而，这一方法对制备各种硬的、高熔点、低蒸气压薄膜材料特别有用。Hanabusa 等人[60]使用 Nd：YAG 脉冲激光器将激光束聚焦到硅片上从而制备了非晶硅膜。

脉冲激光蒸发可使源材料在很高温度下迅速加热和冷却，瞬间蒸发在靶的某一小区域得以实现。由于脉冲激光可产生高功率脉冲，完全可以创造瞬间蒸发的条件。因此，脉冲激光蒸发法对于化合物材料的组元蒸发具有很大优势。即使化合物中的组元具有很大不同的蒸气压，在蒸发时也不会发生组分偏离现象。脉冲激光蒸发技术广泛适用于各种不同的化合物和合金薄膜的沉积。这一方法的优势在于，可以使源材料的原始纯度保持下来，同时减少了坩埚污染。另外，被照射的靶和基片的平均温度都很低。因此，沉积是在低温下进行。在固体靶蒸发过程中，脉冲激光与固态靶的相互作用会产生出高能粒子流（电子、离子和中性粒子）。粒子的能量取决于源材料和激光功率。离子流引起的离子刻蚀会使表面清洁，同时增加成核位置数，加速外延生长过程。

Yang 和 Cheung[62] 报道利用脉冲激光蒸发技术，在 GaAs 和玻璃基片上，制备了 SnO_2 薄膜，所使用的脉冲激光器的功率较高。由 Nd：YAG 激光器发出的一串脉冲由一对电流计镜导入到真空室，最终聚焦到 SnO_2 靶上。激光脉冲功率密度为 $10^7 W/cm^2$，频率为 2000Hz，脉冲宽度 200ns，扫描速度 1～10cm/s，真空背景压强为 5×10^{-7} Torr。这一装置的示意图如图 3-7 所示。Yang 和 Chung 对所得到的 SnO_2 薄膜进行了表征，结果表明薄膜的沉积率受蒸发机制所制约，波长为 1.6μm 的激光不适合于沉积 SnO_2 膜。而且，他们也观察了同成分蒸发，但得到的薄膜却是 SnO 和 SnO_2 的混合物。利用图 3-7 所示的装置进行蒸发沉积，则不能排除源材料的飞溅现象，这也是所获得的薄膜质量较差的原因。

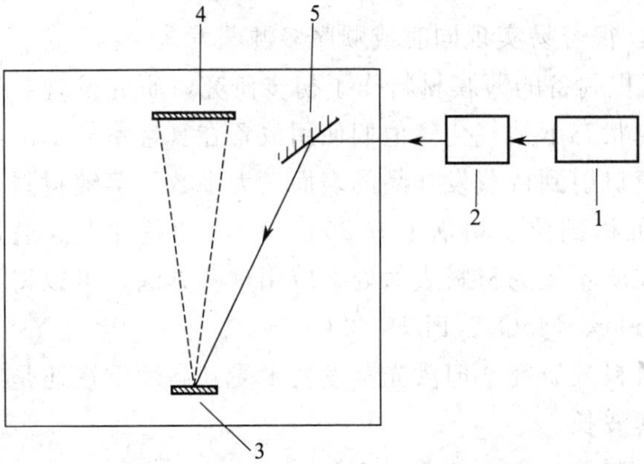

图 3-7 脉冲激光蒸发系统示意图
1—脉冲 YAG 激光器；2—扫描仪；
3—源材料；4—基片；5—反射镜

Sankur 和 Cheung[63] 利用 CO_2 激光器在各种基片上制备了具有高度择优取向、透明的 ZnO 薄膜。CO_2 激光器使用脉冲模式，通过改变每一脉冲的能量和脉冲重复率来改变激光的平均功率，源材料呈丸粒状，粒径为 1.2μm，是由 99.999%纯度 ZnO 的粉末热烧结压制而成。蒸发过程中，激光的平均功率为 10W，作用在 ZnO 丸粒上的功率密度为 $104W/cm^2$，蒸发过程中真空室压强为 10^{-7}～10^{-6} Torr。所得到的薄膜成分几乎是理想配比。对薄膜样品的结构、光学、电学和声学等性质的研究显示：这一蒸发技术所得到的 ZnO 薄膜质量高、重复性好，而在有氧气背景压强（10^{-2} Torr）情况下或在 10^{-2} Torr 压强下有弧光放电现象出现，此时所制备的薄膜结晶性较差。

激光蒸发技术已用于制备 Cd_3As_2 薄膜[64～67]，波长为 1.06μm 的 Nd：YAG 激光器用作加热源，激光脉冲周期为 1.7×10^{-7}s，脉冲重复频率为 1kHz。装有石英窗口的真空室安放在计算机控制的 X-Y 平台上，平台可使靶（Cd_3As_2 单晶）相对于激光束移动。蒸发沉积过程中，靶可以旋转以使靶材被均匀蒸发掉。如果沉积过程中，基片温度保持在室温，则生长的薄膜为非晶[64]或多晶[65]，这主要取决于背景压强。当基片温度由 295K 增加到 433K，得到的多晶膜的电学性质会大大改善，薄膜的化学组成为理想配比[66]。在 430K 基片温度下，沉积的薄膜会有高度的择优取向，其电学性质接近于体材料。在沉积过程中，没有观察到来自于靶的飞溅现象[67]。

Baleva 等人[68,69] 应用脉冲周期为 400μs 的 Nd：玻璃激光器制备了 $Pb_{1-x}Cd_xSe$（$x=0$，

0.02，0.05）薄膜。脉冲时间间隔为 6s，旋转窗口和开有小孔的盘可以让 500 个激光脉冲通过，光束在能量没有明显损失的情况下打到靶上。靶支架可以旋转以保证从一个脉冲到另一个脉冲间的蒸发过程中薄膜的组分保持恒定。真空室的压强为 10^{-6} Torr，靶为压制的丸粒（半径为 4mm，厚为 2mm），它由按理想配比相混合的纯 Pb、Cd、Se 金属而制成，基片选用取向分别为［100］和［111］的氯化铂和 BaF_2。Baleva 等人研究了薄膜的结构、电学、光学性质，并确立了下述条件最适合于沉积与源材料组分相近的 $Pb_{1-x}Cd_xSe$ 薄膜。

激光功率：$10^5 W/cm^2$

基片与靶之间距离：72.5cm

基底温度：100～400℃

Ogale 等人[70a]报道，使用红宝石激光器（694nm，30ns）蒸发 α-Fe_2O_3 丸粒，在氧化铝基片上沉积了氧化铁薄膜。氧化铁靶丸由高纯的 γ-Fe_2O_3 合成，真空室的背景压强为 2×10^{-7} Torr，激光束与靶成 45°角照射到靶上，蒸发物沉积在多晶 Al_2O_3 和玻璃碳基片上，基片架装有加热器，距靶 4cm。沉积过程中，基片加热至 200℃以提高薄膜与基片的结合。使用石英透镜，射向靶的能量密度可达到 10～12J/cm^2，辐照的重复率为每分钟 3 个脉冲。靶支架可以旋转，以改变激光辐照的位置，从而减少沉积膜的织构效应。对所获得薄膜进行穆斯堡尔谱、卢瑟福背散射、扫描电镜表征，发现：薄膜的组分可通过改变氧气分压（5×10^{-7}～10^{-4} Torr）而在 FeO 和 Fe_3O_4 之间变化。采用适当的热处理，Fe_3O_4 可以转变成 α-Fe_2O_3。

Auciello 等人[70b]使用 ArF(193nm) 激光器，在 Si(001) 基片上，在室温条件下，制备了 TiN 薄膜。所得到的 TiN 薄膜颜色与金相同，而且薄膜与基片结合较好。在这一实验中，激光束直接打到与入射线成 45°角的 TiN 靶上，TiN 为理想配比，整个实验在超高真空条件下进行，被激光器熔融的 TiN 材料沉积在 Si(001) 和 C 基片上，基片放置在中心开有 5mm 小孔的基底架上，与靶相距 3cm，且与靶平行放置。石英晶体共振仪放在基片架后面，用于原位监测薄膜厚度。对沉积在 C 衬底上的 TiN 薄膜，他们进行了无基片干扰的卢瑟福背散射分析，而四极质谱仪置于真空室中，用于检测蒸发物中所含的气体种类以及背景中的原子或分子。沉积前，通过对真空室的条件控制，研究者使 TiN 薄膜中的氧含量减至较低水平。卢瑟福背散射和俄歇电子能谱研究表明：TiN 薄膜具有良好的组分均匀性，透射电镜和 X 射线衍射分析给出的点阵常数为 0.432nm±0.003nm。

Scheibe 等人[70c]使用 XeCl 激光器（波长：308nm；脉冲宽度：20～30ns；每一脉冲能量：100mJ；脉冲重复频率：1～20Hz）蒸发沉积金和碳薄膜。在激光束前边的透镜和光阑用于截取来自激光源的边缘光束，另一透镜则是将光束投影到靶平面。激光照射的点具有良好的边界和均一的功率密度。靶相对于入射光束成 45°角的位置放置，真空室的残余压强为 0.01Pa，高频光电管用于控制脉冲形状和能量，靶材为高纯多晶金和三种不同的碳——高度择优取向的分解石墨、多晶石墨和非晶碳，Si(111) 单晶片、刚解理的 KCl、NaCl 和 ZnSe 晶体作为基片，基片温度在 20～300℃之间变化。通过对薄膜的结构和红外光学性质的研究发现：激光辐照点有一均匀的功率密度分布而不会出现热点，从而减少了靶的粒子发射，生长的薄膜质量较好。这种技术制备的硬质、非晶透明碳膜适合于作为 ZnSe 的增透保护层而成为有用的红外光学元件。

激光脉冲蒸发已应用于薄膜的外延生长，Dubowski[70d]对于激光脉冲蒸发及外延生长半导体薄膜作了有关评论，讨论了诸如激光引起的损伤、固态靶的蒸发、发射粒子的本质和能量分布以及蒸发速率等问题。脉冲激光蒸发也用于外延生长 $Cd_{1-x}Mn_xTe$ 膜[70e]。生长是在背景压强小于 2×10^{-9} Torr 的高真空下进行。XeCl 和 Nd：YAG 激光同时用于高纯靶 $Cd_{1-x}Mn_xTe$（x=0.073 和 0.56）的瞬时蒸发。Nd：YAG 激光器的重复频率和脉冲峰值功率被调整到使 Cd 的流量固定在 $10^{-15}\sim10^{-10}$ 原子/($m^2\cdot s$)。薄膜沉积在温度为 210～310℃的高质量 GaAs(111) 基片上。薄膜的质量评价采用反射高能电子衍射、扫描电镜、电子色散 X 射线等。发现：所沉积的薄膜与分子束外延生长所获得的薄膜具有相同的高质量。

Yoshimoto 等人[91a]使用特别设计的超高真空，在 Si 基片上激光蒸发沉积了 CeO_2 薄膜。真空室背景压强为 8×10^{-10} Torr，CeO_2 靶为直径 10mm、厚 2mm 的圆盘。ArF 激光器产生的光束通过石英窗口聚焦到靶上，沉积过程中，真空室压强变为 $0.1\sim1\times10^{-8}$ Torr。CeO_2 沉积在 Si(001)、(111) 和 (110) 基片上，基片温度保持在 600～800℃之间。对所沉积的薄膜的结晶性采用反射高能电子衍射和 X 射线衍射来表征，而部分样品的化学键合情况用 X 射线光电子能谱表征。发现：膜中的 Ce 为四价，CeO_2 薄膜的取向强烈依赖于基片表面状态。在清洁的 Si(111) 表面，在 600℃和 700℃时会得到 CeO_2(111) 取向膜。

Koinuma 等人[71b]在 Si(001) 基片上一层一层地外延生长 CeO_2，使用 $SrTiO_3$ 作为 Si(001) 的过渡层可使 CeO_2(001) 的外延生长变得容易。由激光蒸发外延生长其他薄膜也有很多报道，如类金刚石膜[71c]、铁电钛酸铋膜[71d]。激光蒸发已用于制备 CdTe、Cd、InSb 膜[71e]；PbTe 和掺杂的 PbTe 膜[72a]；聚合物[72b]；陶瓷涂层，Se[73a]，BN[73b]，氧化铁[73c]、$BaTiO_3$[73d]等。

自从高温超导氧化物被发现后，制备和表征高温超导氧化物薄膜并将其应用于超导电器件等领域是众多研究者十分感兴趣的课题。作为制备薄膜的一种技术，脉冲激光蒸发是制备高超导转变温度（T_c）超导陶瓷较为普遍使用的技术，对此有大量的相关报道，而大多数工作是针对 $YBa_2Cu_3O_{7-x}$（YBCO）薄膜的研制。Serbezov 等人[74a]使用氮激光器蒸发制备了 $YBa_2Cu_3O_{7-x}$ 薄膜，基片由 CO_2 激光器加热，所沉积的薄膜在氧气气氛下使用同一 CO_2 激光器进行退火处理。蒸发部分由处于同一光学平面的光学支架和石英透镜组成，透镜使 N_2 激光束能辐射到具有理想配比的 $YBa_2Cu_3O_{7-x}$ 靶上。此外，靶还附有一可高速运行的微型马达。平面不锈钢镜使 CO_2 激光束直接用于基片加热和退火，筒式 KCl 透镜使 CO_2 激光束聚焦到膜上以实现局域退火。基片温度可通过调节 CO_2 激光器的功率来进行选择，功率大小由激光功率测量仪控制。

实验的具体数据如下：

N_2 激光器	337.1nm
	每一脉冲能量 5～10mJ
	脉冲持续时间 6ns
	脉冲重复频率 5～30Hz
CO_2 激光器	单一模式连续激光器
	波长 10.6μm
	输出功率 40W
基片	多晶 Al_2O_3，蓝宝石，$SrTiO_3$，单晶硅

加热温度　对于 Al_2O_3、蓝宝石、$SrTiO_3$ 为 550～750℃
退火温度　对介电质基片为 600～700℃
时间　10～15min
氧气分压　1atm
Si 基片温度　500～1000℃
时间：　几秒到 10min
分压：　10^{-2} Torr

薄膜沉积是在 10^{-5} Torr 真空度下进行的，沉积速率为 0.1～0.2nm/s。退火后，薄膜滞留在 1atm 下的氧气气氛下，直到基片温度达到室温，薄膜厚度和密度在 $1cm^2$ 区域均匀。通过圆筒式透镜使 CO_2 激光束聚焦到薄膜表面而得到局域超导平面结构。

这一技术的突出特点是：

① 高质量的 YBCO 薄膜不需要过渡层可直接沉积到介电或 Si 基片上；

② 沉积过程是在相对较低的加热和退火温度下进行；

③ N_2 激光器作为蒸发源，其操作简单；

④ 通过使用连续 CO_2 激光器进行局域退火而非传统加热方式可以获得具有超导性质的某局域区域而不损伤薄膜。

用于沉积超导薄膜的基片必须具备一定的条件，如在沉积温度下其活性较低，具有尽可能低的介电常数。成功沉积 YBCO 超导膜的基片有 ZnO_2、MgO 和 $SrTiO_3$，最好的薄膜是生长在单晶基片上，特别是 $SrTiO_3$ 单晶基片。对于导电应用，薄膜需沉积在金属基片上或金属过渡层上。Russo 等人[74b]使用多功能脉冲沉积室在金属基片上制备了金属过渡层和 YBCO 薄膜，在他们的实验装置中，真空室装有两个活门以迅速放置基片和靶。靶支架可同时容纳四个分立的材料，也可以相对激光束进行旋转，旋转推拉装置使靶与基片间的距离很容易调整。Russo 等人在不锈钢、铂和一些单晶基片（MgO、$SrTiO_3$）上沉积了 Ag 和 Pt 过渡层。

激光光源的详细情况如下。

激光源：　XeCl 激光器（308nm）：每个脉冲能量 1J，脉冲重复频率 1Hz；KrF 激光器（248nm）：每个脉冲能量 650mJ，脉冲重复频率 5Hz。

辐射在靶上的能量密度：　对于 YBCO 为 $3J/cm^2$，对于金属过渡层为 $1～3J/cm^2$。

脉冲持续时间：　每一脉冲为 25～30s。

Russo 等人发现 Ag 过渡层可以改善不锈钢或铂基片上超导膜的相变特性，在不锈钢基片上原位激光蒸发沉积 Ag 过渡层，而后再沉积 YBCO 薄膜，则 YBCO 薄膜的超导转变温度 T_c 可达到 84K。

上述工作可延伸到半导体电子器件的制备，许多研究者在 Si 基片上制备了 YBCO 薄膜。Si 作为基片的主要缺点是，退火时超导膜与 Si 基片之间由于发生化学反应或出现互扩散而使元素重新分布。高质量的超导薄膜可以在 Si 基片上加一层过渡层。

Hwang 等人[75e]使用脉冲激光蒸发技术沉积了超导转变温度为 87K，临界电流密度在 77K 时达到 $6\times10^4 A/cm^2$ 的 $YBa_2Cu_3O_{7-x}$ 膜。薄膜沉积使用的基片为 Si，过渡层为 $Mg_2Al_2O_4$ 和 $BaTiO_3$ 双过渡层。过渡层由两种不同技术制备，第一过渡层 $Mg_2Al_2O_4$ 在

980℃温度下，通过化学气相沉积得到，第二过渡层 $BaTiO_3$ 则在 500℃时由射频磁控溅射制备。在沉积 $YBa_2Cu_3O_{7-x}$膜时，基片支架保持在 650℃和 100mTorr 的 N_2O 气氛下，沉积后，真空室中的样品在 200Torr 氧气气氛下冷却至室温。透射电子显微镜研究显示 $Mg_2Al_2O_4$ 层有大量缺陷存在，而随后的 $BaTiO_3$ 层则阻止了缺陷的生成，为高温超导膜生长提供了模板。采用双过渡层得到的薄膜超导性质远好于直接沉积在 Si 基片或在带有过渡层 ZrO_2 的薄膜。Hwang 等人观察到，在双过渡层上沉积的薄膜性质仍没有直接沉积在 $SrTiO_3$、$LaGaO_3$ 和 $LaAlO_3$ 基片上的薄膜好，所获薄膜的显微结构与直接沉积在 $SrTiO_3$ 基片上的薄膜相似，展示出均匀的、有大量缺陷存在的类单晶结构，这一结构没有二次相和晶界。

脉冲激光蒸发已用于制备沉积率高（14.5nm/s）、质量好的超导 YBCO 薄膜。激光束（308nm）以与靶成 45°的角度打在旋转靶上，从而使靶材蒸发并沉积到 $SrTiO_3$ 基片上。沉积过程中，基片以 0.5r/min 的速度旋转，氧气分压保持在 150mTorr。通过改变激光重复频率（如从 1～100Hz）可以使沉积率变化（0.1nm/s 变到 14.5nm/s）。沉积结束后，所得到的薄膜在 250mTorr 氧气气氛下，在 20min 内冷却至 200℃。由此，获得的所有薄膜均显示超导性而不需任何进一步的热处理，在 90K 时显示零电阻。

另一制备 YBCO 薄膜的新方法是使用 ArF 激光器（193nm）[76a]。实验中所使用的基片为（100）$SiTiO_3$，基片温度为 700℃。圆柱形靶 $YBa_2Cu_3O_{7-x}$沿轴旋转以便使靶材新面总是暴露在激光束下，靶与基片的距离为 50mm。这一技术的另外特点是，基片靠通过安装在石英玻璃管中的 Ta 加热器的辐照来加热的，这一加热器与生长室分离，此装置可以防止加热器氧化，从而保证在氧气分压为 5Torr 时仍能进行加热。整个沉积实验是在不同氧气分压条件下进行，其氧气分压变化范围为：0.01mTorr～5Torr。沉积结束后，在薄膜冷却之前，将氧气充入到真空室直到压强达到 300Torr。最终所得到的薄膜光滑并具有高度取向，其超导转变温度大于 80K，在 77K 无磁场情况下，临界电流密度可达 $1.0\times10^5A/cm^2$。

Ohkubo 等人[76b]使用脉冲蒸发制备了（001）外延生长 YBa_2CuO_x（$x=6\sim7$），对所获样品不采用后退火处理。使用的脉冲激光器为 ArF 激光器（波长 193nm，每个脉冲能量 3～$4J/cm^2$，重复频率 10Hz，光束尺寸约为 0.5mm×2mm），激光束辐照在由 Y_2O_3、$BaCO_3$ 和 CuO 通过固态反应制得的 $YBa_2Cu_3O_2$ 丸粒上，丸粒具有 90K 的超导转变温度。激光束辐照采用扫描式以便使光束不会在某一区域辐照时间长于 1min。基片采用 7mm×10mm 的 $SrTiO_3$，靶和基片距离大约 3cm。沉积过程中，将氧气充入到靶附近的真空室，氧气分压保持在 13Pa，基片温度为 730℃±10℃。沉积结束后，在一分钟内将氧气调至 0.013～27.000Pa 之间的任意一个值，一旦氧气分压调到某一直时，基片加热将被停止。Ohkubo 等人观察到，外延生长膜的组分 x 值强烈依赖于沉积结束后迅速冷却过程中的氧气分压值，当氧气分压从 0.013Pa 增加到 27.000Pa 时，x 由 6 增加到 7。他们得出结论：x 随氧气分压变化是由于在冷却过程中氧气的注入引起的。

（五）电弧蒸发

真空电弧蒸发属于物理气相沉积，在这一方法中，所沉积的粒子：①被产生出来；②被输运到基片；③最后凝聚在基片上以形成所需性质的薄膜。

等离子体的产生：气相粒子如何从阴极产生出来，对其机制历来存在争议。一种解释采用了稳定态或准稳定态模型，在这一模型中，蒸发、离化和粒子加速发生在不同区域。而另一种解释则假设，电弧蒸发可采用爆炸模型来描述。在这一模型中，等离子体是靠对持续的微爆炸产生的微凸区进行连续、急速加热而产生的。不管何种解释，有一点似乎是可以肯定的，阴极区的粒子具有较高的迁移率，在无磁场存在的情况下，粒子在阴极表面无序运动。在有磁场存在的情况下，粒子则在$-\vec{J}\times\vec{B}$（$\vec{J}$为电流密度，$\vec{B}$为磁感应强度）方向移动。发射的等离子体可以由与材料相关的一些参数来表征，表 3-2 给出了这些参数。

表 3-2 阴极发射特性

性 质	典型值	性 质	典型值
I：每个阴极弧光点的最大电流	10～150A	V_i：离子速率	$0.1\sim2\times10^4$m/s
F：离子电流分数	0.07～0.12	Z：平均离化程度	1～3

除了等离子体流外，由阴极逃逸出来的大粒子也会发射到等离子体中。大粒子的典型尺寸在几微米，其速率为 50～550m/s，大粒子数量随阴极材料的熔化温度增加而减少，随电流和阴极表面温度的增加而增加。

真空中的等离子体输运：等离子体的输运可以用简单的模型来描述，远离阴极的离子电流密度可以写成：

$$J_i = FIG(\theta,\phi)/2\pi r^2 \tag{3-7}$$

式中，I为电弧电流；r是距阴极的距离；$G(\theta,\phi)$是一几何函数，它主要考虑到阴极区的等离子体发射的自然取向和磁场影响以及几何遮挡。如果没有遮挡，G对立体角的平均值为 1，在无磁场情况下

$$G=2\cos\theta \tag{3-8}$$

式中，θ是等离子体发射方向与阴极法线之间的夹角。

沉积率可以写为

$$v_d = J_i C_s m_i / eZ\rho \tag{3-9}$$

式中，ρ为密度；m_i为离子质量；C_s是黏滞系数，当基片不加偏压时，C_s接近 1，但当基片加负偏压时，特别是几百伏负偏压时，C_s趋于零。

通常情况下，基片相对于等离子体具有漂浮电压或施加负偏压，来自于电子的能通量可忽略，基片的热通量可估计为

$$S = J_i u_h \tag{3-10}$$

式中，u_h为有效热势，由下式给出

$$u_h = \sum_i f_i(u_{ik} + v_{ic} - iu_c - iu_s - iv_w + v_v) \tag{3-11}$$

式中，下标i代表离化程度；f_i是离化程度为i的离子分数，求和是对离子动能、累积的离化能、基片偏压、功函数和蒸发能进行的。

如果基片作为阳极，需加上热能项

$$S_e = J_e v_{he}$$

$$u_{he} = (2kT_e/e + v_w) \tag{3-12}$$

式中，J_e为电子的电流通量；T_e为电子温度；k为玻耳兹曼常数；e为电荷。

充有气体情况下的等离子体输运：在有气体存在的情况下，等离子体的输运很少有人研究。人们发现，在气体压强超过某一临界值时，围绕真空电弧的包络区由负偏压所收集的离

子电流会随压强的增加而减小，而这一临界压强值随电流的增加而增加，随包络区半径的增大而减小。已观察到围绕阴极有一半球形区域，它由阴极等离子体和周围气体的边界所形成。这个半球的半径随电流的增加而增加，随气体压强的增大而减小。上述现象可以通过将气体压强与等离子体区所具有的动量流量相等的关系式而得到解释：

$$p = F\mathrm{Im}_i v_i / (2\pi e z r^2)$$

式中，p 为气体压强；半径 r 作为 P/I 的函数清晰可见。

因此，作为阴极发射与气体相互作用的一级近似模型，可将沉积室分为两个区域：

① 在阴极周围，具有半径为 r，其大小由上式给出的区域，在此区域，阴极靶材所形成的等离子体占主导地位；

② 外部区，在此区域，气体占主导地位。

比一级近似模型更复杂的模型需考虑通过两个区域边界的扩散，从靶材离子到气体分子的动量传递，气体分子的离化以及靶材等离子体的电荷交换去离化。

薄膜形成：形成结合性好的凝聚相取决于基片表面的状态。尽管沉积前基片总要进行清洗，但其表面仍会有大量吸附层或氧化层。涂层与基片的结合性与除去这些污染层相联系。除去污染层的方式有两种，一种是加热，一种是溅射。加热使污染物扩散到基片体内或涂层内，从而降低了界面处的污染程度。溅射也可除去污染层。在典型的电弧放电循环中，由于离子带来的热流和离子的高动能使加热和溅射两种效应都可能出现。

到达离子的高能量对形成致密、无孔涂层往往是重要的，高能离子具有更大的表面迁移性，因此，能够到达晶体点阵中的空位置。

从以上讨论中可以看到，对阴极电弧蒸发过程的本质认识还有争议，简单模型可以预言在真空电弧等离子体中的离子沉积率和加热速率。当充有气体时，阴极等离子体与背景气体会产生相互作用，许多详细细节还未得到合理的阐述。尽管如此，阴极电弧蒸发技术可以得到与基片结合较好、无孔、致密的薄膜材料，这是此技术的优势所在。

20 世纪 50 年代，人们开始关注真空电弧沉积设备的研制。Hiesinger[77] 研制了一真空火花蒸发设备，并注意到电弧蒸发比加热蒸发优越的是：对于其产生的离子可以通过电场来加速，从而产生具有高能量的沉积粒子。Vodar[78] 等人所使用的设备则具有一继电器，可以形成重复的间歇式接触，并观察到大多数金属蒸气从阴极发射出来。Wroe[79] 使用磁致稳定的直流电弧沉积设备 [见图 3-8(a)]，观察到这一技术较其他蒸发技术具有的优点是，它不必使用难熔金属制作的坩埚，因而可以避免由坩埚带来的污染。

日本东京技术研究所的 Kikuchi[80~83] 等人在 20 世纪 60 年代详细研究了真空电弧涂层的性质。他们最初使用间歇式直流电弧设备 [图 3-8(b)] 得到了 0.1μm/s 的沉积率。同时他们也研究了基片材料和基片温度对薄膜结构的影响，发现低温时得到的薄膜为非晶，而在高温时金属薄膜是结晶的。在将 Mo 沉积在碳基片上时，观察到基片与薄膜之间有合金化出现。另外，他们还利用在柱型阴极源和阳极之间形成的 11～16A 直流电弧，并使用径向磁场 [图 3-8(c)] 来提高沉积率，他们得到了 Si 和各种铁氧体薄膜。

1968 年，Snaper[84] 使用如图 3-8(d) 所示的设备，并施加磁场以增加沉积率并引导离子入射到基片上。1970 年，Sablev 等人[85] 研制并开发了一系列真空电弧沉积系统，研究的关键主要是集中在解决如下的两个技术问题：控制阴极起弧点的位置；减少大粒子污染。

他们提出了许多控制起弧点的方法，图 3-8(e) 即为此而设计的系统。对于大粒子，他

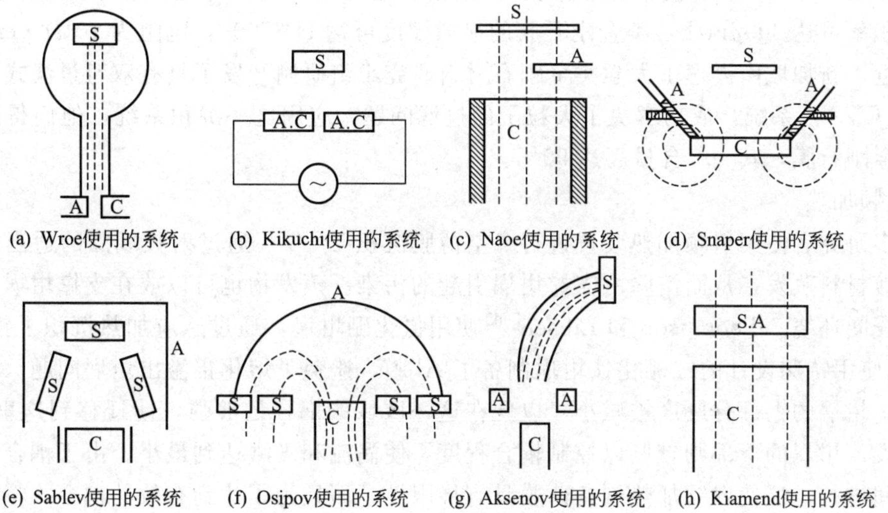

图 3-8 电弧沉积设备示意图

A 代表阳极；C 代表阴极；S 代表基片；虚线代表磁场

们提出了两种过滤方法：

① 将真空室作为阳极，弯曲的磁场直接将等离子体导向位于阴极平面的基片［图 3-8(f)］；

② 采用磁光分离器，在这一装置中，等离子体经过环形阳极被萃取，然后进入到弯管中，此管施加与管平行的磁场，磁场一直延伸到基片处［图 3-8(g)］。

应用所研制的系统，他们除制备了金属涂层外，也生长了类金刚石薄膜。在沉积类金刚石薄膜时，石墨阴极作为弧光源提供碳离子。利用射频偏压，使到达基片的入射粒子能量达到 55～73eV，得到的类金刚石薄膜的硬度为 18000kgf/mm^2。

在较低的反应气体压强下，经电弧蒸发可得到一些陶瓷薄膜。例如在氮气气氛下，对金属 Ti 和 Zr 起弧即可制得 TiN 和 ZrN 薄膜。在最佳的氮气压强 0.1mTorr 和 0.2mTorr 情况下，得到 TiN、ZrN 的最大显微硬度分别为 3600kgf/mm^2 和 3000kgf/mm^2。用相似方法，在氧气气氛下可以将 Al 作为阴极起弧制备氧化铝薄膜。在氧气压强为 0.5mTorr 时，得到的氧化铝薄膜的最大显微硬度为 1500kgf/mm^2，沉积率为 3.7nm/s。沉积率随着负偏压的增加而单调下降，在负偏压为 80V 时，薄膜的显微硬度和电阻率皆达到最大。

Raymond 等人[86]则主要集中研究了与 TiN 相关的一些材料，包括 ZrN、HfN 和 TiC。它们的制备方法与制备 TiN 的方法相同，只不过阴极靶为 Zr、Hf 而不是 Ti。ZrN 薄膜展示出诱人的性能，它具有高显微硬度，较低的大粒子污染，如用作切削工具的涂层会产生极大的抗磨性。

在含有碳氢的气体气氛下，对阴极 Ti 靶起弧可以制得 TiC 薄膜。另外，使用混合气体或一些不同的独立材料或复合材料，可以制备更复杂的合金，如 TiC_xN_{1-x}，(Ti,Al)N，(Ti,Zr)N，(Ti,Al,V)N，(Ti,Hf)N 和 (Ti,Nb)N。

除了直流电弧蒸发沉积外，也有人采用脉冲电弧进行蒸发沉积。Michalsk 和 Sokdowska 使用 10kJ 脉冲等离子体枪沉积了 TiN 和 (Ti,Al)N 膜。用 100 个脉冲制得的麻花钻头涂层可以达到 5～6μm 厚，使钻头寿命提高 25 倍。也有人应用脉冲电弧技术沉积了类金刚石膜，沉积率可达 300μm/h，类金刚石膜的显微硬度可达 HV7000，电阻为 $10^8\Omega\cdot cm$。

最近，新加坡南洋理工大学类金刚石材料研究小组研制开发了具有双弯过滤式阴极真空电弧（FCVA）系统，成功解决了大粒子的过滤问题，应用这一沉积系统，他们得到了高质量的类金刚石膜，其 sp^3 含量高达 90％。

（六）射频加热

许多研究者使用射频加热装置进行真空薄膜沉积[87～89]。通过射频线圈的适当安置，可以使待镀材料蒸发，从而消除由支撑坩埚引起的污染。蒸发物也可以放在支撑坩埚内，四周用射频线圈环绕。Thompson 和 Libsch[90] 使用氮化硼坩埚，通过感应加热沉积了铝。Ames 等人[91] 使用特殊设计的二硼化钛坩埚制备了 Al 膜，避免了熔化铝溢出坩埚问题。在他们的装置中，坩埚的上部分厚度被减小，以便在这一区域的耦合足够强，使迁移到这里的 Al 完全被蒸发。坩埚的下部则较厚以控制耦合程度，使涡流和飞溅达到最小。由于耦合在线圈和蒸发物间进行，这使射频加热制备薄膜具有局限性，而且为了达到有效的耦合，将线圈和样品在真空系统内摆正位置是比较困难的。另外，射频加热方法成本也相对较高，同时射频加热系统的设备笨重，加之薄膜沉积过程中蒸发率难以控制，故此，这一方法不是薄膜制备的常用方法。

第二节　溅　　射

前面我们介绍了蒸发镀膜，这一节我们将讨论溅射镀膜。在某一温度下，如果固体或液体受到适当的高能粒子（通常为离子）的轰击，则固体或液体中的原子通过碰撞有可能获得足够的能量从表面逃逸，这一将原子从表面发射出去的方式称为溅射。1852 年，Grove 在研究辉光放电时首次发现了这一现象，Thomson 形象地把这一现象类比于水滴从高处落在平静的水面所引起的水花飞溅现象，并称其为“Spluttering”。后来，在印刷过程中，由于将 Spluttering 中的“l”字母漏掉而错印成“Sputtering”。不久，“Sputtering”一词便被用作科学术语“溅射”。与蒸发镀膜相比，溅射镀膜发展较晚，但在近代，特别是现代，这一镀膜技术却得到了广泛应用。

一、溅射的基本原理

溅射是指具有足够高能量的粒子轰击固体（称为靶）表面使其中的原子发射出来。早期人们认为这一现象源于靶材的局部加热。但是，不久人们发现溅射与蒸发有本质区别，并逐渐认识到溅射是轰击粒子与靶粒子之间动量传递的结果。如下实验事实充分证明了这一点：

① 溅射出来的粒子角分布取决于入射粒子的方向［图 3-9(a)］；

② 从单晶靶溅射出来的粒子显示择优取向［图 3-9(b)］；

③ 溅射率（平均每个入射粒子能从靶材中打出的原子数）不仅取决于入射粒子的能量，而且也取决于入射粒子的质量［图 3-9(c)］；

④ 溅射出来的粒子平均速率比热蒸发的粒子平均速率高得多［图 3-9(d)］。

显然，如果溅射过程为动量传递过程，现象①③④就可以得到合理解释。对于单晶靶的择优溅射取向，可以通过级联碰撞（入射粒子轰击所引起靶原子之间的一系列二级碰撞）得

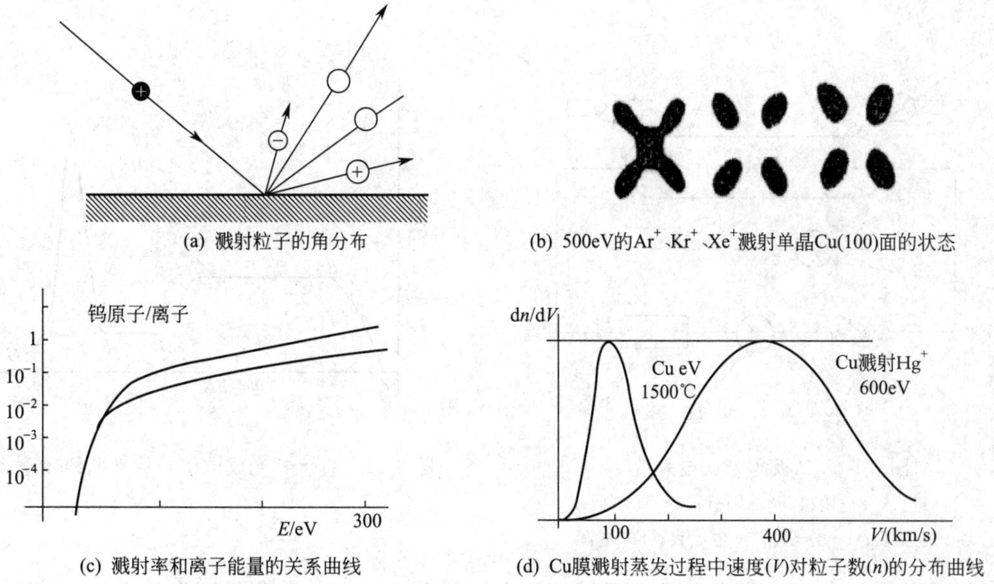

图 3-9　溅射的特征

到理解：入射的荷能离子通常穿入至数倍于靶原子半径距离时，会逐渐失去其动量。在特殊方向上，原子的连续碰撞将导致一些特殊的溅射方向（通常沿密排方向），从而出现择优溅射取向。

溅射过程实际上是入射粒子（通常为离子）通过与靶材碰撞，进行一系列能量交换的过程，而入射粒子能量的95%用于激励靶中的晶格热振动，只有5%左右的能量是传递给溅射原子。

溅射又是如何产生入射离子呢？以最简单的直流辉光放电等离子体构成的离子源为例，其产生的过程如下：考虑一个简单的二极系统，如图3-10所示，系统的电流和电压的关系曲线如图3-11所示，系统压强为几十帕。在两极加上电压，系统中的气体因宇宙射线辐射会产生一些游离离子和电子，但其数量是很有限的，因此，所形成的电流是非常微弱的，这一区域AB称为无光放电区。随着两极间电压的升高，带电离子和电子获得足够高的能量与系统中的中性气体分子发生碰撞并产生电离，进而使电流持续地增加，此时由于电路中的电源有高输出阻抗限制，致使电压呈一恒定值，这一区域BC称为汤森放电区。在此区域，电流可在电压不变情况下增大。当电流增大到一定值时（C点），会发生“雪崩”现象。离子开始轰击阴极，产生二次电子，二次电子与中性气体分子发生碰撞，产生更多的离子，离子再轰击阴极，阴极又产生出更多的二次电子，大量的离子和电子产生后，放电便达到了自持。气体开始起辉，两极间的电流剧增，电压迅速下降，放电呈负阻特性，这一区域CD叫做过渡区。在D点以后，电流平稳增加，电压维持不变，这一区域DE称为正常辉光放电区。在这一区域，随着电流的增加，轰击阴极的区域逐渐扩大，到达E点后，离子轰击已覆盖至整个阴极表面。此时，继续增加电源功率，则使两极间的电流随着电压的增大而增大，这一区域EF称做“异常辉光放电区”。在这一区域，电流可以通过电压来控制，从而使这一区域成为溅射所选择的工作区域。在F点以后，继续增加电源功率，两极间的电流迅速下降，电流则几乎由外电阻所控制，电流越大，电压越小，这一区域FG称为“弧光放电区”。

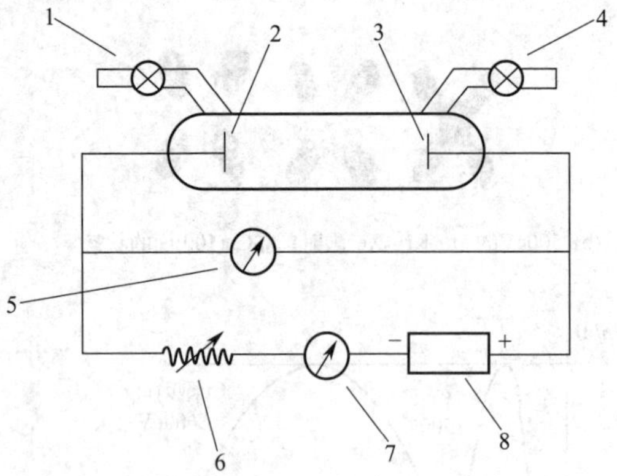

图 3-10 二极辉光放电系统

1—进气；2—阴极；3—阳极；4—真空泵；
5—电压表；6—电阻；7—电流表；8—电源

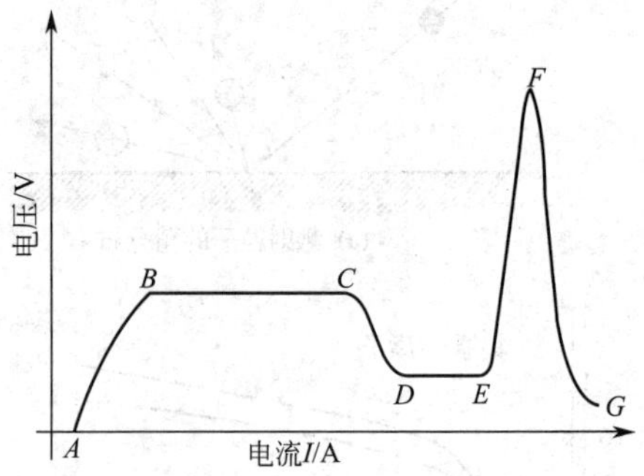

图 3-11 直流辉光放电伏安特性曲线示意图

测量电流和电压以确定是否出现辉光放电往往是不必要的，这是因为辉光放电过程完全可由是否产生辉光来判定。众多的电子、原子碰撞导致原子中的轨道电子受激跃迁到高能态，而后又衰变到基态并发射光子，大量的光子便形成辉光。辉光放电时明暗光区的分布情况，如图 3-12 所示。从阴极发射出来的电子能量较低，很难与气体发生电离碰撞，这样在阴极附近形成阿斯顿暗区。电子一旦通过阿斯顿暗区，在电场的作用下，会获得足够高的能量与气体发生碰撞并使之电离，离化后的离子与电子复合湮灭产生光子形成阴极辉光区。从阴极辉光区出来的电子，不具有足够的能量与气体分子碰撞使之电离，从而出现另一个暗区，叫克鲁克斯暗区。克鲁克斯暗区的宽度与电子的平均自由程有关。通过克鲁克斯暗区以后，电子又会获得足够高的能量与气体分子碰撞并使之电离，离化后的离子与电子复合后又产生大量的光子，从而形成了负辉光区。在此区域，正离子因其质量较大，向阴极的运动速度较慢，形成高浓度的正离子，使该区域的电位升高，与阴极形成很大电位差，此电位差称为阴极辉光放电的阴极压降。经过负辉光区后，多数电子已丧失从电场中获得的能量，只有少数电子穿过负辉光区，在负辉光区与阳极之间是法拉第暗区和阳极光柱，其作用是连接负辉光区和阳极。在实际溅射镀膜过程中，基片通常置于负辉光区，且作为阳极使用。阴极和

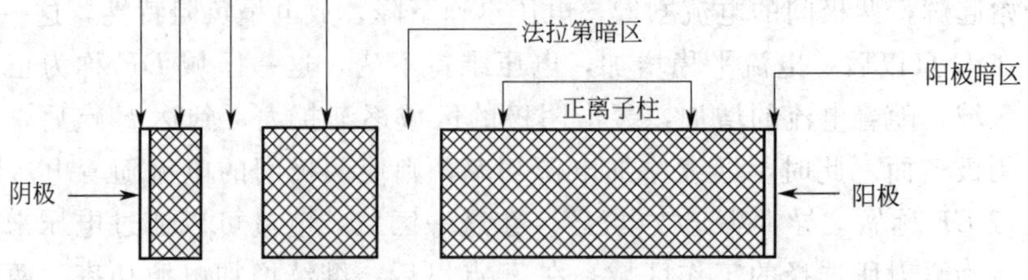

图 3-12 辉光放电时明暗光区分布示意图

基片之间的距离至少应是克鲁克斯暗区宽度的 3～4 倍。

二、溅射镀膜的特点

相对于真空蒸发镀膜，溅射镀膜具有如下特点：

① 对于任何待镀材料，只要能作成靶材，就可实现溅射；

② 溅射所获得的薄膜与基片结合良好；

③ 溅射所获得的薄膜纯度高，致密性好；

④ 溅射工艺可重复性好，膜厚可控制，同时可以在大面积基片上获得厚度均匀的薄膜。

溅射存在的缺点是，相对于真空蒸发，它的沉积速率低，基片会受到等离子体的辐照等作用而产生温升。

三、溅射参数

表征溅射特性的主要参数有溅射阈值、溅射率、溅射粒子的速度和能量等。

溅射阈值是指将靶材原子溅射出来所需的入射离子最小能量值。当入射离子能量低于溅射阈值时，不会发生溅射现象。溅射阈值与入射离子的质量无明显的依赖关系，但与靶材有很大关系。溅射阈值随靶材原子序数增加而减小。对于大多数金属来说，溅射阈值为 20～40eV。

溅射率又称溅射产额或溅射系数，是描述溅射特性的一个重要参数，它表示入射正离子轰击靶阴极时，平均每个正离子能从靶阴极中打出的原子数。那么，溅射率与哪些因素有关呢?

① 溅射率与入射离子的种类、能量、角度以及靶材的种类、结构等有关。溅射率依赖于入射离子的质量，质量越大，溅射率越高；

② 在入射离子能量超过溅射阈值后，随着入射离子能量的增加，在 150eV 以前，溅射率与入射离子能量的平方成正比；在 150～10keV 范围内，溅射率变化不明显；入射能量再增加，溅射率将呈下降趋势；

③ 溅射率随着入射离子与靶材法线方向所成的角（入射角）的增加而逐渐增加。在 $0°$～$60°$范围内，溅射率与入射角 θ 服从 $1/\cos\theta$ 规律；当入射角为 $60°$～$80°$时，溅射率最大，入射角再增加时，溅射率将急剧下降；当入射角为 $90°$时，溅射率为零。溅射率一般随靶材的原子序数增加而增大，元素相同，结构不同的靶材具有不同的溅射率。

另外，溅射率还与靶材温度、溅射压强等因素有关。

溅射原子所具有的能量和速度也是溅射的重要参数。在溅射过程中，溅射原子所获得的能量比热蒸发原子能量大 1～2 个数量级，能量值在 1～10eV 之间。溅射原子所获得的能量与靶材、入射离子的种类、能量等因素有关。溅射原子的能量分布一般呈麦克斯韦分布，溅射原子的能量和速度具有以下特点：

① 原子序数大的溅射原子溅射逸出时能量较高，而原子序数小的溅射原子溅射逸出的速度较高；

② 同轰击能量下，溅射原子逸出能量随入射离子的质量而线形增加；

③ 溅射原子平均逸出能量随入射离子能量的增加而增大，但当入射离子能量达到某一较高值时，平均逸出能量趋于恒定。

四、溅射装置

溅射装置种类繁多，因电极不同可分为二极、三极、四极、磁控溅射、射频溅射等。直流溅射系统一般只能用于靶材为良导体的溅射，而射频溅射则适用于绝缘体、导体、半导体等任何一类靶材的溅射。磁控溅射是通过施加磁场改变电子的运动方向，并束缚和延长电子的运动轨迹，进而提高电子对工作气体的电离效率和溅射沉积率的一类溅射。磁控溅射具有沉积温度低，沉积速率高两大特点。

一般通过溅射方法所获得的薄膜材料与靶材属于同一物质，但也有一种溅射方法，其溅射所获得的薄膜材料与靶材不同，这种方法称为反应溅射法。即在溅射镀膜时，引入的某一种放电气体与溅射出来的靶原子发生化学反应而形成新物质。如在 O_2 中溅射反应获得氧化物，在 N_2 或 NH_3 溅射反应中获得氮化物，在 C_2H_2 或 CH_4 中得到碳化物等都属于反应溅射。

在溅射镀膜过程中，可以调节并需要优化的实验参数有：电源功率；工作气体流量与压强；基片温度；基片偏压等。

(一) 辉光放电直流溅射

在种类繁多的溅射系统中，最简单的系统莫过于辉光放电直流溅射系统，其示意图如图 3-13 所示。盘状的待镀靶材连接到电源的阴极，与靶相对的基片则连接到电源的阳极。通过电极加上 1～5kV 的直流电压（电流密度：1～10mA/cm^2），充入到真空室的中性气体如氩气（分压在 10^{-1}～10^{-2} Torr）便会开始辉光放电。当辉光放电开始，正离子就会打击靶盘，使靶材表面的中性原子逸出，这些中性原子最终会在基片上凝结形成薄膜。同时，在离子轰击靶材时也有大量电子（二次电子）从阴极靶发射出来，它们被加速并跑向基片表面。在输运过程中，这些电子与气体原子相碰撞又产生更多的离子，更多的离子轰击靶又释放出更多的电子，从而使辉光放电达到自持。如果气体压强太低或阴-阳极间距太短，在二次电子打到阳极之前不会有足够多的离化碰撞出现。另一方面，如果压强太大或阴-阳极距离太远，所产生的离子会因非弹性碰撞而减速，这样，当它们打击靶材时将没有足够的能量来产生二次电子。在实际的溅射系统运行中，往往需要产生足够数量的二次电子以弥补损失到阳极或真空壁上的电子。

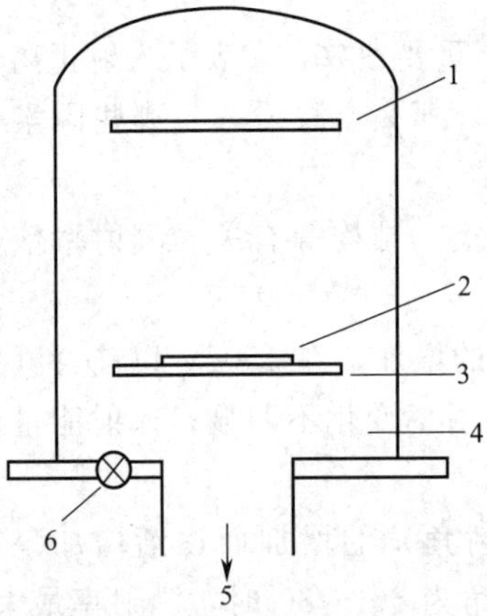

图 3-13 辉光放电直流溅射系统
1—阴极（靶）；2—基片；3—阳极；4—真空室；5—接真空泵；6—进气口

溅射原子与气体原子在等离子体中的碰撞将引起溅射原子的散射，这些被散射的溅射原子以方向无序和能量无序到达阳极。溅射原子因碰撞而无法到达基片表面的概率则随阴极-基片间的距离增加而增加。在压强和电压恒定时，阴极与基片距离较大的系统沉积率较低，薄膜的厚度分布在基片的中心处呈一最大值。Maissel[92] 等人建议，确保薄膜均匀性的最佳条件是阴-阳极距离大约为克鲁克斯暗区的 2 倍，阴极平面面积大约是基片平面的 2 倍。

溅射基本上是一低温过程，只有小于 1% 的功率用于溅射原子和二次电子的逸出。大量可观的能量作为离子轰击靶阴极使靶变热的热能而被损耗掉。靶材所能达到的最高温度和温升率与辉光放电条件有关。尽管对于大多数材料来说，溅射率会随着靶材温度的升高而增加，但由于可能出现的靶材放气问题，阴极的温度不宜升得太高。相反，对于靶阴极，一般要进行冷却，常用的冷却方式是循环水冷。

对于实际的溅射系统，自持放电很难在压强低于 10mTorr 的条件下维持，这是因为在此条件下，没有足够的离化碰撞。作为薄膜沉积的一种技术，自持辉光放电最严重的缺陷是：用于产生放电的惰性气体对所沉积薄膜构成污染。但在低工作压强情况下，薄膜中被俘获的惰性气体的浓度会得到有效降低。低压溅射的另一个优点是，溅射原子具有较高的平均能量，当它们打到基片时，会形成与基底结合较好的薄膜。对于在低于 10～20mTorr 压强下运行的溅射系统，或者需要额外的电子源来提供电子，而不是靠阴极发射出来的二次电子，或者是提高已有电子的离化效率。利用附加的高频放电装置，可将离化率提高到一个较高水平。提高电子的离化效率也可以通过施加磁场的方式来实现。磁场的作用是使电子不是作平行直线运动，而是围绕磁力线做螺旋运动，这就意味着电子的运动路径由于磁场的作用而大幅度增加，从而有效地提高在已知直线运动距离内的气体离化效率。表 3-3 给出了一些利用直流二极溅射系统制备薄膜材料的例子。

表 3-3　直流二极溅射制备薄膜实例

靶	溅射气体	注 释 说 明
$ErRh_4B_4$	Ar	薄膜由 XRD、SEM、AES 表征
Nb_3Ge	Ar	Nb_3Ge 具有较高的临界温度
TaB_2-Cr-Si-Al，Fe-Cr-Si，Ta-Cr-Si-Al	Ar	压力为 6.0×10^{-3}Torr
Ni	Ar	MOS 的金属化
Ta-Si	Ar	薄膜由 XRD、TEM 表征
Ba-Fe	Ar	沿 c 轴取向薄膜，易磁化方向垂直于薄膜表面
Zr_2Rh	Ar	靶为 99.99% 的 Rh 箔与 99.98% 的 Zr 片焊接而成
Bi_2Te_3	Ar	薄膜不具有理想化学配比
PbTe	Ar	薄膜具有理想化学配比
Ti	$Ar+N_2$	在 N_2 压力小于 4×10^{-2}Pa，得到 α-Ti 相
石墨	Ar	得到 a-C 通道层
烧结 SiC	Ar	
Ti 复合材料靶	Ar	
In-Sn 合金	Ar	在各种温度下的退火以获得 ITO 膜
Y-Ba-Cu-O	Ar	压强：30mTorr，基片温度：室温到 500℃
$Tl_{2.3}Ba_2Ca_2$，Cu_3O_x	Ar	可得到 $T_c=125K$ 的 $Tl_2Ba_2Ca_2Cu_3O_{10}$ 超导膜
$YBa_2Cu_3O_{7-x}$	O_2	在 $SrTiO_3$ 基片上，在大约 650℃ 时可得到最佳薄膜
$YBa_2Cu_3O_7$	O_2	$T_c=90K$
Ag-Pd	Ar	单晶(100)

（二）三极溅射

如前所述，在低压下，为了增加离化率并保证放电自持，一个可供选择的方法是提供一个额外的电子源，而不是从靶阴极获得电子。三极溅射涉及到将一个独立的电子源中的电子注入到放电系统中。这个独立的电子源就是热阴极，它通过热离子辐射形式发射电子。热离子阴极通常是一加热的钨丝，它可以承受长时间的离子轰击。相对于基片，阳极一定要加上正的偏压。但是，如果阳极与基片具有相同的电位，从热离子辐射装置中发射的一些电子会在基片处被收集起来，从而导致在靶处等离子体密度的不均匀性。

图 3-14 给出三极溅射系统的示意图。灯丝置于真空室左下部并受到保护，以免受到溅

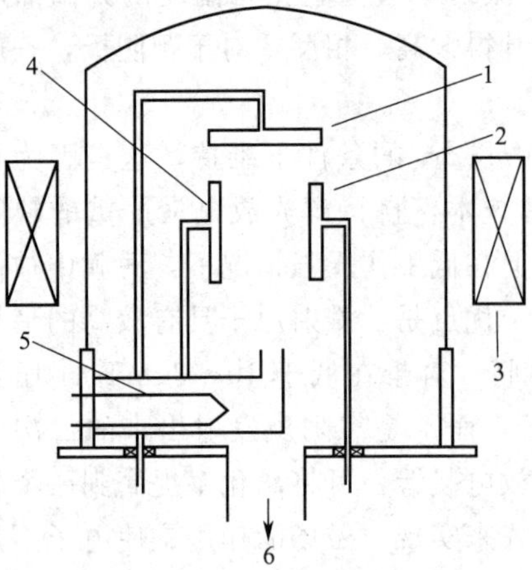

图 3-14 三级溅射系统示意图
1—阳极；2—基片；3—线圈；4—靶；5—灯丝；6—接真空泵

射材料的污染。通过外部线圈所提供的磁场，将等离子体限域在阳极和灯丝阴极之间。当在靶上施加一相对于阳极的负高压，溅射就会出现。如同在二极辉光放电那样，离子轰击靶，靶材便沉积在基片上。等离子体中的离子密度可以通过调节电子发射电流或调节用于加速电子的电压来加以控制，而轰击离子的能量可以通过改变靶电压来控制。因此，在像三极溅射这样的系统中，通过从额外电极提供具有合适能量的额外电子可以保持高离化效率。这一方法可以在远低于传统二极溅射系统所需压强（$\leqslant 10^{-3}$ Torr）条件下运行。这一技术的主要局限是难以从大块扁平靶中产生均匀溅射，而且，放电过程难以控制，进而工艺重复性差[93]。

应用三极溅射系统，Sun 等人[94,95]研究了钨溅射膜的性质与沉积参数（基片温度、沉积率等）的关系。辅助阳极相对于零电位为＋90V，阳极电流大约为 6A。沉积钨膜的氩气工作压强为 10^{-3} Torr。Lee 和 Oblas[96]报道了有关三极溅射研究，有 12 种不同金属靶可用于三极溅射，其工作压强为 2×10^{-3} Torr。在其使用的系统中，阴极竖直安装且并行于基片支架（接地），辅助阳极和灯丝皆放在基片和靶之间以增加氩气的离化。在用于溅射的氩气工作压强下，因平均自由程较大，大多数离子可以到达阴极表面。Lee 和 Oblas[96]研究了在相似条件下，靶材料对各种溅射膜中氩含量的影响。Adam 等人[97]应用三极溅射制备了 Al-Ag 合金膜，其组分变化较大。Patten 和 Boss[98]使用直流三极溅射方法在氪和氮气共混气氛下产生了镍膜。实验中将氧气在混合气体中的比例加以变化，以研究 O_2 的加入对镍柱状生长的影响。Sonkup 及其合作者[99,100]在单晶 GaAs 半导体基片上，制备了 n 型和 p 型 GaAs 膜，并研究了这些溅射膜的电学性质。通过溅射硅或镁靶，实现了 GaAs 掺杂。GaAs 靶采用直流溅射，沉积率为 0.3nm/s，而硅和镁的沉积率靠施加的脉冲电压来控制。Ziemann 等人[101]研究了在三极直流溅射系统中，等离子体电位与所加阳极电压注射电子电流和气体压强的关系，并将他们的结果与实验中所确定的薄膜的杂质含量联系到一起。

在一般的二极溅射系统中，基片置于等离子体中，所沉积的薄膜表面受到离子和原子轰击，从而使界面变得光滑。如果界面层足够薄，将会导致多层膜本身的毁坏。为避免这一问题的出现，Sella 和 Vien[102a]使用低能直流三极溅射系统沉积多层膜，获得的多层膜界面分明。在他们的系统中，两个靶背对背放置，而且可以旋转 180°，基片固定并水冷。在溅射过程中，氩气压强保持在 10^{-3} Torr。为控制膜厚，根据沉积率与靶电流相关这一特点而采用一种新的检测厚度方法，同时其他的溅射参数保持不变。

Gallias 等人[102b]使用直流三极溅射系统在 SiO_2 和 Si 基片上沉积了 Ta 膜。沉积到 Si (111) 或 SiO_2/Si（T_s 为 500℃）基片上的厚膜（700nm）为多晶体。但是，当沉积温度为 50℃时（即对基片不加热），膜是非晶的。

Caune 等人[103]首次报道了使用双靶三极溅射系统制备了 $ZnTe_x$ 膜。靶盘一半是由纯度为 99.99％的 Zr，另一半为 99.95％纯 Te 构成，靶直径为 100mm。为防止低熔点的 Te 会出现过热，将靶的两部分焊接在水冷的铜架上，所加阴极电压不超过1000V。为了调节薄膜组分，两种共溅射元素的表面比可通过一自动装置调节。详细的溅射条件为：

溅射气体	纯 Ar
溅射前的残余压强	10^{-7} Torr
工作压强	10^{-3} Torr(Ar)
靶电位	－1000V
靶-基片距离	100mm
离子密度	1.8mA/cm^2
沉积率	约 13mm/min
基片温度	$ZrTe_3$，$ZrTe_5$，275℃
靶表面 Te/Zr 比	$ZrTe_3=0.7$，$ZrTe_5=2.3$

实验中选用了光学玻璃、硅、钼等各种基片。沉积过程中，基片旋转以便获得均匀膜。薄膜的形貌由 X 射线显微探针和标准 X 射线衍射方法进行了表征。

Maniv[93] 对直流二极和三极溅射系统进行了比较和评述。

(三) 射频溅射

在前面所描述的溅射技术中，为了溅射沉积薄膜，已假设靶材一定是导体。在通常的直流溅射系统中，如果金属靶换成绝缘靶，则在离子轰击过程中，正电荷便会累积在绝缘体的前表面。用离子束和电子束同时轰击绝缘体，可以防止这种电荷累积现象的出现[104]，而 Anderson 等人[105] 则设计了沉积绝缘体的溅射系统，随后，Davidse 和 Maissel[106] 将这种设计研制成一种实用系统。在这一系统中，射频电势加在位于绝缘靶下面的金属电极上。在射频电势的作用下，在交变电场中振荡的电子具有足够高的能量产生离化碰撞，从而使放电达到自持。在直流辉光放电中，阴极所需产生二次离子的高电压，在射频溅射中已不需要。由于电子比离子具有较高的迁移性，相对于负半周期，正半周期内将有更多的电子到达绝缘靶表面，而靶将变成负的自偏压。在绝缘靶表面负的直流电位将在表面附近排斥电子，从而在靶前产生离子富集区。这些离子轰击靶，便产生溅射。这一正离子富集区正好与直流溅射系统中的布鲁克斯暗区相对应。当频率小于 10kHz 时，正离子富集区不会形成，而用于射频溅射的频率一般采用 13.56MHz。值得注意的是，由于射频场加在两个电极间，作为无序碰撞结果而从两极间逃逸的电子将不会在射频场中振荡。因此，这些电子将不能得到足够高的能量以使气体离化，最终损失在辉光区中。但是，如果在平行于射频场的方向上施加磁场，磁场将限制电子使之不会损失在辉光区，进而改善射频放电效率。因此，磁场对于射频溅射更为重要。在靠近金属电极的另一侧要放置接地的金属屏蔽物以消除在电极处的辉光，防止溅射金属电极。使用射频溅射，人们[106] 制备了石英、氧化铝、氮化硼等各种薄膜。

如果射频源在金属电极上配备耦合电容器，也可以射频溅射金属。此时，直流电流不会在电路中流动，这样会使金属电极存在负偏压，这一自偏压效应由电子和离子迁移率的差异所引起。这种负偏压的形成对于溅射来说是必须的。对于射频功率为 1kW 的射频溅射系统，许多金属薄膜的沉积率可以达到 100nm/min。

射频溅射系统的外貌几乎与直流溅射系统相同。二者最重要的差别是，射频溅射系统需要在电源与放电室间配备阻抗匹配网。在射频溅射系统中，基片接地也是很重要的，由此确保避免不希望的射频电压在基片表面出现。

由于射频溅射可在大面积基片上沉积薄膜，故从经济角度考虑，射频溅射镀膜是非常有意义的。自从 Davidse 和 Maissel 早期报道射频溅射沉积薄膜以来，大量的、不同材料的射频溅射相继出现，表 3-4 给出其中的一些结果。

表 3-4 射频溅射制备各种材料的沉积参数

材料	靶	溅射气体	溅射功率密度	沉积率	压强	基片和基片温度
$PbTiO_3$	Pb_3O_4 和 TiO_2 的粉末混合物	90%Ar+10%O_2	3W/cm^2	4nm/min	2×10^{-1}Torr	Pt 片，300～350℃
坡莫合金	82Ni18Fe	高纯 Ar		0.5～3.0μm/h		耐热硅硼玻璃
MoS_2	MoS_2	Ar	2W/cm^2		10mTorr	
Si	单晶	Ar	0.5～1.3kW，13.5MHz	10～30nm/min	5mTorr	Ni、Ta，50～100℃
C	电解石墨	Ar	0.5～1.3kW	10～30nm/min	5mTorr	Ni、Ta，50～100℃
SiC	热压粉末块	Ar	0.5～1.3kW	10～30nm/min	5mTorr	Ni、Ta，50～100℃
SiC	热压致密粉块	Ar	0.5～1.3kW	10～30nm/min	5mTorr	Ni、Ta，50～100℃
ZnSe	粉末压实烧结	Ar		20～200nm/h	1.7×10^{-2}Torr	Si、GaAs，160～360℃
ZrB_2 和 TiB_2	真空热压块	Ar	800W	10～15nm/min	2×10^{-3}～3×10^{-3}Torr	
$CuInSe_2$	热压 $CuInSe_2$	Ar	50W		30mTorr	玻璃、Cu 等
GeTe	热压 $Ge_{51.3}Te_{48.7}$	Ar		0.5～0.6nm	6×10^{-3}Torr	玻璃，室温和大于 250℃
Ta_2O_5	Ta_2O_5	Ar、O_2 混合		4～10nm/min	8×10^{-2}Torr	玻璃
$BaTiO_3$	$BaTiO_3$	Ar、O_2 混合	400W	5.5nm/min	9×10^{-3}Torr	Pt 片，340～930℃
CdS	纯 CdS	Ar	0.24～2.82W/cm^2		20～30mTorr	玻璃，60～300℃
a-Si 和 a-Si：H	纯 Si	Ar 和 15% H_2/85%Ar	200W	8～12nm/min	2mTorr	KBr，100～300℃
$Bi_2YFe_{3.8}$，$Al_{1.2}O_{12}$ 和 Bi_2，$GdFe_{3.8}$，$Al_{1.2}O_{12}$	烧结盘	Ar/O_2=9：1	6.1W/cm^2	6nm/min	5.3×10^{-2}Torr	玻璃，500℃
SiO_2	纯 SiO_2	Ar			1.4×10^{-2}Torr	50～200℃
GdFe 和 CoCr		Ar	100W		20mTorr	玻璃
ZnO	纯 ZnO	Ar/O_2=1：1	50～500W		1～10mTorr	玻璃 300～700K
MgO	MgO	Ar	400W 11.3W/cm^2		1.06～2.66Pa	纯 Cu 不锈钢
GdTbFeCo	$(Gd_1Tb_1)_{30}(Fe_4Co_1)_{70}$	Ar			10～50mTorr	玻璃
Au	Au	(Nr,Ar)-O_2				Si(111)
AlNiSi 合金	Al-Ni-Si	Ar		0.1nm/s	2～5Pa	碳，KBr 等，室温
$CuGaSe_2$	复合靶			14nm/min	20mTorr	硅酸盐玻璃，60～400℃
Y_2O_3	Y_2O_3	Ar 和 O_2				玻璃基片
Co-Fe	Co-Fe	Ar 和 N_2	5.1W/cm^2	70～80nm/min	9×10^{-3}Torr	玻璃
InSb	多晶 InSb	Ar	200W	20nm/min	5×10^{-3}Torr	蓝宝石

（四）磁控溅射

自从 20 世纪 70 年代早期诞生以来，磁控溅射技术在高速率沉积金属、半导体和介电薄膜方面已取得了巨大进步。与传统的二极溅射相比，磁控溅射除了可以在较低工作压强下得到较高的沉积率以外，它也可以在较低基片温度下获得高质量薄膜。通过磁场提高溅射率的基本原理由 Penning[107] 60 多年前所发明，后来由 Kay 和其他人[108~111]发展起来，并研制出溅射枪和柱式磁场源。1974 年，Chapin[112]引入了平面磁控结构，而这一结构的原理早在 1959 年就由 Kesser 和 Pashkova[113]设计出来。自从多种直流和射频磁控溅射系统的阴极研制出来以后，沉积得到的薄膜便广泛用于半导体和光学器件上。有关磁控溅射技术的沉积理论、电流-电压特性、溅射膜结构、阴极几何构造等等已有大量的评论文章发表[114~118]。

磁效应可以描述成通过交叉电磁场增加了电子在等离子体中漂移的路程。对于简单的平面式磁控阴极系统，装置包括由永磁体支撑的平面阴极靶，永磁体提供一个环形磁场，在阴极表面附近磁力线形成一个封闭曲线。由于离子和电子迁移率的差别引起正离子区靠近靶阴极，相对于等离子具有一负漂移电位。由于在阴极区正离子聚焦形成场，离子将从等离子体中分离出来，并被加速直至打到靶上，导致靶材的溅射。所产生的二次电子在进入电场、磁场交叉区域时，在运行的轨道中被俘获。在有效的电子俘获区，电子密度达到一个临界值，此时，由于俘获电子离化率将达到极大，这意味着由高能正离子所产生的高速二次电子对于有效溅射不是必要的。

大部分磁控源在 1～20mTorr 压强下，阴极电压为 300～700V 条件下工作。溅射率基本由在靶上的电流密度、靶与基片距离、靶材、压强、溅射气体组分等决定。

当在磁控溅射系统中将射频电压加在绝缘体上时，离子和电子迁移率的不同将导致阴极负自偏压的形成，由此提供给溅射所需的电势。

采用磁控溅射生长包括高温临界超导材料在内的薄膜材料，在过去的几十年里已有大量的文献报道，表 3-5 列出了一些磁控溅射制备薄膜的沉积条件。

表 3-5 由磁控溅射制备各种材料的沉积条件

材料	靶	溅射气体	溅射功率密度	沉积率	压强	基片及温度
$BaTiO_3$	$BaTiO_3$	$Ar:O_2=80:20$	80W	9nm/min	1×10^{-3}Torr	Pt，500～700℃
CdSe	热压 CdSe	Ar	500W	0.63m/min		玻璃
a-Si:H	高纯多晶硅	Ar/H_2	100～300W			玻璃，320K
PZT	PbO	O_2	300W	0.5～0.7m/h	10～100mTorr	Pt，Si，100～650℃
ZnO	烧结 ZnO	Ar	32～85W	2.5～25nm/min	1×10^{-2}～6×10^{-2}Torr	玻璃
$LiNbO_3$	Li_2O_3 和 Nb_2O_5 合成烧结粉末	Ar/O_2	100W，13.56MHz	0.2～0.3m/h		石英，水冷
Mo	Mo	Ar		6nm/s	>10Torr	Si(001)
$MoSe_2$	$MoSe_2$	Ar	2.5×10^4 W/cm^2	10～25nm/min	1.5×10^{-2}～5×10^{-2}Torr	玻璃，−150℃
SnO_2	热压 SnO_2	Ar/O_2	50W	12nm/min	5×10^{-3}Torr	玻璃
Si-Cr 合金	Si 和 Cr	Ar			2.5×10^{-3}Torr	玻璃
SiO_2	SiO_2	30% O_2+70% Ar	500W		5×10^{-3}Torr	Si，200℃

续表

材　料	靶	溅射气体	溅射功率密度	沉积率	压强	基片及温度
Y-Ba-Cu-O	$YBa_{1.86}Cu_{2.86}O_y$	Ar		52nm/min	9mTorr	石英
$Ti_{1-x}B_x$	纯 Ti 盘	Ar	1kW	7～15 g/(min·cm²)	3.8×10^{-3}Torr	Mo,870K
CdZnSO 和 ZnSO	ZnO、CdS、ZnS 混合					玻璃
Bi(Pb)-Sr-Ca-Cu-O	$Bi_{2.7}Pb_xSr_2Ca_{2.5}Cu_{3.75}O_y$	$Ar+O_2$		20～30nm/min	0.01Torr	MgO(101),400℃
Al_2O_3	Al_2O_3	Ar	5W/cm²	0.2nm/s	40×10^{-3}Torr	Fe 基合金
WO_3	WO_3	Ar/O_2	射频功率 100W		30mTorr	Mg(100),300～500℃
$ErBa_2Cu_3O_{7-x}$		$Ar:O_2=1:1$		2nm/min	80～100mTorr	MgO 单晶,650℃
Pb 掺杂 Bi-Sr-Ca-Cu-O						MgO,400℃
Mo	Mo	Ar	44～152W	28～125nm/min	1.2×10^{-2}～6×10^{-3}Torr	铸铁
$a\text{-}Si_{1-x}C_x(0\leqslant x\leqslant1.0)$	石墨盘和硅片	Ar	270W	80～7nm/s	5×10^{-3}Torr	Si(111)室温
Gd-Ba-Cu-O	$GdBa_2Cu_3O_{7-x}$	O_2/Ar				Si,740～770℃
WB_x	复合靶	Ar	1.3W/cm²	14nm/min	0.5～2.8Pa	Si 和 GaAs
$Tl_2Ca_2Ba_2Cu_3O_x$	$Tl_2Ca_2Ba_2Cu_3O_x$	Ar	250W	3nm/min	5mTorr	(100)$SrTiO_3$
Y-Ba-Cu-O-Ag	Y-Ba-Cu-O-Ag 复合靶			10nm/min		(001)$SrTiO_3$

传统溅射方法使用平面阴极，在大尺寸基片上沉积厚度均匀薄膜时，相对于基片，靶的尺寸有一定的限制。获得高纯，无裂纹的大尺寸靶往往价格昂贵、制造困难。为克服这一困难，Serikawa 和 Okamoto[119] 设计了三靶平面磁控阴极，并成功沉积了硅膜。使用的靶材为掺杂 0.5%（质量）P 的硅。在他们的系统装置中，永久磁体置于靶的下面，靶通过机械方法压到靶支架上，并用螺丝拧紧。靶的外边缘用一屏蔽罩遮住，屏蔽罩与高压阴极的距离为 3mm，以便使屏蔽罩能阻挡弧光放电和电流损失。

应用上述实验装置和掺杂 P 的 Si 靶，Serikawa 和 Okamoto[119] 获得了掺杂 P 的 Si 膜，其厚度和电阻均匀性非常好。表 3-6 给出了磁控溅射阴极的一些特点。

表 3-6　磁控溅射阴极的特征

系　统	射频平面式(13.56MHz)	系　统	射频平面式(13.56MHz)
靶	0.5%(质量)P 掺杂 Si,厚 5mm,直径 4in	基片温度	100℃
		气体	Ar
基片	直径 4in Si 片,SiO_2 厚 1μm	压强	75×10^{-3}Torr
阴极与基片距离	80mm		

Kobayashi 等人[120] 研制了一种新型磁控溅射方法，以期获得具有高沉积率的难熔金属硅酸盐膜。他们在平面磁控溅射阴极的磁轭上缠绕了同心的两个电磁线圈，且采用三个靶块组成的多环靶：中心硅靶片、Mo 环、外部的 Si 环，以同心的方式装置在一起以形成单一靶盘。溅射时会产生与靶盘同心的辉光环，环的直径可以通过控制两个电磁线圈中的电流来改变。控制辉光环的直径是为了得到每个靶块的选择溅射，从而获得所需组分和厚度的薄膜。这一技术可以精确控制薄膜组分以及在 10cm 硅片上的薄膜分布，而且沉积率高达

100nm/min。

利用磁控溅射制备磁性材料时会存在一些问题。Chang 等人[121]研制了用于获得高沉积率溅射 Ni 的直流磁控溅射系统，他们发现，在 Ni 靶表面，需要至少 300G 的磁场强度，这一磁场强度可以在阴极装配的强磁体部件中产生，它在形成稳定等离子体时起到关键作用。对于用来沉积磁性材料的溅射设备，在阴极设计时一定考虑磁场强度的可调性。一种用于磁性材料沉积的溅射系统的截面图如图 3-15 所示，阴极装置中包含绑到 Cu 支撑盘上的 Ni 靶。通过调整永磁体和靶之间的距离，可以使磁场强度在 300～800G 范围内变化，屏蔽罩用于阻挡低角入射离子。Cuomo 和 Rossnagel[122a] 报道了在传统的平面磁溅系统中附加了中空阴极弧光的电子源，其装置如图 3-16 所示，这是一个三极装置，其中阴极为磁性阴极，中空阴极电子源作为一个二极阴极。电子源靠近磁阴极以使它位于阴极的边缘，但仍基本处于磁场中。中空阴极在磁场中的位置是至关重要的。从中空阴极中发射出来的电子产生额外的气体离化，由此导致在恒定电压下等离子体密度的增加。据报道，由此设备所获得的沉积率可以比传统的磁控溅射增加 10 倍，而工作压强也可以大大降低，系统可以在压强为 0.2～0.6mTorr 下运行。在全功率运行时，Ar 的压强可以低达 5×10^{-5} Torr。由于低压溅射可以使沉积粒子的运行轨道得到控制，从而可以将靶与磁体的距离加大，这一距离的增加使沉积膜均匀性更好，并使样品免受离子或电子的轰击。距离的增加也可以使多个过程如多个磁溅射、蒸发、溅射复合、溅射时离子束轰击等同时运行，Cuomo 和 Rossnagel 使用这一装置制造了 Ta/Au 膜。

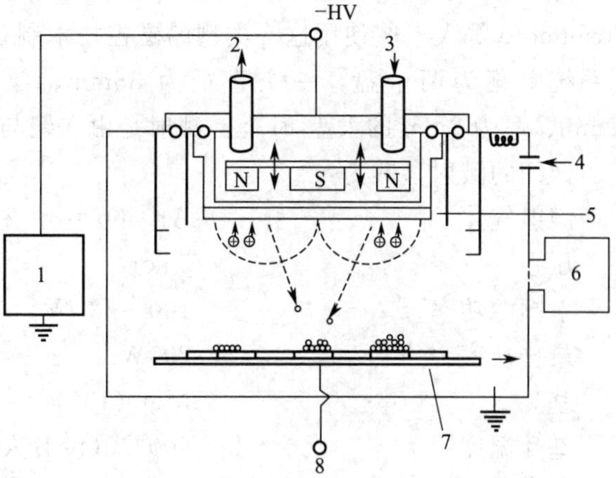

图 3-15 用于磁性材料沉积的磁控溅射系统

1—直流电源；2—水出口；3—水进口；4—Ar 入口；5—Ni 靶；6—真空泵；7—基片架；8—基片偏压

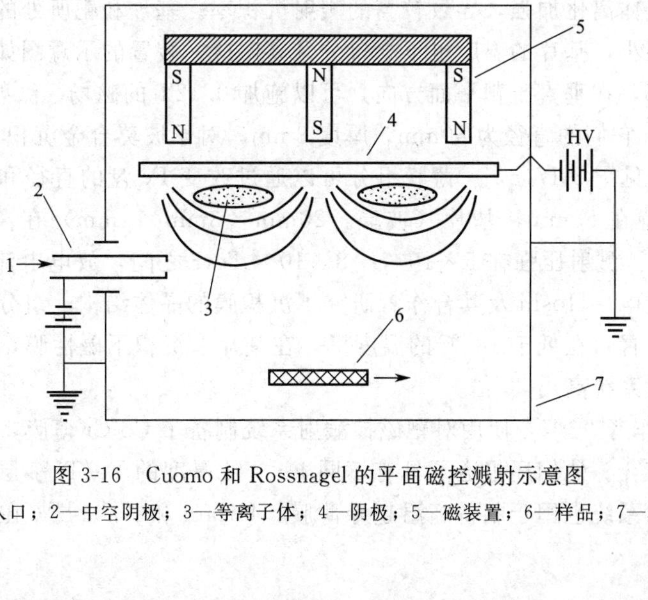

图 3-16 Cuomo 和 Rossnagel 的平面磁控溅射示意图

1—Ar 入口；2—中空阴极；3—等离子体；4—阴极；5—磁装置；6—样品；7—真空室

Hata 等人[122b,122c]研制了称为压缩磁场的磁控溅射系统，它的特点是沉积率高。在其装置中，有两个线圈，一个围绕着靶缠绕，一个位于靶的下部，以此限制漏到靶表面的磁力线，并在靶表面产生一漏磁力线流。应用这一技术，使用 He/H_2 制备了 a-Si : H 膜[122d]。Yoshimoto 等人[122e]使用这一类型的磁控技术制备了高温超导 Bi-Sr-Ca-Cu-O 膜，他们的溅射系统中靶为两个盘，一个直径为 38mm、厚为 2mm 的 Sr-Ca-Cu-O 盘放置在直径为 50mm、厚为 2mm 的大盘 Bi 上。溅射是由在靶与基片间施加射频场实现的。

详细的溅射参数为：

溅射气体	$Ar : O_2 = 8 : 2$ 混合气体
压强	5Torr
射频源功率	100～230W
最佳功率	200W
基片	MgO(100)
基片温度	600℃（没有人为加热）

沉积后的薄膜被冷却到室温。薄膜中 Bi 的含量可以通过改变双元靶的溅射面积而加以控制，而沉积膜的组分则可通过控制磁场和压缩线圈中的电流来变化。当压缩线圈和磁线圈的电流分别为 4.5A 和 1.0A 时，得到的沉积膜组分比为 2.6 : 2.0 : 2.3 : 3.9，接近于具有高温超导临界转变温度 T_c 相的组分比（Bi/Sr/Ca/Cu：这一组分接近于 Bi : Sr : Ca : Cu= 2 : 2 : 2 : 3）。在这些条件下，所沉积的薄膜沉积率大约为 13nm/min。在 840～890℃温度下（功率为 0.5～15W）对薄膜退火处理，发现薄膜显示出高温超导性质，其高温超导临界转变温度开始值为 110K，临界转变温度为 76K。

（五）对靶溅射（FTS）

尽管前面描述的一些磁控溅射系统可以在低温下运行且沉积率较高，但在沉积磁性材料时却无法获得高沉积率。Hoshi 等人[123]研制出了对靶磁控溅射系统，以期获得高沉积率的磁性膜，且不必大幅度升高基片温度。这一对靶磁控溅射系统已被用来制备磁性 Fe、Ni 及其磁性合金膜。在这一系统中，具有相同尺寸的两个盘状靶平行安置，其示意图如图 3-17(a)。当在垂直靶平面方向上加上磁场时，磁场会使高能电子局限在对靶之间的空间中。电子的局域化促使气体离化加强，导致较高的溅射沉积率。基片和靶所处的位置几乎使电子轰击基片的可能性很小，基片的温度也不会过分升高，这一装置的示意图如图 3-17(b) 所示。

在真空室外部，在垂直于靶平面方向，可以施加 0.12T 的磁场。溅射靶为 Ni 和 Fe（纯度为 99.9%）盘，它们的直径为 60mm，厚度 3mm。对于坡莫合金沉积，复合靶由 Ni、Fe 盘和 Mo 片构成［见图 3-17(c)］。薄膜组分可以通过改变 Fe 盘的直径和 Mo 片的数量来控制。靶间距离保持在 50mm，基片（玻璃：20mm×3mm×1mm）在离双靶公共轴 40～70mm 处竖直放置。溅射压强在 5×10^{-4}～8×10^{-2} Torr 之间，放电电流为 1.5A 时，可以维持稳定的辉光放电。Hoshi 及其合作者研究了沉积膜的晶体结构、组分、表面形貌。实验表明：应用这一装置，在低于 180℃的温度下，在基片上沉积了磁性膜，其沉积率比使用传统的直流二极溅射系统高出 50 倍。

Naoe 及其合作者[124,125a]使用对靶磁控溅射系统制备了 Co-Cr 薄膜，这一薄膜可用作高密度垂直磁记录媒介。他们还报道了具有不同 Fe、Ti 厚度的 Fe/Ti 多层膜以及 TbFeCo 薄膜。对靶磁控溅射系统也用于制备高温超导薄膜，Hirata 和 Naoe[125b]在低基片温度下制备

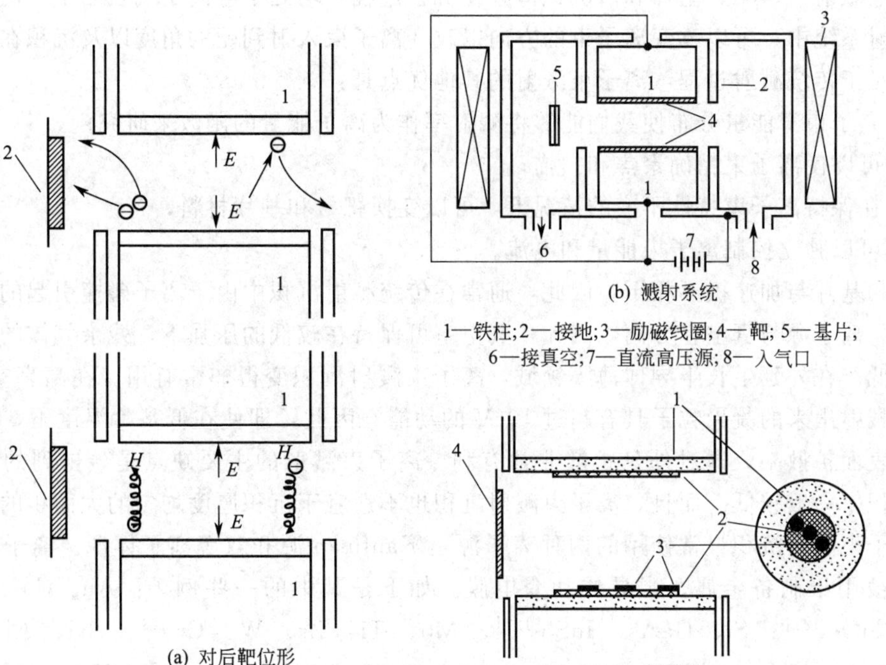

(a) 对后靶位形
1—靶；2—基片

(b) 溅射系统
1—铁柱；2—接地；3—励磁线圈；4—靶；5—基片；
6—接真空；7—直流高压源；8—入气口

(c) 复合靶
1—Ni靶；2—Fe靶；3—Mo；4—基片

图 3-17 对靶磁控溅射系统示意图

了 YBCO 薄膜，MgO〈110〉和 $SrTiO_3$〈110〉用作基片，基片温度从室温至 500℃范围内变化。X 射线衍射结果表明，所获得薄膜结晶相属四方晶系，膜的成分与靶相同，由于基片不在等离子体区中，不会出现再溅射现象，由此导致膜与靶的组分没有差别。临界转变温度为 85K 的高温超导薄膜可在 410℃条件下制得，其表面非常光滑。

（六）离子束溅射

溅射放电系统的一个主要缺点是工作压强较高，由此导致溅射膜中有气体分子的进入。在离子束溅射沉积中，通过引出电压将离子源中产生的离子束引入到真空室，而后直接打到靶上并将靶材原子溅射出来，最终沉积在附近的基片上。离子束溅射系统的简单示意图如图 3-18 所示。除了具有工作压强低，减小气体进入薄膜，溅射粒子输送过程中较少受到散射等优点外，离子束溅射还可以让基片远离离子发生过程（辉光放电则不能）。如前所述，在

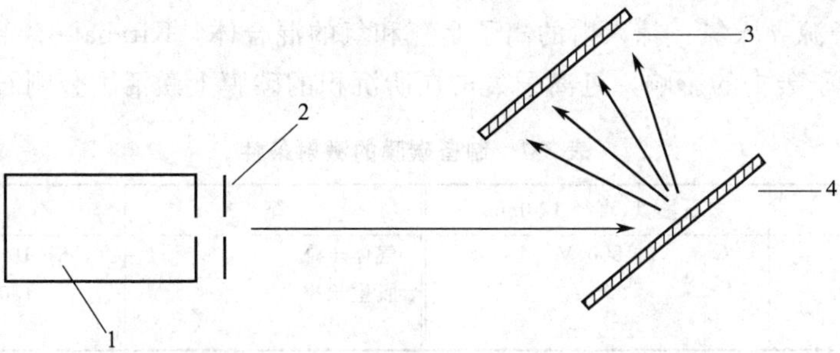

图 3-18 离子束溅射系统示意图

1—离子源；2—导出电极；3—基片；4—靶

辉光放电溅射中，靶、基片和所沉积薄膜在沉积过程中均处于等离子气氛当中。而且，在离子束溅射系统中，可以改变离子束的方向以改变离子束入射到靶的角度以及沉积在基片的角度。相对于传统溅射过程，离子束溅射的其他优点是：

① 离子束窄能量分布使我们能够将溅射率作为离子能量的函数来研究；

② 可以使离子束精确聚焦和扫描；

③ 在保持离子束特性不变的情况下，可以变换靶材和基片材料；

④ 可以独立控制离子束能量和电流。

靶和基片与加速极不相干，因此，通常在传统溅射沉积中由于离子碰撞引起的损伤会降到极小。离子源与真空室分离，因此，真空室可保持在较低的压强下，残余气体的影响可以降至最低。在外延生长半导体薄膜领域，离子束溅射沉积变得非常有用。在高真空环境下，离子束溅射出来的凝聚粒子具有超过 10eV 的动能。因此，即使在低基片温度下，也会得到较高的表面扩散率，这对外延扩散非常有利。离子束溅射的主要缺点是轰击到的靶面积太小，沉积率一般较低。而且，离子束溅射沉积也不适宜于沉积厚度均匀的大面积的薄膜。

离子束溅射沉积最常使用的两种离子源是 Kaufman 源和双等离子体源。离子束溅射沉积技术被用于制备金属、半导体和介电膜。如下是其中的一些例子：Au、Cu、Nb、W、SiO_2、TiO_2[126]；Si、GaAs、InSb[127]；Mo、Ti、Zr、W、Cr[128]；Ni、Al、Ni_3Al、Au[129]；Ag、Au、Co、Pt、Ni、Mo、AlN、Si_3N_4、Cr_3C_2、Ta_5Si_3、W、Cr、ZrO_2[130]；SiH[131]；Si[132]；ZnO[133a]、非晶类金刚石碳[133b]；$Co_{100-x}Cr_x$（$x=17\sim23$）[133c]；$(Co_{90}Cr_{10})_{100-x}M_x$（M 代表 V，Nb，Mo，Ta，X 的原子分数范围为 0～20%）[134a]；ZnS[134b]；稀土 Fe-Co[135a]；Al_2O_3[135b]；Co-Cr[135c]；ZnO：Al[136a]；Cu/Ni、Fe/Ni 多层膜[136b]；YCCO[136c,136d]。

Kitabatake 和 Wasa[137]使用离子束溅射沉积了碳膜，他们也研究了氢离子轰击效应。直径为 100mm，纯度为 99.999%的纯石墨盘安放在水冷的支架上，所使用的离子束直径为 25mm，离子束与靶成 30°角入射到靶上，基片位于靶附近。在其装置中，离子束溅射靶，也掠入射到基片，其具体沉积条件已列在表 3-7 中。所使用的基片或是 Si(111）或是难熔石英片，在不同条件下沉积了三种膜，并以此研究了氢离子对膜的作用：

① 纯 Ar 气导入到离子源中：氩离子掠入射到靶的表面；

② 氢通过针筏直接导入到真空室：沉积过程中，氢分子撞击在基片表面，掠入射离子仅仅是氢；

③ 通过离子源导入氢：掠入射的离子是氩和氢的混合体，Kitabatake 和 Wasa 观察到碳膜性质受到氢离子轰击的影响，氢离子轰击在所沉积的碳膜上激活了金刚石的生长。

表 3-7 制备碳膜的溅射条件

靶	石墨盘，直径 100mm	靶	石墨盘，直径 100mm
离子源能量	1200eV	气体压强	$5\times10^{-5}\sim2\times10^{-4}$ Torr
离子束电流	60mA	膜生长率	300～400nm/h
源-靶距离	250mm		

加氢对非晶碳的物理性质影响很大。对于制备含氢非晶碳的众多方法中，离子束溅射沉积通过含氢的溅射气体，可以系统地改变膜中的含氢程度，并可研究它们的影响。Jansen

等人[138]使用直径为5.1cm的离子束（从Kaufman枪中导出），制备了高纯度的碳膜，他们研究了加氢对非晶碳性质的影响。他们所使用的实验系统中，系统背景压强为10^{-7}Torr左右，沉积过程中，压强保持在3×10^{-4}Torr（由引入H_2/Ar混合气体导致）。在混合气最大H_2含量为90%时，膜中含氢量为35%～40%（原子百分含量）。在典型工作条件下，离子束能量为1200eV，沉积率为0.1μm/h。

Gulina[139]使用Ar离子束通过溅射压制粉末ZnTe作成的靶，制备了ZnTe膜（厚度30～300nm），沉积条件列于表3-8。

表3-8 离子束溅射沉积ZnTe的实验条件

靶	压制粉末制成的盘，直径为12.7cm，厚0.64cm	靶	压制粉末制成的盘，直径为12.7cm，厚0.64cm
离子束能量	1000eV	源-靶距离	20.3cm
离子束电流密度	$3.5mA/cm^2$	沉积率	约7nm/min

Takeuchi等人[140]研制了一种简洁的离子源，用它溅射沉积了Cu和RuO_2膜。在他们的离子束溅射沉积系统中，靶（Cu盘和压制而成的RuO_2）位于加速极5.5cm处。溅射沉积薄膜的条件为：真空背景压强为2×10^{-5}Torr。氩气被导入到离子源中，在真空室的压强调制在$(3\sim4)\times10^{-4}$Torr，在阴极和阳极之间加上600～700V的直流电压点火放电，气体流量调整到保证真空室的压强为2×10^{-4}Torr。1～6kV的加速电压用以导引和加速Ar离子。氩离子轰击靶，靶材原子沉积到基片上形成膜。在溅射沉积过程中，放电电压和电流分别固定在350V和200mA。所得到的Cu薄膜的结晶程度，随着加速电压的增加而增加，而不管加速电压是多少，RuO_2总是非晶的。Cu和RuO_2膜的电阻率都随着加速电压的增加而减小。

Toshima等人[141]使用低能离子束溅射制备了CoZr膜，他们通过改变加速电压和离子束电流研究了膜的磁学性质。他们给出：当使用低加速电压和离子束电流时，CoZr膜为非晶，Zr含量较低。沉积参数列于表3-9中。

表3-9 离子束溅射CoZr非晶膜的实验参数

靶	直径：127mm，合金靶：Zr含量分别为2.6%、3.4%和4.8%（原子分数） Co靶：Zr片（5mm×5mm×1mm）	靶	直径：127mm，合金靶：Zr含量分别为2.6%、3.4%和4.8%（原子分数） Co靶：Zr片（5mm×5mm×1mm）
基片	玻璃，厚0.5mm（基片可旋转）	靶与离子束夹角	45°
束直径	100mm	基片与离子束夹角	45°
基片-靶距离	约95mm		

Schewebel等人[142]通过超高真空离子束溅射沉积生长了Si的同质外延生长膜。在250℃较低沉积温度下，开始出现单晶生长，在700℃以上，得到的膜高度结晶。膜的B掺杂可以通过溅射含有硼掺杂的靶来实现。在710℃沉积所获得的薄膜（厚度为0.5μm）的迁移率等于室温时的体迁移率。

应用研制的高沉积率离子束溅射系统，人们制备出具有优异的磁学性能且厚度均匀的NiFe膜[143]，其溅射率达到100nm/min，在直径为6.5cm的范围内厚度均匀性达到±3%。实验中使用了两个离子源：3cm和10cm Kaufman型离子枪。溅射沉积时使用直径为10cm的离子枪，功率为525W，压强为5×10^{-5}Torr。直径为20cm的四个NiFe靶安装在可旋转的圆筒中，氩离子束首先轰击与离子束相对的一个靶。靶可以围绕垂直轴摇摆，在沉积过程中可以缓慢上下移动；基片表面与离子束方向保持平行。一永磁体放置在基片后面，沉积过程中基片可以旋转以便使 NiFe 薄膜选择取向，直径为 3cm 的离子源在沉积前用来轰击基片以清洁表面。基片为 Si、Al_2O_3、玻璃，氩和氮气被导入到离子源或真空室中。结果表明，离子溅射沉积得到的 NiFe 膜具有优异的磁学、电学和显微结构性质，很适合于实际应用。

Tustison 等人[144]的研究显示：应用离子束溅射可以在 GaAs 基片上外沿生长 Fe 膜。在他们的实验中，氩离子束打到 Fe 靶平面上，溅射出来的 Fe 原子沉积在加热的 GaAs 基片上，基片安置在靶对面。溅射沉积的最佳基片温度为 300℃，沉积率近似为 0.3nm/s。通过 X 射线和磁性测量证实所得到的 Fe 膜具有单晶特性，磁性测量发现其磁各向异性几乎与单晶体材相同。

Krishnaswamy 等人[145]报道了，在单晶 CdTe 基片上，离子束溅射外延生长 CdTe 和 HgCdTe 膜，这些外延膜主要用于红外探测器。实验中，使用了特殊设计的超高真空双离子枪系统。两个直径为 3cm 的离子枪直接将离子束射向用液氮冷却的靶，从而产生离子束溅射。沉积参数已列在表 3-10 中。对于 $Hg_{1-x}Cd_xTe$ 膜，使用的靶为单晶块，其组分为 $Hg_{0.8}Cd_{0.2}Te$。在 140℃较低温度下得到了高质量的外延 CdTe 膜，而在 30℃和 100℃温度之间则得到了 HgCdTe 外延膜。这一离子溅射沉积技术有效、方便地用于沉积 CdTe 和 HgCdTe 膜，其沉积率为 1～3μm/h。因此，这一技术很适合于低温生长红外异质结超晶格结构。

表 3-10 外延 CdTe 和 HgCdTe 膜的沉积参数

靶	沉积 CdTe 膜使用直径为 3in 热压 CdTe 盘，沉积 $Hg_{1-x}Cd_xTe$ 膜时用单晶 $Hg_{0.8}Cd_{0.2}Te$	靶	沉积 CdTe 膜使用直径为 3in 热压 CdTe 盘，沉积 $Hg_{1-x}Cd_xTe$ 膜时用单晶 $Hg_{0.8}Cd_{0.2}Te$
基片	CdTe(001)块	离子电流	30mA
基片温度	室温到 400℃	沉积速率	1～3μm/h
基片到靶距离	7cm		

Nagakubo 等人[146]使用带有两个 Kaufman 离子源的离子束溅射系统，制备了各种厚度的 Fe、Al 多层膜，所使用的工作气体为纯度为 99.999%的氩气，工作压强为 1.5×10^{-4} Torr，氩离子束（加速电压 500V，导引电流 3mA）直接溅射平面 Fe 和 Al 靶，溅射出来的 Fe/Al 多层膜沉积在水冷的玻璃上，膜厚由调整两个金属的沉积时间来控制。Nagakubo 等人研究了多层膜的磁学性质、晶体结构与 Fe、Al 层厚的关系。

Kagerer 和 Koniger[147]报道了离子束溅射沉积制备 Pt 和 Mn 膜，Pt 和 Mn 膜可用于制作传感器。在他们所使用的离子束溅射系统中，氩离子束在一分立的离子束室中产生，均匀的氩离子束被加速到溅射室并与电子中和。靶由三个分离的圆靶组成，在溅射过程中只使用一个圆靶，靶采用水冷，每个靶的直径为 125mm。离子打到溅射靶上，引起绝缘材料、随后是传感膜材料的溅射，薄膜沉积在位于靶前且旋转着的钢基片的外缘上，详细的沉积参数为：

真空压强	10^{-4} Pa
离子束能量	1000eV
典型电流密度	$1mA/cm^2$
靶：Al_2O_3	沉积速率 10nm/min
	厚度 1～2μm

Mn/Pt　　　　　　　　　　沉积速率，每秒几十纳米

　　　　　　　　　　　　　厚度 0.1～0.2μm

通过这一方法已得到具有结合强度高、耐久长寿的薄膜传感器。

Pellet 等人[148] 报道外延生长了 Y-ZrO 膜，所使用的基片为 Si(100)，靶为单晶 $(ZrO_2)_{0.77}(Y_2O_3)_{0.23}$，离子束溅射是在超高真空下进行。真空装置包含两个等离子体源和两个真空室：一个是离子束聚焦真空室，另一个是沉积室。反射高能衍射系统、俄歇光谱仪、残余气体分析仪附属在真空室上。为避免溅射过程中靶荷电，在靶附近安装一中性灯丝。实验在 20keV Xe 离子能量状态下工作。对应于离子束电流为 1.5mA 的膜的生长率为 0.08nm/s。在 700～900℃温度下，氧气分压为 10^{-4}Pa 时得到的膜为立方相、单晶，且膜具有良好的物理和电学性质。

离子束溅射也用于制备高温超导薄膜。Ameen 等人[149] 报道了有关实验结果以及计算机模拟研究离子束溅射高温超导膜的离子散射和溅射过程。他们的研究显示，Kr^+ 和 Xe^+ 溅射要比 Ar^+ 溅射好，这是因为 Ar^+ 会进入而 Kr^+ 和 Xe^+ 则不容易进入到生长膜中。

Klien 等人[150] 报道，利用离子束溅射非理想化学配比的氧化物靶，在 Y-Zr-O 和 Sr-TiO_3 基片上，沉积了超导 $YBa_2Cu_3O_3$ 膜。在他们的溅射系统中，垂直的 Ar 离子源用于溅射，靶与垂直方向成 45°角，其中心距离子源 10cm，电阻加热基片架与靶平面平行。沉积时，基片温度保持在 670℃，氧气由位于基片两侧的扁平喷嘴喷出，真空室压强保持在 4×10^{-4}Torr。沉积结束后，真空室充入压强达到 40Torr 的氧气。水平 Cu 片安装在靶下方 8cm 处以减少对真空室壁溅射所产生的污染。在 50～60min 的溅射时间内，可获得厚度为 150～500nm 的膜。在没有后退火处理情况下，膜显示零电阻临界温度高达 83.5K（基片为 $SiTiO_3$）。研究者也报道了使用几种离子束压和束流的组合来研究束流功率对膜沉积率和点阵参数的影响。

（七）交流溅射

Takeuchi 等人[151] 应用简单的交流溅射系统制备了 Bi-Sr-Ca-Cu-O(BSCCO) 超导膜，其交流溅射系统示意于图 3-19。同时也作为电极的一对盘状靶，通过位于石英管反应器中心处的水平 Cu 插棒得到支撑，Y-Sr-Zr 基片放在石英管的底部，聚焦红外灯用于加热基片（可达 850℃）。

溅射时所使用的气体为 50∶50 的 O_2/Ar，工作压强为 100mTorr，交流变压器的频率为 50Hz，电压为 6.3keV。

制备超导膜涉及两个过程，在第一个过程中，基片被加热，在温度高达 700℃以上，膜结晶成超导 $Bi_2Sr_2Ca_2Cu_3O_x$ 相。在基片温度为 750～815℃之间时所得到的膜的 C 轴点阵常数为 1.8nm，这正是临界转变温度为 115K 超导相的特征。在另一个过程中，基片不加热，但所沉积的膜在氧气气氛下退火处理。在退火温

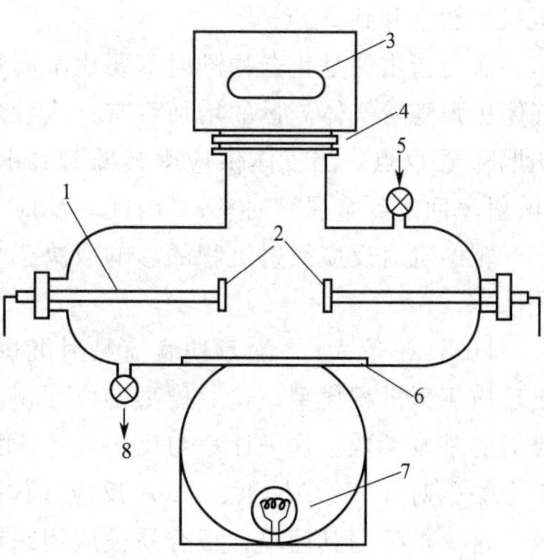

图 3-19 交流溅射系统示意图

1—Cu 棒；2—靶；3—低压 Hg 灯；4—石英窗；5—入气口；6—基片；7—红外灯；8—接真空泵

度为 680～700℃时，来自于低压水银灯的紫外辐射可以使膜的临界温度 T_c 发生变化，并使膜主要包含 $Bi_2Sr_2Ca_1Cu_2O_y$ 相（$T_c=80K$）。实验发现，在 400℃时用紫外线辐照退火处理，膜的超导临界转变温度从 80K 变到 60K，这一临界温度的变化归因于膜中含有多余的氧。在溅射阶段使用紫外线辐射制备的薄膜与未有紫外辐射制备的薄膜相同。

交流溅射方法的主要特点是操作简单、设备便宜，所沉积的膜远离等离子体。

（八）反应溅射

在有反应气体存在的情况下，溅射靶材时，靶材料会与反应气体发生化学反应形成化合物（如氧化物或氮化物），这样的溅射我们称之为反应溅射。在惰性气体溅射化合物靶材时，由于化学不稳定性往往导致薄膜较靶材少一个或更多组分，此时，如果加上反应气体可以补偿所缺少的组分，这种溅射也可视为反应溅射。

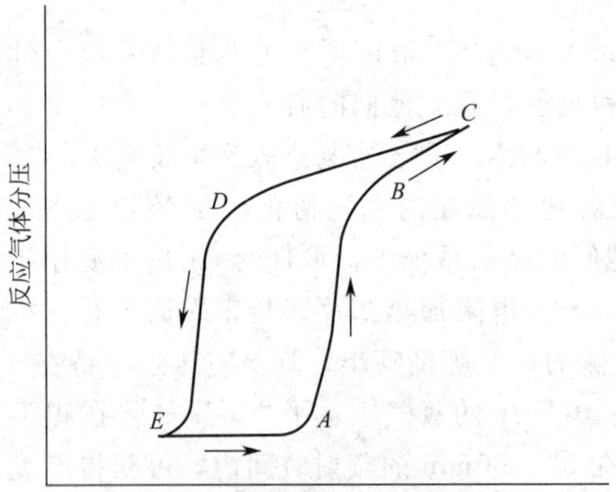

图 3-20 反应溅射的回线图

在典型的反应溅射系统中，反应气体与靶发生反应，在靶表面形成化合物，这一现象称为靶中毒。当靶中毒发生时，由于溅射化合物的速率（这里所形成的化合物直接受到离子轰击，而不是靶材料）仅仅是金属靶溅射率的10%～20%，溅射率急剧下降[152]。图 3-20 给出一般反应溅射的显著特点，反应气体分压与反应气体流量图显示出一回线特征。当反应气体刚被打开时，反应气体的压强开始保持在背景压强水平，此时气体流量较低，气体与溅射材料发生完全反应。甚至当气体流量增加时，反应气体压强的变化也很小，直至到了 A 点，压强才陡然上升。在此点，真空室存在着足够的反应气体，反应气体与靶表面反应形成气体——金属化合物，表面层减小了金属的溅射率，结果只有很少的气体被消耗，反应气体压强陡然上升到 B 点。

需要指出的是化合物溅射率要比金属溅射率小得多。当更多的反应物加在靶上时，反应气体压强随着气体流量的增加将有一线性增加（C 点）。当反应气体流量减少时，压强成正比地降至 D 点，当气体供应太慢难以维持靶上的化合物表面层时，压强迅速下降到 E 点（溅射率回复到金属溅射率），因此，反应气体偏压与反应气体流量图呈现一回线。

靶中毒对反应溅射沉积的影响取决于金属和反应气体的结合特性以及所形成化合物表层的性质。

Hohnke 等人[153]对反应直流溅射沉积化合物（金属氧化物和氮化物）进行了分析并给出反应溅射沉积模型，这一模型确立了溅射功率 W 与反应气体流量 G 的比率 W/G 为反应溅射的基本参数。这一比率与反应气体压强无关，在一定的近似范围内，只与金属靶的溅射率有关。对 TiN、Al_2O_3、TiO_2 反应气体-金属系统检验，发现所假设的模型与实验结果一致。这一模型因其简单，很容易被应用来估计具有化学理想配比化合物沉积时的溅射条件。

反应溅射是低温等离子体气相沉积过程，重复性好，已用于制备大量的化合物薄膜（如 Si_3N_4，SiO_2，Ti_2O_5，Al_2O_3，ZnO，Cd_2SnO_4，TiN，HfN）并作为切削工具、微电子元件的涂层。表 3-11 总结了一些反应溅射研究结果。

表 3-11 反应溅射研究结果

沉积膜	靶	反应气体	溅射功率/密度	沉积率	压强	基片和基片温度
ZnO	Zn	高纯 O_2	500～1000W	1～10μm/h	7×10^{-3} Torr	硅、蓝宝石；350～500℃
TiC	Ti	$Ar+CH_4$	1000W	25nm/min	5×10^{-3} Torr	
a-Si：H	B 掺杂多晶硅	$Ar+H_2$		0.5μm/min		
Al_2O_3	Al	$Ar+O_2$	$12W/cm^2$	3.6nm/s	15×10^{-3} Torr	
SiO_2	Si	$Ar+O_2$	$9.5W/cm^2$	2.4nm/s	15×10^{-3} Torr	
SnO_2	Sn	$Ar+O_2$	$7.5W/cm^2$	6.1nm/s	17×10^{-3} Torr	
Ta_2O_5	Ta	$Ar+O_2$	$13W/cm^2$	5.2nm/s	15×10^{-3} Torr	
TiO_x	Ti	$Ar+O_2$	$12W/cm^2$	2.4nm/s	15×10^{-3} Torr	
In_2O_3：Sn	In、Sn 合金	$Ar+O_2$	0.75～2kW	3～18nm/min		石英，不加热
TiN	Ti	N_2+Ar	1.9kW	200nm/min	5×10^{-3} Torr	高速钢
BN	BN	Ar/N_2	300W	5nm/min	7×10^{-3} Torr	水冷玻璃，Si，Al_2O_3
WC	W	$Ar^+ +C_2H_2$	$4.5W/cm^2$	60nm/min	2×10^{-2} Torr	不锈钢
NbN	Nb	Ne/N_2				蓝宝石，不加热
AlN	Al	Ar/N_2	500～1000W	0.1～1.2μm/h	(2～8)×10^{-3} Torr	Si(100)，100～450℃
$LiNbO_3$	$LiNbO_3$	Ar/O_2			5×10^{-3} Torr	玻璃，380℃
Cd_2SnO_4	Cd、Sn 合金	Ar/O_2			4.5×10^{-2} Torr	玻璃，377℃
BeO	Be	O_2/Ar	400W	<2.5nm/min	7.5×10^{-4} Torr	石英
ZnSe	Zn	H_2Se/Ar				玻璃，200℃
(Ti，Al)N	Ti、Al 合金	Ar/N_2	$7～8W/cm^2$	10～50nm/min	1.5×10^{-5} Torr	高速钢
InSb	Sb	Ar+金属有机气体	25W	0.12nm/s		Si(100)，200℃
Ti-Si-N	Ti-Si	Ar/N_2			5×10^{-4} Torr	玻璃，27℃，200℃，300℃
Fe-B-Si	中碳钢	Ar，B_2H_6，SiH_4			5.8×10^{-3} Torr，1.0×10^{-3} Torr，2×10^{-3} Torr	
TiB	Ti	B_2H_6/Ar			10×10^{-3} Torr	Si
NiCr-O	Ni、Cr 合金	Ar/O_2	100W 和 800W	0.17～1.2nm/s	3×10^{-3} Torr	Si
Bi-Sr-Ca-Cu-O	$Bi_2Sr_2CaCu_2O_x$	Ar/O_2	$5W/cm^2$			(100)MgO
V_2O_5	V	Ar/O_2	100～500W	2.4nm/s 和 1.0nm/s	1×10^{-2} Torr	玻璃
WO_3	W	O_2	$2～10W/cm^2$			玻璃
$RBa_2Cu_3O_{7-x}$（R＝Y，Er 和 Nd）		Xe/O^2				MgO
$YBa_2Cu_3O_7$	Y、Ba、Cu 靶	$Ar+O_2$			10^{-4} Torr	$SrTiO_3$，300℃
Fe-N	Fe	N_2		0.22～0.43nm/s	4×10^{-4} Torr	Si(111)
Ta_2O_5	Ta	O_2		1.2μm/h		石英，450℃
$LiNbO_3$	$LiNbO_3$	O_2/Ar	50～250W	40～50nm/h	10^{-3} Torr	Si(111)，550～600℃

工具钢可以通过反应溅射被氮化，且不改变工具钢的性质和形状。Sproul[154]反应溅射沉积了 TiN、ZrN 和 HfN，发现，在回线 A 点进行反应溅射是必要的，在此点，反应气体突然上升。实验中使用了已申请专利的自动反馈控制仪（而非手动）来控制气体流量以使溅射恰好在 A 点进行。对三种氮化物沉积来说，它们的沉积率都很高，而且涂层的硬度要高于体材。

采用各种不同技术，人们制备了具有理想化学配比和非理想化学配比的 TiN 多晶膜，第一个报道获得单晶 TiN 膜的是瑞典林雪平大学 Sundgren 研究小组，他们采用的是直流反应磁控溅射系统，基片为解理的 MgO (111)，其实验系统示于图 3-21。溅射是在混合气体 N_2/Ar 或纯 N_2 气氛下进行，沉积参数为：

靶	Ti
电流	1.4A
靶电压	415～430V
基片	解理 MgO (111)
靶-基片距离	13cm
溅射气体	N_2/Ar 或 N_2
总压强	3.5mTorr
沉积率	约 1μm/h
膜厚	1～2μm

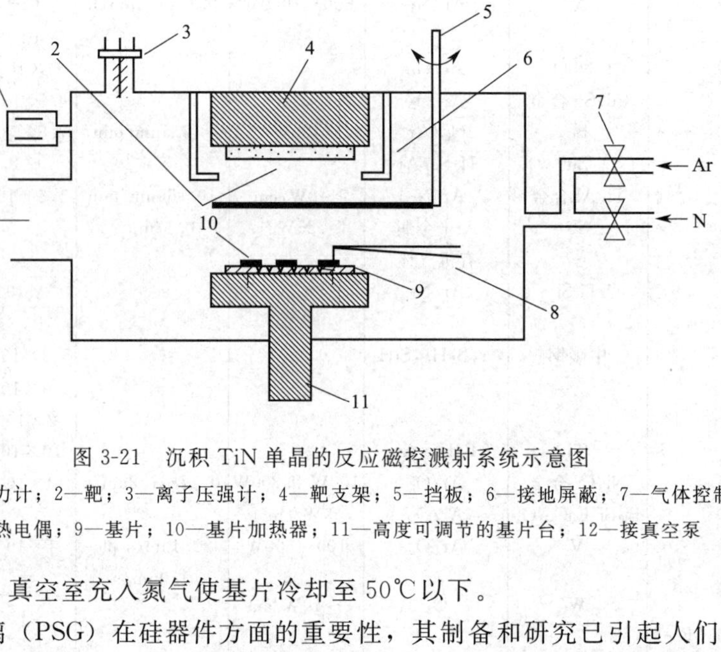

图 3-21 沉积 TiN 单晶的反应磁控溅射系统示意图

1—电容压力计；2—靶；3—离子压强计；4—靶支架；5—挡板；6—接地屏蔽；7—气体控制阀；8—热电偶；9—基片；10—基片加热器；11—高度可调节的基片台；12—接真空泵

沉积结束后，真空室充入氮气使基片冷却至 50℃以下。

由于磷硅玻璃（PSG）在硅器件方面的重要性，其制备和研究已引起人们的极大兴趣。高浓度掺杂 P 的 PSG 膜很难用传统的溅射方法得到，这是因为高浓度掺杂 P 的靶材不易制备。Serikawa 和 Okamoto[155] 给出一种制备高浓度掺杂 P 的 PSG 膜方法。他们使用的系统为射频平面磁控溅射系统，反应溅射靶为非掺杂硅靶，工作气体为 O_2/Ar，非掺杂 Si 靶与水冷电极相联，基片架安装在距靶 80mm 处，含有红磷（5.0g）的坩埚放置在靶前下方并由 Pt 线加热，沉积参数列于表 3-12。

在低温下成功得到了含磷高达 $3\times10^{21}\,cm^{-3}$ 的 PSG 膜。实验表明，膜中的磷含量可由坩埚温度和溅射气体压强来控制。

多磷化物是富磷无机半导体化合物，其晶体结构是不同寻常的。Schachter 等人[156] 首次报道从化合物靶溅射沉积了非晶多磷化物薄膜。他们的实验结果显示，这一半导体化合物（KP_{15}）的生长速度取决于碱金属助熔剂，理想化学配比则取决于 P 助熔剂。通过从 P_4 分

表 3-12 沉积参数

靶	硅(纯度 99.995%)	靶	硅(纯度 99.995%)
基片	p 型 Si(100)	溅射功率	3.0kW
背景压强	7.5×10^{-8}Torr	基片温度	室温
溅射气体	O_2/Ar	坩埚温度	室温到 260℃(由热电偶监测)
溅射压强	$5\times10^{-3}\sim15\times10^{-3}$Torr	膜厚	0.5μm

子中产生反应 P 而提供额外的磷，P_4 分子则是通过 Ar 载入到系统中。磷输运系统比 PH_3 安全[157]。背景真空压强为 10^{-7}Torr，工作气体为 Ar。详细的溅射条件为：

靶	5cm 直径的盘（压结多晶 KP_{15}）
基片	耐熔玻璃
靶-基片距离	5cm
真空室工作压强（Ar+P）	25Torr
部分压强	≤1%总压强
沉积率	0.5～20nm/min

所得到的高质量非晶 KP_{15} 膜致密、较硬、表面光泽、与基片结合好。显微结构分析表明，膜具有中等程度的有序特征。

Parsons 等人[158]应用反应磁控溅射分立的 Si 和 Sn 靶沉积了非晶 Si、Sn∶H 合金膜。在他们的实验装置中，真空室为超高真空，基片通过具有磁转换器控制的过渡室进入到沉积室，靶材为 99.9999%的 Si 和纯度为 99.999%的 Sn，工作气体为 Ar（99.9999%纯度）和 H_2（99.999%纯度），工作压强在 mTorr 范围，基片安装在距每个靶 18cm 距离处。在双靶磁控系统中，合金组分由每个靶的功率控制。由于 Sn 的溅射率比 Si 高，当 Si 靶功率固定在 200W 时，可以得到 Sn 含量为 0.5%～26%（原子分数）的合金膜。基片采用 Si 和 SiO_2，膜中的原子化学键合由红外吸收谱、俄歇电子能谱、X 射线光电子谱表征，同时，对膜的光学和电学性质也进行了研究。

Spencer 等人[159]使用非平衡磁控溅射系统反应溅射制备了氧化铟和氧化钛。他们的研究结果表明，等离子体轰击激活了基片上的金属——气体反应。当反应气体增加时，有少量的反应产物在靶上形成，使得沉积率变得更高。通过等离子体轰击，薄膜性质也得到了改善，特别是氧化钛的折射系数得到了增加。

Pang 等人[160]利用直流反应磁控溅射制备了 Al_2O_3 膜。为了克服以下因素：

① 由于在靶表面形成氧化物非导电层而使溅射率减少；

② 靶表面起弧；

③ 沉积参数稍许改变所引起的膜质量变化等不良影响。

他们通过在反应气体入口处增加隔板使气体分离来减少上述影响。用于气体分离的主要元件为被屏蔽的金属阴极（靶）以及与靶直接相对的狭缝。在屏蔽板外部基片表面附近是反应气体入口。金属屏蔽板将反应气体与靶表面分离，同时，也为额外的反应气体提供了除气区。在工作压强下，如果反应气体的平均自由程小于由隔板引起的分离距离，则溅射将在相对惰性的环境下进行。通过其他实验参数（惰性气体流量，反应气体流量，靶功率，基片偏压等）的优化可以得到质量较好的薄膜，而统计模型则可用来寻找最佳工作条件。

有人对各种实验系统制备的 Al_2O_3 膜的性能进行了测试研究，并对其沉积率、硬度、光学吸收、电导率等进行了比较[160]。

使用三金属靶 Y、Ba 和 Cu 的反应磁控溅射，在 Ar/O_2 气氛下，Char 等人[161]制备了高质量的超导 $YBa_2Cu_3O_{7-x}$ 氧化膜，薄膜沉积在加热的基片上。三个磁控溅射电子枪以三角形排列的方式安置，它们皆指向位于中心处的基片架。压强为 2×10^{-3} Torr 的 Ar 气被引入到系统中（背景压强为 1×10^{-6} Torr）并使 Ba 和 Y 靶免受氧化。通过一细槽将氧气直接引向基片，从而在生长的膜表面产生均匀的气体分布。通过这种方式，在基片表面可以获得较高的氧撞击率，同时保持较低的氧气分压（在真空室中为 1×10^{-4} Torr）。由于气体流动装置的这一设计，靶特别是 Ba 和 Y 靶不会被氧化，同时又获得了均一、稳定的沉积率。

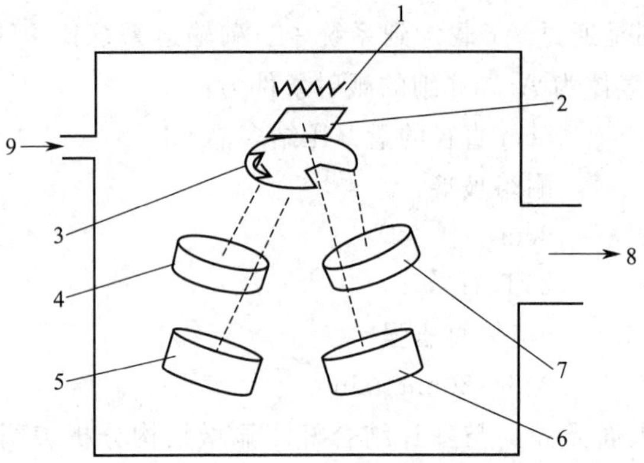

图 3-22 多靶直流磁控溅射系统示意图

1—加热电阻；2—基片；3—挡板；4—SrCu 靶；5—CaCu 靶；6—SrCu 靶；7—Bi 靶；8—接真空泵；9—溅射气体入口

用射频溅射 Ba，直流溅射 Y 和 Cu 也可以得到 Y-Ba-O 膜，但沉积得到的膜不具有超导性，只有使膜在氧气气氛下进行高温退火，超导性才会出现。

Setsune 等人[162]利用直流磁控多靶溅射系统，在 Ar ∶ O_2（5 ∶ 1）气氛下（3.5Pa），通过反应沉积 Bi、SrCu 和 CaCu 制备了具有钙钛矿结构的超导氧化膜。实验系统示意于图3-22。系统共有四个金属靶：一个 Bi（99.999%）靶，两个 SrCu（99%）靶，一个 CaCu（99%）靶，它们相对基片的垂直方向倾斜放置，靶的溅射率以及四靶轮换皆由直流源和位于靶、基片间的挡板来控制和调节。基片采用 MgO（100），基片温度 $T_s=600\sim800℃$。所获薄膜必须进行后处理，即退火才能使其具有超导性。

第三节 离子束和离子助

应用与离子相关的技术制备薄膜已有 20 多年历史[163~166]，大量技术如离子镀（ion plating）、离子束溅射（ion beam sputtering）和离子束沉积（ion beam deposition）先后被研制开发出来。这些沉积技术通过增加离子动能或通过离化提高化学活性，使所获得的薄膜具有如下优点：与基片结合良好；在低温下可实现外延生长；形貌可改变；可合成化合物等。

在离子束沉积过程中，所希望得到的膜材料被离化，具有高能量的膜材料离子被引入到高真空区，在到达基片之前被减速以实现低能直接沉积。所谓的低能是指从几个到几百个电子伏特的能量范围。离子辅助过程则是蒸发和溅射的交叉过程。蒸发沉积的速度快，蒸发得到的膜与基片的集合较差，膜孔洞多，厚度均匀性差，还可能有其他缺陷；而溅射没有这些缺点，但其溅射的沉积速度太慢，离子辅助则吸收了两者的优点并克服了两者的缺点，从而使沉积技术有了明显改善。离子助沉积（IAD）可分为：

① 传统的离子镀（蒸发和辉光放电的复合）；

② 阴极弧光沉积和热中空阴极（等离子体电子束）枪蒸发，这里，有相当比例的源蒸发材料被离化；

③ 不管是溅射还是蒸发，在膜形成时基片直接被离子轰击，这些离子在薄膜生长和形成过程中起到重要作用。

离子一般可以传输能量、动量和电荷。当荷能粒子轰击基片表面和生长膜时会出现各种复杂过程。这些能量离子影响着沉积的各个过程，如表面吸附原子的凝聚、运动，在点阵缺陷处原子的注入、成核。离子和表面的相互作用构成所有离子助沉积技术的关键因素，最重要的离子表面相互作用为[167,168]：

① 离子轰击可以对基片表面吸附的杂质实现脱附和溅射，这一功能经常被用于沉积前的基片清洗；

② 涂层原子被俘获或穿入，使气体原子进入到亚表层；

③ 起初的基片溅射和随后的涂层原子溅射，这将减少膜生长率但可以导致原子的混合；

④ 涂层和基片原子的位移以及点阵缺陷的产生，原子位移导致基片和膜原子的剧烈混合，而增强的缺陷密度可以促进快速的互扩散。

离子撞击产生的脱附过程在基片预清洗和离子镀沉积过程中是非常重要和有益的因素。

涉及上述各种过程的粒子能量从几电子伏特（热能）到 1keV 范围内变化。为实现薄膜生长，涂层原子沉积率必须超过溅射率，这就要求沉积原子的整个流量要大大超过荷能气体和涂层原子的流量。为获得基片和涂层原子的可迁移性，以确保薄膜具有良好的附着性和均匀性，涂层凝聚率和荷能粒子率之比不应太高。

一、离子镀

离子镀是在真空条件下，利用气体放电使气体或被蒸发物部分离化，产生离子轰击效应，最终将蒸发物或反应物沉积在基片上。离子镀集气体辉光放电、等离子体技术、真空蒸发技术于一身，大大改善了薄膜的性能。离子镀不仅兼有真空蒸发镀膜和溅射的优点，而且还具有其他独特优点如所镀薄膜与基片结合好；到达基片的沉积粒子绕射性好；可用于镀膜的材料广泛等。此外，离子镀沉积率高，镀膜前对镀件清洗工序简单，且对环境无污染，因此，离子镀技术已得到迅速发展。

（一）离子镀原理与特点

离子镀技术最早是由 Mattox[169] 研制开发出来的，其原理如图 3-23 所示。真空室的背景压强一般为 10^{-7} Torr，工作气体压强在 $10^{-1}\sim10^{-2}$ Torr 之间，坩埚或灯丝作为阳极，基片作为阴极。当基片加上负高压时，在坩埚和基片之间便产生辉光放电。离化的惰性气体离子被电场加速并轰击基片表面，从而实现基片的表面清洗。完成基片表面清洗后，开始离子镀膜。首先使待镀材料在坩埚中加热并蒸发，蒸发原子进入等离子体区与离化的惰性气

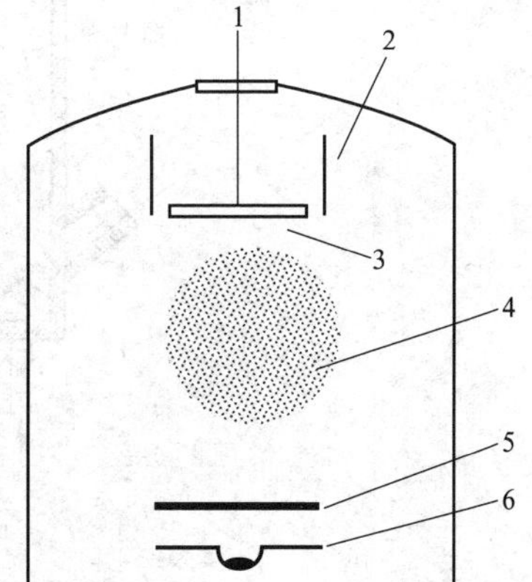

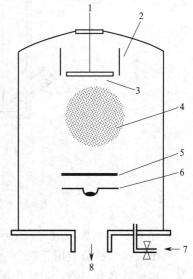

图 3-23 离子镀原理示意图

1—高压负极；2—接地屏蔽；3—基片；4—等离子体；5—挡板；6—蒸发源；7—气体入口；8—接真空泵

体以及电子发生碰撞，产生离化，离化的蒸气离子受到电场的加速，最终打到基片上形成膜。

在离子镀技术中，蒸气可以通过蒸发过程得到，也可以通过溅射方法获得。有时，在辉光放电环境下，蒸气被用于薄膜生长前或生长过程中的基片清洗。

有各种各样的蒸发源用来提供所要沉积的蒸气粒子，每一种蒸发源都有自己的优点和缺点。通常所使用的电阻式加热盘或丝是难熔金属 W 或 Mo，所待镀的材料一般局限于低熔点的金属元素。闪烁瞬间蒸发也被成功地应用于合金和化合物的离子镀。使用电子束加热技术，可以以较高的蒸发率沉积难熔金属（高熔点）。溅射靶材也可用于离子镀的待镀材料，即从固态靶中溅射出来的原子和离子可以形成膜。

Wan 等人[170]利用磁控溅射离子镀研究了离子镀 Al 膜的显微结构与离子镀时间的关系。Wan 和 Kuo[171]报道了有关在沉积 Al 时，靶基片距离与膜显微结构的关系，他们所使用的系统示意于图 3-24 中。靶材为 99.9%纯度的 Al，基片为 Ni，溅射气体为 Ar，靶-基片距离可以从几微米变到 350mm。薄膜沉积前，使用丙酮对 Ni 基片进行了化学清洗，其详细的沉积条件如下：

靶功率	650V，15A（8.4mA/cm^2）
离子镀偏压！	−1500V
Ar 压强	6.67×10^{-1}Pa
距离	100mm 或 200mm
离子镀时间	5min 或 30min
磁场强度	0.04T

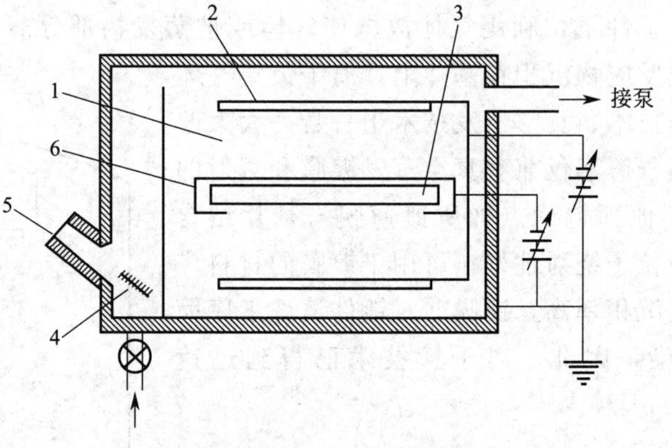

图 3-24 溅射离子镀系统示意图

1—真空室；2—样品；3—靶；4—反射镜；5—观察窗；6—附属阳极

Wan 的研究表明溅射距离影响沉积膜的相转变和显微结构。

离子镀技术已被应用于沉积金属、合金和化合物，所用的基片材料有各种尺寸和形状的金属、绝缘体和有机物，包括小螺钉和轴承。许多实际应用显示，离子镀技术较其他传统沉积技术具有明显的优势，特别对改善与基片的结合、抗腐蚀、电接触等方面优势更加明显。

离子轰击在离子镀膜过程中起到非常重要的作用。首先，离子对基片表面的轰击将对基片产生重要影响。

① 离子轰击对基片表面起到溅射清洗作用。在离子轰击基片表面时，不仅能消除基片表面的氧化物污染层，而且，也可能与基片表面粒子发生化学反应，形成易挥发或更易被溅射产物，从而发生化学溅射。

② 离子轰击会使基片表面产生缺陷。如果入射离子传递给靶原子的能量足以使其离开原来位置并迁移到间隙位置，就会形成基片的空位和间隙原子等缺陷。

③ 离子轰击有可能导致基片结晶结构的破坏。如果离子轰击产生的缺陷达到一定程度并相对稳定时，则基片表面的晶体结构将会遭到破坏而变成非晶态结构。

④ 离子轰击会使基片表面形貌发生变化。无论基片是晶体还是非晶体，离子的轰击都将使表面形貌发生很大变化，变化的结果可能使表面变得更加粗糙，也可能使表面变得光滑。

⑤ 离子轰击可能造成气体在基片表面的渗入，同时，离子轰击的加热作用也会引起渗入气体的释放。

⑥ 离子轰击会导致基片表面温度升高，形成表面热。

⑦ 离子轰击有可能导致基片表面化学成分的变化。对于多组分基片材料来说，某些元素组分的择优溅射会造成基片表面成分与基片整体材料成分的不同。

其次，离子轰击也对基片-膜层所形成的界面产生重要的影响。

① 离子轰击会在膜层-基片所形成的界面形成“伪扩散层”，这一“伪扩散层”是基片元素和膜材元素物理混合所导致的。

② 离子轰击会使表面偏析作用加强，从而增强沉积原子与基片原子的相互扩散。

③ 离子轰击会使沉积原子和表面发生较强的反应，使其在表面的活动受到限制，而且成核密度增加，促进连续膜的形成。

④ 离子轰击会优先清洗掉松散结合的界面原子，使界面变得更加致密，结合更加牢固。

⑤ 离子轰击可以大幅改善基片表面覆盖度，增加绕射性。

离子轰击对薄膜生长过程也有较大的影响。

① 离子轰击能消除柱状晶结构的形成。

② 离子轰击往往会增加膜层内应力。

离子镀膜过程中，离子轰击通过强迫原子处于非平衡位置从而增加应力，但也可以通过增强扩散和再结晶等应力释放过程降低应力。应用离子镀制备薄膜的一些例子见表 3-13。

表 3-13 应用离子镀制备薄膜的实例

材料	提供蒸气方法	放电细节	评述
Cu	从 Mo 盘中蒸发	Ar 气压为 1×10^{-2} Torr, 2×10^{-2} Torr, 3×10^{-2} Torr, 4×10^{-2} Torr, 5×10^{-2} Torr 时，能量为 1keV, 2keV, 3keV, 4keV, 5keV	Ni 基片，沉积率为 1μm/min
Au 和 Pb	热蒸发	3～5keV，电流密度 0.3～0.8mA/cm^2，Ar 气压：20mTorr	不锈钢基片，基片温度 44℃
Co 和 Co-Cr	电子束蒸发	4keV，电流密度 0.15mA/cm^2，$p_{Ar}=1.5\times10^{-2}$ Torr	中碳钢基片
Ag	电阻加热 Ta 盘	3keV，电流密度 0.2mA/cm^2，$p_{Ar}=2\times10^{-2}$ Torr	钢基片
Al 黄铜，14%Al，4.5%Fe，1%Ni，平衡 Cu	电阻加热坩埚	5keV，$J_A=0.1\sim0.25$mA/cm^2，$p_{Ar}=10$mTorr	中碳钢基片
Al，In	Mo 盘蒸发	射频放电，直流偏压－400～600V，$p_{Ar}=5\times10^{-4}$ Torr	

(二) 离子镀类型

1. 三极离子镀

提高直流二极放电效率的方法有很多。在离子镀技术中，可以使离化率增加且工作压强降低，其方法是在基片和蒸发源之间加入一阳极形成三极组态。这一装置类似于三极溅射，尽管在三极溅射中是靶施加负偏压而不是样品。

Sauliner 等人[172a]研究了正偏压第三极的电势 V 对放电电流密度 I_D 和对离子能量分布的影响，他们观察到 I_D 随 V 的增加可以定性地由考虑第三极产生俘获电子的位阱来解释。由于电子在此位阱振动，有效电子路径增长，因此增加了离化率，离子数的增加使低压强下的放电电流增大，第三极偏压使暗区长度减小，离子打到基片的平均能量也增加。

Witanachchi 等人[172b]使用离子助激光沉积制备了高温超导薄膜，其系统示意图见图 3-25。沉积是在真空度为 10^{-6} Torr 的真空室内进行，ArF 激光器（$\lambda=193$nm）辐照在旋转靶 Y-Ba-Cu-O 上，基片上的激光强度近似为 3J/cm^2。

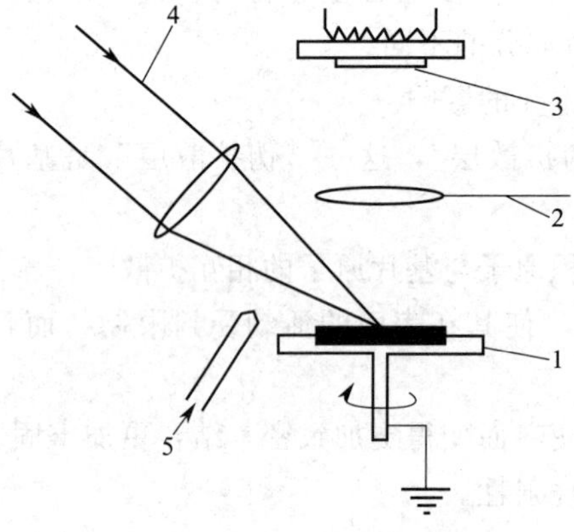

图 3-25 离子助脉冲激光沉积系统

1—旋转靶；2—环形电极；3—加热衬底；4—激光束；5—O_2 入口

可由电阻加热的基片与靶大约距离 7.5cm，基片温度可以在室温和 425℃之间控制。环型电极置于基片和靶之间并保持在 300V，氧气压强为 10^{-4} Torr，基片在沉积过程中处于电压漂浮状态。直流放电可以由第一激光脉冲激发并保持自持，直到高压电源被关掉。在靶-基片之间的区域可以观察到稳定的辉光。

在这一装置中，直流放电有两个用途：由在环型电极和基片间的电冲击形成的 O_2^+，通过表面的离子激活，可有效地提高和改善薄膜沉积，而在靶与电极间形成的离子则被排斥。另一方面，O_2^+ 趋向于提高沉积膜中的氧含量，因此，可改善薄膜的超导性质。

如果引入一独立于蒸发源的分离的热离子发射器，在三极离子镀中即可实现离化的较好控制。Baum[173]首次报道研制了热离子助三极离子镀系统，认为系统具有如下一些优点：

① 对放电有较强的控制能力；

② 低工作压强；

③ 使用低偏压并改善稳定性；

④ 减少基片加热。

Kloos 等人[174]利用热离子助三极离子镀制备了薄且软的金属膜，并将所制备膜的摩擦学行为与传统二极离子镀沉积膜进行了比较。在电流-电压特性上，他们观察到传统二极离子镀的基片电流不会因在低张力下的探针而有明显增加，但是当热丝与探针相连时，离化明显增加，从而可获得高基片电流密度，其具体沉积参数为：

阴极电压	5kV
阴极电流	250mA

阳极探针电压	510V
阳极探针电流	36A
热丝电压	20V
热丝电流	20A
压强	7.5×10^{-3} Torr
基片	硬化轴承钢
沉积金属	Cu；50％Cu/50％Pb；50％Cu/50％InAg； 50％Ag/50％Pb；50％Ag/50％In； 33％Cu/33％Ag/33％Pb；33％Cu/33％Ag/33％In； 25％Cu/25％Ag/25％Pb/25％In

Mathews 和 Teer[175]使用的热离子助三极离子镀系统具有一电子束枪蒸发盘。钨灯丝的直径为 0.5mm，长为 12cm。热阴极通过相对接地点的位置 S_1 或 S_2 以两种状态方式工作。在位置 S_2，灯丝和阳极探针电路与系统其他部分独立。阳极和热离子源均为漂浮电位，以便使灯丝相对于接地的真空室处于负电位。沉积过程在压强低于 10^{-3} Torr 下进行。他们对系统参数如探针电压、样品偏压、电子束功率、真空室压强对样品和探针电流的影响进行了广泛研究。

Almel[176]报道了为沉积大量小部件而设计的带有旋转筒的三极离子镀系统。沉积过程中，采用了热离子助三极放电。钨丝作为热丝源发射电子，铝从电阻加热 BN/TiB_2 盘中被蒸发，由此获得了高致密的 Al 涂层，且工作压强较低（1×10^{-3} Torr）。有人用这一系统在小部件上沉积了 Al/Zn。由于这一过程不局限于直线式沉积，在具有复杂形状的部件上可以获得相当均匀的涂层。

利用周期脉冲离化沉积，有人[177,178]在不锈钢基片上制备了 Al/Al_2O_3 涂层。在薄膜沉积过程中，由于对柱状生长的有效抑制，所得到的薄膜屈服强度高，表面光滑。详细的沉积参数为：

基片	抛光平钢片
充 Ar 气前的真空室压强	0.75×10^{-5} Torr
溅射清洗	时间 10min Ar 气压：0.75×10^{-2} Torr 负偏压 2kV
探针电压	200V
三极灯丝电压	10V
放电条件	气压 0.75×10^{-3} Torr 基片偏压 2kV
氧脉冲	脉冲 3s、间歇 3s 脉冲 30s、间歇 30s
Al 蒸发方法	电阻加热 BN-TiB_2 坩埚
源-基片距离	150mm
基片温度	≤200℃

Kuroyanagi 和 Suda[179]利用离化沉积生长了 In 掺杂 CdS 薄膜。由电子束枪蒸发丸粒状

的掺杂 In 的 CdS，灯丝发射出的电子使蒸发粒子电离，通过加速极离化的蒸气粒子沉积在加热基片上（图 3-25）。沉积实验参数为：

源材料	In 掺杂 CdS 丸粒
离化电流	100mA
加速电压	0～2kV
基片	玻璃
基片温度	60～350℃
沉积过程中气压	$<1.0\times10^{5}$ Torr
沉积率	100～150nm/min

利用 X 射线衍射实验，Kuryoyanagi 和 Suda 表征了所沉积的薄膜，并与电子束蒸发但未离化得到的薄膜进行了比较，发现在 60℃这一较低温度下，薄膜的结晶性通过离化沉积而得到改善，这些薄膜与基片玻璃结合强度高。

Salmenoja 等人[180]研究了电子发射灯丝上的负偏压对离化率的影响，他们导出了一个离化效率 η 的公式：

$$\eta(\%)=2.2\times10^{-3}\frac{J_c(MT)^{1/2}}{p}$$

式中，M（原子单位）是气体的分子量；J_c 是阴极电流密度，mA/cm^2；p 是气压，Pa。

这个方程可用来估计离化效率。测试时使用两种材料，一种为钨，另一种为包含质量分数为 2%Th 的钨钍。尽管 W-Th 发射的热电子比纯 W 多，但两者的离化率的差别可以忽略不计。而且，在高气压下，用 Th-W 灯得到的离化效率更低。在三极离子镀中，他们使用 W 丝研究了过程参数对离化效率的影响，发现离化效率非常依赖于包括阴极电压、灯丝加热功率、灯丝偏压、气压等过程参数。

2. 空阴极放电离子镀

在早期报道的工作中大多局限于使用直流异常辉光放电。在放电装置中，阴极或多或少具有中空几何特征（术语为空阴极），以便使等离子体区域限制在一定范围内，在此区域的电子被阴极壁反射，因而不会像在其他装置中那样易于逃逸。故此，这样的放电可以很容易达到自持。空阴极放电过程的主要优点是，在同样的气压和电压条件下，它的电流密度比直流辉光放电高得多[181]。而且，在空阴极放电过程中，比异常辉光放电具有较高的离化率，因此，基片表面可以免受溅射，从而得到更加均匀的薄膜。Stowell 和 Chambers[182]利用空阴极放电制备了 Cu 和 Ag 涂层，并研究了空阴极对薄膜结构的影响。他们的实验装置示意于图 3-26 中。在充入 Ar 气进行蒸发之前的真空室背景气压为 10^{-6}

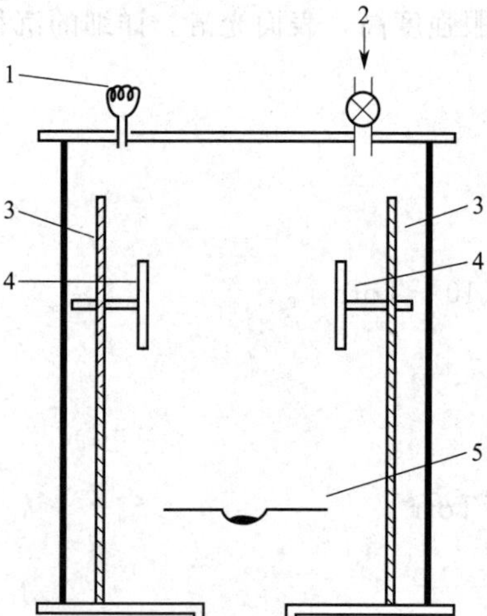

图 3-26 空阴极放电离子镀示意图

1—热偶计；2—Ar 入口；3—绝缘体；4—阴极；5—盘

Torr。实验过程中，气压变化范围为15～16mTorr。研究发现，沉积效率与气压、基片电压、基片距离等参数有关。

Ahmed 和 Teer[183]在空阴极放电情况下，在不锈钢基片上离子镀 Al 膜，观察到薄膜与基片结合很好，薄膜的显微结构受到阴极距离、气压和偏压等参数影响。空阴极放电离子镀的一个缺点是：在高气压或基片与阴极较近时，薄膜厚度均匀性较差。详细的实验沉积条件为：

负偏压	0，1kV，2kV
Ar 气压	5×10^{-3}Torr，10×10^{-3}Torr，15×10^{-3}Torr
阴极距离	10～80mm
基片	不锈钢，25mm×25mm
蒸发源与基片距离	固定式：150mm 以上 移动式：在水平方向可以移动
产生蒸气的方法	从电阻加热 BN-TiB_2 坩埚蒸发 Al

二、阴极电弧等离子体沉积

阴极电弧等离子体沉积是相对较新的一种薄膜沉积技术，这一技术已在真空蒸发一节中做过讨论，但是，这一技术在许多方面又类似于离子镀技术。阴极电弧蒸发沉积薄膜的优点主要是：在发射的粒子流中离化率高，而且这些离化的离子具有较高的动能（40～100eV）。许多离子束沉积的优点，如提高黏着力、增加态密度、对化合物膜形成具有高反应率等优点在阴极电弧等离子体沉积中均有所体现。而阴极电弧等离子体沉积又具有自己一些独特优点，如可在较多复杂形状基片上进行沉积，沉积率高，涂层均匀性好，基片温度低，易于制备理想化学配比的化合物或合金。

在阴极电弧沉积中，沉积材料是受真空电弧的作用而得到蒸发，在电弧线路中源材料作为阴极。大多数电弧的基本过程皆发生在阴极区电弧点，电弧点的典型尺寸为几微米，并具有非常高的电流密度。

通过热蒸发过程将阴极材料蒸发是源于高电流密度，所得到的蒸发物由电子、离子、中性气相原子和微粒组成。图 3-27 是一简单的电弧热蒸发过程示意图[184]。在阴极电弧点，材料几乎百分之百被离化，这些离子在几乎垂直于阴极表面的方向发射出去，而微粒子则在阴极表面以较小的角度（≤30°）离去，电子被加速跑向正离子云，一些离子被加速跑向阴极而创造新的发射点。由离子撞击所形成的发射点的时间对 Cu 大约在 1.2～4.5ns，对于 Mo 为 1.6～6.2ns[185]。电弧沉积除具有高离化率外，离子还具有多种电荷态[186,187]。尽管高离子能量的准确来源尚不十分清楚，但 Plyutto[188]提出了一种可能的机制[188]：在离子云区，高密度的正离子足够产生电势分布的突起，这一电势突起使正离子能够脱离阴极点的吸引，而 50V 的突起足够使离子获得高能量。

阴极电弧沉积已用于沉积各种金属、化合物和其他合金薄膜。Randhawa 和 Johnson[189]给出阴极电弧沉积技术以及其各种应用的评述。阴极电弧沉积系统由真空室、阴极弧光源、电弧电源、基片偏压源和气体入口组成（图 3-28）。电弧是一低压高电流放电过程，电弧在 15～50V 的电压范围内达到自持，自持电压的大小取决于源材料，通常产生电弧的电流在 30～400A 之间。

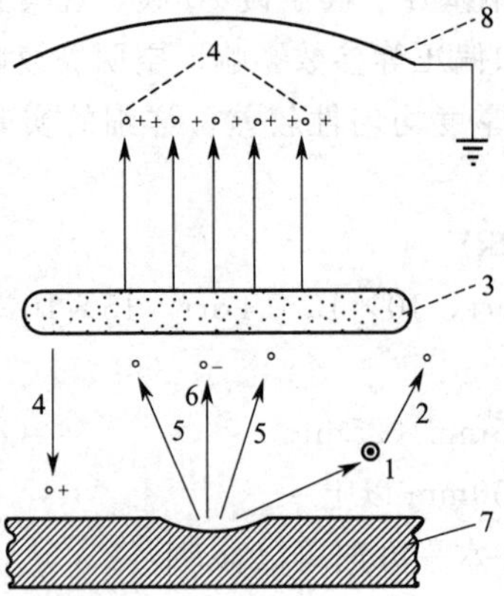

图 3-27 电弧热蒸发过程示意图

1—微粒子；2—中性原子；3—正离子云；4—离子流；

5—金属蒸气；6—电子；7—阴极；8—阳极

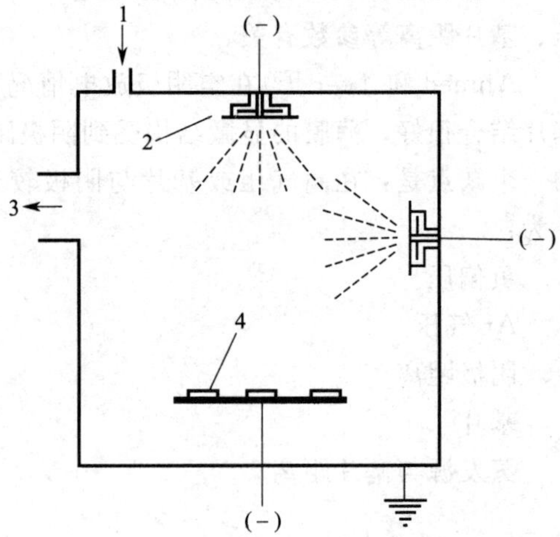

图 3-28 阴极电弧等离子体沉积基本系统示意图

1—气体入口；2—电弧源；

3—接真空泵；4—基片

阴极电弧由作为阴极的源材料、阳极、电弧触发器和其他限制阴极表面起弧的装置所组成。阴极电弧源的示意图见图 3-29。电弧限域可以由限域环或磁场来实现，利用起弧点边缘限制，阴极刻蚀则很均匀。应用这一阴极电弧沉积技术已经获得了具有高沉积率、黏附性好、致密的 Ti，Cu，Cr 膜。

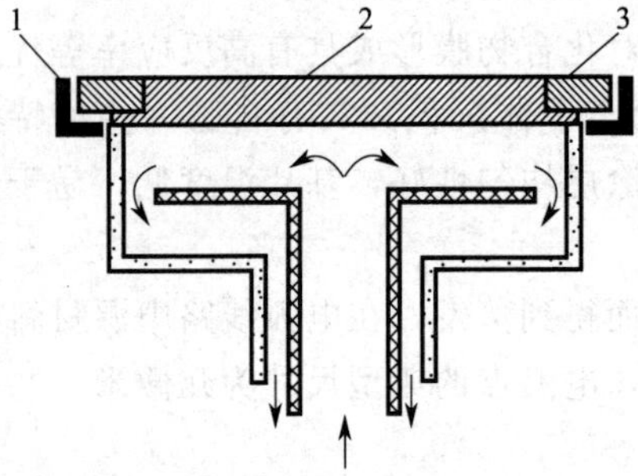

图 3-29 阴极电弧源示意图

1—阳极；2—阴极；3—限域环

Martin 等人[190]使用电弧蒸发源制备了 Ti 膜。Ti 阴极（纯度>99.5%）的直径为 100mm，可水冷。电弧通过 Al 环被限制在阴极表面，电弧安置在直径为 500mm 的真空室内，真空室作为阳极。W 触发器用于触发电弧。Ti 沉积在加有偏压的不锈钢基片上，背景气压为 1.5×10^{-5}Torr，源-基片距离为 160mm，电流为 90A 时的沉积率为 360nm/min。由 X 射线衍射分析发现，在基片上加上一定负偏压会强烈影响薄膜的结晶取向。Martin 等人也确定了位于阴极弧点的中性 Ti 和 Ti 正离子的能量。他们也在玻璃和钢上沉积了 Ti 膜，并研究了气压和磁场对光子、离子发射以及阴极弧点行为的影响[190]，利用扫描电镜研究了微粒子的含量，应用 X 射线衍射研究了薄膜的织构。在 Ti 膜中，微粒子含量在施加 40%～50%外加场时减少，且不受内磁场的影响。

Otsu 等人[191]使用阴极电弧等离子沉积制备了合金薄膜。他们沉积了青铜（60%Cu，40%Zn），Ni-Ag（65%Cu，25%Zn，10%Ni 和 65%Cu，18%Zn，17%Ni）和不锈钢（74%Fe，18%Cr，8%Ni），并研究了膜成分与靶成分的偏离情况。膜和靶的化学分析揭示出青铜、Ni-Ag 合金膜与靶成分明显不同，而通过改变基片温度可以使这种差别降至最低。对于不锈钢，膜的化学成分和靶没有什么不同。同时，他们也研究了膜的表面粗糙度。

在有关的评论性文章中，Sanders[192]讨论了用于获得薄膜涂层的阴极真空电弧过程，包括不同类型的阴极电弧装置，电弧轨道的控制和微粒子的去除。

Rother 等人[193]在制备石墨膜时，对直流阴极电弧蒸发过程进行了改进，起弧点得到了有效控制。在其使用的系统中，复杂源盘由阴极、阴极屏蔽、电机械触发器电极和特殊磁系统组成。阴极屏蔽电位可由计算机辅助控制单元分析确定，而屏蔽电位可控制磁场的开和关。这一装置改善了阴极刻蚀表面的均匀性和连续放电时间，对于阴极电弧沉积多孔材料如石墨是非常可靠的一种方法。在 Si 和 SiC 上沉积的 C 膜显示出良好的附着力。

Shinno 等人[194]应用真空电弧沉积方法制备了 C-B 涂层。在阴极中 B 含量在 5%～60%（质量分数）之间，阴极由混合的 C、B 粉末压实，烧结制成。他们对所沉积的涂层进行了 X 射线衍射、X 射线显微分析、扫描电子显微镜和拉曼光谱表征。

三、热空阴极枪蒸发

热空阴极枪蒸发是产生电弧的设备，通过收集电子形成电子束而作为加热源。这一设备用于沉积各种金属涂层。热空阴极枪（图 3-30）由中空、难熔管（作为阴极）构成，离化气体（通常为 Ar）通过阴极管被引入到系统中，通过管的 Ar 气流支持电弧放电。通过管中的通气口气压下降，在阴极中会有足够量的气体自持产生电子束等离子体。热空阴极枪使用的直流电源为低压、高电流，它工作在 *I-V* 特性中的电弧放电区，其典型特征是低压气体放电。

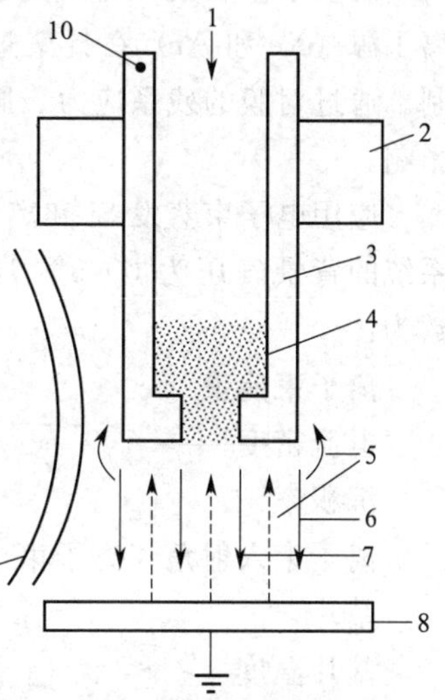

图 3-30 热空阴极枪示意图

1—Ar 入口；2—水冷；3—空阴极；4—等离子体；5—来自难熔金属的电子；6—返回到阴极的离子；7—来自于等离子体的电子；8—阳极；9—磁场；10—直电源

用于制备金属涂层时，热空阴极枪的典型工作条件为电弧电流 50～200A。沉积过程中，坩埚作为系统阳极，电子束轰击盛装在导电坩埚的蒸发物，材料被蒸发，而后被离化，最终沉积在位于蒸发源上方的基片上。离子使涂层具有相当高的黏着力，因此，此技术可以归为离子助沉积方法。

Morley 和 Smith[195]首次利用热空阴极（电子束加热器）制备了 Cu 和石英涂层。Cu 和石英在水冷的坩埚中被蒸发，沉积在蒸发源上方 50cm 处的基片上。实验中所使用的功率为 15kW（60V，250A）；蒸发率为 4g/min。Larson 和 Draper[196]将 Ag 沉积在 Be 基片上。所使用的热空阴极枪由屏蔽的空 Ta 管构成，工作条件为：电流 50～200A，电压 15～20V，高工作气压（真空室背景气压 10^{-6} Torr，充入 Ar 气后为 $3\times10^{-4}\sim20\times10^{-4}$ Torr）以及高束流和低电压，在蒸发坩埚中产生富含 Ar 和 Ag 的离子源。在沉积 Ag 膜前，基片被溅射清洗，他们研究了离子清洗参数与在 Be-Ag 界面处污染物之间的关系以及它们对黏附性的影响。

Wang 等人[197]利用空阴极电子束源在钢基片上沉积了 Ag 膜，枪与水冷铜加热炉成 45°角，加热炉中盛装 Ag，其沉积参数为

气压	5×10^{-3} Torr
基片偏压	-50V

电流密度　0.8mA/cm²
空阴极电源　30V
空阴极电流　30A
基片温度　260℃

利用俄歇电子光谱和离子刻蚀技术，他们研究了界面的组分分布，同时，对膜的黏附力与组分分布的关系也进行了研究。

Kuo 等人[198]对应用热空阴极技术制备真空涂层给出了评论性报道。

四、离子轰击共沉积

在沉积前，一分离的气体离子源可以用于溅射清洗基片，而且，它也可以用于沉积过程中以可控方式轰击膜，由此可以得到高黏附力膜。Hirsch 和 Varga[199]使用 Ar 辐照沉积了 Ge 膜，膜与玻璃基片和其他基片材料的黏附力大大增强。Hoffman 和 Gaorttner[200]离子轰击共沉积了金属膜，并研究了由离子轰击所引起的膜性质的变化。他们使用分离的惰性气体离子源（Xe 和 Ar）在凝聚过程中同时轰击基片。惰性气体离子和蒸发粒子流可被独立控制。通过对膜的残系应力、膜的光学反射性质观察和测量，他们研究了离子轰击对膜性质的影响。

应用电子束蒸发 Si 和离子轰击复合系统，有人[201]制备了非晶 Si：H 膜，实验中真空系统的背景气压为 0.75×10^{-6} Torr，充入气体后气压为 0.75×10^{-3} Torr，其他沉积参数为：

离子束能量　1200eV
电流密度　30μA/cm²
沉积率　71μm/h
离子束入射角（离子束主要有 H_2^+ 和 H^+ 构成）　与基片成 30°角
基片　高品质光学玻璃
基片温度　室温

Nandra 等人[202]应用电阻加热蒸发源在 Cu 基片上沉积了 Au 膜，他们研究了在成膜过程中低能离子辐照（<10keV）对膜性质如黏附力、显微结构、孔隙度等的影响。图 3-31 给出了他们的实验装置示意图。沉积系统和沉积条件的详细情况如下：

离子源　Kaufman 型离子枪
离子能量　0.8～6keV
电流密度　0.02～0.18mA/cm²
离子束直径　25mm
基片-蒸发源距离　250mm
离子源位置　入射束与垂直基片方向成 30°角
沉积率　0.02～0.2μm/min
使用能量 1.5keV、电流密度为 1mA/cm² 的离子束溅射清洗时间　30s

真空室的背景气压为 0.75×10^{-6} Torr。制备薄膜的程序如下：电阻加热源开启，在蒸发源上方的挡板挡在源上方，Au 在其熔点以上排气，然后将蒸发源温度降至 Au

熔点以下，除去挡板，对基片溅射清洗。最后，离子束电流减至所希望的数量级，提高蒸发源温度，蒸发开始，所沉积膜的厚度由厚度监测仪确定。

在热蒸发 Au 之前以及蒸发过程中，Ar 离子轰击对膜的黏附力有影响，沉积前的溅射清洗是获得高黏附力的有效方式。

对高精度的光学涂层，确保膜的折射系数的稳定性和可重复性十分重要，而这也是实验中经常需要解决的问题。薄膜通常显示柱状生长，而金属膜一般在晶体结构上显示择优取向。当柱状晶之间的空位暴露时，它们会通过毛吸作用吸收大气中的水蒸气，从而改变反射系数和涂层的稳定性。

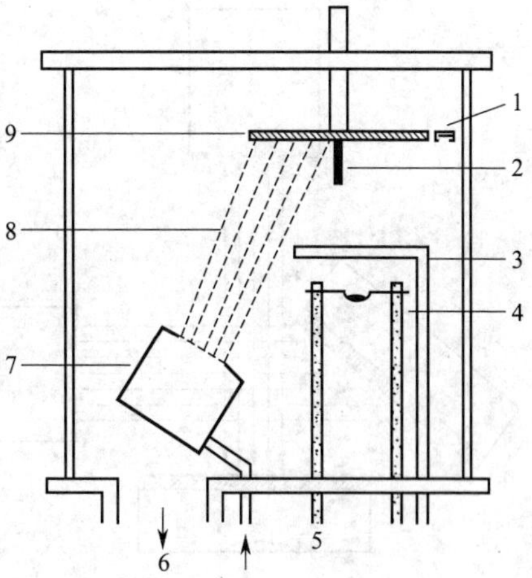

图 3-31 气体离子和蒸发复合系统（沉积 Au）示意图

1—晶体监测仪；2—隔板；3—挡板；4—蒸发源；5—Ar 气入口；6—接真空泵；7—离子源；8—离子束；9—基片

Martin 等人[203]利用离子助沉积制备了 ZrO_2 膜，他们利用电子束蒸发了纯度为 99%的纯 ZrO_2 膜，在粒子凝聚过程中，使用低能氧和氩离子轰击。图 3-31 为他们的实验装置示意图。实验细节如下：

离子能量	600～1200eV　Ar^+ 或 O^{2+}
入射离子束与基片表面夹角	30°
离子束沉积过程中气压	0.75×10^{-4} Torr
基片	玻璃
电子束源与基片距离	420mm
蒸发率	0.8nm/s

可以加热到 300℃的基片安装在电子束源上方。当研究离子轰击对介电 ZrO_2 膜的折射系数、膜密度、结构、组分影响时发现，当折射系数从 1.84 增加到 2.19 时，膜密度由 0.83 增加到 1。蒸发沉积在室温基片上时的离子轰击会导致膜结晶成立方相，而基片处于高温时，也会形成单斜相。

Gibson 和 Kennemore[204]的研究表明：在沉积 MgF_2 过程中的离子轰击可以大幅度改善膜的抗磨损性，并增加其与塑性基片的黏附力。

离子助沉积已在玻璃基片上制备出非常薄、半透明的 Au 膜，所得到的膜可望在太阳能控制或透明加热镜方面得到应用。薄膜沉积细节如下：

离子能量	500eV　Ar^+
离子电流密度 i_{im}	$8<i_{im}<33\mu A/cm^2$
Ar 气压	10^{-4} Torr
基片	玻璃
膜制备	计算机控制的热蒸发
沉积率 R_{Au}	$0.1<R_{Au}<0.2$nm/s
厚度 t	$4.5<t<18$nm

实验发现离子助 Au 膜作为窗口涂层有优越的性质，其主要优点是：对于低发射涂层来

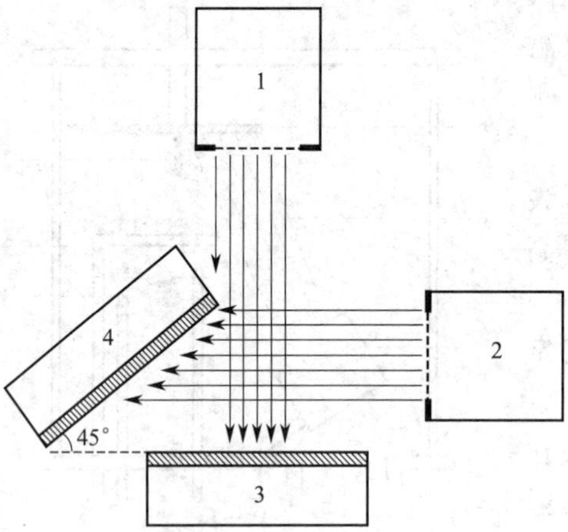

图 3-32 双离子束溅射系统组态示意图
1—轰击基片的离子枪；2—用于溅射的离子枪；
3—水冷基片台；4—水冷靶台

说可以改善太阳能的透过率，通过改变沉积质量可以实现红外性质的调节。

Panitz[205]使用双离子束系统，实现了不同靶的溅射，研究了 Ni 基合金涂层显微结构的变化。非晶 $Ni_{63.5}Cr_{12.3}Fe_{3.5}Si_{7.9}B_{12.8}$ 箔片和结晶的 $Ni_{55.3}Cr_{16.9}Si_{7.2}B_{21.6}$ 片用作溅射靶。图 3-32 为其溅射系统示意图，一个 Ar^+ 束用于溅射沉积材料，而另一个离子束则用于沉积过程中对膜进行轰击。利用透射电子显微镜电子衍射和俄歇电子能谱，他们分别研究了显微结构对膜性质的影响和薄膜的化学组分。

来自于蒸发源的热辐射总是在薄膜沉积过程中降低或损坏对温度敏感的基片质量。在激光蒸发中的热辐射则比热蒸发或电子束蒸发少得多。Gluck 等人[206]结合激光蒸发和离子轰击技术，在低温下（20℃）沉积了高质量的 CaF_2 薄膜，详细的沉积条件为：

基片	抛光 GaAs
基片温度	20℃（水冷架）
激光源	CO_2 激光器
激光功率	20W
沉积率	0.5～0.7nm/s
离子束	Ar^+，O^{2+}，CF^{4+}。能量：100～700eV
	电流密度：0.5～1mA/cm^2

使用激光蒸发离子助沉积制备的膜光滑、持久，且与体材的折射系数相同。而且，沉积时基片温度低。这一技术也被用来制备中波红外二色过滤片，即在冷基片上（20℃）沉积 CaF_2 和 Ge 膜[206]。

Erck 和 Fenske[207]利用电子束蒸发制备了 Ag 膜，他们将直径为 3cm 的 Ar^+ 束直接轰击到基片上，为减少基片的电荷累积，离子束被中性化。沉积过程中测量了入射到样品上的离子束功率密度，变化 Ag 沉积率以获得不同离子/原子到达率之比。沉积率由监测仪监测，沉积前对抛光的 Al_2O_3 基片进行溅射清洗。相对于基片表面，蒸发的入射角和离子轰击角分别为 45°和 125°。沉积是在气压为 5×10^{-3}Pa 真空室内进行。他们通过对膜形貌和硬度的研究检测了离子轰击对薄膜生长的影响。

Georgiev 和 Dobrev[208]研究了在 NaCl（100）基片上，通过 Ar^+ 轰击，外延生长 Ag 膜。他们发现，除了在低基片温度下形成 Ag(100)//NaCl(100) 层，高离子束密度和温度可以产生有别于〈100〉密排六方的择优取向晶粒。

Mineta 等人[209]使用 CO_2 激光器和氮离子轰击制备了立方氮化硼膜，他们使用了高功率的 CO_2 激光器。在其实验装置中，CO_2 激光束进入到真空室，经聚焦镜聚焦，因来自靶的气体沿垂直于激光束入射方向输运，避免了光学系统的污染和损害。实验中，基片可以加热，99.999%纯度的 N_2 在 Kaufman 枪中被离化，在 0～2.0keV 加速偏压的作用下，辐射到伴有激光蒸发过程出现的基片上。

沉积条件为：

靶（环形）	烧结 h-BN
环的旋转速度	5～30r/min
基片	Mo，Si，Si_3N_4，Ti，WC-Co，TiN/WC-Co
最终气压	1×10^{-5} Torr
基片温度	500～600℃
激光功率	200～1000W
沉积时间	30～90min

Mineta 等人[209]制备了富立方氮化硼膜，膜具有很高的硬度，且在干滑动条件下对 Ni-Mo 钢具有很高的耐磨性。

Doyle 等人[210]讨论了离子束溅射 YBCO 膜时，低能离子轰击对膜显微结构、化学组分、电性质的影响，所用离子轰击源是 Kaufman 电子回旋共振型枪，离子具有的能量为 125eV。

Rossnagel 和 Cuomo 详细讨论了沉积 YBCO 膜过程中离子轰击对膜性质如晶粒尺寸和取向、缺陷密度、电学、光学性质、化学理想配比和表面形貌的影响。

五、非平衡磁控离子助沉积

在传统的磁控溅射系统中，放电被磁场限制在靠近阴极表面的区域，因而，荷能粒子对生长膜的轰击是最少的。

Window 和 Savvides[211]研制了一种新型的平面式沉积源，这种源能在沉积粒子中给出一束分立的离子束（强度可独立于沉积过程而改变）。这种离子源可以更方便地用于离子束助沉积，而又不同于使用分立沉积粒子源和轰击粒子源的技术。产生的离子流是非平衡磁控装置的直接结果。作者建议使用非平衡磁控枪作为离子源，这些源可以产生大量的离子流，其能量可由几电子伏特变到几百电子伏特，此能量范围是传统电子束枪所不能覆盖的。非平衡磁控枪简单可靠、成本低，不仅在基片处提供大量的沉积粒子，而且也能提供大量的离子和电子。尤其在基片为绝缘体情况下，电子流的存在会中和粒子流，以使基片相对于等离子体达到自偏压（>25V）。

Savvides 和 Window[212]使用非平衡磁控枪制备了非晶和结晶膜。磁控枪的离子电流密度可以达到 $5mA/cm^2$。磁装置由一永磁环和与之相配的软铁组成，这一装置给出有效磁控面积为 $20cm^2$，基片架与真空室、固定装置等电隔离，并放置于靶中心的正下方。基片座可以旋转而可同时沉积 8 个样品。绝缘基片处于电压飘浮状态，一般相对于零电位在－25～10V 范围内。应用这一系统，他们在 99.999%纯 Ar 气的气氛下，溅射石墨靶制备了类金刚石碳膜。所获得的薄膜具有非常出色的类金刚石性质，包括极硬、高电阻率、高介电强度、红外透明、光学带隙达 0.74eV。他们将此性质归因于离子与表面作用或离子与体材作用形成的四面体键合。

六、离子束沉积

离子束有两种基本组态用于沉积薄膜。在直接离子束沉积（IBD）中，离子束在低能（约 100eV）情况下直接沉积到基片上。离子束沉积的简单基本原理示于图 3-33 中，在离子

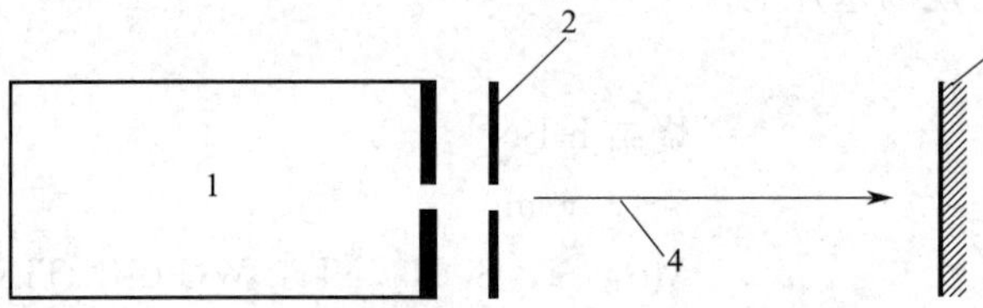

图 3-33 离子束沉积的简单原理示意图

1—离子源；2—离子提取器；3—基片；4—离子束

束溅射沉积过程中，高能离子束直接打向靶材，将后者溅射并沉积到相邻的基片上。

在直接离子束沉积膜时，沉积材料的能量可直接控制。离子束可以采用质量分析方法加以控制以产生高纯沉积。这一技术的主要缺点是，所用的离子能量受到限制，以此避免自溅射的出现，因而对于大面积的沉积，沉积率太低。Amottr 等人[213]讨论了薄膜生长运动学的各个方面以及与低能离子轰击相关的离子-表面相互作用。从理论方面考虑，他们提供了离子束沉积系统的一些实验条件，下面是对实验的一些要求。

① 应有各种离子束，其能量在 20eV 到 1keV 范围内（电流密度为 $100\mu A/cm^2$ 量级）。对于在有效面积上的均匀涂层，在靶上的电子束面积应当在 20mm×5mm。因为沉积率太低，电子束在几小时的时间内都应稳定。

② 必须能够对离子束作质量分析。

③ 从源中发出的离子束，其能量扩展一定小于所需的最小轰击能量。

④ 当沉积进行时，残余气压低于 10^{-9} Torr。

⑤ 基片的安置一定可移动。

⑥ 必须有原位观察仪器。

表 3-14 总结了一些离子束沉积工作。

表 3-14 离子束沉积

所用离子	能量/eV	离子流/密度	气压/Torr	基 片
Pb,Mg	24～500	10～15A		
Ge	100	50～200A	1×10^{-7}	Si(100)单晶,300℃
Si	200		5×10^{-8}	740℃
Ag	50	$4\mu A/cm^2$		Si(111),室温
C	300	$60\mu A/cm^2$	2×10^{-6}	Si(100)
Pd	100～400	1～3A	$(2\sim4)\times10^{-7}$	Si(111)

Antilla 等人[214]使用 $^{12}C^+$，CH_3^+，CH_4^+ 和 $C_2H_2^+$ 束，在 WC-Co 硬金属基片上，制备了 i-C 涂层。导入到离子源中的气体为 CO_2，CH_4 和 C_2H_2，沉积时的真空度为 7.5×10^{-7} Torr。对于 $^{12}C^+$ 沉积，沉积率为 0.3nm/s，用 C^+ 束制得的 i-C 膜性质最佳。用 C-H 离子束制备的膜较脆，而且与基片结合较差。

Appleton 等人[215]使用直接离子束沉积，在 Ge（100）和 Si（100）基片上，高质量外延生长了 ^{74}Ge 和 ^{30}Si，沉积温度为 400℃。传统的离子注入加速器用于产生能量为 35keV、各向同性的纯离子束。在真空室中，安装了减速透镜和样品架，使 35keV 的入射离子在射向基片时速度减慢。沉积过程中真空室气压为 10^{-9} Torr，沉积率为 1～5nm/min。他们对样品进行了 X 射线衍射、透射电子显微镜、俄歇电子能谱等测试和分析。结果表明，利用直接离子束沉积系统，可以在大面积基片上获得均匀、连续且各向同性的高纯薄膜。

Wagal 等人[216]在清洁的基片上沉积了类金刚石碳膜。在其实验的装置示意中，从 Nd-玻璃激光器产生的光束在超高真空室中聚焦到石墨靶上，与靶作用后发射出一缕碳蒸气。离化的离子被从这缕碳蒸气中拉出，被介于接地靶和负电加速栅间的静电场加速，基片装在法拉第探测器中，探测器与加速栅相连。

由于使用的是高纯石墨（99.999%），因而所收集的离子只有碳离子，激光采用触发模式（10J，10ns）和 Q 开关模式（1J，10ns），加速电压为 300～2000V，极片为 Si（111）。所得到的类金刚石碳膜光滑如镜，在 $10cm^2$ 的面积范围内为均匀光学级膜，其沉积率为 $20\mu m/h$。

第四节 外延生长

外延是指沉积膜与基片之间存在结晶学关系时，在基片上取向或单晶生长同一物质的方法。外延来自于希腊词“epi”和“taxis”，“epi”意思是“在…上面”，“taxis”意思是“排列”。当外延膜在同一种材料上生长时，称为同质外延，如果外延是在不同材料上生长则称为异质外延。外延用于生长元素、半导体化合物和合金薄结晶层。这一方法可以较好地控制膜的纯度、膜的完整性以及掺杂级别。外延生长技术及基本原理涉及到热力学、质量传输运动学、表面过程。Stringfellow 对此已有详尽的评述[217]。

由溶液或气相外延沉积膜可以由不同技术来实现。这一节我们将主要讨论分子束外延（MBE）、液相外延（LPE）、热壁外延（HWE）和金属有机物化学气相沉积（MOCVD）。

一、分子束外延（MBE）

分子束外延是在超高真空条件下精确控制原材料的中性分子束强度，并使其在加热的基片上进行外延生长的一种技术。从本质上讲，分子束外延也属于真空蒸发方法，但与传统真空蒸发不同的是，分子束外延系统具有超高真空，并配有原位监测和分析系统，能够获得高质量的单晶薄膜。

（一）分子束外延生长的特点

由于分子束外延系统具有许多与传统真空蒸发系统不同的地方，因此，分子束外延生长有许多自己独特之处：

① 由于系统是超高真空，因此杂质气体（如残余气体）不易进入薄膜，薄膜的纯度高；

② 外延生长一般可在低温下进行；

③ 可严格控制薄膜成分以及掺杂浓度；

④ 对薄膜进行原位检测分析，从而可以严格控制薄膜的生长及性质。

当然，分子束外延生长方法也存在着一些问题，如设备昂贵、维护费用高、生长时间过长、不易大规模生产等。

（二）分子束外延装置

分子束外延装置如图 3-34 所示。分子束外延的基本装置由超高真空室（背景气压 10^{-11} Torr）、基片加热块、分子束盒、反应气体进入管、交换样品的过渡室组成。此外，生长室包含许多其他分析设备用于原位监视和检测基片表面和膜，以便使连续制备高质量外延生长

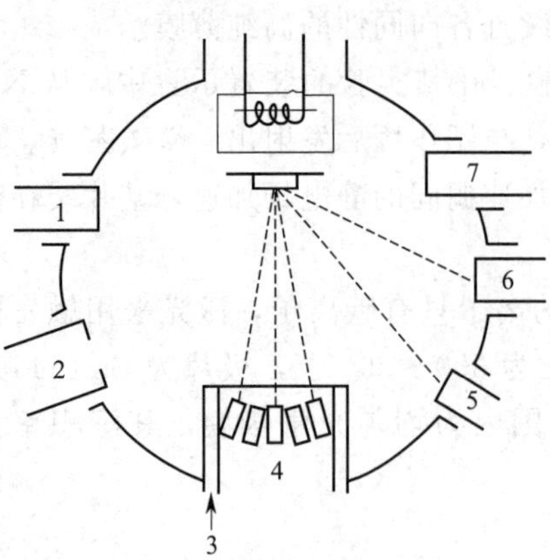

图 3-34 分子束外延装置示意图
1—反射电子衍射；2—俄歇谱仪；
3—液 N_2；4—蒸发源；5—离子枪；
6—电子枪；7—四极质谱仪

膜的条件最优化。除了具有使用高纯元素源产生高纯外延层、原位监测以控制组分和结构的特点外，分子束外延的其他特点是在超高真空条件下进行膜生长，因此，在背景气体中，O_2、H_2O 和 CO 的浓度很低，而且，对沉积率和组分的高度精确控制可以快速改变成分、掺杂浓度等。

分子束外延的核心部分是用于蒸发膜材料的分子束源，用于分子束外延的理想分子束盒可使用 Knudsen 盒[218]，尽管实际条件与真实的 Knudsen 设计不一致，在设计和制作分子束盒时，许多因素如快速热反应、盒材料的低排气率、在分子束盒中待用的蒸发材料（即盒材料与蒸发材料几乎不发生反应）、均匀加热等都需要加以仔细考虑。高纯石墨和热解 BN（PBN）可用作盒材料，低成本和易机械加工是石墨的优点，相对热解 BN，石墨具有更强的化学活性。尽管成本高，热解 BN 仍为普遍使用的盒材料。

有人[219～222a]设计了能够提供足够稳定分子束流的分子束外延盒，大多数分子束盒采用电阻加热。为了分子束外延生长高质量的半导体膜，需要分子束盒与超高真空室的其他部分有较好的热分离，以使真空室壁的排气达到最小，为此，需要液氮对分子束盒周围进行冷却。

为从分子束盒中蒸发低熔点材料，通过准确的温度控制可以获得稳定的分子束流。对于用电子枪蒸发装置蒸发高熔点材料，用恒定的电源来控制沉积率是不太合适的。有人已对高度精确控制沉积率的装置进行了研究[222b]。

Khadim[223a]设计了用 99.999% 纯度的 BN 制作分子束盒，利用分子束外延成功生长制备了 GaAs。Mattord 等人[223b]研制了单一灯丝分子束盒，它可以产生重复性好、且均匀的元素分子束，灯丝的设计制作与分子束外延系统中所使用的热解 BN 坩埚形状相协调。

分子束外延中的分子束流控制是重要的。在 GaAs 中，由于第Ⅲ族元素流决定了 GaAs 的生长速率，精确测量分子束流是必要的。同样，在 $Ga_xAl_{1-x}As$ 生长过程中的 Ga∶Al 束流比、$Ga_xIn_{1-x}As$ 生长过程中的 Ga∶In 比都特别重要。因此，小心控制第Ⅲ族元素的束流是获得令人满意的分子束外延膜所必需的。束流最终可以通过对膜厚和生长率的测量来标定，但这种标定必须经常重复进行，因为分子束盒的特性经常变动。另一种选择则是配备原位离化检测仪和质谱仪。但是，为了精确测量，这些仪器必须放在靠近基片的分子束中，因此，在膜生长时不能使用。为克服这一缺点，McClintock 和 Wilson[224]研制了一种光学技术，他们使用光学共振荧光测量Ⅲ族元素束流。由元素制成的空阴极灯作为光源，荧光信号由过滤器和光频管检测，测量的信号与 Ga 束流成正比，这一技术可以在生长过程中使用，在真空室中不需要其他设备。

在分子束外延生长技术中，基片清洗是非常重要的。Fronius 等人[225]研制了一种制备 GaAs 基片的新方法。基片加热清洁表面也是常用的方法，加热的方式有电阻加热、直接辐照加热等。

自从Cho、Arthur[226]、Chang等人[227]利用分子束外延制备GaAs和其他相关的Ⅲ-Ⅴ族化合物以后，分子束外延技术得到了迅速发展，并在制备其他材料包括Ⅱ-Ⅵ和Ⅳ-Ⅵ化合物方面取得了巨大进展。分子束外延现已成为开发光电和微电子器件最重要的技术。

现在标准商业分子束外延系统可用于生长外延膜。分子束外延膜的研究在过去的几十年中得到了迅速增长，在这期间，大量相关报道相继出现。Ueda等人[228]首次报道了一种可用于商业化生产化合物半导体器件的新型分子束外延系统，应用这一系统，他们生长了许多高质量薄膜（如AlGaAs，GaAs）。这一系统包含有五个用于沉积、制备/分析、传递、送样、取样的真空室。沉积和制备/分析室真空度可达5×10^{-10}Torr，而传输室低于5×10^{-10}Torr，这样的真空度靠高性能分子泵获得。真空室由高质量不锈钢制成，其表面进行最佳处理以减小排气率。分子束盒水平放置，最多可容纳10个分子束盒，基片的传送由计算机控制。

在改进的分子束外延系统中[229]，As分子束强度可以精确调解，以此精确调解GaAs和AlGaAs外延生长，从而得到质量较好的异质结和厚度良好控制的膜层。通过纯净的H_2作为运载气体来传输As分子，使GaAs层在高真空分子束外延系统中生长。传统的分子束外延系统由添加分子泵得到改进，所使用的高真空室如图3-35所示，系统中最低背景气压由低温泵得到（2×10^{-10}Torr），充入H_2后的氢气压在$1\times10^{-6}\sim1\times10^{-3}$Torr之间。As分子束盒有一特殊设计，大量氢分子穿过加热的As分子束盒进入到真空室，并与As分子频繁碰撞，因此影响着As的纯度。研究已经显示，As分子束强度可以由氢流量来调节。

传统固体源分子束外延的变体称为化学分子束外延（CBE），它已用来外延生长GaAs、AlGaAs、InP和InGaAs。化学分子束外延具有分子束外延和金属有机物化学气相沉积外延技术的许多优点。不同于分子束外延，化学分子束外延中使用的分子束源是气相Ⅲ族有机金属和Ⅴ族氢化物。Panish[230]使用的分子束外延技术中的气源，可以在制备外延化合物半导体层中添加P和P/As。在气相源分子束外延中，所用气相源是Ⅴ族氢化物，而固相元素Ⅲ源是作为蒸发物。相对于分子束外延，化学分子束外延具有下面的主要优点：半无限大源有精确控制电子流作用；单一Ⅲ族分子束可自动保证组分均匀[227]；可以获得高沉积率。与有机金属化学气相沉积相比，化学分子束外延有如下优点：可以得到界面明显的异质结和超薄层；生长环境非常干净；可以容易地配置原位表面诊断分析仪。

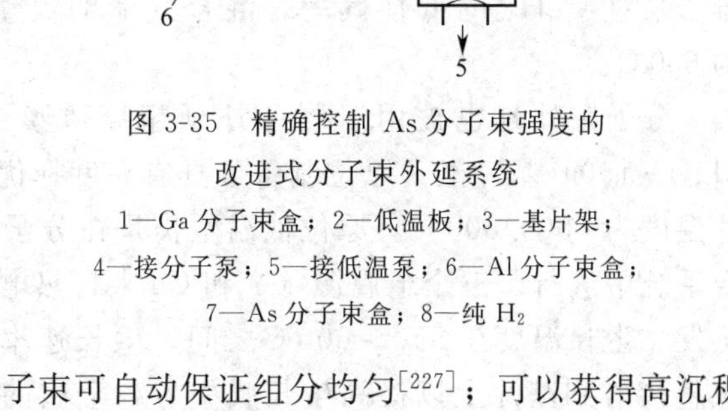

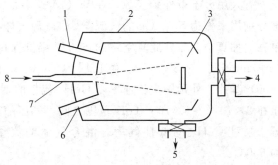

图3-35 精确控制As分子束强度的改进式分子束外延系统

1—Ga分子束盒；2—低温板；3—基片架；4—接分子泵；5—接低温泵；6—Al分子束盒；7—As分子束盒；8—纯H_2

化学分子束外延的生长系统由气体处理系统组成。这些系统类似于金属有机物化学气相沉积所使用的系统，通过精确控制电子质量流量来调整进入真空室的各种气体的流量。为了传输低气压Ⅲ族材料，一般使用H_2作为载体，分立的气体入口用于有机金属和氢化物气体。

在化学分子束外延技术中，其生长运动学完全与分子束外延的不同，在许多方面与金属有机物化学气相沉积也有所不同[231]。由于Ⅲ族烷基分子直接碰击基片，加热基片表面或获得足够热能使金属有机物分解，留下Ⅲ族原子在表面，或重新蒸发未分解或部分分解的金属有机物，这要取决于基片温度和金属有机物的到达率。在较高的基片温度下，生长速率取决于Ⅲ族烷基的到达率；在较低的基片温度下，生长速率则受表面分解率所限制。

在早期的报道中[232,233]，Ⅴ族烷基材料用于化学分子束外延，这是因为它们较氢化物安全。但是，它们的纯度较差。在商业化的分子束外延系统改造成金属有机分子束外延生长系统中，有人使用三甲醛或三乙醛 Ga 和 AsH_3 外延生长了 GaAs，并与用传统分子束外延生长获得的 GaAs 进行了比较研究。

Tsang 等人[234]在化学分子束外延系统中，使用热原子 Fe 制备了 Fe 掺杂 InP 层，使用的蒸发源为三乙基 In 和热分解 PH_3，热原子束是在标准 Knudsen 盒中通过加热高纯元素 Fe 而产生并作为掺杂源。掺杂 S 的 InP（001）片作基片，使用分子束外延挡板截断 Fe 原子束。以此可得到明显的、非常薄的掺杂区。掺杂浓度取决于 Fe 原子束强度和生长速率，原子束强度则可由分子束盒温度控制。实验中使用的沉积率为 1.6μm/h，基片温度为 550℃。在此生长温度下，Fe 的黏滞系数为 1，他们由此估计了，在此分子束盒温度下以及样品与分子束盒距离固定的情况下，Fe 原子束流强度为 $3\times10^{11}\sim1.5\times10^{13}/(cm^2\cdot s)$，在所使用的生长率下，这一强度相当于 Fe 的浓度为 $7\times10^{18}\sim3\times10^{20}cm^{-3}$。对于很大范围的 Fe 掺杂浓度，他们获得了电阻率较高的外延层。

有人用分子束外延气源，在 Si（100）表面上，异质外延生长了 Si_{1-x}层，SiH 和 GeH_4 被分别用来作为 Si 和 Ge 的气源[235]。气源气体在另一真空室中混合，这一真空室由一分子泵独立抽真空。流到此真空室的 Si_2H_6 流量保持在 6.7mL/min，而 GeH_4 流量可从 0 变到 3mL/min 以控制 $Si_{1-x}Ge_x$ 生长层中 Ge 的摩尔分数。在生长室中，混合气体被引向 Si（100）基片。外延层生长速率随 GeH_4 流量的增加而缓慢减小。在外延生长过程中，系统气压在 $2\times10^{-6}\sim1\times10^{-4}$ Torr 范围之间，气压随 GeH_4 流量的增加而增加。其原因被认为是分子泵对 GaH_4 的低抽气率。混合气体的流量大约为 2mL/min。生长过程中基片温度为 630℃。

分子束外延也被用于制备外延超导薄膜。Kwo 等人[236]报道利用分子束外延，在 MgO（100）基片上，原位制备了具有高度择优取向的外延 $YBa_2Cu_3O_{7-x}$薄膜，生长时基片温度为 550～600℃。原位低温生长是在分子束外延和由微波放电产生的反应氧气源复合系统中进行。三个金属源（Y 和 Cu 来自热电子束蒸发，Ba 来自于分子束蒸气炉）共同蒸发。生长温度在 550～600℃之间，生长速率为 0.05nm/s，厚度约为 10nm。一束活性氧直接射到基片上以提高生长膜中各种金属的氧化。活性氧是由一石英管中的 O_2 通过微波放电产生出来的，所使用的微波源为 120W，频率 2.45GHz。在放电区域的气压保持在 400mTorr，由此可产生 2×10^{17} atom/($cm^2\cdot s$) 的束流撞击基片，这一束流相当于 6×10^{-4} Torr 的气压。Kwo 等人估计了基片上的活化氧束流大约在 6×10^{15} atom/($cm^2\cdot s$)，比在已知生长速率下所需的氧量高一个数量级。利用 X 射线衍射实验，他们确认外延生长具有（100）择优取向，反射高能电子衍射谱显示一层又一层的外延生长最终产生非常有序、非常光滑的表面。外延膜结构为四方相，氧的化学配比为6.2～6.3。在一大气压氧气气氛、500℃温度下，膜的氧含量变为6.7～6.8。典型的YBa_2CuO_{1-x}膜具有的高温超导起始转变温度（$T_c=92K$），对应于电阻$R=0$的完全高温超导转变温度为82K。

二、液相外延生长（LPE）

液相外延生长为制备高纯半导体化合物和合金提供了快速而又简单的方法。确实，由液相外延生长所获得的膜的质量优于由气相外延或分子束外延所得到的最好的膜的质量。但是，液相外延生长膜的表面是远非所希望的那样理想。在许多情况下，系统的热力学性质决定了这一方法的应用较为困难。

原则上讲，液相外延生长是从液相中生长膜，溶有待镀材料的溶剂是液相外延生长中必需的。当冷却时，待镀材料从溶液中析出并在相关的基片上生长。对于液相外延生长制备薄膜，溶液和基片在系统中保持分离。在适当的生长温度下，溶液因含有待镀材料而达到饱和状态。然后将溶液与基片的表面接触，并以适当的速度冷却，一段时间后即可获得所要的薄膜，而且，在膜中也很容易引入掺杂物。

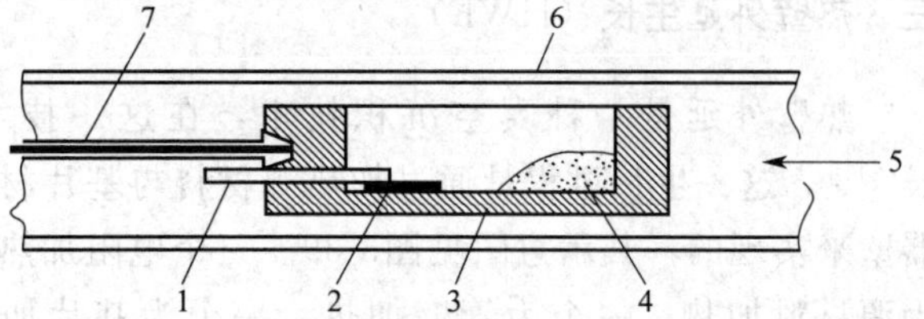

图3-36 液相外延生长GaAs的倾动式系统示意图

1—夹具；2—基片；3—石墨盘；4—溶液；5—H_2；6—石英管；7—热电偶

自从Nelson[237]开发液相外延生长生成GaAs以来，液相外延生长已发展成为制备薄膜的一种有用的技术。在液相外延生长过程中有三个基本生长技术：

① 使用由Nelson[237]研制的倾动式炉。通过倾斜含有溶液的盘，使含有待镀材料的饱和或近饱和溶液（在一特定温度下）与某一温度下的基片相接触（图3-36）。冷却时，生长材料从溶液中析出并在基片表面形成膜，然后将倾斜盘回复到原来位置，溶液离开基片，粘到基片表面的残余物通过采用适当的溶解液被除去或被溶解。

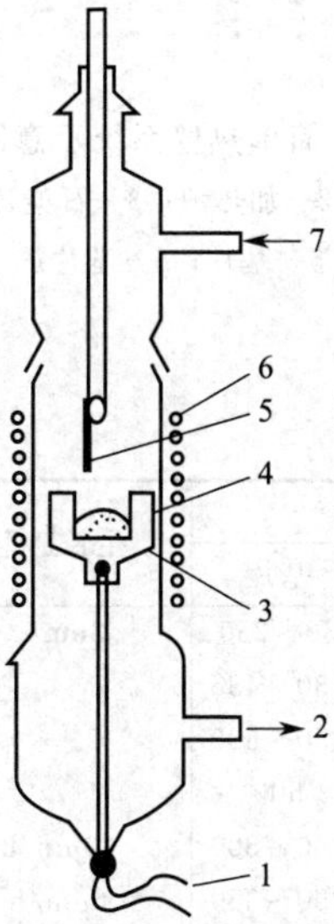

图3-37 液相外延垂直生长浸透系统示意图

1—热电偶；2—出气口；3—坩埚；4—熔液体；5—基片；6—炉；7—气体入口

② 使用浸透技术[283]（图3-37）。在这一垂直生长系统中，基片被浸入到某一温度下的溶液中，在适当的温度下，从溶液中提拉基片，即基片的垂直运动控制基片与溶液的接触。

③ 使用滑动系统[239]。尽管在操作原理和冷却原理上与浸透系统相似，但滑动系统中，在控制熔体与基片接触的方法上有所不同，在简单的滑动系统中（见图3-38），熔体被包围在由石墨盘构成、且可滑动的热源里。基片放置在热源外部靠后的区域。一旦确立了生长条件，滑板即可移动，将基片放置在熔体下面。在多个熔体源技术中[240]，由石墨盘提供的熔体源有多个，石墨滑板可以移动并顺序地将基片与不同的熔体源接触，而整个系统放置在石英炉管中，通过选择适当的溶液、掺杂物和温度程序，可以将电学、光

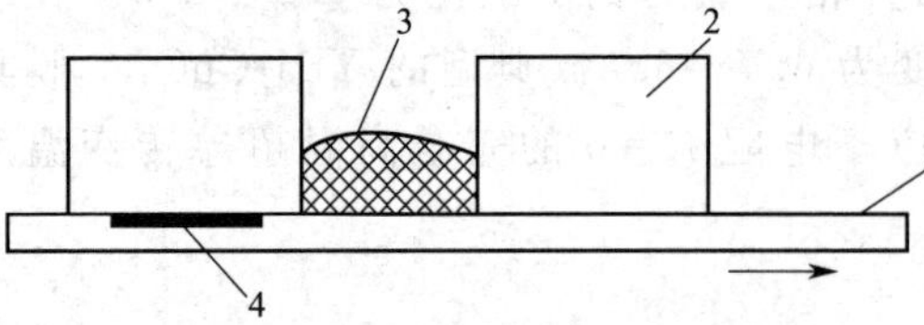

图 3-38　液相外延生长的滑动系统示意图
1—滑板；2—盘；3—熔体；4—基片

学以及厚度可控的不同类型膜顺序地沉积在基片表面上。在上述各种技术中，滑板技术更为常用。

液相外延生长已发展成为制备各种材料膜（经常用于制备Ⅲ-Ⅴ族化合物和合金膜）的一种非常有用的技术。尽管也可以利用其他生长技术，但要获得高质量材料，液相外延生长仍是主导技术。在设计液相外延系统时，实现严格控制合金组分、载流浓度、单一外延层厚度是最重要的。

三、热壁外延生长（HWE）

热壁外延是一种真空沉积技术，在这一技术中外延膜几乎在接近热平衡条件下生长[241]，这一生长过程是通过加热源材料与基片材料间的容器壁来实现的，其示意图见图3-39。三个电阻加热器（一个为源材料加热，一个为管壁加热，一个为基片加热）相互独立。基片作为封盖使石英管封闭，整个系统保持在真空中，热壁作为蒸发源直接将分子蒸发到基片上，这一系统有如下优点：

① 蒸发材料的损失保持在最小；

② 生长管中可以得到洁净的环境；

③ 管内可以保持相对较高的气压；

④ 源和基片间的温差可以大幅度降低。

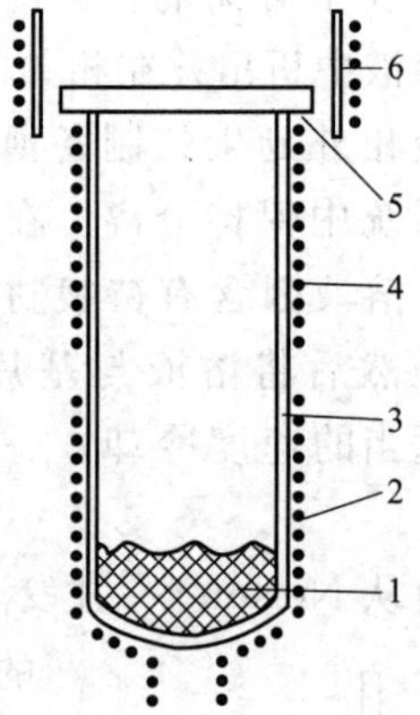

图 3-39　一简单热壁系统示意图
1—源材料；2—加热炉；3—石英管；4—壁炉；5—基片；6—基片炉

不同研究人员使用上述简单热壁系统的许多变体，制备了不同的半导体化合物膜，图 3-39 给出一个用于 PbTe 生长、配有补偿源的热壁系统[242]。早期热壁外延生长的膜主要是Ⅱ-Ⅵ、Ⅳ-Ⅵ和Ⅲ-Ⅴ族化合物[243,244]，表 3-15 总结了热壁外延生长膜的一些例子。

表 3-15　热壁外延生长膜的一些实例

膜	基　片	温度/℃			生长速率
		源	壁	基片	
Bi_2S_3	NaCl			30～250	2nm/s
CdTe、CdTe：In	解理(111)BaF_2 或机械抛光(311)CaF_2	500		430～435	
PbTe	(111)取向 BaF_2	545	560	250～500	
(PbSn)Te	(111)BaF_2	500	500	500	
Cd	玻璃	375～450	365～435	60～80	30μm/h
Zn_3P_2	KCl	550	550	250～350	6μm/h
ZnSe、ZnSe：In、ZnS-ZnSe	GaAs(100)			300	ZnSe 0.63μm/h ZnS 0.33μm/h
CdTe	GaAs	500		400	2～3μm/h
$Cd_{1-x}Mn_xTe(x\leqslant 0.2)$	(001)NaCl				
PbTe	KCl	550	550	450	
	BaF_2	530	530	470	

续表

膜	基　片	温度/℃			生长速率
		源	壁	基片	
Cd_3P_2	云母			150～300	
PbI_2	单晶 CdI_2(001)	250	150	75～120	0.005nm/s
Zn_3P_2	云母	630	650	200～350	
$Pb_{1-x}Eu_xTe$	BaF_2(111)			350	1.0nm/s
$Pb_{1-x}Eu_xS$	BaF_2			300	1.0nm/s
Zn_3P_2	玻璃	800～850	400～450	300～320	1μm/min
Zn_3P_2	(100)GaAs	420～540	420～540	240～380	
CdTe	(100)GaAs	495～510		390～420	3～5μm/h
CdTe	GaAs(100)	430～480	430～480	300	2.0nm/s

Sadeghi 等人[245]首次报道了在 SrF_2 基片上，热壁外延生长了原子配比可控的外延 GaAs 膜。在其实验系统中，多晶 GaAs 源放在石英管的底部，在石英管上半部的纯 Ga 是用于调整 GaAs 的化学配比和生长速率，用于掺杂的源放在管内，由沉积前在空气中解理的（111）取向的 SrF_2 基片作为半封闭盖。所使用的各种温度范围如下：GaAs 源 900～925℃；Ga 源 850～950℃；基片 560～610℃，系统中的许多辐射屏蔽板用以防止管壁过热。

Krost 等人[246]使用改进的热壁技术制备了 $Pb_{1-x}Eu_xTe$ 单晶外延膜。特别对生长Ⅳ-Ⅵ外延膜的标准热壁系统的生长管进行了改进，采用了三源石英管系统。预加热后，生长管由基片 BaF_2（111）或 KCl（100）密封。为确保基片表面温度均匀，基片安装在 Cu 盘上，八个基片加热炉安装在推拉旋转式送料口处，以确保每次实验可以制备八个样品。在蒸发过程中，Eu 蒸气的一部分在加热炉反应形成 EuTe，从而导致气压减小，通过包含 Te 的内管拉长，可以去除不需要的反应，沉积前真空系统的背景气压为 0.75×10^{-7} Torr，其他典型的生长条件为：

$T_{壁}$	60～660℃
T_{PbTe}	520～560℃
T_{Te}	300～350℃
$T_{基片}$	440～460℃

所得到的薄膜为单晶，这一结构由 Laue 相得到证实。此外，用 Eu 离子代替 Pb 会使点阵常数随着 Eu 含量的增加而增加，有效质量也相应增加。

由于 Cd 和 Te 具有不同的黏附系数，通常由从气相生长 CdTe 膜是复杂的。Schikora 等人[247]在（100）GaAs 基片上，首次热壁外延生长了（100）取向的 CdTe 外延膜。也有人[248]利用简单的热壁装置，在 GaAs 基片上生长 CdTe 层，其沉积条件如下：

基片	非掺杂半导体抛光 GaAs 片（7mm×7mm）
基片温度	390～420℃
源温度	495～510℃
生长速率	2～5μm/h
所获膜	（100）取向 CdTe

为评估薄膜的质量，对薄膜的光致发光谱进行了测量。Korenstein 和 Macleod[249]使用热壁外延生长，在（100）GaAs 基片上也生长了高质量的（111）和（100）CdTe 膜。在他们的实验中，系统背景气压 5×10^{-8}Torr，基片可以通过挡板将 Cd 和 Te_2 束流隔开，源温

度保持在500～550℃之间，生长温度从340℃降到220℃。所得到的（111）CdTe膜的质量可与由离子束外延得到的（111）CdTe膜的质量相比拟。

Chaudhuri等人[250]使用新型热壁系统制备了CdSe膜，所使用的基片分别为玻璃、NaCl和KCl。CdSe粉末（纯度99.999%）在由柱形石墨加热器加热的石英坩埚中得到蒸发。为了确保蒸气在喷射成膜前充分混合，在石英管内壁有许多凹坑状的缓冲坑。源和热壁的最佳温度分别为802℃和202℃，薄膜在不同的基片温度下沉积。沉积在NaCl和KCl基片上的薄膜，在基片温度为162℃或高于此温度时显示完全的择优取向，但是，在玻璃基片上的膜则不同。

四、有机金属化学气相沉积（MOCVD）

（一）有机金属化学气相沉积原理、特征与装置

有机金属化学气相沉积是采用加热方式将化合物分解而进行外延生长半导体化合物的方法。作为含有化合物半导体组分的原料，化合物有一定的要求：

① 在常温下较稳定而且较易处理；

② 反应的副产物不应阻碍外延生长，不应污染生长层；

③ 在室温下应具有适当的蒸气压（≥1Torr）。

能满足上述原料化合物要求的物质是强非金属性氢化物（如AsH_3、NH_3、PH_3、SbH_3、SiH_4、GeHe、H_2S、H_2Se、H_2Te等）和金属烷基化合物［如$(CH_3)_2Zn$、$(CH_3)_2Cd$、$(CH_3)_2Hg$、$(CH_3)_3Al$、$(C_2H_5)_3Ga$、$(C_2H_5)_3In$、$(C_2H_5)_4Sn$、$(C_2H_3)_4Pb$等］。

有机金属化学气相沉积法的最大特点是它可对多种化合物半导体进行外延生长。与其他外延生长如液相外延生长、气相外延生长相比，有机金属化学气相沉积有以下特点：

① 反应装置较为简单，生长温度范围较宽。

② 可对化合物的组分进行精确控制，膜的均匀性和膜的电学性质重复性好。

③ 原料气体不会对生长膜产生刻饰作用。因此，在沿膜生长方向上，可实现掺杂浓度的明显变化。

④ 只通过改变原材料即可生长出各种成分的化合物。

在外延技术当中，外延生长温度最高的是液相外延生长法，分子束外延方法的生长温度最低，而有机金属化学气相沉积法居中，它的生长温度接近于分子束外延。从生长速率上看，液相外延方法的生长速率最大，而有机金属化学气相沉积方法次之，分子束外延方法最小。在所获得膜的纯度方面，以液相外延法生长膜的纯度最高，而有机金属化学气相沉积和分子束外延方法生长膜的纯度次之。

总之，有机金属化学气相沉积方法的特点介于液相外延生长和分子束外延生长方法之间。有机金属化学气相沉积法的缺点为：所用的有机金属原料一般具有自燃性，AsH_3等Ⅴ族原料气体，Ⅵ族原料气体具有剧毒。

有机金属化学沉积系统可分为水平式或垂直式生长装置。图3-40给出了$Ga_{1-x}Al_xAs$生长所用的垂直式生长装置。使用的原料为三甲基镓（TMG）、三甲基铅（TMA）、二乙烷基锌（DEZ）、AsH_3和n型掺杂源H_2Se。高纯度H_2作为携载气体将原料气体稀释并充入到反应室中。在外延生长过程中，TMA、TMG、DEZ发泡器分别用恒温槽冷却，携载气体H_2通过净化器去除其中包含的水分、氧等杂质。反应室用石英制造，基片由石墨托架支撑

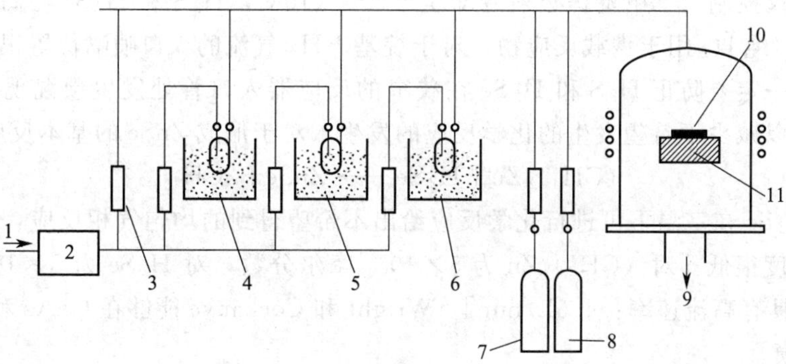

图 3-40 用于外延生长 $Ga_{1-x}Al_xAs$ 的有机金属化学气相沉积系统示意图

1—H_2；2—净化器；3—质量流量控制仪；4—TMG；5—TMA；6—DEZ；

7—AsH_3；8—H_2Se；9—排气口；10—基片；11—石墨架

并能够加热（通过反应室外部的射频线圈加热）。导入反应室内的气体在加至高温的 GaAs 基片上发生热分解反应，最终沉积成 n 型或 p 型掺杂的 $Ga_{1-x}Al_xA_3$ 膜。

（二）有机金属化学气相沉积实验研究

有机金属化学气相沉积是制备高质量外延膜的一项技术，所制备的外延膜主要用于光电和微波器件。自从首次报道利用有机金属化学气相沉积，在绝缘基片上沉积单晶 GaAs 膜[251]以来，大量的相关研究报道便相继出现。Duchemin 等人[252]、Chang 等人[253]首次报道，利用低压有机金属化学气相沉积生长了 GaAs 薄膜。Duchemin 等人使用三甲基镓和 AsH_3 作为反应源，而 Chang 等人使用三乙基镓和 AsH_3 作为反应源，Duchemin 等人[254]使用低压有机金属化学气相沉积生长了大量的Ⅲ-Ⅴ族化合物，如 GaAs，GaAl，AsInP，$Ga_{0.47}In_{0.53}As$。他们的研究表明，应用有机金属化学气相沉积生长组分变化明显，界面复合速率较低的异质结是可能的。

Manasevit[255]讨论了有机金属化学气相沉积技术的发展情况，并给出可以利用有机金属化学气相沉积技术外延生长的Ⅲ-Ⅴ，Ⅱ-Ⅵ和Ⅳ-Ⅵ化合物半导体膜。Mullin 等人[256]评述了有机金属化合物生长Ⅱ-Ⅵ族化合物的发展情况，他们将有机金属化学气相外延技术与其他传统气相外延技术进行了比较。Stringfellow[257]对有机金属化学气相沉积生长 $Ga_{1-x}Al_xAs$ 的进展作了评述。Manasevit[258]则对有机金属化学气相沉积的发展情况以及在获得高质量半导体外延膜时所涉及的问题进行了报道。Stringfellow[259]对有机金属化学气相沉积技术中涉猎的许多基础方面的问题进行了讨论。Schumaker 等人[260]则报道了有机金属化学气相沉积作为商业用薄膜沉积技术的潜能和发展态势。

有关利用有机金属化学气相沉积生长半导体化合物的报道很多，在这里我们只给出几个典型的例子。在有机金属化学气相沉积反应器设计方面，低压或大气压下的垂直和水平两种反应器都可使用。在 Wright 和 Cockayne[261]报道的典型水平系统中，在大气压下，水平反应器中通过二甲基锌、硫化氢、硒化氢的直接反应，在各种基片上生长了单晶 ZnSe、ZnS、ZnS_xSe_{1-x}膜。Bass[262]设计的有机金属化学气相沉积设备颇具代表性。反应器由玻璃密封装置组成，密封装置中包含一个带 SiC 涂层的石墨架（用以安放基片），反应器水平放置，可以用回转泵抽真空。在正式使用前，可以对石墨在 1100℃温度下真空烘烤。反应气体由质量流量控制仪控制。二甲基锌必须冷却至−5～−10℃，H_2S 和 H_2Se 在高纯载气 H_2 中的比例为5%，纯 H_2 用于携载反应物，对于烷基+H_2 气流的入口喷嘴位置很重要，较短的玻璃管的放置一定要防止 H_2S 和 H_2Se 在狭窄的反应器入口管处发生预混现象。仔细调整喷嘴的位置可以减少不希望发生的化学反应的发生。对于形成 ZnSe 的基本反应为：

$$(CH_3)_2Zn + H_2Se \longrightarrow ZnSe + 2CH_4$$

二甲基锌和 H_2Se 在室温下可进行化学反应给出不希望得到的均匀气相反应，因此，实际使用的反应物浓度很低［对 $(CH_3)_2Zn$ 为 5×10^{-5} 摩尔分数，对 H_2Se 为 2×10^{-4} 摩尔分数，携载气体 H_2 具有高流速率：4.5L/min］。Wright 和 Cockanye 能够在 GaAs 和 Ge 上生长薄的单晶 ZnSe 膜。

Bhat 发展了一种新型外延生长 GaAs 和 AlGaAs 技术，他使用固态元素或化合物作为提供Ⅴ族元素的源，而不是传统所用的Ⅴ族氢化物。固态 As 用于产生 As 蒸气，GsAs 和 AlGaAs 膜沉积在 Cr 和 Si 掺杂的 GaAs 基片上，所得到的 GaAs 的外延膜的光致发光效率优良。有人报道[263]，在垂直石英反应室中，利用有机金属化学气相沉积制备了 $InAs_{1-x}Sb_x$ 外延层，所使用的原材料为三甲基镓、三甲基 Sb 和 As，H_2 作为携载气体，尽管以前也有人报道过利用有机金属化学气相沉积制备了 $InAs_{1-x}Sb_x$，但只有文献[263]的研究能够给出控制合金组分的方法。这一方法使用了 Stringfelloow[264]所提出的热力学模型，这一模型预言Ⅲ和Ⅴ族化合物的稳定性将控制膜的组分。对于 $InAs_{1-x}Sb_x$ 系统，当在气相中的Ⅲ/Ⅴ摩尔比小于1时，As 将更容易进入到外延层中，因为在生长温度范围内 InAs 比 InSb 更稳定；对于在气相中Ⅲ/Ⅴ的摩尔比较接近或大于1，As 和 Sb 将以同等的机会进入外延层。

Biefeld[220]使用的有机金属化学气相沉积系统为垂直反应生长系统，反应真空室为石英管。三甲基 In 扩散器保持在20℃，三甲基 Sb 扩散器保持在−25℃，AsH_3 连续地被注入到反应室。H_2 作为携载气体，AsH_3 在 H_2 中的比例为5%。在生长温度为475℃，三甲基 In/（三甲基 Sb+AsH_3）摩尔比为1.0，生长速率<1.0μm/h 的条件下获得的膜表面光滑，其 X 射线衍射峰清晰明显。

另一在光电器件中非常有用，且由有机-金属化学气相沉积生长得到的材料是 $InP_{1-x}Sb_x$。它的带隙范围为1.35～0.17eV。Jou 等人[265]在 InP、InAs、InSb 基片上由有机-金属化学气相沉积，生长了单相外延 $InP_{1-x}Sb_x$ 膜，膜的化学组分变化范围很大。实验是在大气压下进行，使用水平红外加热反应器[266]，反应物（三甲基 In 和三甲基 Sb）分别保持在11℃和5℃的温度控制室中。其详细的实验参数为：

环境气体	H_2
流量	2L/min
三甲基铟	4.33μmol/min
三甲基锑	5.49～20.3μmol/min
PH_3	20.3～203μmol/min
生长温度	480～600℃
基片	半绝缘 InP

Khan 和 O'Brien[267]使用醋酸锌作为新的先导物，在简单热壁、低压有机-金属化学反应气相沉积反应器中，直接生长了 ZnO 膜。系统真空室背景气压为 10^{-4} Torr，生长区的温度保持在350～420℃，而反应源放在环形区，且水冷至150℃。醋酸锌在 10^{-2} Torr 气压下，

在 80℃温度下，干燥 2h，基片为 InP、Si 和 GaAs。在典型的实验中，生长区保持在 380℃，生长时间为 1h。由扫描电子显微镜（SEM）表征所得到的膜无特点且为多晶。这一方法的重要特点是，在相对较低的温度下由醋酸锌直接生长 ZnO。

Hanna 等人[268]使用三甲基镓和 As，在常压下的有机金属气相外延反应器中，生长了高迁移率的 GaAs。在减压的条件获得了具有最高迁移率的 GaAs。对于有机金属化学气相生长 GaAs，所常用的先导物为三甲基镓和 As[269,270]。

Hanna 等人[268]在未掺杂的半导体 GaAs 基片上，利用传统水平式石英反应器，在常压下（650Torr）生长了 GaAs 层。基片安装在涂有 SiC 的石墨架上，石墨架由红外灯加热。先将基片超声清洗，而后在 3%浓度下的氢氧化铵溶液中清洗以除去氧化物，最后在去离子水中冲洗、用 N_2 气吹干，并立即传送到反应器中。实验条件如下：

三甲基镓摩尔流量	9.4×10^{-5} mol/min
生长率	100nm/min
层厚	9.12μm
As 流量	$1.9\times10^{-3}\sim7.5\times10^{-3}$ mol/min
基片温度	580～660℃
流入反应室的 H_2	5L/min

所获得的膜用 Hall 效应和光致发光谱进行了表征，以研究残余杂质的进入与生长温度和 As 气压的关系。在最佳生长条件下，残余碳含量估计少于 $5\times10^{13}cm^{-3}$。

Kanehori 等人[271]在 $SrTiO_3$（100）基片上，用有机金属化学气相沉积，生长了超导转变温度 T_c＝83K 的 $YBa_2Cu_3O_{7-x}$超导氧化膜。含 Y、Ba、Cu 的络合物作为源材料，O_2 作为氧化气体，反应器是石英管，可由传统电炉加热。每一种金属络合物升华到携载气体 Ar 中并被引入到反应室，氧气和源材料气体在反应室前部相混合。薄膜沉积温度为 700℃，沉积气压 10～1.5mmHg。生长后的薄膜在 O_2 气氛下（760mmHg）以 20℃/min 的冷却速率冷却，所得到的膜为多晶，有垂直于基片表面轴的择优取向。

参 考 文 献

[1] M Kundsen. Ann Phys，1915，47：697.

[2] I Langmuir. Physik，1913，2，14：1273.

[3] K L Chopra. Thin Film Phenomena. New York：McGraw-Hill，1969. 15.

[4] C E Drumheller. Transactions，7th American Vacuum Society Symposium. Oxford：Pergamon Press，1960. 306.

[5] W G Vergara，H M Greenhouse，et al. Rev Sci Instrum，1963，34：520.

[6] L I Maissel，R Glang. Handbook of Thin Film Technology. New York：McGraw-Hill，1970. 143.

[7] (a) M N Mahadasi，M S AlRobace. J Sol Energy Res，Iraq：3：1. (b) B P Rai. Phys Stat Sol (a)，1987，35：99Pk.

[8] (a) J George，B Pradeep，et al. Phys Stat Sol (a)，1987，100：513. (b) Siham Mahmond. J Mater Sci，1987，22：3693.

[9] (a) A Kikuchi，S Baba，et al. Thin Solid Films，1988，164：153. (b) K Rajanna，S Mohan. Thin Solid Films，1989，172：45.

[10] (a) F Volkein. Thin Solid Films，1990，191：1. (b) D F Bezuidenhont，R Pretorius. Thin Solid Films，1986，139：121.

[11] (a) C Kaito，Y Saito. J Cryst Growth，1986，79：4. 3. (b) P Singh，B Baishya. Thin Solid Films，1987，148：203.

[12] (a) M A Jayaraj, C P G Vallabhan. Thin Solid Films, 1989, 177: 59. (b) F Lopez, E Bermabeu. Thin Solid Films, 1990, 191: 13.
[13] A Narayana, N Ochi, et al. IEEE Trans Magn MAG-25, 1989, 2549.
[14] R Feenstra, L A Boatner, et al. Appl Phys Lett, 1989, 54: 1063.
[15] L Harris, B M Siegel. J Appl Phys, 1948, 19: 739.
[16] D S Campbell, B Hendry. Br J Appl phys, 1965, 16: 1719.
[17] J L Richards, P B Hart, et al. J Appl Phys, 1963, 34: 348.
[18] J L Richards. The Use of Thin Films in Physical Investtigation. New York: Academic Press, 1966. 71.
[19] E K Muller. J Appl Phys, 1964, 35: 580.
[20] E G Eills. J Appl Phys, 1967, 38: 2906.
[21] R C Tyagi, Rajiendrakumar, et al. J Phys E, 1976, 9: 938.
[22] A Gheorghiu, T Rappeneau, et al. Thin Solid Films, 1984, 120: 191.
[23] D Sridevi, K V Reddy. Indian J Pure Appl Phys, 1986, 24: 392.
[24] K V Reddy, J L Annapurna. Pramana (India), 1986, 26: 269.
[25] B S V Gopalan, K R Murali. Mater Chem Phys, 1986, 15: 463.
[26] D Sridevi, K V Reddy. Thin Solid Films, 1986, 141: 157.
[27] (a) J L Annapurna, K V Reddy. Indian J Pure Appl Phys, 1986, 24: 283. (b) I S Atwal, R K Bedi. J Mater Sci, 1989, 24: 110. (c) W Horig, H Neuman, et al. Cryst Res Technol, 1989, 24: 823. (d) F Volklein, V Baier, et al. Thin Solid Films, 1990, 187: 253.
[28] B Schuman, G Georgi, et al. Thin Solid Films, 1978, 52: 45.
[29] B Schuman, A Tempel, et al. Thin Solid Films, 1980, 70: 319.
[30] A Tempel, B Schuman, et al. Thin Solid Films, 1983, 101: 339.
[31] S Mitaray, G Kuhn, et al. Thin Solid Films, 1986, 135: 251.
[32] L Braun, D E Lood. IEEE, 1966, 54: 1521.
[33] E Schabowska, R Scigala. Thin Solid Films, 1986, 135: 149.
[34] N Toghe, K Kanda, et al. Thin Solid Films, 1989, 182: 209.
[35] M Ece, R W Vook. Appl Phys Lett, 1989, 54: 2722.
[36] B A Unvala, G R Booker. Phil Mag, 1964, 9: 691.
[37] K L Chopra, M R Randlett. Rev Sci Instrum, 1966, 37: 1421.
[38] A P Hale. Vacuum, 1963, 13: 93.
[39] R A Holmwood, R Glang. J Electrochem Soc, 1965, 112: 827.
[40] R W Berry. Proceedings of the 3rd Symposium on Electron Beam Technology. Camridge: Alloye Electronic Corporation, 1961. 359.
[41] R A Denton, A D Greene. Proceedings of the 5th Symposium on Electron Beam Technology. Camridge: Alloye Electronic Corporation, 1963. 180.
[42] P Fowler. J Appl Phys, 1963, 34: 3538.
[43] A Banerjee, S K Bartheval, et al. Rev Sci Instrum, 1976, 47: 1410.
[44] (a) M Heiblum, J Bloch, et al. J Vac Sci Technol, 1985, A3: 1885. (b) K W Raine. Thin Solid Films, 1976, 38: 323.
[45] S Sen, D N Bose. Phys Stat Sol (a), 1981, 66: Pk117.
[46] S Vincet, V S Dharmadhikari, et al. Thin Solid Films, 1982, 87: 119.
[47] C M Mbow, D Laplaze, et al. Thin Solid Films, 1982, 88: 203.
[48] M Milosavljevic, C Jaynes, et al. J Appl Phys, 1985, 57: 1252.
[49] R Trykozko, R Bacewicz, et al. Prog Cryst Growth, 1984, 10: 361.
[50] G Burrafato, N A Mancine, et al. Thin Solid Films, 1984, 121: 291.
[51] G A Niklasson. J Appl Phys, 1985, 57: 157.

[52] M Mast, K Gindele, et al. Thin Solid Films, 1985, 126: 37.
[53] (a) A Kaloyeros, M Hoffman, et al. Thin Solid Films, 1986, 141: 237. (b) A Borodznik-Kulpa, C Wesolowska. Acta Phys Pol A, 1986, 70: 413. (c) D Das, R Banerjee. Thin Solid Films, 1987, 147: 321.
[54] (a) H W Lehmann, K Frick. Appl Opt, 1988, 27: 4920. (b) R Oesterlein, H J Krokoszinski. Thin Solid Films, 1989, 175: 241. (c) H J Krokoszinski, R osterlein. Thin Solid Films, 1990, 187: 179.
[55] (a) R O Adams, C W Nordin. Thin Solid Films, 1989, 181: 375. (b) M P Seigal, W R Graham, et al. J Appl Phys, 1990, 68: 574.
[56] (a) S B Qadri, E F Skelton, et al. J Appl Phys, 1990, 67: 2655. (b) M S Osofsky, P Lubitz, et al. Appl Phys Lett, 1988, 53: 1663. (c) J Steinbeck, A C Anderson, et al. IEEE Trans Magn, 1989, MAG-25: 2429. (d) F H Garzon, J G Beery, et al. Appl Phys Lett, 1989, 54: 1365. (e) F C Case. J Appl Phys, 1990, 67: 4365.
[57] C Q Lemmond, L H Stauffer. IEEE Spectrum, 1964, 66.
[58] H M Smith, A F Turner. Appl Opt, 1965, 4: 147.
[59] S Fujimori, T Kasai, et al. Thin Solid Films, 1982, 92: 71.
[60] S Mineta, N Yasunga, et al. Bull Jpn Soc Process Eng, 1984, 18: 49.
[61] M Hanabusa, M Suzuki, et al. Appl Phys Lett, 1981, 38: 385.
[62] H T Yang, J T Cheung. J Cryst Growth, 1982, 56: 429.
[63] H Sankur, J T Cheung. J Vac Sci Technol, 1983, A1: 1806.
[64] J J Dubowski, D F Williams. Appl Phys Lett, 1984, 44: 339.
[65] J J Dubowski, D F Williams. Thin Solid Films, 1984, 117: 289.
[66] J J Dubowski, D F Williams. Can J Phys, 1985, 63: 815.
[67] J J Dobowski, P Norman, et al. Thin Solid Films, 1987, 147: L51.
[68] M I Baleva, M H Maksimov, et al. J Mater Sci Lett, 1986, 5: 533.
[69] M I Baleva, M H Maksimov, et al. J Mater Sci Lett, 1986, 5: 537.
[70] (a) S B Ogale, V N Koinkar, et al. Appl Phys Lett, 1988, 53: 1320. (b) O Auciello, T Barnes, et al. Thin Solid Films, 1989, 181: 65. (c) H J Scheibe, A A Gorbunov, et al. Thin Solid Films, 1990, 189: 283. (d) J J Dubowski, Chemtronics, 1988, 3: 66. (e) J J Dubowski. J Cryst Growth, 1990, 101: 105.
[71] (a) M Yoshimoto, H Nagta, et al. Jpn J Appl Phys, 1990, 29: L1199. (b) H Koinuma, H Nagta, et al. Ex Abstr 22nd Int Conf Solid Devices. Sendai: 1990. 933. (c) J A martin, L Vazquez, et al. Appl Phys Lett. 1990, 57: 1742. (d) R Ramesh, K Luther, et al. Appl Phys Lett, 1990, 57: 1505. (e) J J Dubowski. Proc SPIE, 1986, 668: 97.
[72] (a) M Baleva, D Dakoeva. J Mater Sci Lett, 1986, 5: 37. (b) P Jayaramareddy, M Sivajuddin. Bull Mater Sci, 1986, 8: 365.
[73] (a) S G Hansen, T E Robitaille. Appl Phys Lett, 1987, 50: 359. (b) G Kessler, H D Baner, et al. Thin Solid Films, 1987, 147: L45. (c) S Joshi, R Nawathey, et al. J Appl Phys, 1988, 64: 5647. (d) R Nawathey, R D Vispute, et al. Solid State Commun, 1989, 71: 9. (e) C M Dai, C S Su, et al. Appl Phys Lett, 1990, 57: 1879.
[74] (a) V Serbezov, S Benacka, et al. J Appl Phys, 1990, 67: 6953. (b) R E Russo, R P Reade, et al. J Appl Phys, 1990, 68: 1354.
[75] D W Hwang, R Ramesh, et al. J Appl Phys, 1990, 68: 1772.
[76] (a) T Hase, H Izumi, et al. J Appl Phys, 1990, 68: 374. (b) M Ohkubo, T Hioki. J Appl Phys, 1990, 68: 1782.
[77] L Hiesinger. German Patent. 1954, 915: 765.
[78] B Vodar, S Minn, et al. J Phys Rad, 1955, 16: 811.
[79] H Wroc. U S Patent, 1961, 2972: 695.
[80] M Kikuchi, S Nagakura, et al. J Appl Phys, 1965, 4: 940.
[81] M Kikuchi, S Nagakura, et al. Oyo Buturi, 1966, 35: 890.

[82] S Nagakura, M Kikuchi, et al. Proc 11th Int Cong for Elect Microsp. Tokyo: Maruzen, 1966, 367.
[83] M Kikuchi, S Nagakura, et al. Proc 11th Int Cong for Elect Microsp. Tokyo: Maruzen, 1966, 497.
[84] A A Snaper. U S Patent, 1971, 3625: 848.
[85] L P Sablev, et al. U S Patent, 1974, 3793: 179.
[86] R L Boxman. IEEE Transactiongs On Plasma, 1989, 17: 705.
[87] E A Roth, E A Margerum, et al. Rev Sci Instrum, 1962, 33: 686.
[88] J A Turner, J K Birtwistle, et al. J Sci Instrum, 1963, 40: 557.
[89] J Van Audenhove. Rev Sci Instrum, 1965, 26: 383.
[90] F E Thompson, J F Libsch. Sci Solid State Technol, 1965, D: 50.
[91] I Ames, L H Kaplan, P A Roland. Rev Sci Instrum, 1966, 37: 1737.
[92] L I Maissel. Physics of Thin Films. New York: Academic Press, 1966.
[93] S Maniv. Vacuum, 1983, 33: 215.
[94] R C Sun, T C Tisone, et al. J Appl Phys, 1973, 44: 1009.
[95] R C Sun, T C Tisone, et al. J Appl Phys, 1975, 46: 112.
[96] W W Y Lee, D Oblas. J Appl Phys, 1975, 46: 1728.
[97] R O Adams, C W Nordin, et al. Thin Solid Films, 1980, 72: 335.
[98] J W Patten, R W Boss. Thin Solid Films, 1981, 83: 17.
[99] R J Sonkup, A K Kulkami, et al. J Vac Sci Technol, 1979, 16 (2): 208.
[100] D M Mosher, R J Sonkup. Thin Solid Films, 1982, 98: 215.
[101] P Ziemann, K Kochler, et al. J Vac Sci Technol, 1983, B1: 1.
[102] (a) C Cella, T K Vien. Thin Solid Films, 1985, 125: 367. (b) P Gallias, J J Hantzpergue, et al. Thin Solid Films, 1988, 165: 227.
[103] S Caune, Y Mathey, et al. Thin Solid Films, 1989, 174: 289.
[104] R L Hines, R Wallor. J Appl Phys, 1961, 32: 202.
[105] G S Anderson, W N Mayer, et al. J Appl Phys, 1962, 33: 2991.
[106] P D Davides, L M Maissel. Transactions of the 3rd International Vacuum Comgress. Stuttgart, 1965; J Appl Phys, 1966, 37: 574.
[107] F M Penning. Physica, 1936, 3: 873; U S Patent2, 1939, 146, 025.
[108] E Kay. J Appl Phys, 1963, 34: 760.
[109] W D Gill, E Kay. Rev Sci Instrum, 1965, 36: 277.
[110] K Wasa, S Hayakawa. Rev Sci Instrum, 1969, 40: 693.
[111] J R Mullay. Res/Dev, 1971, 22 (2): 40.
[112] J S Chapin. Res/Dev, 1974, 25 (1): 37.
[113] I G Kesaer, V V Pashkova. Sov Phys Tech Phys, 1959, 4: 254.
[114] J L Vossen, W Kern. Thin Solid Film Processes. New York: Academic Press, 1978. 3-173.
[115] J A Thornton. Thin Solid Films, 1981, 80: 1.
[116] A R Nyaiesh. Thin Solid Films, 1981, 86: 267.
[117] J A Thornton. Z Metallkd, 1984, 75 (11): 847.
[118] M Wright, T Beardow. J Vac Sci Technol, 1986, A4: 388.
[119] T Serikawa, A Okamoto. J Vac Sci Technol, 1985, A3: 1784.
[120] S Kobayashi, M Sakata, et al. Thin Solid Films, 1984, 118: 129.
[121] S A Chang, M B Skolnik, et al. J Vac Sci Technol, 1986, A4: 413.
[122] (a) J J Cuomo, S M Rossnagel. J Vac Sci Technol, 1986, A4: 393. (b) T Hata, E Noda, et al. Appl Phys Lett, 1980, 37: 633. (c) T Hata, J Kawahara, et al. Jpn J Appl Phys, 1983, 22-1: 1: 505. (d) T Hata, Y Kamide, et al. J Appl Phys, 1986, 59: 3604. (e) M Yoshimoto, A Takano, et al. Rep Res Lab Eng Mater, Tokyo Inst Technol, 1989, 14: 71.

[123] Y Hoshi, M Naoe, et al. Jpn J Appl Phys, 1977, 16: 1715.
[124] Y Nimura, S Nakagawa, et al. IEEE Trans Magn, 1986, MAG-22: 1164.
[125] (a) Y Nimura, M Naoe. J Vac Sci Technol, 1987, A5: 109. (b) T Hirala, M Naoe. J Appl Phys, 1990, 67: 4047.
[126] K L Corpa, M R Randlett. Rev Sci Instrume, 1967, 38: 1147.
[127] C Weissmantel, O Fiedler, et al. Thin Solid Films, 1972, 13: 359.
[128] P H Schmidt, R N Castellano, et al. J Appl Phys, 1973, 44: 1833.
[129] R N Castellano, M R Notis, et al. Vacuum, 1977, 27: 109.
[130] M J Mirtich. J Vac Sci Technol, 1981, 18: 186.
[131] J Saraic, M Kobayashi, et al. Thin Solid Films, 1981, 80: 169.
[132] C Weissmantel. Thin Solid Films, 1982, 92: 55.
[133] (a) A P Semenov, M V Mokhosoev, et al. Obrab Mater, 1983, 3: 83. (b) J C Angus, J E Stultz, et al. Thin Solid Films, 1984, 118: 311. (c) J W Smits, S B Luitjens, et al. J Appl Phys, 1984, 55: 2260.
[134] (a) J W Smits, F J A den Broeder. Thin Solid Films, 1985, 127: 1. (b) T E Veritimos, R W Tustison. Thin Solid Films, 1987, 151: 27.
[135] (a) D Weller, W Reim, et al. IEEE Trans Magn, 1988. MAG-24: 2554. (b) S M Arnold, B E Cole. Thin Solid Films, 1988, 165: 1. (c) F Shoji, H Tamguchi, O Kusumoto, et al. Jpn J Appl Phys, Reg Pap , Short Notes, 1989, 28: 545.
[136] (a) M Ruth, J Tuttle, et al. J Cryst Growth, 1989, 96: 363. (b) C Kim, S B Qadri, et al. Mater Sci Eng A Struct Mater Prop Microstruct Process, 1990, A126: 25. (c) O Auciello, M S Ameen, et al. AIP Conf Proc, 1990, 200: 79. (d) K Li, R Hsiao, et al. J Appl Phys, 1990, 68: 3043.
[137] M Kitabatake, K Wasa. J Appl Phys, 1985, 58: 1693.
[138] F Jansen, M Machonkin, et al. J Vac Sci Technol, 1985, A3: 605.
[139] D A Gulino. J Vac Sci Technol, 1984, A4: 509.
[140] M Takeuchi, K Yanagida, et al. Thin Solid Films, 1986, 144: 281.
[141] T Toshima, A Tago, et al. IEEE Trans Magn, 1986, MAG-22: 1110.
[142] C Schwebel, F Meyer, et al. J Vac Sci Technol, 1986, B4: 1153.
[143] (a) J Lo, C Hwang, et al. J Appl Phys, 1987, 61: 3520.
[144] R W Tustison, T Varitimos, et al. Appl Phys Lett, 1987, 51: 285.
[145] S V Kirshnaswamy, J H Rieger, et al. J Vac Sci Technol, 1987, A5: 2106.
[146] M Nagakubo, T Yamamoto, et al. J Appl Phys, 1988, 64: 5751.
[147] E Kagerer, M E Kogiger. Thin Solid Films, 1989, 182: 333.
[148] C Pellet, C Schwebel, et al. Thin Solid Films, 1989, 175: 23.
[149] M S Ameen, O Auciello, et al. AIP Conf Proc, 1990, 200: 79.
[150] J D Klein, Y Yen, et al. J Appl Phys, 1990, 67: 6389.
[151] K Takeuchi, T Yoshida, et al. Rep Res Lab Eng Mater, Tokyo Inst Technol, 1989, 14: 77.
[152] T Abe, T Yamashina. Thin Solid Films, 1975, 30: 19.
[153] D K Hohnke, D J Schmatz, et al. Thin Solid Films, 1984, 118: 301.
[154] W D Sproul. J Vac Sci Technol, 1985, A3: 580.
[155] T Serikawa, A Okamoto. J Vac Sci Technol, 1985, A3: 1788.
[156] R Schachter, M Viscogliosi, et al. J Appl Phys, 1985, 58: 332.
[157] J A Thornton, A D Jonath. Conf Rec IEEE Photovoltaic Spec Conf, 1976, 12: 549.
[158] G N Parsons, J W Cook, et al. J Vac Sci Technol, 1986, A4: 470.
[159] A G Spencer, K Oka, et al. Vacuum, 1988, 38: 857.
[160] T M Pang, M Scherer, et al. J Vac Sci Technol, 1989, A7: 1254.
[161] K Char, A D Kent, et al. Appl Phys Lett, 1987, 51: 1370.

[162] K Setsune, M Kitabatake, et al. Proceedings of the SPIE, 1989.
[163] B A Probyn. Br J Appl Phys, 1968, 2: 457.
[164] S Aisenberg, R Chabot. J Appl Phys, 1971, 42: 2593.
[165] J M E Harper. Thin Films Processes. New York: Academic Press, 1978.
[166] T Takagi, K Matsubara, et al. International Conference on Ion Plating and Allied Techniques. London, 1979. 174.
[167] G Carter. D G Armour. Thin Solid Films, 1981, 80: 13.
[168] D G Armour, P Bailey, et al. Vacuum, 1986, 36: 769.
[169] D M Mattox. Electrochem Technol, 1964, 2: 295.
[170] L J Wan, B Q Chen, et al. J Vac Sci Technol, 1988, A6: 3160.
[171] L. Wan and K. H. Kuo, Vacuum, 40: 411 (1990)
[172] (a) P Sauliner, A Debhi, et al, 1984, 34: 765. (b) S Witanachchi, H S Kwok, et al. Appl Phys Lett, 1988, 53: 234.
[173] G A Baum. Dow Chemical Co Publ. FRP-686. Colorado, 1967.
[174] K H Kloos, E Brozeit, et al. Thin Solid Films, 1981, 80: 307.
[175] A Mathews, D G Teer. Thin Solid Films, 1981, 80: 41.
[176] N A G Ahemed. Vacuum, 1984, 34: 807.
[177] R W Spinger, C D Hosford. J Vac Sci Technol, 1982, 20: 462.
[178] S G Noyes, H Kim. J Vac Sci Technol, 1985, A3: 1201.
[179] A Kuryoyanagi, T Suda. Thin Solid Films, 1989, 176: 247.
[180] K Salmenojia, J M Molarius, et al. Thin Solid Films, 1987, 155: 143.
[181] P F Little, A Von Engel. Proc R Soc, 1954, 224: 209.
[182] W R Stowell, D Chamber. J Vac Sci Technol, 1974, 11: 653.
[183] N A G Ahmed, D G Teer. Thin Solid Films, 1981, 80: 49.
[184] J E Daalder. Physica C, 1981, 104: 91.
[185] J Buttner. J Phys D: Appl Phys, 1981, 14: 1265.
[186] W D Davis, H C Miller. J Appl Phys, 1969, 40: 2212.
[187] V M Lunev, V G Padalka, et al. Sov Phys Tech Phys, 1977, 22: 858.
[188] A A Plyutto, V N Pyshkov, et al. Sov Phys, 1965, 20: 328.
[189] H Randhawa, P C Johnson. Surface Coatings Technol, 1987, 31: 302.
[190] P J Martin, R P Netterfield, et al. J Vac Sci Technol, 1987, A5: 22.
[191] M Otsu, E Ko, et al. Thin Solid Films, 1989, 181: 351.
[192] D M Sanders. J Vac Sci Technol, 1989, A7: 2339.
[193] B Rother, J Siegel, et al. Thin Solid Films, 1990, 188: 293.
[194] H Shinno, T Tanabe, et al. Thin Solid Films, 1990, 189: 149.
[195] J R Morley, H R Smith. J Vac Sci Technol, 1972, 9: 1377.
[196] D Larson, L Draper. Thin Solid Films, 1983, 107: 327.
[197] L W Wang, F Z Wang, et al. Thin Solid Films, 1983, 105: 319.
[198] Y S Kuo, R F Bunshah, et al. J Vac Sci Technol, 1986, A4: 397.
[199] E H Hirsch, I K Varga. Thin Solid Films, 1978, 52: 445.
[200] D W Hoffman, M R Gaerttner. J Vac Sci Technol, 1980, 17: 425.
[201] P J Martin, R P Metterfield, et al. Thin Solid Films, 1983, 100: 141.
[202] S S Nandra, F G Wilson, et al. Thin Solid Films, 1983, 107: 335.
[203] P J Martin, R P Netterfield, et al. J Appl Phys, 1984, 55: 235.
[204] U J Gibson, C M Kennemore. Thin Solid Films, 1985, 124: 27.
[205] J K G Panitz. J Vac Sci Technol, 1986, A4: 2949,

[206] N S Gluck, H Sankur, et al. J Vac Sci Technol, 1989, A7: 2983.
[207] R A Erck, G R Fenske. Thin Solid Films, 1989, 181: 521.
[208] N Georgiev, D Dobrev. Thin Solid Films, 1990, 189: 81.
[209] S Mineta, M Kohata, et al. Thin Solid Films, 1990, 189: 125.
[210] J P Doyle, R A Roy, et al. AIP Conf Proc, 1990, 200: 102.
[211] B Window, N Savvides. J Vac Sci Technol, 1986, A4: 196.
[212] N Savvides, B Window. J Vac Sci Technol, 1986, A4: 504.
[213] D G Armour, P Bailey. Vacuum, 1986, 36: 769.
[214] A Antilla, J Koskinen, et al. Appl Phys Lett, 1987, 50: 132.
[215] B R Appleton, S J Pennycook, et al. Nucl Instrum Methods, 1987, B19/20: 975.
[216] S S Wagal, E M Juengerman, et al. Appl Phys Lett, 1988, 53: 187.
[217] G B Stringfellow. Rep Prog Phys, 1982, 45: 469.
[218] M Knudsen. Ann Phys, 1909, 28: 999.
[219] A Y Cho, J R Arthur. Prog Solid State Chem, 1975, 10: 157.
[220] C T Foxon, M R Boundry, et al. Surf Sci, 1974, 44: 69.
[221] D L Smith, V Y Pickhardt. J Appl Phys, 1975, 46: 2366.
[222] (a) K G Wanger. Vacuum, 1984, 34: 7. (b) A J G Schellinghout, M A Janocko, et al. Rev Sci Instrum, 1989, 60: 1177.
[223] (a) N J Khadim. Vacuum, 1988, 38: 189. (b) T J Mattord, V P Kesan, et al. J Vac Sci Technol, 1989, B7: 214.
[224] J A McClintock, R A Wilson. J Cryst Growth, 1987, 81: 177.
[225] H Fronius, A Fischer, et al. J Cryst Growth, 1986, 81: 169.
[226] A Y Cho. J Appl Phys, 1975, 46: 1733.
[227] L L Chang, L Eskai, et al. J Vac Sci Technol, 1973, 10: 11.
[228] S Ueda, H Kawashima, et al. J Vac Sci Technol, 1986, A4: 602.
[229] Y Horikoshi, N Kobayashi. et al. Proc Int Winter School, 1986, 2.
[230] M B Panish. J Electrochem Soc, 1980, 127: 2729.
[231] W T Tsang. J Cryst Growth, 1987, 81: 261.
[232] W T Tsang. Appl Phys Lett, 1984, 45: 1234.
[233] W T Tsang. J Appl Phys, 1985, 58: 1415.
[234] W T Tsang, A S Sudlbo, et al. Appl Phys Lett, 1989, 54: 2336.
[235] H Hirayama, M Hiroi, et al. Appl Phys Lett, 1990, 56: 1107.
[236] J Kwo, M Hong, et al. Appl Phys Lett, 1988, 53: 2683.
[237] H Nelson. RCA Rev, 1963, 24: 603.
[238] H Rupprecht. Gallium Arsenide, Institute of Physics Conference, Bristol Institute of Physics, 1967, 3: 57.
[239] M B Panish, I Hayashi, et al. Appl Phys Lett, 1970, 16: 326.
[240] H Nelson. U S Patent, 1971, 3, 565, 702.
[241] J S Blakemore. J Appl Phys, 1982, 53: R123.
[242] A Lopez-Otero. J Appl Phys, 1977, 48: 446.
[243] A Lopez-Otero. Thin Solid Films, 1978, 49: 3.
[244] H Holloway. Physics of This Films, Vol 11. New York: Academic Press, 1980. 105.
[245] M Sadeghi, H Sitter, et al. J Cryst Growth, 1984, 70: 103.
[246] A Krost, B Harbecke, et al. J Phys C Solid State Phys, 1985, 18: 2119.
[247] D Schikora, H Sitter, et al. Appl Phys Lett, 1986, 48: 1276.
[248] H Sitter, K Lischka, et al. J Cryst Growth, 1988, 86: 377.
[249] R Korenstein, B MacLeod. J Cryst Growth, 1988, 86: 382.

[250] S Chaudhuri, A Mondal, et al. J Mater Sci Lett, 1987, 6: 366.
[251] H M Manasevit. Appl Phys Lett, 1968, 12: 156.
[252] J P Duchemin, M Bonnet, et al. J Cryst Growth, 1978, 45: 181.
[253] C Y Chang, Y K Su, et al. J Cryst Growth, 1981, 55: 24.
[254] J P Duchemin, J P Hirtz, et al. J Cryst Growth, 1981, 55: 64.
[255] H M Manasevit. J Cryst Growth, 1981, 55: 1.
[256] J B Mullin, S J C Irwine, et al. J Cryst Growth, 1981, 55: 92.
[257] G B Stringfellow. J Cryst Growth, 1981, 55: 43.
[258] H M Manasevit. Proc SPIE Int Soc Eng, 1982, 323: 94.
[259] G B Stringfellow. J Cryst Growth, 1984, 68: 111.
[260] N E Schumaker, R A Stall, et al. J Met, 1986, 38: 41.
[261] P J Wright, B Cockayne. J Cryst Growth, 1982, 59: 148.
[262] S J Bass. J Cryst Growth, 1975, 31: 172.
[263] R M Biefeld. J Cryst Growth, 1986, 75: 255.
[264] (a) G B Stringfellow. J Cryst Growth, 1983, 62: 225. (b) G B Stringfellow. J Cryst Growth, 1984, 70: 133.
[265] M J Jou, Y T Cherng, et al. J Appl Phys, 1988, 64: 1472.
[266] C P Kuo, R M Cohen, et al. J Cryst Growth, 1983, 64: 461.
[267] O F Z Khan, P O'Brien. Thin Solid Films, 1989, 173: 95.
[268] M C Hanna, Z H Lu, et al. Appl Phys Lett, 1990, 57: 1120.
[269] T F Kuech, E Veuhoff. J Cryst Growth, 1984, 68: 148.
[270] J Van de Ven, H G Schoot, et al. J Appl Phys, 1986, 60: 1648.
[271] K Kanehori, N Sughii, et al. Thin Solid Films, 1989, 182: 265.

第四章 薄膜的形成与生长

薄膜通常通过材料的气态原子凝聚而形成。在薄膜形成的最初阶段，原子凝聚是以三维成核的形式开始，然后通过扩散过程核长大形成连续膜，薄膜形成的方式确实是独特的。薄膜新奇的结构特点和性质大部分归因于生长过程，故而薄膜生长对薄膜材料而言是最为基本、最为重要的。本章就薄膜各生长阶段及其与膜结构有关的重要理论和实验结果进行介绍。

第一节 形 核

形核[1]是薄膜形成的最初阶段，从本质上讲是一个气-固相转变问题。下面，我们将首先给出凝聚过程的一些经典概念，随后对异质成核和凝聚过程的一些实验结果进行讨论。

一、凝聚过程

气态原子的凝聚是气态原子与所到达的基片表面通过一定的相互作用而实现的，这一相互作用即为气态原子撞击基片表面原子而被表面原子的偶极矩或四极矩吸引到表面，结果气体原子在很短时间内失去垂直于表面的速度分量。只要入射能量不太高，则气态原子就会被物理吸附，被吸附的原子称为吸附原子。吸附原子可以处于完全的热平衡状态，也可以处于非热平衡状态。由于来自表面和（或）本身动能的热激活，吸附原子可以在表面上移动，即从一个势阱跳跃到另一个势阱。吸附原子在表面具有一定停留或滞留时间，在这一时间里，吸附原子可以和其他吸附原子作用形成稳定的原子团或被表面化学吸附，同时释放凝聚潜热。如果吸附原子没有被吸附，它将会被重新蒸发或被脱附到气相中。因此，凝聚是吸附和脱附过程的平衡净效果。

撞击原子被注入到基片（表面）的概率称为“凝聚”或“黏滞”系数，它由凝聚在表面上的原子数与总撞击原子数之比来确定。热平衡程度由调节系数 α_T 来描述，它定义为：

$$\alpha_T=\frac{T_I-T_R}{T_I-T_S}=\frac{E_I-E_R}{E_I-E_S} \tag{4-1}$$

式中，T_I 和 E_I 分别为入射原子的等效均方根温度和等效动能；T_R 和 E_R 分别为反射或再蒸发原子的等效均方根温度和等效动能；T_S 和 E_S 则对应于基片的等效均方根温度和等效动能。

许多研究人员研究了捕获入射原子以及入射原子通过范德华力进行能量交换的问题。通过采用原子和一维点阵弹簧进行正碰撞的物理模型，人们得到：对于撞击原子和基片原子具有几乎相同质量的情况下，可以得到凝聚系数为 1，而碰撞原子的动能比脱附能 Q_{des} 大 25 倍。对于三维点阵，对入射撞击原子的捕获是不完全的，原则上讲，这是由于三维点阵具有较大的刚度所致。如果碰撞原子比基片原子轻得多，或者入射原子具有很高动能，则黏附系数远远小于1。

一吸附原子与基片达到热平衡所需要的平均弛豫时间 τ_e 估计小于 $2/\nu$，此处 ν 为吸附原子的表面振动频率。根据 McCarrol 和 Ehrlich 理论：被俘获原子在经过大量的撞击后，将失去大部分动能，而只留下入射动能 E_I 的百分之几作为振动能。吸附原子在基片表面移动，在被脱附之前，具有的平均停留时间为：

$$\tau_s \approx \frac{1}{\nu}\exp\left(\frac{Q_{des}}{kT}\right) \tag{4-2}$$

因此：

$$\tau_e = 2\tau_s \exp\left(-\frac{Q_{des}}{kT}\right) \tag{4-3}$$

当结合能较大时（$Q_{des} \gg kT$），τ_s 很大，τ_e 很小，即热平衡迅速出现。吸附原子可看作被局域化，只能通过分立的跳跃扩散。另一方面，如果 $Q_{des} \approx kT$，吸附原子不会很快达到平衡，因此它保持“热”的状态，通常会导致凝聚系数小于1。这种情况下的迁移吸附原子可看作是二维气体，气体的动能大小决定它们的运动程度。

在停留期间，一个平衡态的吸附原子在基片表面上扩散，扩散距离 $\bar{\chi}$ 由布朗运动中的爱因斯坦关系式给出：

$$\bar{\chi} = (2D_s\tau_s)^{1/2} = (2\nu\tau_s)^{1/2} a\exp\left(-\frac{Q_d}{2kT}\right) \tag{4-4}$$

$$= 2^{1/2} a\exp\left(\frac{Q_{des}-Q_d}{2kT}\right) \tag{4-4a}$$

式中，a 为表面上吸附位置间的跳跃距离；Q_d 是表面扩散跳跃的激活能；表面扩散系数。$D_s = a^2\nu\exp(-Q_d/kT)$。

很清楚，在凝聚过程中，Q_{des} 和 Q_d 起着非常重要的作用，因此，它们的大小很有意义。表4-1已列出一些体系的 Q_{des} 和 Q_d 值，这些能量值敏感地依赖于表面状态。尽管 Q_{des} 和 Q_d 的准确关系不清楚，但通常可观察到 $Q_d \sim \frac{1}{4}Q_{des}$。

表4-1　一些典型体系中结合能 Q_{des} 和表面扩散激活能 Q_d 的实验值

凝聚物	基　片	Q_{des}/eV	Q_d/eV	凝聚物	基　片	Q_{des}/eV	Q_d/eV
Ag	NaCl		0.2	Cd	Ag,玻璃	0.24	
Ag	NaCl		0.15(蒸发) 0.10(溅射)	Cu	玻璃	0.14	
Al	NaCl	0.6		Cs	W	2.8	0.61
	云母	0.9		Hg	Ag	0.11	
Ba	W	3.8	0.65	Pt	NaCl		0.18
Cd	Ag(新膜)	1.6		W	W	3.8	0.65

二、Langmuir-Frenkel 凝聚理论

Langmuir 和 Frenkel 提出了一个凝聚模型。在这一模型中，吸附原子在所存在的时间里，通过表面移动形成原子对，而原子对则成为其他原子的凝聚中心。如果假设撞击表面和从表面脱附的原子相对比率保持恒定，且撞击临界原子数密度可由公式(4-5) 给出，则在温度 T 时，表面会形成原子对：

$$R_c=\frac{\nu}{4A}\exp\left(-\frac{\mu}{kT}\right) \tag{4-5}$$

式中，A 是捕获原子的截面；μ 是单个原子吸附到表面的吸附能与一对原子的分解能之和。

尽管临界原子数密度这一概念与 Cockcroft 和其他人的实验观察相一致，但它与基片温度的关系绝非像公式(4-5) 所给出的那么简单，原因是凝聚的发生会存在一个成核势垒，这一势垒敏感地依赖于表面的温度、化学本质、结构和清洁性。在首次成核出现后，R_c 会迅速下降。

Zinsmeister 通过考虑吸附原子团的生长与衰变间的平衡，扩展了 Langmuir 和 Frenkel 理论，该理论的定性结论与一般经验相符合。但是，衰变过程的发生需要实验验证。

三、成核理论

现在我们考虑原子团生长的条件和作为沉积参数函数的临界原子团形成的速率以及一些实际结果。

(一) 毛吸理论

均匀成核理论由 Volmer、Weber、Becker 和 Doring 提出，他们考虑了吸附原子团形成的总自由能。后来 Volmer 又将其扩展到异质成核，Pound 等人则将其扩展到薄膜中的特殊形状原子团形成。在这一均匀成核理论中，原子团是通过吸附原子在基片表面的碰撞而形成的。起初自由能随着原子团尺寸的增加而增加(图 4-1)，直到原子团达到临界尺寸 r^*。当原子团尺寸继续增加时，自由能开始下降。如果体材料的热力学量可以用来描述原子团，则形成半径为 r 的球形原子团的 Gibbs 自由能由表面自由能和凝聚体自由能之和给出，即：

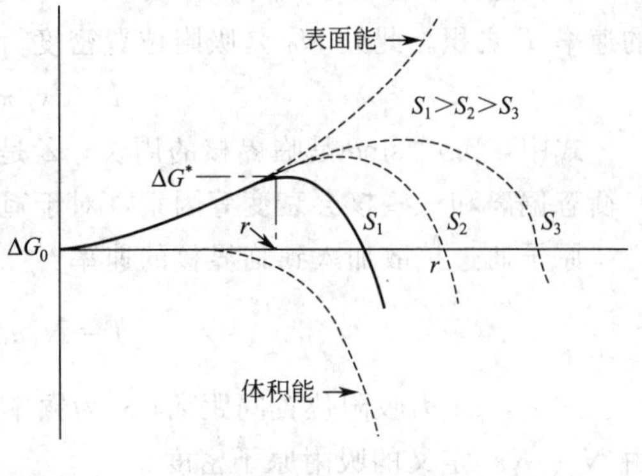

图 4-1 原子团总自由能与不同过饱和度 (S) 的原子团尺寸的关系曲线

$$\Delta G_0=4\pi r\sigma_{cv}+\frac{4}{3}\pi r^3\Delta G_v \tag{4-6}$$

式中，σ_{cv} 是凝聚相和气相间的表面自由能；$\Delta G_v=(-kT/V)\ln(p/p_e)$，是从过饱和蒸气压 p 到平衡蒸气压 p_e($S=p/p_e$ 为过饱和度) 的凝聚相单位体积自由能。ΔG_0-r 曲线在

$$r^*=-\frac{2\sigma_{cv}}{\Delta G_v}=\frac{2\sigma_{cv}V}{kT\ln(p/p_e)} \tag{4-7}$$

时 ΔG_0 达到最大，r^* 即为临界半径。当原子团半径小于 r^* 时，原子团不稳定，而当原子团尺寸大于 r^* 时，原子团变得稳定。

如果临界核是冠状的，则在凝聚相 (c)-气相(v)-基片(s) 系统中，它的接触角 θ 由表面能最小的杨氏方程给出：

$$\sigma_{cv}\cos\theta=\sigma_{sv}-\sigma_{sc} \tag{4-8}$$

将 ΔG_v 用各种表面能来重写时，可以得到

$$\Delta G_0=\frac{1}{3}\pi r^3\Delta G_v(2-3\cos\theta+\cos^3\theta)+2(1-\cos\theta)\pi r^2\sigma_{cv}+\pi r^2\sin\theta(\sigma_{sc}-\sigma_{sv}) \tag{4-9}$$

对于任意 $\theta>\nu$，r^* 的值仍由方程(4-7) 给出。此时 ΔG_0 的临界值为：

$$\Delta G^* = \frac{16}{3}\pi\frac{\sigma_{cv}^3}{\Delta G_v}\phi(\theta) \tag{4-10}$$

这里 $\phi(\theta)=\frac{1}{4}(2-3\cos\theta+\cos^3\theta)$。

从图 4-1 中可以注意到，随着过饱和度的增加（如高熔点材料和低基片温度情况）r^* 减少；也就是说，大量小尺寸稳定核形成。但是这一变化是不重要的，因为根据现代理论，对于大多数计算得到的 r^* 都是在原子尺度上。例如，使用体材料的 σ_{cv} 和在 300K 时的沉积率 0.1nm/s，对于 Ag，$r^*=0.22$nm。

当 $\theta=0$ 时（完全润湿，当 $\sigma_{sv}\geqslant\sigma_{sc}+\sigma_{cv}$ 时成立），$\Delta G^*=0$，此时对于成核没有势垒。对于 $\theta=180°$（不润湿），$\phi(\theta)=1$，在成核过程中外界面是非激活的。另一方面，ΔG^* 与 θ 有关。Chakraverty 和 Pound 给出对于 $\theta<45°$ 和 $50°<\theta<105°$，原子团将形成在阶梯处，而非平坦表面，且 ΔG^* 较小。因此，在阶梯处的临界核浓度相对于在平坦表面的浓度有所增加，产生众所周知的表面修饰效应。气相原子或吸附点存在的静电电荷也可以使 ΔG^* 降低，从而使凝聚过程变得更加容易。杂质可以使凝聚变得容易，也可以阻碍凝聚过程，这取决于 ΔG^* 是降低还是升高。

成核速率 I 正比于临界核浓度 $N^*=N_0\exp(-\Delta G^*/kT)$ 和原子通过扩散加入到临界核的速率 T 之积。此处 N_0 是吸附位置密度。因此

$$I=Z(2\pi r^*\sin\theta)TN^* \tag{4-11}$$

式中，$2\pi r^*\sin\theta$ 是临界核的周长；Z 是 Zeldovich 修正因子，它考虑了由于成核导致的平衡态偏离和一些核会衰变等因素，对于冠状和盘状成核，这一因子大约为 10^{-2}。

原子通过扩散加入到临界核的速率：

$$T=N_1 a_0\nu'\exp\left(-\frac{Q_d}{kT}\right) \tag{4-12}$$

式中，a_0 为吸附位置间距离；ν' 为频率，数量级在 10^{12}；Q_d 是表面扩散激活能；N_1 为由 $N_1=R\tau_s$ 定义的吸附原子密度。

因此

$$N_1\approx\frac{R}{\nu}\exp\left(\frac{Q_{des}}{kT}\right) \tag{4-13}$$

式中，R 为气相中单一原子的入射率（称为撞击流量）；Q_{des} 是单个原子从基片脱附的脱附能。

如果假设 $\nu\sim\nu'$，使用方程（4-11），方程（4-12），方程（4-13）可以得到

$$I=\frac{4\pi\sigma_{cv}}{\Delta G_v}\sin\theta R a_0 N_0\exp\left(\frac{Q_{des}-Q_d-\Delta G^*}{kT}\right) \tag{4-14}$$

（二）统计或原子理论

由毛吸理论所假设的金属临界核尺寸是典型的原子尺寸，因此，毛吸模型的适用性是令人怀疑的，这一困难可由使用反应物和产物的配分函数和势能函数来克服。Walton 和 Rhodin 给出处理原子团能量和键的分析方法。根据这一理论，在低温下或较高的过饱和状态下，临界核可以是单个原子，这一原子通过无序过程与另一个原子形成原子对，从而变成稳定的原子团并自发生长。一对原子的稳定性源于每个原子有一条键。在较高基片温度下，

一对原子可以不再是稳定的原子团。另一个最小的稳定原子团是每个原子有两条键，这样的组态可以通过将原子放在三角形顶点上来实现。具有两条键的四原子组态将是正方形。

在这一理论中成核率正比于 $N^* T$。如果假设振动配分函数为 1，取 E_n 为将 n 个吸附原子团分解成 n 个吸附在表面的单原子所需能量，则 n^* 个原子形成临界核速率的一般表达式为：

$$I=Ra_0 N_0 \left(\frac{R}{\nu N_0}\right)^{n^*} \exp\left[\frac{(n^*+1)Q_{des}-Q_d+E_{n^*}}{kT}\right] \tag{4-15}$$

此式中各个物理量都已在前面阐述。可以看到：随着临界原子团尺寸增加，成核率以 R^{n^*+1} 方式增加。

随着基片温度增加，从 n^* 个原子稳定转变成 n^*+1 个原子团的条件可以由方程 (4-15) 中相应的两个表达式相等而得到。例如，从 2 个原子团到 3 个原子团是在

$$T=-\frac{Q_{des}+\frac{1}{2}E_3}{k\ln(R/\nu N_0)} \tag{4-16}$$

条件下发生。

由于基本原理的相似性，在毛吸理论和原子模型之间发现相似性不足为怪。两者的区别在于毛吸理论使用了连续变化的表面能，因而原子团的尺寸也连续变化，而对于原子理论，吸附原子的结合能是非连续变化，因而原子团尺寸变化也是不连续的。当然原子模型的非连续性对于小原子团更现实。将宏观数据应用到原子模型，Lewis 对两个理论所给出的成核过程的结果进行了详细的理论比较。他给出：由于小原子团成核的过饱和值不同，原子模型给出的临界核尺寸相对较大，但成核率较低；毛吸模型中的理想化形状假设给出的原子团能量较高，临界核较小，而高成核率则补偿了这些差别。但是，一般来说，两个模型相互之间存在广泛的一致性。

（三）其他各种模型

① 使用 Monte Carlo 计算方法可以分析几个原子成核的凝聚过程。通过对原子指定几个简单的运动规则，可以对原子成核过程进行模拟，得到的计算结果显示，在定性上与所期望的吸附原子团聚是一致的。这一方法的进一步推广无疑在未来会受到更大关注。

② 二元凝聚成核问题涉及的对象更复杂，在技术上更具意义，因为它直接与合金和化合物膜的沉积相关。Reiss 从理论上分析了这一问题，他的详细研究结果已超出本书范围。但是，值得一提的是 Günther 使用简单的临界凝聚概念，定性地分析了共蒸发原子不同相的形式。

（四）成核理论的进一步讨论

① 由于在毛吸理论中的 ΔG^* 指数关系和在原子理论中的 E_{n^*} 指数关系，成核率对过饱和度很敏感。事实上，成核率在某一“临界”过饱和度以上，从可忽略到很高值这样一个较窄取值范围内不连续变化。而且，由于有效过饱和度是基片温度速变函数，因此基片温度一个小的变化会使临界过饱和度改变几个数量级。

② 在毛吸理论中的成核率正比于原子撞击流量，而在原子理论中，成核率则与原子撞击基片表面流量的平方成正比。

③ 在这两个理论中所给出的成核率是非相干成核。如果有相干成核发生，在毛吸模型中的表面能和原子团形状将由成核的结晶性所决定。

④ 两个理论预言了成核率对温度的依赖形式。通过测量作为温度函数的临界成核条件和成核率，Arrhenius 型曲线可以产生一直线。假设方程(4-10) 中热力学关系的有效性，并给 Q 一合适值，可得到 $Q_{des}-Q_d$ 值。只要 n^*、$E_{n^*}^*$ 值确定，在原子模型中，同样也可以得到 $Q_{des}-Q_d$ 值。因此，两个理论皆需要假设一些实验参数以获得合理的、但不唯一的$Q_{des}-Q_d$ 值。

⑤ 由毛吸和原子理论给出的成核率是稳定成核率，只有当核密度达到极大，核间平均距离对应于平均扩散距离时，上述稳定成核假设才成立。而后，通过扩散捕获吸附原子使核生长。这一耗散过程不允许有进一步的成核发生。只要满足条件：(a) 撞击原子瞬时达到平衡；(b) 气相原子动量效应不重要；(c) 撞击率比扩散率小以便平衡条件存在，则核饱和密度与撞击率无关。在这些条件下，饱和密度随基片温度以下列方式减小

$$N_s = N_0 \exp\left(-\frac{Q_{des}-Q_d}{kT}\right) \tag{4-17}$$

⑥ 在“还原”周期以后，可获得稳定态。还原周期定义为：吸附原子在气相动平衡中获得表面占据数所需时间与为形成不同尺寸幼核平衡占据数所需时间之和。在这个周期后，成核密度迅速增加达到饱和，此时成核率取决于过饱和度。

四、实验结果

对凝结现象的实验研究一般关注凝聚开始情况、作为撞击率和基片温度相关的黏附系数和成核率等。

(一) 黏滞系数

凝聚开始时的情况可以由各种方法确定：视觉观察，采用电子显微镜和场离子显微镜或质谱仪。当“临界”超饱和条件满足时，就可以发现非常迅速的、自发性的凝聚现象。黏滞系数可望随着基片温度的增加而减少，随吸附原子与基片结合能的降低而减小。对于自沉积情况，黏滞系数应当随沉积物的增加而增加且接近 1，这些结论一般与各种实验观察定性一致，表 4-2 已列出几种沉积物在不同温度和膜厚情况下的黏滞系数测量值以验证上述结论。Devienne 测量了在 Cu、Al、云母和玻璃基片上沉积 Sb、Cd、Au 的黏滞系数，许多人研究了在各种基片上沉积 Au 和 Ag 的黏滞系数。例如，在 Ag 上沉积 Au 的黏滞系数，在起始阶段远小于 1，但当厚度为 25nm 时接近 1，在这种情况下黏滞系数随厚度的变化一般归因于表面污染的存在。

在 Henning 的超高真空实验中确定，在空气污染的 NaCl 上沉积 Au，其黏滞系数为 1，但对于清洁的 NaCl 基片，黏滞系数相当低（在 300℃时为 0.3）。黏滞系数随膜厚的增加而增加（在 50nm 时接近 1），并随着清洗 NaCl 的热刻蚀程度的增加而增加。根据 Henning 的结果，黏滞系数与观察厚度和温度的相关性可以根据沉积物的岛结构来理解。岛的数量越多，表面扩散的岛间距离就越小，故此俘获吸附原子的概率就越高。为了解释表面污染的作用，模型应当考虑岛的几何尺寸分布和吸附原子的迁移率。

黏滞系数与厚度的相关性对于不同基片-气体结合和不同的基片表面条件而变化很大。Yang 等人发现对于沉积在各种金属基片的 Ag 的黏滞系数随点阵错配度的增加而减小（见表 4-2）。这一效应是否由于表面应力、接触角的改变，或者是杂质吸附的改变所致还不清楚。

表 4-2 一些蒸发原子凝聚时的沉积物厚度、表面温度、点阵失配以及凝聚系数

凝聚物	表面	表面温度/℃	沉积厚度/nm	凝聚系数
Cd	Cu	25	0.08	0.037
			0.49	0.26
			0.6	0.24
			4.24	0.60
Au	玻璃、Cu、Al	25	可观测到	0.90～0.99
	Cu	350		0.84
	玻璃	360		0.50
	Al	320		0.72
	Al	345		0.37
Ag	Ag(0)①	20	可观测到	1.0
	Au(0.18)①			0.99
	Pt(3.96)①			0.86
	Ni(13.7)①			0.64
	玻璃			0.31

① 点阵错配度，相对与 Ag 的百分比。

表面的气体污染将大大影响凝聚过程。Hudson 和 Sandejas 观察到在清洁 W 表面上 Cd 的黏滞系数接近 1，但当 W 表面暴露在 10^{-5} Torr 的气压下，Cd 的黏滞系数大大降低，临界过饱和度剧烈增加几个数量级。众所周知，成核可以在表面存在缺陷或金属杂质的情况下得到提高，而且这种提高在暴露于 O_2 下的玻璃基片上沉积 Sn 和 In 膜得到证实。对 Cu 沉积在暴露于分压为 10^{-8}Torr 的 O_2 和 N_2 的 W 基片上，Au 沉积在空气中解理的 NaCl（非清洁 NaCl）基片上也都观察到了黏滞系数的提高。Melmed 利用场发射显微镜研究 Cu 的沉积，确立了成核的提高伴随着 Q_d 和 Q_{des} 的增加。Grez 观察到清洁表面而不是污染表面具有相当高的临界饱和值，因此，相当清楚的是对于污染物的作用不可能得到一般普适的结论，因为这完全取决于结合能是增加还是减少。

黏滞系数小于 1 说明其处于热平衡态或非自调谐状态。在这种情况下凝聚需要不同寻常的高的过饱和度，由此，Sears 和 Cahn 假设吸附原子在吸附过程中保持“热”状态，因此，应当用它们的有效温度而不是较低的基片温度来计算有效饱和度。另一方面，通过改变 Cd 蒸气原子束的温度，Hruska、Pound 和 Shade 发现温度的改变对沉积中的临界原子束流量几乎没有影响，这意味着非常完善的热自调节过程。

“热吸附原子”的概念需要仔细考虑。当然，它与成核理论所假设的热力学平衡不相协调，仍需要精细和准确的实验来确定这一概念的正确与否。

（二）成核观察

自从毛吸理论预言临界核的尺寸为原子量级以来，人们就试图从实验上验证这一结论。由电子显微镜观察到的 Au 最小核直径为约为 0.5nm，它包含大约 20 个原子。显然，这一值意味着成核已是成核后阶段或核生长阶段。或许所有其他对成核的电子或场离子显微镜的研究也都代表这一生长阶段，我们称这样的核为“岛”。

由蒸发制备的超薄金属、绝缘体和半导体，溅射和电镀制备的金属膜中三维岛的出现已由电子显微镜实验得到确认。在真空较差（约 10^{-5} Torr）和超高真空（约 10^{-8} Torr）条件下，利用电子显微镜对金属膜的瞬间沉积也得到了三维岛出现的类似结果。三维岛的出现是凝聚存在成核势垒以及岛生长基本由表面扩散机制而非直接俘获气相原子决定的最直接

证据。

尽管关于成核和随后的生长只对几种金属进行了广泛研究，但对任意材料在任意基片上的原子沉积方法，此过程从定性上讲是普适的。但是，对于不同材料，定量上则可能变化很大。在其他三维成核具有代表性的例子是在 Ag 膜上沉积 Au，在 C 膜上沉积 Sn，在 Ag 膜上沉积 AgBr，各种氧化物层如 Cu、Ni、Ta 的氧化，外延生长Ⅱ-Ⅵ化合物膜，热解 Si 的自外延生长等。

在大多数沉积物-基片系统中，三维成核的出现是已确认的实验事实。二维或单层型覆盖式生长可以在如下所述的任一情况下出现：①假设毛吸模型有效，如果 $\sigma_{sv} \geqslant \sigma_{cv} + \sigma_{sc}$ [即在公式(4-8) 中 $\theta=0$]，则没有成核势垒，润湿是可能的。后面可以看到，θ 是一有限的经验参数，它可能与接触角的体材料值无关。因此，从已知的体材料的表面能值预言单层覆盖的可能性是不可能的。Si 在基片上的成核类型的令人惊奇的观察结果为此提供了一个非常好的例子。人们可能通过污染点处的成核来解释这一观察。但是由此必须得到结论：θ 一定不为 0，甚至在自沉积情况也是如此。因而凝聚过程本质上似乎是统计过程，这一过程与基片无关，而是通过成核势垒而出现。②如果成核势垒很小，吸附原子迁移性较高，将形成大盘状岛。这些岛给出"扩展"的单层覆盖外貌。这种沉积在反射电子衍射花纹中出现条纹。这一条纹在 Ag (111) 上沉积 Pb 膜和自沉积碱金属卤化物膜中都被观察到。③如果成核出现在气相原子撞击位置或附近，将会发生有效的单层-单层沉积。当成核中心数为约为 $10^{15}/\text{cm}^2$ 时，这一条件将会得到满足，此成核数可以由高的过饱和度（较低基片温度，高熔点气相源）和（或）选择适当的基片（如镀 Au 膜时选择 Bi_2O_3）来实现。

一些对成核各阶段的有趣观察值得关注：①室温下沉积在离子型晶体、非晶和单晶绝缘体基片上的大量金属形成均匀分布岛，其饱和密度约为 $10^{10} \sim 10^{12}/\text{cm}^2$，即，岛间距离近似在 10～100nm 之间。这些岛均匀分布在无缺陷的表面上，岛的尺寸分布呈正态分布。在一些低饱和情况下，岛密度开始时较低，随后迅速增加达到饱和值。②达到饱和以后，随着沉积率的增加、基片温度的增加和随后的膜生长使岛相互间合并，导致岛密度降低，降低的速率在溅射镀膜中更迅速（相对蒸发镀膜）。随着基片光滑度增加、基片温度的增加，岛密度降低的速率加快。在低过饱和条件下，会出现沉积时间和凝聚观察时间滞后。③如果基片受到荷能电子辐照，则成核阶段受到影响，因为静电电荷通过降低成核势垒而使成核变得容易。而且，Chopra 进一步证明在岛上存在的正或负的静电荷可以增加表面面积，从而提高表面扩散。④由于较低的成核势垒和增加的结合能，择优和增强（达到 100 倍）成核会出现在表面缺陷、表面突起部位、单原子阶梯上，从而导致了对这些缺陷位置的修饰。这一修饰效应为研究表面非完整性和确定化合物表面的极性提供了一个强有力的技术。⑤凝聚似乎出现在无序位置。

Yang 在研究 Na 原子在多晶 Ag、Pt、Cu、Ni 和 CsCl 基片上成核时清楚地观察到核与过饱和度的重要相关性。由数据导出的临界核尺寸在原子尺度，计算的热力学参数表明与体材料值很不一致。Moazed、Pound、Grez 和 Pound 使用场离子显微镜（分辨率为 2nm）研究了在 W 尖上各种金属在气压约为 10^{-10} Torr 真空条件下，临界核与温度的相关性。

各种基于毛吸理论推导得到的成核结果总结于表 4-3 中。从这些数据可以清楚看到：①核的临界尺寸为原子尺度；②对获得合理的热力学参数所需的 θ 值与系统体接触角无关。

表 4-3 成核数据总结

凝聚物	基 片	T/K	σ/(erg/cm²)	$\Delta Q_{des}-\Delta Q_d$/(kcal/mol)	润湿角 θ/(°)	$-\Delta G^*$/(cal/mol)	r^*/nm
Ag	W	300	1100		约 84	2900	0.2
Ag	W	300	1100	约 34.5	78	3170	0.15
Ag	W	75	1100	约 34.5	78	3300	0.15
Zn	W	373	750	约 23	44	685	0.5
Zn	W	75	750	约 23	44	730	0.5
Cd	W	75	600	约 23	20	340	0.9
Cd	W	300	600	约 23	20	350	0.9
Ni	W	75	1900	约 46	120	8300	0.11
Ni	W	300	1900	约 46	120	8390	0.11
Au	W	300	1200	约 46	～180	4160	0.14
Cd	NaCl	167	600		～135	1208	0.22
Cd	LiF	167	600		～135	1215	0.22
Na	CsCl	300	310	2.3	～125	500	0.3
Cd	Cu	300	600		～141	410	0.8
H_2O	Hg	300	73	6.8	～15	12	22
Zn	玻璃	300	750	3.1	～50	1090	0.33
Zn	玻璃	685	750	3.1	～50	15	24
Zn	云母	300	750			1100	0.33
Zn	LiF	300	750			1120	0.33
Ag	NaCl	500	1200	6.6	110	2800	0.2
Mg	玻璃	500				3000	1.2
Sb	Mg_2Sb_2	600				55	5.1
Mg_3Sb_2	玻璃	770				500	0.5

Poppa 利用高真空（5×10^{-8} Torr）电子显微镜，原位研究了在非晶 C 膜上沉积 Bi 和 Ag 的成核密度，电子显微镜配有加热台和沉积率控制器。Poppa 发现毛吸和原子理论可定性解释其观察到的结果，而定量结果揭示出两种理论皆有不妥之处。例如，原子理论给出 Bi 的跳跃距离 a 太大，而低温成核速率又与毛吸理论不符。两种理论产生的脱附能量相差 1.7 个因子。由于实验上所遇到的困难和成核理论中所假设的参数的有效性不明确，对理论毫不含糊，可比较的、定量验证还未实现。现代成核理论远非完善，因为这些理论还不能解释各种成核现象，包括外延现象。

为理解沉积物成核而发展起来的基本概念在薄膜技术中也找到了应用。这些应用包括：①在基片表面吸附原子的高迁移率可用于沉积理想化学配比化合物膜；②通过改变基片温度，凝聚机制可用于产生一些材料的非晶和亚稳结构；③通过选用适当的材料，以增加特殊吸附物质和基片预成核方式，从而可以择优或提高气相原子的凝聚；④如果选用的吸附物质和预成核材料互相完全润湿的话，预成核技术也被用于制备超薄连续膜；⑤修饰效应可用于识别表面突起、单原子阶梯、化合物表面极性等敏感技术。

（三）凝聚中心

Cabrera 发现，成核可以在位错的奇异点处择优出现。Oudar 和 Beuard 在 Cu 多面体界面形成 Cu_2S 层，Phillips 在 Ag 膜层错和不完全位错上形成 Ag_2S 时皆证实了这一点。另一方面，众所周知：成核是无序的、各向同性分布的，成核数较可得到的原子吸附点少得多，但比在外延生长中使用的某一单晶基片表面上可能的线缺陷密度大得多。这一事实假设了成核过程是均匀的，它作为过饱和状态下统计涨落结果而出现。Stirland 观察到，沉积在两个匹配的食盐解理面上的 Au 成核中心与解理面无关，从而进一步支持了凝聚过程的统计本性。

如果缺陷确实是成核位置，则观察到的成核密度可以通过假设成核只出现在点缺陷处而得到解释，因为只有这样的点缺陷在表面下方具有约为 $10^{10} \sim 10^{12}/cm^2$ 的密度。但是实验观察到的成核密度随温度倒数的指数形式减少，这与位错密度与温度的关系相矛盾。而且，对于各种不同完整性的基片，为什么点缺陷密度近似相同还不清楚。

Distler 等人对凝聚中心做了一些不同寻常的观察。他们报道了 NaCl 解理面的修饰和它的取向影响也可以穿过中间非晶层。相似的长程活性也在解理云母和单晶 Si 和石英中观察到。对在云母上的 PbS 和 NaCl 基片上的 Ag、CdS 穿过中间层的取向影响也有人作了研究。

Distler 等人指出这些观察是由于一些活泼中心的长程效应。由于这些修饰比取向影响的距离长，人们提出了两种类型的活泼中心，一类是成核中心，另一类是外延中心。较大的长程效应意味着这些中心不能与点缺陷相联系。这些中心可以是缺陷聚集体的静电、偶极或范德华力相互作用的结果。由 Chopra 发现的电场导致膜生长变化已经被用来假设这些活泼中心一定被荷电并与电场发生相互作用。

上述观察到的现象与通常所知的事实完全相背，这一事实即为在表面的外延生长，由于多晶单层的存在或非晶沉积的存在而完全遭到破坏。如何通过一厚 C 膜的长程相互作用看到荷电中心是困难的。而且，荷电中心密度从一个晶体表面到另一个晶体表面变化较大。但是，相对来说，所观察到的成核中心不会变化很大。

为了确认 Distler 等人的有争议观察，Chopra 对通过中间非晶层的外延生长进行了系统研究。基片温度为 100～300℃时，在食盐和云母基片上外延生长 Au、As、PbS 和 SnS，外延沉积率由速率为 0.1～1nm/s 的热蒸发获得。基片的一部分用非晶 C、石英、SiO_2、$BaTiO_3$（厚度由零点几 nm 到 20nm）涂层覆盖。在所有情况下，观察到：在单晶基片的边缘处有外延生长，只有多晶沉积可以在非晶（中间）区域获得。当解理食盐的表面存在高密度的阶梯、突起时，观察到在这些缺陷附近取向成核。Chopra 的观察强烈支持普遍接受的假设：外延生长是一界面效应，基片的取向影响只由表面原子所控制，也只局限于表面原子。

(四) 凝聚温度

Semenoff、Palatnik 和合作者提出了另外一系列有关成核理论中所假设机制的直接气固相转变有效性问题。根据一般的电子显微镜观察，当温度为 $T_s > \frac{2}{3}T_m$（T_m 为气相源的体熔点）在非晶基片上沉积 Bi、Sn、Pb、Ag、Au、Cu、Al 等金属膜时的岛为球状，Palatnik 设想膜凝聚是通过气→液→固相转变实现。对于基片温度 $T_s < \frac{2}{3}T_m$，转变直接由气相到固相。但是，在一些情况下（如 Sb），当 $T_s < \frac{1}{3}T_m$ 时，凝聚机制转变为气→液→非晶固相。对于气→液→固相转变凝聚机制的支持是来自于一些固体在凝聚时的高温亚稳相的冻结。

Komhic 讨论了 $\frac{2}{3}T_m$ 和 $\frac{1}{3}T_m$ 值的意义。$\frac{1}{3}T_m$ 值的意义是在此温度下吸附原子不具有足够的迁移能力来产生有序结构。因此，它对应于退火温度，凝聚机制可用气→无序固相恰当表示。但是 $\frac{2}{3}T_m$ 是一非常有意义的参数，因为它几乎与各种金属超薄膜的熔点相同。这可以从如下事实得到：半径为 r 的球形晶粒（或岛）的熔点 T_r 由于在弯曲处的表面气压增加而被抑制，其与半径 r 的关系由 Thomson-Frenkel 关系式给出：

$$T_r = T_m \exp\left(-\frac{2\sigma V}{Lr}\right) \tag{4-18}$$

式中，σ 为固→液界面能；L 为固相熔化潜热；V 为固体的摩尔体积。

对于熔点抑制较小的情况，$\Delta T = T_m - T_r$，方程（4-18）变为

$$\Delta T \approx \frac{2\sigma}{r}\frac{T_m}{L}V \tag{4-18a}$$

注意方程(4-18a)也可由在 T_r 温度下粒子的热力学化学势等于零得到，即：

$$(\Delta u - T_r \Delta S)\Delta V - \sigma \Delta A = 0 \tag{4-18b}$$

式中，Δu、ΔS 是熔化时内能和熵的变化；ΔV 和 ΔA 是熔化时某一相的体积和表面能的变化。

因为对于体金属 $\Delta S = \Delta u / T_m = L / T_m$，由方程（4-18b）即可得到方程（4-18a）。

Kominik 指出：如果考虑最小 r 值，则应由临界核半径给出，

$$\frac{T_m}{T_r} = 1 + \frac{\sigma}{\sigma_{cv}}\frac{kT_m}{L}\ln(p/p_e) \tag{4-18c}$$

Kominik 注意到，对于大量具有密堆结构的金属，kT_m/L 值几乎相同，且近似为 1。而且，此时，$\sigma/\sigma_{cv} \approx 0.1$。因此，为了解释 $T_m/T_r \approx 1.5$ 时，从许多金属膜早期生长阶段观察到的实验结果，对于成核所需的过饱和度 p/p_e 一定为约 10^2，这是一个合理的理论值，但它比所观察到的临界过饱和值小得多。

方程(4-18）的预言没有对一定尺寸和形状的晶粒进行验证。但是对于 Bi、Pb、Sn 和 Ag 膜的熔点作为平均膜厚（或晶粒尺寸）函数的抑制现象已进行了测量，结果与方程(4-18）符合。

对于化学吸附，凝聚自由能（约 1eV）可能引起小尺寸核温度大幅度提高。这一升高显然取决于各种热损失因素，如热导率和热发射。利用体材的热损失参数（对于超薄膜为不实际假设），Gafner 给出，在瞬间（约 10^{-9}s）核温度上升到很高值，然后迅速衰变到某一较小的恒定值。Yoda 测量了蒸发 Ag 膜的光谱温度发现：对于沉积率为 0.3nm/s 情况，温度在超薄膜中（约 10nm）上升到 400℃。随着膜厚的增加，温度上升减弱。

在凝聚过程中温度上升可以高到足以熔化一些超薄金属沉积物。因此，凝聚将通过气→液→固的相转变方式出现。在薄云母和 NaCl 上所观察到的 Au 和 Ag 膜岛状的增加是增加沉积物温度的直接结果。

第二节 生长过程

一、一般描述

前一部分我们讨论了成核和三维岛的形成。这一部分我们将研究随后的岛生长和岛相互间的生长（混合结构）以及最终形成连续膜，同时也将处理各种沉积参数和其他物理因素对这一过程的影响。

1938 年，Audrade 通过对 Ag 膜的光学透射质观察，得到了薄膜的生长过程[1]，其观察

结果与 Uyeda 的电子显微镜的观察结果惊人一致。电子显微镜研究可以原位进行，Bassett 是第一个进行原位观察的研究者。通过在真空室外的荧光屏上摄像可以很方便地跟踪膜的生长过程。显微镜中的真空度不高，这是由于碳、氧和电子束污染引起的未知效应以及难以控制的沉积参数都对连续摄像技术构成阻碍。值得注意的是，在原位实验中所观察到的生长顺序，与在分立系统中对膜不同生长阶段所获的图像差别不是特别大。因此，对不同生长阶段的分段分立研究被广泛采用，这是因为利用这一技术不仅可以在可控条件下制备样品，而且也可以使用其他物理测试如电阻率测试来补充电子显微镜数据。

具有明显特征的顺序沉积阶段为：①首先形成无序分布的三维核，然后少量的沉积物迅速到达饱和密度，这些核随后形成所观察到的岛，岛的形状由界面能和沉积条件决定。整个生长过程受扩散控制，即，吸附和亚临界原子团在基片表面扩散并被稳定岛俘获。②当岛通过进一步沉积而增大尺寸时，岛彼此靠近，大岛似乎以合并小岛而生长。岛密度以沉积条件决定的速率单调减少。这一阶段（这里暂且表示为合并阶段Ⅰ）涉及岛间通过扩散实现可观的质量传递。尽管还没有被完全证实，但小岛在高温下，在表面的物理移动是非常可能的。小岛的消失一般非常迅速（小于几分之一秒），如果一个半径为 1nm 的岛（约 10^3 个原子），在 0.1s 内，在接触面积为约为 10^{14} cm^2 的面积上，合并到大岛，则质量约以 $10^{-18}/(cm^2 \cdot s)$传递。③当岛分布达到临界状态时，大尺寸岛的迅速合并导致形成联通网络结构，岛将变平以增加表面覆盖度。这个过程（合并阶段Ⅱ）开始时很迅速，一旦形成网络便很快慢下来。网络包含大量的空隧道，在外延生长情况下，这些隧道是结晶学形貌中的孔洞。这些隧道偶尔很长，具有均匀宽度，均匀分布。在小区域内，它们具有一定曲线形状。④生长的最后阶段是需要足够量的沉积物缓慢填充隧道过程。不管大面积空位在合并形成复合结构的何处形成，都有二次成核发生。这一二次成核随着进一步沉积，一般缓慢生长和合并。

必须强调，上述生长顺序对由各种技术获得的其他类型气相沉积膜，从定性上讲是共同的。但是，每一步的运动学可能变化很大，这取决于沉积参数和沉积物-基片复合体系。这些差别可以用如团聚和迁移率等术语描述，形成大岛的增长趋势是增加团聚性，它是吸附原子、亚临界原子团、临界原子团高表面迁移率的结果。不幸的是，术语“迁移率”不能定量地定义，因为它受到大量的物理参数的影响。对迁移率的合理测量可以通过对岛密度的变化率或相关物理变量（如膜厚或基片温度的岛间距离）的测量来实现。因此，对于在光滑和惰性基片上的低熔点膜，通过增加基片温度、增加沉积率和沉积动能等方法可获得高迁移率。例如，在玻璃（25℃）上，凝聚的具有高表面迁移率的 Au 和 Ag 膜，在平均厚度约为 5nm 和 6nm 时具有导电性。另一方面，在基片温度为 20℃时，沉积在基片上的 W、Ta、Ge、Si 各种氧化物等都显示出大尺寸团聚性，在平均厚度为几个埃情况下达到连续。在高基片温度下，这些膜的迁移率增加很多。

二、类液体合并

（一）实验观察

上述描述的生长顺序，对于高吸附原子迁移情况，过程进行得非常快，在合并Ⅰ和Ⅱ阶段，作为大量质量传递结果，岛和网络的形状变化很大。原位连续实验给人们以“类液体”行为的印象，因而，膜生长定义为“类液体”合并。当然，岛绝不是液体因为它们在生长的各个阶段产生单晶或多晶衍射图案，表明合并观察是来源于固态。

合并观察对膜的结构和性质具有深刻影响，因为再结晶、晶粒生长、取向变化、缺陷生成与剔除等的发生都是合并的结果。目前对合并现象的动力学还不完全清楚。Pashley 等人用相互接触的两个粒子的“烧结”术语讨论了合并现象。在讨论这一模型前，对合并Ⅱ阶段的具有争论性的观察值得关注：①不论合并的机制是什么，它的定性特点不受真空度较差和基片污染的剧烈影响。②由于生长顺序对于原位和非原位膜都是相似的，因此合并不是由电子束引起的。但是，合并可能在存在静电荷和外加电场时有较大改进。③一旦合并开始，合并第Ⅱ阶段只需少量额外原子便可完成网络形成阶段。在图 4-2（a）展示的 Ag 膜电阻曲线，显示从非连续到连续结构的合并转变尖点。在 100℃时，电阻在超过临界厚度零点几埃时下降几个数量级。转变宽度和临界厚度 t_c 随基片温度增加而增加。④Adamsky、LeBlanc、Poppa 和 Chopra 报道了在合并进行时，分立岛间形成明显的桥。但 Pashley 未检测出这些桥，他提议如果污染物在岛上形成表皮，在表皮上的凝聚可能在沉积材料上形成桥。这一解释令人置疑，因为至少在像 Pashley 等人所使用的清洁系统中，已观察到桥的形成。而且，发现桥的形成在高温（约 350℃）云母基片上沉积 Ag 膜中更加明显，而此时污染已大为减小。桥的形成可能与膜-基片界面本性和其他因素如存在于岛上的静电荷有关。应当指出：Bassett 观察到在网结构膜中有广泛的桥和“瓶颈”连接隧道。Pashley 等人也证明了这一点。

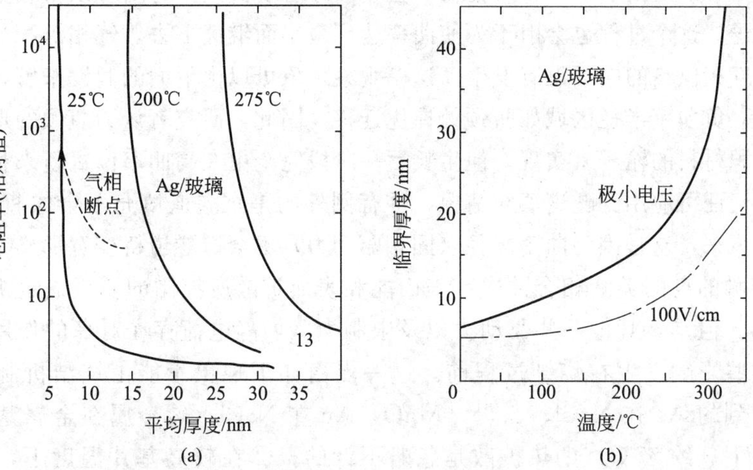

图 4-2 (a) 在温度保持在 25℃、200℃、275℃时玻璃基片上以 0.1～0.5 nm /s 沉积率蒸发 Ag 膜的合并阶段电阻行为。当与气相源相截时电阻随时间的连续下降用虚线表示。(b) 玻璃基片上蒸发 Ag 膜的临界厚度与时间关系曲线。虚线是沉积过程中施加约 100V/cm 电场制备的膜曲线

Bassett 观察到，在石墨或非晶碳上 Ag 岛有小的平移，Pashley 等人报道在 MoS_2 基片上 Ag 和 Au 没有这样的平移证据。但是，Bassett 和 Pashley 等人都观察到，在生长过程中岛稍有旋转（10°角是可能的），特别是在合并过程中，两个稍有不平行的核会旋转到完全平行的方向。Pashley 等人断言岛不会迁移，所有的明显移动是由于类液体合并。尽管假设较大的稳定岛不会移动（除非扩展或电子束辐照），但几乎为临界尺寸的岛的少量移动，是解释观察到的早期生长过程中分立岛密度的迅速下降和在较晚阶段岛的迅速合并等现象所必需的。岛的少量移动也可以是某些因素所导致的结果，这些因素有入射荷能气相原子撞击引起的动量传递，岛间具有电荷而产生的静电吸引等。施加横向电场产生加速合并等实验观察也

说明了小岛移动的发生。

(二) 合并模型

利用在沉积岛表面上的沉积原子的表面迁移率，Pashley 等人解释了各种合并效应。合并被认为只有当岛互相接触时才会发生，其机制类比于烧结过程中两个球状晶粒的合并。当半径为 r 的两个球在某一点接触时，在接触点形成的半径曲率为 R 的瓶颈将产生一驱动力 $2\sigma/R$（σ 为表面能），使球中的材料转移到瓶颈中。材料的输运可以由体扩散或表面扩散实现。在时间 t 内，半径为 x 的瓶颈（$x<0.3r$）的生长由关系式

$$\frac{x^n}{r^m}=A(T)t \tag{4-19}$$

给出。对于体扩散 $n=5$，$m=2$，对于表面扩散 $n=7$，$m=3$，T 为温度，$A(T)$ 是包含轨道参数的一个函数。在 $T=400\text{K}$ 时，对于 Au 球，可假设 $A(T)$ 的值，由此可得到通过表面扩散，获得半径为 $x=0.1r$ 的瓶颈时间分别为 10^{-7}s（$r=10\text{nm}$ ）和 10^{-3}s（$r=100\text{nm}$）。相似地，对于体扩散，其所需时间分别为 $2\times10^{-3}\text{s}$ 和 2.0s。由于实验观察到的半径为 100nm，岛达到瓶颈所需时间为几分之一秒，因此，可以得出结论：表面扩散是重要的输送机制。

根据质量输送时应使表面能最低这一原则，Pashley 等人解释了瓶颈和隧道的一般行为。瓶颈迅速形成，在达到某一临界尺寸后缓慢生长，生长符合式(4-19)，这是因为对于表面扩散，生长速率 $\mathrm{d}x/\mathrm{d}t$ 正比于 $1/t^{0.85}$。瓶颈一旦形成将继续长大，时间可以持续数秒，即使不提供气相沉积原子，这个过程也会由于为使曲率达到最小而继续下去。气相沉积的恢复，引起瓶颈生长，仿佛气相供给的中断没有发生。这一观察现象可以由下面的假设来解释：可迁移的气相原子在大的、负曲率半径区域如瓶颈处择优迁移。因此，研究者认为瓶颈的形成和起始生长完全由先前沉积材料的输送来实现。但生长后一阶段完全由在高曲率位置新来物质的择优沉积所控制。上述论证可应用到隧道填充情况，唯有例外的是，隧道填充不会像瓶颈形成后那样，生长迅速减缓下来，这是因为曲率半径（固相驱动力）不会像隧道桥变宽那样变化很大。

在互相接触的岛的类液相合并中，表面能和表面扩散所控制的质量输送机制毫无疑问地起着重要作用。但是，其他一些驱动力以及限制力（如静电荷存在对岛的作用）也可能影响合并过程，这些影响发生在烧结过程前。这一点由如下现象不能由烧结机制解释而得到支持：①所观察到的 Ag 在 NaCl、云母、MgO，Au 在 NaCl，碱金属在金属基片上的类液相合并，在低温下（约 77℃）的热扩散是忽略不计的；②在较高基片温度下，隧道填充速度较慢；③在具有高曲率的某些点处的相似的、不规则形状的瓶颈和隧道的稳定性变化较大；④对于填充类似的瓶颈和隧道的时间常数不同；⑤存在非常均一宽度的隧道，固此，与邻近隧道曲率相关；⑥在合并中二次成核非常稳定；⑦在 77K 时合并过程连续数秒，而且外加电场可以加速合并速率。

三、沉积参数的影响

(一) 一般考虑

沉积参数对膜生长的影响可以通过沉积参数对吸附原子的黏滞系数、成核密度和表面迁移率的影响来理解。膜的聚集随着表面迁移率的增加而增加，随着成核密度的减小而增加。聚集的增加意味着膜在一较大厚度时达到连续，且膜具有大晶粒和少量被冻结的结构缺陷。

在热力学平衡条件下的起始饱和成核密度由基片-气相系统确定，而与沉积率无关。但

是在沉积率特别高（原子到达基片速率远高于原子的扩散率），气相原子或其表面存在静电荷，表面存在结构缺陷，荷能气相原子穿过基片表面并导致表面缺陷等情况下，上述结论不成立。所有这些因素都引起起始成核密度增加，因此，随后的聚集大为减小。吸附的杂质也影响成核密度。例如，应用预成核中心（如在玻璃上的 Bi_2O_3），Au 的成核密度大大增加，因此，当膜厚约为 2nm 时即可实现电性质的连续性，而在清洁玻璃上只有厚度达到约 6nm 时才能实现膜的电性质的连续性。这一方法因而在获得超薄、连续膜方面非常有用。

决定聚集和膜生长的重要因素是吸附原子的表面迁移或迁移率。如果迁移为方向无序，则吸附原子将在表面无序行走，直到再蒸发或在表面上被化学吸附。在平衡条件下，形成的分立岛满足这样的要求，即平均岛间距离对应于无序行走过程中的平均扩散距离。迁移率随着表面扩散激活能的减小而增加，随迁移过程中吸附原子的有效温度或动能的增加而增加，也随基片温度和表面光滑度的增加而增加。在膜生长中，吸附原子的动能效应一般在理论处理中可忽略。Chopra 和 Randlett 利用扩散机制考虑动能的作用，假设横向速度约为 10^5cm/s，运动时无摩擦损失，吸附原子将以约 1cm/s 的速度碰撞传递给 10nm 尺寸，且包含 10^5 个原子的原子团“胚芽”(embryo)。“胚芽”因输入的动量可以移动相当的距离直到被另一个气相原子撞击或由另一个岛所停止。由于气相原子的无序碰撞，由动量传递引起的扩散是无序的，它与由热激活所引起的扩散没有区别。

迁移过程的先前描述，说明在后成核生长阶段的高聚集来源于：①高的沉积温度；②气相原子的高的动能，对于热蒸发意味着高沉积率；③气相入射的角度增加。这些结论皆假设凝聚系数为常数，基片具有原子级别的平滑度。

聚集程度很容易由电子显微镜观察到。在膜达到电性质连续性的临界厚度 t_c 也是聚集程度的较好量度。而且，合并Ⅱ阶段的电阻曲线的斜率决定了合并速率。几乎没有报道显示出生长阶段与沉积参数关系的一致性图像，这主要是因为缺少条件的可控性。但是，Chopra 和 Randlett 给出 Au 与 Ag 膜的电性质和电子显微镜研究，他们使用石英振荡器控制和监测沉积率和源蒸发速率，得到结果与先前的结论相符。随着惰性基片表面光滑度的增加，t_c 增加，在 25℃时沉积的 Au 膜的如下厚度值证明了这一点。

基片	Bi_2O_3	玻璃	云母	食盐
t_c/nm	2.5	4	5	6

许多研究者确立了密度 N 或岛间距 d_I 具有 exp（$-1/T$）形式的依赖性。对于蒸发或溅射沉积云母上的 Ag 膜的 $\lg d_I$ 与 $1/T$ 的关系曲线示于图 4-3 中。由直线的斜率可以获得 Q_d，其中，我们假设了方程(4-4）对岛生长过程有效，且 τ_s 为常数。在约 520K 以上温度时，Q_d 的较大幅度增加（对于蒸发膜从 0.15eV 变到 0.9eV）还未得到解释，但它可能对应于吸附原子大原子团的表面扩散激活能，而非单个吸附原子吸附能。因为稳定原子团的最小尺寸随着基片温度增加而增加，因此，上述推测是合理的。Poppa 也观察到 Ag 膜的 $\lg N$ 对 $1/T$ 曲线的温度相关斜率，并把它归于 τ_s 的变化。我们可以注意到，在这些实验中区分 Q_d 和 τ_s 的变化是不可能的。

临界厚度 t_c 随基片温度增加而增加，并遵守 $e^{-Q/kT}$ 关系。由合并给出的生长激活能，对于在玻璃上，温度低于和高于 450K 时，沉积的 Ag 膜分别为 0.26eV 和 0.85eV。

由基片温度提供的吸附原子表面迁移激活能也可以由点阵的受迫振动得到。为在吸附原

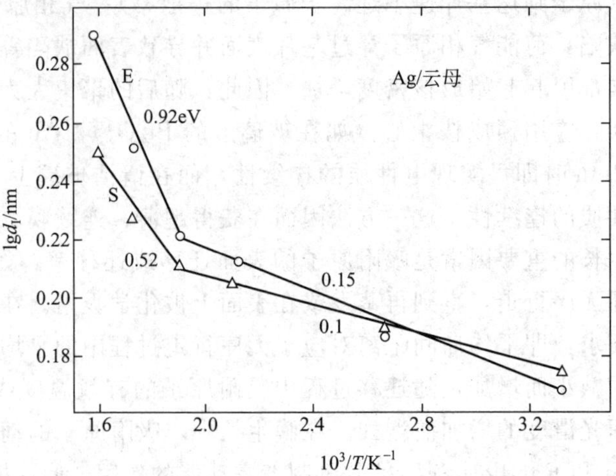

图 4-3 厚度为 10nm 的氩溅射（S）和蒸发（E）Ag 膜的岛间平均分离距离的 lg 值与 $1/T$ 的关系曲线（T 为基片温度），沉积率为 0.1nm/s

子短暂停留时间里使其发生扩散，我们需要使用一超声振动源。在合并Ⅱ阶段，隧道填充足够慢以使其受到点阵振动影响（频率为千或兆周期）。这一效应由 Chopra 和 Randlett 在实验中观察到，他们在 NaCl 基片上沉积 Ag 和 Au 膜，并使 NaCl 基片上耦合振荡频率为 6MHz/s 的石英振动。对在 NaCl 基片上耦合和未耦合超声振动所制备膜的电子显微镜分析比较发现，基片耦合超声振动会提高岛的聚集并增加岛的择优取向。除了可替代基片温度外，超声振动可以沿着特定的结晶学方向影响岛合并过程。

Sonnett 和 Scott 观察到随 Ag 膜沉积率的减小，岛的聚集增加。Campbell 等人观察到，在碳基片上沉积 LiF 和 Au 膜中的岛的浓度，随着沉积率的增加变得很高。这些研究中都没有使蒸发率保持为常数。Chopra 和 Randlett 使用特殊实验设计来控制源蒸发率和膜沉积率，并观察到岛的聚集随沉积率的增加而增加。在高沉积率（>2nm/s）情况下，趋势发生反转，这可以归因于非平衡条件，非平衡的来源是：在吸附原子能够扩散到平衡位置时，会因为碰撞形成稳定原子团。岛聚集行为的反常也可在真空条件较差的低沉积率情况下发生，这主要是由于残余气体污染的决定性影响。

（二）动能效应

利用速率选择器，Levinstein 研究了具有一定动能的 Au、Ag 气相原子的沉积。尽管观察到动能对膜的结构和生长没有影响，但由于沉积率不是固定的常数，结果令人怀疑。Chopra 确立了在增加原子团聚集和择优取向生长方面高动能的作用。溅射 Ag、Au 的外延生长以及反应溅射 Al、Ta 氧化物等的平均温度要比蒸发形成同一种材料的平均温度低得多。所观察到的外延生长温度较低，是否完全由于等价于较高基片温度的气相原子动能所致还不清楚，这是因为相似效应也可来自于荷能原子在表面的脱附和清洗。在溅射粒子中，由于荷电粒子的影响，这一情况变得更加复杂。在 77K 时，低压溅射 Ag 膜时，随着气相原子的平均动能增加，外延生长得到改善说明了动能的直接影响。

与蒸发膜相比，对于溅射薄膜，随着沉积厚度增加（图 4-4），合并岛的数量快速增加，这是动能在提高原子团聚集方面起作用的一个令人信服的实例。溅射膜的原子团的高聚集性在电子显微镜实验中也得到验证。当沉积厚度增加时，溅射岛的密度接近一常数值，而后，岛变平从而得到连续的溅射膜。大岛的平整化可能源于静电荷，与蒸发情况相比，在溅射情况下，荷电粒子更多。如果溅射原子在碰撞中产生表面缺陷，从而导致成核密度增加，则上面的讨论由于原子团的聚集大幅度减小而不再成立。

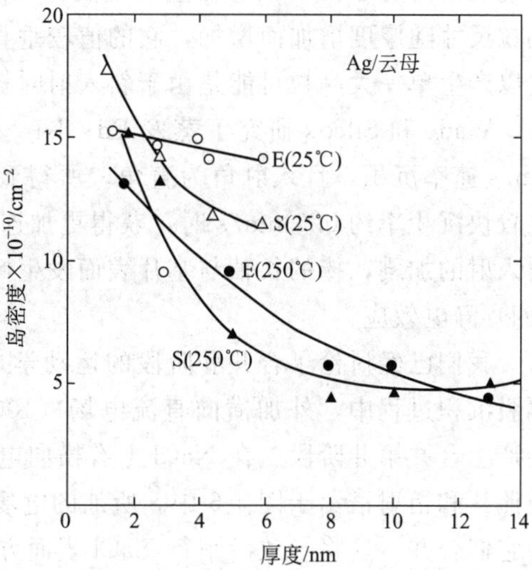

图 4-4 在 25℃和 250℃时在云母上蒸发（E）和溅射（S）沉积 Ag 膜时，随着沉积的不断进行，岛密度减小

热源的蒸发速率随着热源温度的微小变化而迅速增加，从而允许气相原子动能在有限范围内变化。由电子显微镜可以直接观察动能效应，Chopra 和 Randlett 在沉积 Ag 和 Au 膜时证明了这一点。

动能效应的进一步证据由观察到的，在膜-基片界面处，荷能溅射和蒸发粒子的透过和合金、化合物的形成来提供。此时原子所处温度足够低（约 20℃），故热扩散可忽略不计。蒸发过程中观察到的，随着所存在 Ar 气气压的增加，Au 膜晶粒尺寸减小也暗示了动能的作用，这是因为气相原子碰撞次数的增加会减小气相原子的能量，同时帮助气相原子与基片迅速达到热平衡以产生细晶粒结构。

（三）斜向沉积

斜向碰撞（即气相沉积以非直角入射方式进行）会增加吸附原子在表面迁移的速度分量。Chopra 和 Randlett 在研究 Au 和 Ag 膜蒸发沉积时发现，随着入射角的增加，原子团聚集增加。对于入射角度达到 80°时，岛的早期生长和分布在膜平面是各向同性的。随着岛尺寸的增加，自遮蔽变得明显，在入射气相原子方向出现柱状生长（在垂直于基片方向拉长）。因此，膜的电性质连续所对应的临界厚度，在高入射角时迅速增大（图 4-5）。在超过某一入射角时，膜表面积迅速增加，与柱状生长图像相一致。而且，对斜入射沉积的膜的应力性质、磁性质、反射和吸收性所观察到的各向异性，也都说明了生长的各向异性。

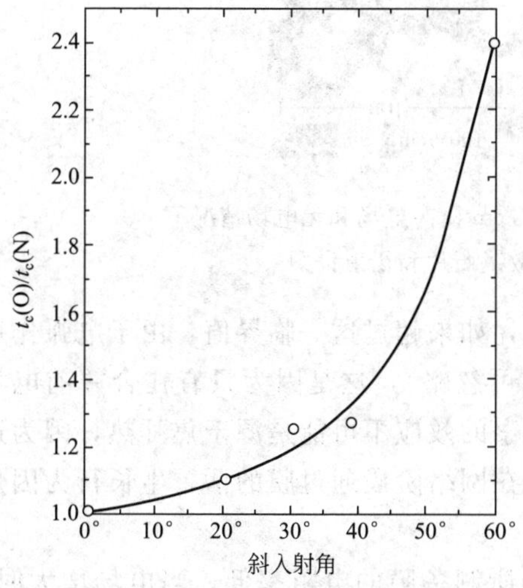

图 4-5 在 25℃时，在玻璃基片上蒸发沉积 Ag 膜的临界厚度与入射粒子角度的关系 O代表斜入射，N代表垂直入射

很清楚，各向异性的柱状生长完全由气相粒子的入射方向和吸附原子的表面迁移率决定，起始迁移率越高，各向异性生长就越不显著。因此，高温沉积 Au 和 Ag 膜显示很小的各向异性生长，即使入射角很大也是如此。而室温时凝聚在玻璃和食盐上的低迁率 Al 膜则显示明显的柱状生长。

Kooy 和 Nieuwenhuizen 研制了用于厚为 1μm 的 Al 膜和 Si 膜（在玻璃基片上）横截面的电子显

微镜观察的复形技术。电子显微镜图像显示，在斜入射时 Al 膜会出现预料到的柱状生长。晶粒尺寸随厚度增加而增加，它的值较垂直入射形成的晶粒尺寸值大 100 倍。大量的边界消失以产生单一大晶粒可能是由于斜入射时提高了原子团聚集的结果。

Wade 和 Silcox 研究了蒸发 Pd、Ni、合金膜的小角电子散射。分析结果表明，以 0.1 nm/s 速率沉积，且入射角为直角，所得到的膜由分立的平行棒组成，棒的长轴垂直于膜。在较快沉积率约 0.6 nm/s 时，获得更加连续的膜，这可能是由于迁移率的增加所致。随着斜入射的加剧，棒的长轴与基片表面发生倾斜并导向入射束方向，但不一定与入射束重合。

(四) 静电效应

我们已经讨论了合并Ⅱ阶段的运动学。Chopra 发现，在具有较高吸附原子迁移率的金属膜沉积过程中，外加横向直流电场（100V/cm），在比通常观察的平均厚度小的条件下，会产生合并第Ⅱ阶段。在 NaCl 上有横向电场和无横向电场情况下，沉积 Ag 膜的电子显微镜照片和衍射谱示于图 4-6 中。所加的电场似乎使分立岛变得平整，增加了岛的表面能，迫使它们合并。这将导致沿平行 NaCl 表面方向形成取向良好的结晶学网络，这可以与不加电场情况、但在同样沉积条件下得到的膜只具有部分择优取向相对照。外加电场使膜的临界厚度减小，在高温时厚度的减小非常明显。

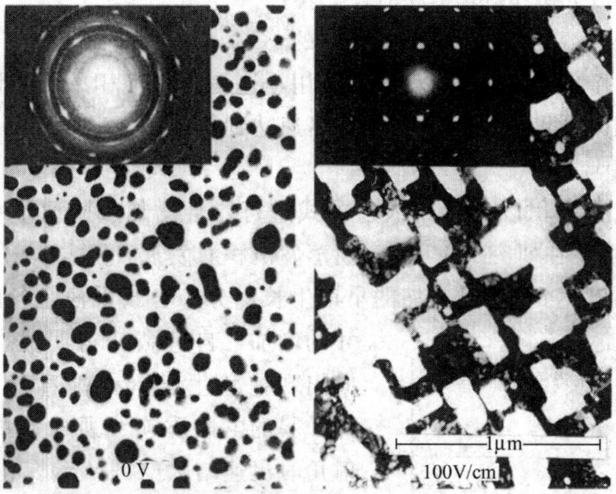

图 4-6 200℃时，在 NaCl 基片上，施加 100V/cm 横向电场和无电场情况下沉积 5nm 厚度 Ag 膜的透射电子显微镜照片和衍射谱图

增加电场强度可以使岛的表面积增大到一临界值，如果超过这一临界值，由于电弧作用会导致膜的损伤。电场效应本质上是静电效应（电流可忽略），这是因为只有在合并前电场才起作用，当合并完成后，电场效应可被去掉。所观察的效应不可能是源于焦耳热，因为这将导致岛的聚集，因而增加非连续性。如果额外电流在网络阶段通过膜的话，生长行为因焦耳热效应会产生很大变化。

应用电场制备的连续膜的电阻率一般比未加电场所制备膜的电阻率低。当电场增大时，电阻率减小到接近于体材电阻率这一恒定值。在较高基片温度下，电阻率减小是非常明显的。电阻率的减小是由于在合并情况下冻结的结构缺陷减少。这一结论得到了在外加电场下制备的外延 Ag 膜的电阻率比 $\rho_{293}/\rho_{4.2}$ 有所增加的实验事实所支持。对于 10μm 厚的外延膜其比值为 1200，而对于高纯体材，这一比值约为 130。

其他研究者也证明了电场效应。人们发现约 10V/cm 这样小的电场也可影响 In 膜的合并阶段。外加电场的一个有趣的结果是导致结构变化很大，并可得到有取向的薄膜生长。注意在连续膜中的岛的荷电程度，受辐照或异质基片界面处的接触电位影响而变化。在岛间强的、无序电场的存在会以相同的方式影响薄膜的生长。

Chopra 根据电场与荷电岛之间的电相互作用解释了电场效应。荷电来自于离化气相材料和（或）基片界面处的电位。半径为 r 的球形粒子如存在电荷 q，将会使自由能增加，自由能此时应为表面能（$4\pi r^2\sigma$，σ 为表面能）和静电能（$q^2/8\pi\varepsilon_0 r$，ε_0 为介电常数）之和。总能量的增加通过表面面积的增加来协调，即：球将变成扁球，准确的形状由各种自由能的平衡来决定。如果自由能进一步增加，粒子将会破碎。这一结果很容易由一滴水银得到证明。对于 $r=10$nm，$q=10^3$ 单位电荷，静电贡献几乎与表面能相当，结果导致岛变得非常平整，增加了表面扩散。如果电量 q 正比于岛中原子数，平整化将会随着岛的增大而变得显著。

此外，必须考虑半径为 r_1、r_2，电量分别为 q_1、q_2，距离为 d 的两个岛间的静电力。考虑镜像力，净作用力可由

$$F=\frac{q_1 q_2}{4\pi\varepsilon_0 d^2}-\frac{q_1^2 r_2 d}{4\pi\varepsilon_0 (r_1^2-d^2)}-\frac{q_2^2 r_1^2 d}{4\pi\varepsilon_0 (r_2^2-d^2)^2}+\cdots \tag{4-20}$$

给出。

因此，如果电荷比其他量大得多，或半径接近于分离距离，则不管电荷的正与负，镜像吸引力将起主要作用。如果 $r_1=10$nm，$q_1=100$ 单位电荷，$r_2=2$nm，$q_2=1$ 单位电荷，$d=20$nm，则净吸引力约为 10^{-9}N。在小粒子上的切应力为 $10^5\text{N/cm}^2=10^4$ 大气压，这一应力足以使小粒子移动使之与大粒子合并。必须注意的是，对于具有等量同种电荷的粒子，排斥力也在同一数量级，它将阻止合并。

如果不外加电场，岛将具有平衡分布。这一平衡分布会因外加电场导致的电荷重新分布和转移而受到干扰，结果引起的电荷梯度可以使岛间合并开始，因此，可以建立一连续非平衡状态，以使由排斥库仑力阻止快速合并的现象在整个膜内发生。

对于荷电粒子的岛受到空间不均匀辐照会出现相似效果。Chopra 在利用电子显微镜的电子束辐照外延 Pb 膜时观察到这一效果。为了观察荷电的减缓效应，而不影响电子束的成像，薄膜或者被稍稍氧化或者用食盐漂洗清洁表面。由于在较低温度下具有较高的热迁移率，实验中采用辐照时，观察到小岛（<10nm）在 100nm 距离上移动、合并、岛破碎、岛变平、岛的结晶学形貌的连续调整等效应被观察到并被摄制下来。尽管所观察到的过程类似于液体，但膜仍保持它的单晶结构，这一点被衍射谱图所证实，而且，暗场电子显微镜图像确立，当两个岛合并时结晶学连续。尽管较高膜温度会使所观察到的岛的运动放大，但此效应不能归因于膜的熔化。膜的熔化产生球型岛，所有的运动将停止。Pócza 已观察到由电子束引起的岛的运动。

在沉积前和沉积过程中，对基片的电子辐照，在早期阶段会产生岛的合并，并进一步影响膜的生长。由于在基片上存在电荷可使凝聚变得容易，可以预料饱和成核密度会有所增加。早期的合并是否是由于成核密度增加，还是由于成核和静电效应复合引起，由于所得到的实验数据的限制目前尚无法确认。

Chopra 发现在沉积金属膜过程中，基片受到紫外辐照会影响膜生长的各个阶段。Knight 和 Jha 详细研究了辐照效应，并确立了当入射光线的波长对应于金属的吸收带时，一个类似于在高温基片上进行膜生长的模式出现，这一效应由吸收所产生的偶极子之间的相互作用所致。

第三节　薄膜的生长模式

薄膜的形成过程一般可分为凝结过程，核形成与长大过程，岛形成与生长结合过程。而薄膜的生长模式可归纳为三种形式：①岛状模式（或 Volmer-Weber 模式）；②单层模式（或 Frank-VanderMerwe 模式）；③层岛复合模式（或 Stranski-Krastanov 模式）。这三种模式分别示意于图 4-7。

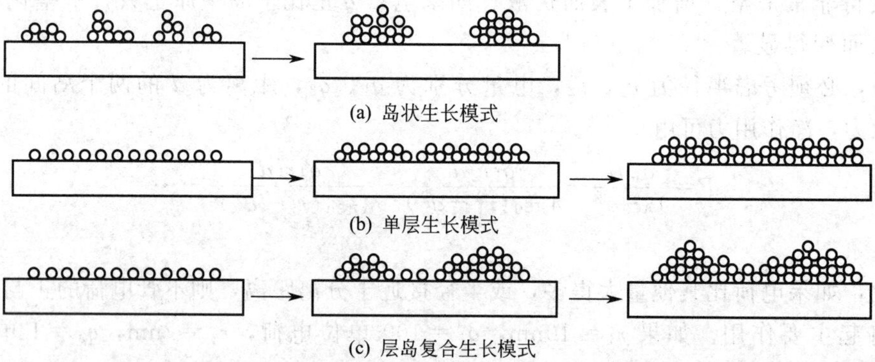

图 4-7　薄膜生长的三种基本模式

当最小的稳定核在基片上形成就会出现岛状生长，它在三维尺度生长，最终形成多个岛。当沉积物中的原子或分子彼此间的结合较之与基片的结合强很多时，就会出现这种生长模式。在绝缘体、卤化物晶体、石墨、云母基片上沉积金属时，大多数显示出这一生长模式。

相反的特征出现在单层生长模式中。在单层生长模式中，最小的稳定核的扩展以压倒所有其他方式出现在二维空间，导致平面片层的形成。在这一生长模式中，原子或分子之间的结合要弱于原子或分子与基片的结合。第一个完整的单层会被结合稍松弛一些的第二层所覆盖。只要结合能的减少是连续的，直至接近体材料的结合能值，单层生长模型便可自持。这一生长模式的最重要的例子是半导体膜的单晶外延生长。

层岛模式是上述两种模式的中间复合。在这种模式中，在形成一层或更多层以后，随后的层状生长变得不利，而岛开始形成。从二维生长到三维生长的转变，人们还未认识清楚其缘由，但任何干扰层状生长结合能特性的单调减小因素都可能是出现层岛生长模式的原因。例如，由于膜与基片的点阵失配，应变能在生长膜中累积起来，当应变能被释放时，在沉积物与中间层形成界面处的高能量可能激发岛的形成。这一生长模式相当普遍，在金属基片上沉积金属膜、半导体基片上沉积金属膜的系统中已观察到这一生长模式。

对于薄膜形成过程的研究，除了采用电子显微镜分析技术和表面分析技术以外，许多材料工作者还采用计算机模拟技术研究薄膜的形成过程，而且计算机模拟技术已得到了长足的发展。常用的模拟薄膜形成过程的方法有蒙特卡罗方法和分子动力学方法。利用 Monte Carlo 和分子动力学方法，人们已经相当成功地研究了各种薄膜材料的形成过程，极大丰富了薄膜形成过程的研究。

第四节 远离平衡态薄膜生长

薄膜生长的表面可以演变成多种形式[2]，平整表面、带有台阶表面、尖头表面和无序表面是常见的形式。但许多表面还可发展成沟槽、实和空的晶须、盘状、树枝状、鳞片状、螺旋状以及其他较为复杂的结构。了解和控制这些表面形貌在薄膜实际应用中至关重要，同时，表面生长运动学也具有科学意义。

长期以来，人们意识到许多相当重要的过程在接近无序的界面处发生，这一无序界面用简单的欧基里德形状是不能恰当描述的。此外，材料通过不规则表面或界面的传输在许多应用方面如异质结催化、电化学和生物学都很重要。而且，大多数基础实验研究通常使用特殊制备的光滑表面，大多数理论模型关注的是理想平整表面。对出现如此情况的一个原因是定量描述粗糙表面的困难性及实验和理论研究工作的滞后性。随着分形概念的广泛传播，使发生在近无序粗糙表面的过程以及表面本身的性质成为实验和理论广泛研究的课题。这一课题成为物理学一个令人激动、迅速发展的领域，而且对其他科学领域也具有重要意义。

清楚地了解表面生长对我们了解物体内部结构也很重要。经常出现的生长过程可以用生长面或激活区的传播表示，生长面或激活区经过处的结构不会变化。对于一些简单的生长模式，这是一个确切的图像。至少从原则上说，完全可以使用这一术语来理解内部结构。在其他情况下，激活区传播后留下“冻结”结构的生长图像至少是一个很好的近似。受扩散限制的聚集团的生长便是一个重要例子。

在更好地了解平衡态和非平衡态下粗糙表面的形成方面，计算机模拟起到重要作用。许多情况下，计算机模拟提供了一种比实验研究更好的证实理论思想的方法。在计算机模拟过程中，系统可精确控制，一般可避免意想不到现象的发生。此外，计算机模拟可用于探索系统不能实现的条件或探讨不对应于任何物理现实的系统，但探索本身具有重要的理论意义。

粗糙表面和界面常常可以用分形的概念进行很好的描述。许多粗糙表面在相当重要的长度标度范围内展示自相似标度。此外，由一个过程产生的、与表面或界面相联系的标度性质与表面上相当不同过程相联系的标度往往性质相似，这些标度和普适性自然吸引了统计物理学家。

在许多系统中，一本质上是光滑的、平整的表面可以演变成粗糙表面，这一现象在诸如气相沉积的过程中发生。表面粗糙度的生长经常可用关联长度 $\xi_\perp$ 和 $\xi_{/\!/}$ 来描述，这里，垂直关联长度 $\xi_\perp$ 描述表面“宽度”，而平行关联长度 $\xi_{/\!/}$ 描述高度起伏关联的横向距离。关联长度 $\xi_\perp$ 通常由 $\xi_\perp = w(l \gg \xi_{/\!/}) = \xi_\perp^{(q=2)}$ 定义，此处

$$\xi_\perp^{(q)} = < |h_i - \bar{h}|^q > 1/q \tag{4-21}$$

式中，h_i 代表尺寸 ε 的第 i 区的表面高度；$\bar{h}$ 为 h_i 的平均值。

高度相对于起始表面或相对于平整表面进行测量。在大多数情况下，$\xi_\perp^{(2)} \approx \xi_\perp^{(q)} = \xi_\perp^{(q')}$，

对于所有 q 和 q' 皆成立。

在很多情况下，粗糙表面生长可以用粗晶粒表面高度 $h(\vec{x},t)$ 的演变来描述。在时间 t 时，可假设 $h(\vec{x},t)$ 为横向坐标 $\vec{x}$ 的单值函数。表面的其他重要特征可以用横向位置 $\vec{x}$ 的单值函数来描述，例如像的亮度和颜色，表面化学组分和温度，这些量可以用类似于 $h(\vec{x})$ 的函数来代表。

在气相沉积中表面粗糙度的来源，与像树枝形固化或从过饱和度溶液中生长固体而形成规则或复杂图案的机制有相当的不同。在表面生长过程中，与在流体相中热的缓慢扩散、物质的缓慢扩散、杂质的缓慢扩散相关的非稳效应是不存在的。相反，无序表面粗糙度由沉积过程中的噪声、屏蔽、依赖于表面倾斜的生长速度、不可逆转吸附和受到限制的表面扩散等过程产生。

一、粗糙表面的结构和生长

多年来对粗糙表面和界面的定量描述一直成为难题。Nowicki[3] 在他的评述文章中共使用 32 个参数和函数来表征粗糙表面。相似地，Klinkenberg[4] 则使用 24 个参数表征地球的表面。最近，人们意识到分形几何和标度概念可以大大简化对更大系统的描述，相似的研究也可作为理解粗糙表面生长的基础。用精确的、定量的术语描述某一现象的能力往往会导致理解上的重要进展，有时甚至会推动科学的进步。在表面生长研究方面，这一点似乎更明显。

对某些现象进行分类是重要的，因为由此可以减少所需解决问题的数量。对于单值自仿射表面生长 $h(\vec{x},t)$ 的大多数模型，可以用随机微分方程或拉格朗日方程描述。现在，基于普适概念和拉格朗日方程，用来研究粗糙表面和界面的其他分类程序似乎已经成型。在相当多的情况下，这些方程可以数值求解并能得到标度指数的准确值。

（一）基本的表面生长方程

表面或界面的生长一般由无序过程所驱动，例如粒子沉积到冷表面上。在这样的条件下，粗糙表面生长的最简单描述由方程

$$\partial h(\vec{x},t)/\partial t=\eta(\vec{x},t) \tag{4-22}$$

给出。此处 $\eta(\vec{x},t)$ 代表在表面高度上控制涨落生长的无序过程。在运动坐标系中 $\langle h(\vec{x},t)\rangle=0$，项 $\eta(\vec{x},t)$ 可认为是无序的、非关联的高斯过程，且

$$\langle\eta(\vec{x},t)\rangle=0 \tag{4-23}$$

和

$$\langle\eta(\vec{x},t)\eta'(\vec{x},t)\rangle=2D\delta(\vec{x}-\vec{x}')\delta(t-t') \tag{4-24}$$

方程(4-22) 没有对大多数表面生长现象提供一个真实的描述，因为它忽略了生长过程的横向关联，这一关联导致光滑表面形貌。

Edwards 和 Wilknson[5] 通过无序沉积对粗糙表面生长进行了研究。他们假设：到达生长表面的粒子流是弱的，因而沉积粒子间的关联可忽略，一旦粒子在表面上安顿下来，在重力的影响下，当其他粒子落在它的上面时，它不会移动。从本质上说，这些假设与在简单的弹射沉积模拟中所做的假设是相同的。在弹射沉积模型中，沉积粒子在与表面接触后，在表面上沿下降最快的路径沉积。

作为这一过程的结果，Edwards 和 Wilknson[5]给出表面生长可以由拉格朗日方程

$$\partial h(\vec{x},t)/\partial t=a\nabla d^2 h(\vec{x},t)+\eta(\vec{x},t) \tag{4-25}$$

来表述。(4-25) 即为 Edwards-Wilknson 或 EW 方程，此处∇d^2是 d 维拉普拉斯算子。$\eta(\vec{x},t)$ 代表驱动界面生长的噪声，假设 $\eta(\vec{x},t)$ 满足方程(4-23) 和方程(4-24)。由于方程(4-25) 是线性的，演化表面的傅立叶振幅可由方程(4-25) 的傅立叶变换得到。应用这一方程，Edwards 和 Wilknson 给出在有限的 2+1 维系统中，当横向长度标度为 L 时，在短时间 t 内有：

$$\xi_{\perp}\sim(\lg(t))^{1/2} \tag{4-26}$$

在长时间 t 内有

$$\xi_{\perp}\sim(\lg(L))^{1/2} \tag{4-27}$$

相似地，对于1+1维情况，可以得到对于自仿射表面粗糙度指数 $\alpha=1/2$，相关函数 $\xi_{\perp}$ 和 $\xi_{/\!/}$ 以指数形式 $\xi_{\perp}\sim t^{\beta}$，$\xi_{/\!/}\sim t^{1/z}$形式增长，这里指数 $\beta=1/4$，$1/z=\beta/\alpha=1/2$，z 称为动力学指数。在这一情况下，对于 EW 方程，利用生长过程，由如下变换的不变性也可得到 α 和 β。

$$\vec{x}\rightarrow\lambda\vec{x} \tag{4-28}$$

$$h\rightarrow\lambda^{\alpha}h \tag{4-29}$$

和

$$t\rightarrow\lambda^{z}t \tag{4-30}$$

重新标度或变换，EW 方程具有如下形式：

$$\lambda^{\alpha-z}\partial h(\vec{x},t)/\partial t=\alpha\lambda^{\alpha-1}\nabla^2 h(\vec{x},t)+\lambda^{-(d+z)/2}\eta(\vec{x},t) \tag{4-31}$$

噪声项由 $\lambda^{-(d+z)/2}$ 重新标度，这是因为非关联噪声在正比于 $\lambda^{d}\lambda^{z}$ 体积的积分由 $\eta'(\vec{x},t)\sim\lambda^{(d+z)/2}$ 给出，因此重新标度坐标系中，噪声又正比于 $\lambda^{(d+z)/2}/\lambda^{(d+z)}\sim\lambda^{-(d+z)}$ 的振幅。方程(4-31) 可以写为：

$$\partial h(\vec{x},t)/\partial t=a\lambda^{z-2}\nabla^2 h(\vec{x},t)+\lambda^{(z-d-2\alpha)/2}\eta(\vec{x},t) \tag{4-32}$$

由于重新标度的方程应当与 λ 无关，方程(4-32) 意味着 $z=2$，$\alpha=(2-d)/2$。如果方程(4-25) 中的系数 a 是负的，生长过程将变得不稳定，表面则不会自仿射，此时不能使用 EW 方程。

Kardar 等人[6]证明对大多数表面生长现象，方程(4-25) 并未给出一个恰当的描述。他们提出一个非线性拉格朗日方程

$$\partial h(\vec{x},t)/\partial t=a\nabla^2 h(\vec{x},t)+b(\nabla h(\vec{x},t))^2+\eta(\vec{x},t) \tag{4-33}$$

这一方程对理解表面生长过程提供了更令人满意的基础。假设噪声满足方程(4-23) 和方程(4-24)，方程(4-33) 对于一种表面生长模型中的表面涨落生长提供了完全性描述。这一生长模型包括了弹射模型、Eden 生长模型和大多数可能的表面生长的真实过程。方程(4-33) 称为 KPZ 方程。但是，KPZ 方程对于真实的表面生长现象的普适性，远比根据计算机模拟和简单模型以及理论优化所预期的那样差得多。而且，在实验上，还没有对 KPZ 生长得到确切的证明。

由于方程(4-33) 中的非线性项 $b(\nabla h(\vec{x},t))^2$，表面生长指数不能直接由方程(4-28)、方程(4-29) 和方程(4-30) 的变换确定。对于 1+1 维情况，Kardar 等人的研究表明，由方程(4-33) 描述的表面粗糙度的生长可用 $\beta=1/3$ 和 $\alpha=1/2$ 来表征。对于 2+1 维情况，还未得到这些指数的准确值。但是，大规模计算机模拟表明，此情况下 $\alpha\approx2/5$ 和 $\beta=1/4$。标度关系 $\alpha+(\alpha/\beta)=2$ 仍准确满足。通过理论研究，在 1+1 维情况下，Schwartz 和Edwards[7]，Bouchaud 和 Cates[8]，Tu[9] 等人给出了各种 α 值，分别为 0.31，0.26 和 0.385。横向关联长度以 $\xi_{/\!/}\sim t^{1-z}\sim t^{\beta/\alpha}$ 形式生长。对于 1+1 维情况，$1/z=2/3$，对于 2+1 维情况 $1/z\approx$ 0.625。在两种情况下，$1/z>1/2$，$\xi_{/\!/}$ 的生长经常被称做“超扩散”。

方程(4-33) 中的非线性项 $b(\nabla h(\vec{x},t))^2$ 在不同的模型中[10] 或不同的物理过程中可以有不同的来源。例如。在 Eden 模型中，这一项的主要来源是因为倾斜表面的垂直方向上的速度 $\partial h(\vec{x},t)/\partial t$ 随倾斜角的增加而增加的结果。在弹射沉积模型中，非线性项则是由于随倾斜角的增加，沉积密度增加，从而生长速度增加的结果。就本质而言，非线性项 $b(\nabla h(\vec{x},t))^2$ 将由较圆的山丘组成的表面变成平原式的平面，这些平原由窄的、陡峭山谷所分离。

（二）表面扩散

方程(4-33) 右侧 $a\nabla^2 h(\vec{x},t)$ 项没有描述表面效应，它可能来源于吸附原子的脱附。这一过程与 Gibbs-Thompson 效应相联系，它在致密流体中的树枝晶生长中起到非常重要的作用。另外，这一项也可以由生长过程中横向关联所致。

在缺少其他过程的情况下，具有均匀密度的固体弯曲表面因表面扩散引起的变化可以由方程

$$\partial h(\vec{x},t)/\partial t=-\nabla\vec{j}_s(\vec{x}) \tag{4-34}$$

描述。此处 $\nabla\vec{j}_s(\vec{x})$ 是 d 维表面流密度的散度或流密度 $\vec{j}_s$。由于 $\vec{j}_s(\vec{x})\sim\nabla\mu(\vec{x})$，此处 $\mu(\vec{x})$ 是在 x 处，表面扩散将材料从高化学势［表面凸起处，曲率 $\kappa(\vec{x})$ 为正］传输到低化学势处（表面凹处）。化学势可由

$$\mu(\vec{x})-\mu_0\sim\kappa(\vec{x}) \tag{4-35}$$

给出，这里 μ_0 为平坦表面处的化学势。在流体力学中，表面曲率 $\kappa(\vec{x})$ 由

$$\kappa(\vec{x})=-\nabla^2 h(\vec{x}) \tag{4-36}$$

给出。因此，在表面扩散下的表面变化可由方程（4-11）~方程（4-13）

$$\partial h(\vec{x},t)/\partial t=-c\nabla^4 h(\vec{x},t)=-\overline{D_s}\nabla^4 h(\vec{x},t) \tag{4-37}$$

表示。更详细的分析表明 $c=\overline{D_s}=-\dot{D}_s T V_a^2 v/k_b T$，此处 $\dot{D}_s$ 是表面扩散系数，T 是表面自由能密度，V_a 是原子体积。v 是表面单位面积上的原子数，k_b 为玻耳兹曼常数，T 是温度：从方程(4-37) 可以得到，经历无序沉积和表面扩散的表面生长满足方程

$$\partial h(\bar{x},t)/\partial t=-c\nabla^4 h(\vec{x},t)+\eta(\vec{x},t) \tag{4-38}$$

这一方程称为 Mullins-Herring 方程(MH 方程)。如果在 KPZ 方程中没有线性 $\nabla^2 h(\vec{x},t)$ 项或非线性 $(\nabla h(\vec{x},t))^2$ 项的贡献，方程(4-37) 和方程(4-38) 也是成立的。

在导出方程(4-38) 时忽略了如下事实：沿表面测量的两点 $(\vec{x_1}, h(\vec{x_1}))$ 和 $(\vec{x_2}, h$

($\vec{x_2}$)) 间距离比在横向坐标系中测量的 $|\vec{x_2}-\vec{x_1}|$ 距离要长。因此，方程(4-38) 只有在小斜率，$\nabla h(\vec{x},t)\to 0$ 的极限情况下正确。一般地，表面扩散在 Langevin 运动方程中产生一额外项。在垂直于局域表面 $V_n(\vec{x})$的方向上，表面高度的生长和表面速度 $V_n(\vec{x})$ 的增长可由

$$\partial h(\vec{x},t)/\partial t=g^{1/2}V_n(\vec{x},t) \tag{4-39}$$

给出，此处 $g=1+(\nabla h(\vec{x}))^2$ 是局域表面面积密度。作为表面传输结果而生长的表面高度 $h(\vec{x},t)$ 则可表达成：

$$\partial h(\vec{x},t)/\partial t=g^{1/2}V_n(\vec{x},t)=-g^{1/2}\nabla_s\vec{j_s}(\vec{x},t)=-\nabla\vec{j_s} \tag{4-40}$$

此处 ∇_s 和 $\vec{j_s}$ 由局域表面坐标定义。

在体积不变的表面扩散情况下，表面流由

$$\vec{j_s}(\vec{x},t)\sim-\partial\mu(\vec{x},t)/\partial\varphi(\vec{x},t)\sim-\nabla_s\mu(\vec{x},t)\sim-g^{1/2}\nabla\mu(\vec{x},t) \tag{4-41}$$

给出，此处 μ 是化学势，$\varphi(\vec{x},t)$ 是局域表面坐标系中的位置，它在横向上位于 $\vec{x}$ 位置。在 1+1 维情况，φ 是弧长 s。从方程(4-40) 和方程(4-41) 可得到

$$\partial h(\vec{x},t)/\partial t\sim\nabla g^{1/2}\nabla\mu(\vec{x},t) \tag{4-42}$$

化学势与表面弯曲率 κ 的关系由方程(4-35) 给出。曲率 κ 可以由高度场表示为 $\kappa=-g^{-3/2}\nabla^2 h(\vec{x},t)$。因此，在垂直于粗晶参考表面方向上的表面生长率由

$$\partial h(\vec{x},t)/\partial t=-\dot{D}_s\nabla g^{-1/2}\nabla g^{-3/2}\nabla^2 h(\vec{x},t) \tag{4-43}$$

给出。此处 $\dot{D}_s$ 由方程(4-37) 式定义。在 2+1 维情况下，方程(4-43) 可以由下式代替：

$$\partial h(\vec{x},t)/\partial t=g^{1/2}\dot{D}_s\nabla^2_{LB}\kappa \tag{4-44}$$

式中，κ 是曲率；∇^2_{LB}是局域表面坐标系的拉普拉斯算符，称为 Laplace-Beltrami 算符，由下式给出：

$$(\nabla^2_{LB})_{nj}=g^{-1/2}\frac{\partial}{\partial x_i}\{g^{1/2}[\delta_{ij}-g^{-1}(\partial h/\partial x_i)]^2\}\partial/\partial x_i \tag{4-45}$$

因此

$$\partial h(\vec{x},t)/\partial t=-g^{1/2}\dot{D}_s\nabla^2_{LB}g^{-3/2}\nabla^2 h(\vec{x},t) \tag{4-46}$$

对于 $d=1$ 可以使方程(4-43) 简化。Krug[14]研究给出如何将这一方程推广到包括非平衡态的生长，他采用了沉积流概念。

与表面扩散有关的噪声 $\eta_D(\vec{x},t)$ 可以由 $\eta_{D(\vec{x},t)}=-\nabla_s\vec{j}(\vec{x},t)$ 表示，此处 $\vec{j}(\vec{x},t)$ 是无序表面流密度。这一噪声是不相关联的，可由涨落-耗散关系式给出：

$$\eta_D(\vec{x},t)\eta_D(\vec{x'},t')=-2\dot{D}_s\nabla^2_s\delta(\vec{x}-\vec{x}')\delta(t-t') \tag{4-47}$$

如果方程(4-44) 被线性化，就可获得 (4-37) 方程。如果扩散噪声效应包含在表面扩散运动方程中，则可以写成

$$\partial h(\vec{x},t)/\partial t=-\dot{D}_s\nabla^4 h(\vec{x},t)+\eta_D(\vec{x},t) \tag{4-48}$$

此处扩散噪声 η_D 由方程(4-47) 给出。一般地，噪声 $\eta(\vec{x},t)$ 来自于不守恒的沉积噪声 $\eta_\varphi(\vec{x},t)$ [它满足方程(4-24)] 和守恒的扩散噪声 $\eta_D(\vec{x},t)$ [它满足方程(4-47)]。如果方程(4-38) 中的噪声纯粹来源于沉积，则由方程(4-28) 和方程(4-30) 可得到如下结果：

$$z=4 \tag{4-49}$$

和

$$\alpha=(4-d)/2 \tag{4-50}$$

在方程(4-28)和方程(4-30)中，对纯守恒扩散噪声 $\eta_D(\vec{x},t)$的重新标度变换可由下式给出：

$$\eta'_D(\vec{x},t)=\lambda^{-(d+2+z)/2}\eta_D(\vec{x},t) \tag{4-51}$$

因此，重新标度的拉格朗日运动方程可写为

$$\partial h(\vec{x},t)/\partial t=-c\lambda^{z-4}\nabla^4 h(\vec{x},t)+\lambda^{(z-d-2\alpha-2)/2}\eta(\vec{x},t) \tag{4-52}$$

由此方程可得到

$$z=4 \tag{4-53}$$

和

$$\alpha=(2-d)/2 \tag{4-54}$$

如果守恒表面扩散和非守恒的表面扩散的噪声皆存在，则在方程(4-28)和方程(4-30)中所给的变换中，当长度标度达到极限时：$\lambda\to\infty$，守恒噪声则比非守恒噪声减少得更快。如果两种类型噪声都存在或只存在非守恒扩散噪声，则将有相同的渐进性行为。因此，除非特殊说明，可以假设 $\eta(\vec{x},t)$代表非守恒的扩散噪声（沉积噪声）。

（三）普适类

方程(4-22)、方程(4-25)、方程(4-33)和方程(4-38)定义了表面生长模型。人们采用不同的研究方法试图确定某一模型的普适类归属，最直接的方法是测量指数 α、β，然后与简单、已知模型相对比。由于趋近渐进行为较为缓慢，这一方法可能不现实。此外，具有相同指数的生长过程可能不属于同一普适类：例如，对互不相溶的流体-流体界面粗糙度的1+1维点阵气体的模拟，给出与KPZ方程1+1维表面方程确立的指数 $\beta=1/3$ 和 $\alpha=1/2$ 完全相同的指数，但是，显然两个过程没有明显的物理和数学关系。在其他情况下，相对应的模型的随机微分方程中是否存在特殊相可以由理论来确定，即使用对称性、物理论证或其他研究方法。

一个重要的对称性即为 $\vec{x}\to-\vec{x}$ 变换的不变性，这一对称性排除了∇的奇次方项如$\nabla h(\vec{x},t)$和$\nabla^3 h(\vec{x},t)$。一般地，对于 d 维粗晶表面，平面表面的生成不具有反演不变性。在一些情况下，如EW方程，连续性限定的表面生长方程在 $h\to-h$ 变换时不变。这一对称性禁止诸如$[\nabla h(\vec{x},t)]^2$ 项出现。缺少 $h\to-h$ 变换不变性意味着传播方向是重要的，生长是真正的非平衡过程。使用对称性论据需要正确识别所有相关对称性，一般要基于这样的假设：拉格朗日运动方程的对称性与计算机模型中或物理模型中的微观过程的对称性相同。实际上，重要的对称性往往被忽略。经常发生的是，由对称性允许存在的项一般对渐进标度行为没有影响（$l\to\infty$，$t\to\infty$）。例如，在仿射变换 $h(\vec{x})\equiv\lambda^{\alpha-2}h(\lambda\vec{x})$下，$\nabla^2 h(\vec{x},t)\to\lambda^{\alpha-2}\nabla^2 h(\vec{x},t)$和$\nabla^4 h(\vec{x},t)\to\lambda^{\alpha-4}\nabla^2 h(\vec{x},t)$。因此，$\nabla^4 h(\vec{x},t)$ 项比$\nabla^2 h(\vec{x},t)$在 $l\to\infty$时更迅速地接近于零。如果 $a\nabla^2 h(\vec{x},t)$ 也存在的话，$-c\nabla^4 h(\vec{x},t)$ 形式的项可被忽略。但是，如果$c\gg a$，则渐进行为的交叉很难达到。相似地，在标度意义上，如果 $b\nabla h(\vec{x},t)^2$ 项也存在，则 $e\nabla^2 h(\vec{x},t)[\nabla h(\vec{x},t)]^2$ 是不相干的。在其他情况下，平均生长速度可作为表面倾斜的量度，用以证明$\nabla h(\vec{x},t)$ 项的存在与否。

Lam 和 Sander[15] 从模拟结果研究出一种确定演化方程的普通方法。他们指出这一方程可以写成如下形式：

$$\partial h(\vec{x},t)/\partial t=\vec{a}\vec{Q}(x,t)+\eta(\vec{x},t) \tag{4-55}$$

此处 $\vec{a}$ 为系数矢量，$\vec{Q}(x,t)$ 为包含各种 $h(\vec{x},t)$ 微分及其微分幂函数的矢量，而确立系数 $\{a\}$ 则基于测量 $\vec{Q}(x,t)$ 和增量 $\Delta h(\vec{x},t)/\Delta t$。这一测量使用分立的时间标度，具有时间增量 Δt，对粗晶粒生长表面且具有特征标度长度 λ，系数的计算则基于量

$$D'=\frac{1}{N}\sum_{l=1}^{l=N}[(4\mathrm{h}(\vec{x},t)/\Delta t)-\vec{a}\vec{Q}(x,t)]^2 \tag{4-56}$$

相对 $\vec{a}$ 取极小。对于简单的例子，Lam 和 Sander 发现系数 $\vec{a}$（λ）与粗晶 λ 标度无关（小 λ 值除外），对一些模拟数据可以平均化。具有很小值的系数 a_n 被断定为对应于拉格朗日方程所缺少的项。

这一研究对一些简单情况特别奏效。至今，这一方法仍未得到广泛使用，但在其他主要理论研究遇到困难时，用它对实验数据进行分析是非常有价值的。

另一用于研究各类过程的方法是，测量作为微扰波长 λ 或波数 k 函数的微扰指数衰减[16]，这一研究只对线性拉格朗日方程获得成功。这一方法已被有效地用来证明：对于分子束外延，在简单模型中存在 $a\nabla^2 h(\vec{x},t)$形式的项。

Rácz 等人[17]和 Vvedensky 等人[18]叙述了利用不同的研究方法，导出描述像分子束外延过程的拉格朗日运动方程。在这一研究中，拉格朗日方程从动力学的生长方程中得到。首先，对于每个柱状高度，从方程中得到点阵的拉格朗日方程，然后，由解析形式取代非解析量使点阵拉格朗日方程正则化，只得到主导次项以获得表面连续的拉格朗日方程。这一研究的优点在于，可以识别拉格朗日方程中项的来源，项的大小可与微观动力学相联系。在某些情况下，对称性允许存在的项并未出现，这一研究可识别出这些项。在 Vvedensky 等人的工作中，微观动力学是基于固相-固相模型与满足细节平衡的 Arrhenius 速率方程的结合，而 Racz 等人也研究了微观动力学违背细节平衡的模型。Krug 等人[19]利用激活跳跃固相-固相模型，导出了表面扩散的拉格朗日方程的更精确形式。

另一个确定拉格朗日方程的重要方法是测量生长速度与（或）净表面流 $\vec{j}_s$ 对倾斜表面的相关性[20]。

对于 1+1 维 KPZ 生长过程，所得到的 1/2 粗糙指数 α 是 1 维界面生长动力学和涨落-耗散关系的对称性结果[21]。对于 KPZ 界面，因只有一个独立指数，这需要对 1+1 维 KPZ 生长过程有一个指数普适性要求。但是，KPZ 方程的普适性与这一指数普适性不同[22]。高度差关联函数可写成

$$C_q(r)=A_q r^{H_q} \tag{4-57}$$

式中，$A_q=C_q(D/a)^{1/2}$；D 为方程(4-24) 中定义的噪声项；C_q 是普适常数。相似地，表面密度 $\xi_{\perp}^{(q)}$ 与时间的相关性由

$$\xi_{\perp}^{(q)}=B_q t^{\beta_q} \tag{4-58}$$

给出。这里 $b_q=b_q(|b|D/a^2)^{1/3}$，b_q 也是普适常数[23,24]。Amar 和 Family[24]已经预言了普适标度函数和振幅标度函数，它对基于标度分析的 2+1 维 KPZ 表面生长有效。他们使用模式耦合理论[25]计算了这些量，使用 α+1 维表面生长模型证明了这些普适性。

Amar 和 Family[26]用拉格朗日方程也研究了表面生长：

$$\partial h(\vec{x},t)/\partial t=a\nabla^2 h(\vec{x},t)+b|[\nabla h(\vec{x},t)]|^\gamma+\eta(x,t) \quad (4\text{-}59)$$

对 1+1 维方程进行数值积分，他们发现了在上述方程中的指数 γ（$1/2\leqslant\gamma\leqslant4$）的较广取值范围都有类 KPZ 行为。这些对 1+1 维 Kuramoto-Sivashinsky 方程的研究以及相似的工作证明，观察到的 KPZ 指数并不意味着对于表面生长过程具有一内在的 KPZ 方程。相反，表面生长过程可能属于更大一类方程，这一方程在流体力学极限下对 KPZ 方程进行重整化，或者至少在流体力学极限情况下具有 KPZ 指数。

（四）指数标度关系

KPZ 方程的重要性质是伽利略变换的不变性：

$$h\rightarrow h+\delta\vec{r}\,\vec{x} \quad (4\text{-}60)$$

和

$$\vec{x}\rightarrow\vec{x}+b\delta\vec{r}\,t \quad (4\text{-}61)$$

这里 $|\delta\vec{r}|\rightarrow0$，这对应于小角度的倾斜表面。这一对称性导致标度关系：

$$\alpha+z=2 \quad (4\text{-}62)$$

使用术语“伽利略”变换描述方程(4-60）和方程(4-61）的动机不是很明显的。但是，它反映了物理学家们对于使用 KPZ 方程描述表面生长现象的理论兴趣，以及它与其他物理领域的重要相关性。KPZ 方程与 Burgers 方程的关系为：

$$\partial\vec{V}/\partial t=a\nabla^2\vec{V}-b\vec{V}\nabla\vec{V}-\nabla\eta(\vec{x},t) \quad (4\text{-}63)$$

对于一速度自由的速度场 $\vec{V}$，通过变换

$$\vec{V}=-\nabla h(\vec{x},t) \quad (4\text{-}64)$$

噪声 Burgers 方程用于描述无涡旋流体动力学[27]，它具有伽利略变换不变性：

$$\vec{V}(\vec{x},t)-\vec{V}_0\rightarrow\vec{V}'((\vec{x}-\vec{V}_0t),t) \quad (4\text{-}65)$$

从方程(4-64）可以得到由 Burgers 方程描述的流体动力学的经典伽利略变换，在移动坐标系中对应着旋转坐标系中由 KPZ 方程描述的表面生长过程的动力学变换。

Krug 和 Spohn[27]对推导方程(4-62）的简单物理学动机进行了评述。他们指出在 t 时刻生长的粗糙表面包含各种尺寸下的“隆起”，最大隆起的宽度为 $\xi_{/\!/}(t)$，高度为 $\xi_\perp(t)$，方程(4-62）由最大隆起的生长而得到。假设生长方向垂直于表面，隆起的理想侧面是一个具有小倾斜 $\xi_\perp(t)/\xi_{/\!/}(t)$ 的平面，则隆起宽度 $\xi_{/\!/}(t)$ 的生长率正比于垂直生长速度在水平方向的投影，它正比于倾斜的角度，这可以表示成：

$$d(\xi_{/\!/})/dt\sim\xi_\perp/\xi_{/\!/}\sim\xi_{/\!/}(t)^{\alpha-1} \quad (4\text{-}66)$$

因此，$\xi_{/\!/}(t)\sim t^{1/(2-\alpha)}$，以使 $1/(2-\alpha)=1/z$ 或 $\alpha+z=2$。方程(4-62）的导出依赖于生长方向垂直于表面的假设，这并不是普遍成立的。但 Krug 和 Spohn[28]研究表明方程(4-66）可以推广到

$$d(\xi_{/\!/})/dt\sim(\xi_\perp/\xi_{/\!/})^{\alpha-1} \quad (4\text{-}67)$$

以使

$$z=a+\alpha(1-a) \quad (4\text{-}68)$$

这里 a 是描述生长速度 v 依赖于 $\nabla h(\vec{x})$［$v=\partial h/\partial t=v(0)+c|\nabla h|^a$，此处 c 为常数］的关系指数。

将在方程(4-68)、方程(4-29)、方程(4-30）中的已知变换应用到 KPZ 方程，则给出：

$$\partial h(\vec{x},t)/\partial t = a\lambda^{z-2}\nabla^2 h(\vec{x},t) + b\lambda^{\alpha+z-2}\nabla h(\vec{x},t)^2 + \lambda^{(z-d-2\alpha)/2}\eta(\vec{x},t) \tag{4-69}$$

不幸的是，这一重新标度方程对变换的不变性，不能用于计算指数 α 和 z，因为不可能找到 z 和 α 的值使其在方程(4-69) 中写成不依赖于 λ 的形式。但是，可以证明，非线性项系数 b 是常数，从而可立即得到方程(4-62)。

其他表面生长方程相对于类似的变换保持不变，从而可得到不同的指数标度关系。例如，Wolf 和 Villan[29] 提出：

$$2\alpha = z - d \tag{4-70}$$

它适合于当 $d \leqslant d_c$ 时，表面扩散方程(4-34) 所描述的任意过程，这里 d_c 是临界维度，超过此临界维度 $\alpha=0$。此处，指数 α 由关系式 $\xi_\perp \sim \xi_{/\!/}{}^{\alpha}$ 定义。方程(4-70) 的导出是基于这样的思路：在一小的固定时间间隔，沉积到尺寸 $\xi_{/\!/}$ 表面区域的材料涨落正比于 $\xi_{/\!/}{}^{d/2}$，在同一区域的相应高度涨落正比于 $\xi_{/\!/}{}^{-d/2}$，因为这些涨落从统计意义上说独立于早期涨落，$\xi_\perp^2$ 的增加将正比于 $\xi_{/\!/}{}^{-d}$，或

$$\mathrm{d}\xi_\perp^2/\mathrm{d}t \sim \xi_{/\!/}{}^{-d} \sim t^{-d/z} \tag{4-71}$$

从这一方程和关系式 $\xi_\perp \sim t^\beta \sim t^{\alpha/z}$ 可得到 $\mathrm{d}\xi_\perp^2/\mathrm{d}t \sim t^{(2\alpha/z)-1}$。方程(4-71) 中的项必须用 t 的相同幂次标度，这要求$(2\alpha/z)-1=-d/z$ 或 $2\alpha=z-d$。这一简单论证不适合于由 KPZ 方程所描述的过程，因为生长速度涨落与表面斜率相关，在不同时间内的涨落相互关联，并由斜率调制。

Sun 等人[30]研究了 1+1 维表面生长方程

$$\partial h(\vec{x},t)/\partial t = -\nabla^2[c\nabla^2 h(\vec{x},t) + e(\nabla h(\vec{x},t))^2] + \eta(\vec{x},t) \tag{4-72}$$

在这一模型中，假设表面演变是使沉积物的体积守恒，因此噪声 $\eta(\vec{x},t)$有守恒形式 $\eta(\vec{x},t)=\eta_D(\vec{x},t)$，此处

$$\langle \eta_D(\vec{x},t)\eta_D(\vec{x},t')\rangle = -\nabla^2\delta^d(\vec{x}-\vec{x}')\delta(t-t') \tag{4-73}$$

这一方程对于变换是不变的

$$h \to h + \vec{r}\cdot\vec{x} \tag{4-74}$$

和

$$\vec{x} \to \vec{x} - bt\vec{r}\,\nabla^2 \tag{4-75}$$

此处 $\vec{r}$ 是恒矢量。这一对称性导致一准确的指数标度关系

$$\alpha + z = 4 \tag{4-76}$$

Sun 等人研究出 1+1 维模型的模拟方程(4-72)，这一模型给出有效指数 $\beta=0.091\pm0.002$ 和 $\alpha=0.35\pm0.03$，与从重整化群分析得到的理论值 $\alpha(\alpha=1/3)$和理论值$\beta(\beta=1/11)$相当符合。但是，Rácz 等人[31]研究显示，这一模型在变换 $h(\vec{x},t)\to -h(\vec{x},t)$下不变，由此不能产生$\nabla^2(\nabla h(\vec{x},t))^2$ 项。因此，模拟与理论结果的明显不一致亟待解决。噪声 $\eta(\vec{x},t)$在粗糙表面生长中起到一重要作用，演化表面的标度性质因噪声 $\eta(\vec{x},t)$项中引入关联项而有所改变，这一改变也可由非高斯噪声取代高斯噪声引起。

（五）Kuramato-Sivashinsky 方程

Kuramato-Sivashinsky 方程：

$$\partial h(\vec{x},t)/\partial t = -\nabla^2 h(\vec{x},t) - \nabla^4 h(\vec{x},t) + (\nabla h(\vec{x},t))^2 \tag{4-77}$$

已用于描述涉及界面传播过程的动力学[32~34]。在较短的长度标度下，形成犬齿形图案，而在较长的长度标度下，由此方程产生的界面是无序的、呈自仿射分形。Yakhot[35] 提议

Kuramato-Sivashinsky 方程的标度方程，在流体力学极限条件下，应与随机 KPZ 方程相同。Zdeski[36]得到了相似结论，这一思想也得到了理论工作的支持。Sneppen 等人[37]从数值上确认了 1+1 维情况的 KPZ 渐进行为。Hayot 等人[38]得到了相似结论。在早期的数字工作中，由于存在相当长的中间标度区域使得达到渐进区较为困难，而由此导致了一些相反结论。对 1+1 维 Kuramato-Sivashinsky 方程如何在流体力学极限条件下等价于随机 KPZ 方程，L'vov 和 Procaccia[39]已作了研究。

对于 2+1 维 Kuramato-Sivashinsky 方程 Procacci 等人[40]得出了相当不同的结论。由 Procacci 等人进行的计算机模拟表明粗糙指数为 0，其行为与 2+1 维 EW 方程更接近，而不是 KPZ 方程。这一结论得到了 Kuramato-Sivashinsky 方程的理论分析支持，L'vov 等人[39~41]研究表明 Kuramato-Sivashinsky 方程在 $d<2$ 时等价于 KPZ 方程，在两个方程中非线性项$(\nabla h(\vec{x},t))^2$ 是重要的，但在 $d=2$ 时，线性项保持关联，这些方程的解可能不同。对于 $d>2$，在强耦合区的 Kuramato-Sivashinsky 方程的动力学指数 $z=2$。2+1 维 Kuramato-Sivashinsky 和 KPZ 模型的行为还存在争论，还需做很多工作，现在似乎对 Kuramato-Sivashinsky 方程和 KPZ 方程之间的关系已有较好的认识。

各向异性的 Kuramato-Sivashinsky 方程已用于描述溅射刻蚀和外延生长[42,43]过程。一些各向异性 Kuramato-Sivashinsky 方程产生波纹图案，这些图案与在一些溅射刻蚀实验中所观察到的相似。在后期的时间里，这些波纹变得不稳定。

二、简单模型

简单数学模型在表面生长现象的认识发展中起到核心作用。这一探索可以追溯到 40 多年前，那时，数值计算机刚刚诞生。随着计算机计算能力的增强，计算机成本的不断降低，表面生长的计算机研究迅速增加。对于一些最简单的表面生长模型，在一单一的模拟中可以沉积 10^{12}个位置（近似等于 $N_0^{1/2}$，N_0 为阿佛加德罗常数）。无序生长现象简单模型的发展，已激励众多的理论工作研究，现在在表面生长模型方面已取得了重要进展。

（一）Eden 生长模型

Eden 模型是最早利用计算机研究的生长模型之一[44,45]。这一模型产生出具有自仿射性质的致密表面结构。对于 Eden 模型，激活区的宽度 ξ_a 成为表面宽度的量度。Plischke 和 Racz[46,47]发现，$\xi_a(s)$ 与团簇尺寸 s 的关系可由数学形式 $\xi_a(s)\sim s^{\bar{v}}$ 表示，对于指数 $\bar{v}$，其值为 0.18±0.03。由于原子团簇致密，平均半径 $\bar{r}(s)$或激活区半径按 1/2 指数生长，以使 $\xi_a(s)\sim(\bar{r}(s))^{2\bar{v}}$ 或 $\xi_a(\bar{r})\sim\bar{r}^{\beta}(\beta\approx0.36)$。随后的工作证明在这种模式中很难得到可信赖的 β 值，因为原子团簇不具有完整的环形，最可靠的指数 β 值可从线生长模拟得到。在横向上此线具有周期边界条件[48]。但是，Plischke 和 Rácz 的工作没有指明 Eden 原子团簇的表面具有有趣的标度性质。

在许多表面生长模型中，标度指数 α、β 可由大晶粒、非标度的、内禀宽度进行准确测量。被大家广泛接受的是噪声减弱加速了到达渐进标度极限的速度，而并不改变标度指数。但是，这一思想还没有被所有生长模型所精确证明，使用时一定小心，似乎是噪声降低没有改变弹射沉积和 Eden 生长模型的普适性。现在可以理解，因为噪声减弱改变了描述表面生长的 KPZ 方程中项的系数，但它并不改变拉格朗日方程的基本结构。在选择噪声减弱参数 m 时，一定要小心，因为 m 取较大值将大大减小 $\xi_\perp$ 的大小，此时模拟需要很长的计算时间，其时间正比于 m，这使得测量粗糙度指数 α 和指数 β 更加困难。

使用噪声减弱 Eden 模型，Wolf 和 Kertesz[49] 从 2+1 维和 3+1 维 Eden 模型模拟中，分别得到了粗糙度指数为 0.33±0.01 和 0.24±0.02。他们发现指数 α 和 z 满足理论指数标度关系 $\alpha+z=2$。对于 $d=2$，$\beta=0.24\pm0.02$；对于 $d=3$，$\beta=0.146\pm0.025$，Devillard 和 Stanley[50] 在没有噪声弱化情况下，获得 2+1 维情况的 $\alpha=0.4\pm0.06$，这将给出 $\beta=0.25\pm0.05$。

（二）弹射沉积模型

偏离阵点的弹射（ballistic）沉积模型是基于弹射的聚集模型。在这些偏离点阵的大多数模型中，粒子（对于 1+1 维为盘，2+1 维为球）通过无规选择的垂直轨迹沉积到水平基片上。一旦沉积粒子接触先前注入到生长沉积物中的原子或接触到基片，就会变成生长沉积物的一部分。

Vold[51~54] 进行了弹射沉积的第一个模拟研究，他对从胶体中分散得到的小粒子沉积形成的残留物结构特别感兴趣。在模拟中，至多有 160 个沉积粒子，Vold 没有使用周期边界条件来减小有限尺寸效应。对于沉积物的中心核区，得到的密度为 0.125。更大规模的模拟（约 10^8 个粒子）给出堆积密度[55] 为 0.1465±0.003，这一结果与独立模拟相一致[56]。Vold 研究了对弹射模型的各种修正，以便考虑粒子与沉积物之间的吸引以及粒子和沉积物首次接触后的重构等效应。其他研究者又对这些模型进行了重复研究以探究沉积物表面几何性质和内部结构。

在 20 世纪 70 年代，一些 1+1 维和 2+1 维偏离点阵的弹射沉积模型用于代表低压薄膜沉积生长[57~60]。最简单的弹射模型给出具有不现实的低密度结构。因此，在这些大多数模型中，需考虑简单的重构机制。在这一时期的多数工作关注“柱状”形貌。

为了探索与偏离点阵的弹射沉积相联系的渐进标度结构，设计有效的代数运算是重要的。在 1+1 维情况，这可以通过将沉积物分成具有圆盘直径宽度的一个个圆柱来实现。相似的研究可以用于 2+1 维和更高维模型中。Joag[61] 给出一个更有效的数值运算，但并未被充分运用。

（三）固体-固体模型

在标准的弹射模型中，产生的是均匀但为较短长度标度的，具有自仿射表面的多孔结构。在固-固模型中[62]，新的位置总是在空位置的顶部生长，因此在生长的表面不会有悬臂侧向生长或者在生长区留下空位。这些模型可以对详尽的理论分析起到修补作用，且为分子束外延生长等过程提供比弹射沉积模型更现实的表征。这些模型中最简单的是独立柱状模型[63,64]，它可由方程(4-22) 和方程(4-23)、方程(4-24) 表示。在这一模型中，点阵的柱体以无序方式选取，其高度按每个点阵单位增加。这一模型中，对于所有维数 d，指数 $\beta=1/2$，但在横向上没有相关性。因此，表面宽度 $\omega(l,t)$ 只是时间的函数$[\omega(l_1,t)\equiv\omega(l_2,t)]$。相反，在 1+1 维情况下，如果 $i-1$，i，$i+1$ 位置处的最低柱体的高度增加，则发现 β 等于 1/4，$\alpha=1/2$。在这一模型中[63,64]，如果两个或更多柱体具有相同的最低高度，增加的柱体可从位于 $i-1$，i，$i+1$ 处具有最低高度的那些柱体中无序选出。如同指数给出的结果所表示的那样，这一模型属于 EW 普适类。

Chan 和 Liang[65] 引入了自组织表面的 1+1 维模型，在这一模型中，柱状独立生长。但是，如果某一柱体的高度超过它的近邻柱体 Δh 倍点阵单位时，则 $N=\Delta h-1$ 位置将从高的柱体坍塌到它的最近邻 N 位置。以此，如果 $h(i)-h(i+1)\geqslant\Delta h$，则 $h(i)\rightarrow h(i)-N$ 和 $h(j)\rightarrow h(j)+1$（对于 $j=i+1$ 到 $i+N$）。相似地，对于 $j=i-N$ 到 $i-1$，如果 $h(i)-h(i-1)\geqslant\Delta h$。则 $h(i)\rightarrow h(i)-N$ 和 $h(j)\rightarrow h(j)+1$。如果 $h(i)-h(i-1)\geqslant\Delta h$ 和 $h(i)-h(i+1)\geqslant\Delta h$，则高柱体最高部分的坍塌的方向是无序的。这里，$\Delta h$ 是很小的整数。Chan 和 Liang 没有进行特殊大尺寸模拟。他们测量了粗糙度指数 $\alpha\approx0.47$，$\beta\approx0.2$。从这一结果看，这一模型属于 EW 普适类。

（四）多核生长模型

多核生长模型[66~68]是固相-固相生长模型，在这一模型中"岛"在起初的光滑表面上横向生长。此模型中，岛皆具有相同厚度，它们以一定的恒定速度生长。新岛以恒定速率或在基片上、或在已开始生长的岛上成核。岛只在横向方向生长，当岛的外生长位置由同一级别的其他岛占据时生长会停止。由于岛是以恒定速度生长，将不会产生悬臂侧向生长。这一模型的各种版本也已出现[29,67,69,70]，Krug 等人[71]研究表明这一模型属于 KPZ 普适类。

三、薄膜生长模型的实验研究

决定薄膜生长的表面形貌主要有三个因素：沉积、脱附和表面扩散。这三者之间的平衡导致了生长表面在时间和空间上都具有自仿射标度行为。Jeffries 等人[72]使用隧道扫描显微镜，研究了室温下，在玻璃基片上，溅射沉积 Pt 膜的粗糙度变化，Pt 膜的厚度在 15～140nm 之间。Pt 膜表面生长展示出不规则的生长形貌，而且生长显示出不稳定性，这一生长过程可以用与局域斜率相关的 $\sqrt{\ln(t)}$（t 为生长时间）表征异常的标度行为，其粗糙度指数 $\alpha=0.9$，界面生长指数 $\beta=0.26$。这些特征清楚表明 Pt 在玻璃上的生长与线性扩散动力学的统计模型相一致。

Dharmadhikari 等人[73]使用 X 射线散射、扫描隧道显微镜和原子力显微镜研究了生长在 Si(100)基片上的 Pt 膜的粗糙度和形貌。按照动力学标度理论，他们用高度矩形图和高度-高度关联性定量分析了膜的实验测量数据。他们得到的粗糙度指数 $\alpha\approx0.7$，生长指数 $\beta\approx0.52$，动力学指数≈1.4，这些指数表明，Pt 在 Si(100)基片上的生长，与基于Kolmogorov 的能量级联概念而得到改进的 KPZ 模型相符合。

最近，Freitag 和 Clemens[74]利用 X 射线漫散射技术研究了 Si/Mo 多层膜的粗糙度标度行为。双层周期为 6.9nm，双层膜的数量在 5～40 之间变化。研究发现：粗糙度保持高度一致性，横向关联函数 ξ 随整个膜的厚度 h 按 $\xi\sim h^{0.55}$ 形式增加。但是，对于所有膜厚，粗糙度的大小近似为 0.2nm，这点与自仿射生长表面的标度规律不符。这一观察说明界面阻止了高频粗糙度的演变而将长波长粗糙度从一层复制到下一层。

王欣和郑伟涛等人[75]最近利用直流磁控溅射系统成功生成了 Fe-N 薄膜。所使用的溅射气体为 Ar 和 N_2 的混合气体，通过改变 N_2 在混合气体中的比例，得到了具有不同结构的 Fe-N 化合物薄膜。利用掠入射 X 射线衍射、X 射线漫散射、原子力显微镜，进一步研究了不同 Fe-N 化合物膜生长的标度行为。Fe-N 化合物膜的表面在空间和时间上均显示出自仿射行为。当 $N_2/(N_2+Ar)=5\%$，10% 和 30% 时，Fe-N 膜的 α 值分别为 0.65，0.56 和 0.39，生长指数 β 分别为 0.53 ± 0.02，0.38 ± 0.02 和 0.29 ± 0.03。对于所有样品，均满足 $\alpha+\alpha/\beta\approx2$，即符合 KPZ 普适性。

Casiraghi 等人[76]研究了四面体非晶碳的动力学粗糙性。通过原子力显微镜，他们测量了室温下作为膜厚函数的粗糙度，得到粗糙度和生长指数分别为 $\alpha=0.39$，$\beta=0\sim0.1$。这一极小的生长指数显示出表面扩散和弛豫在很低的温度下既起作用，这在其他材料中是无法实现的。通过 Monte Carlo 模拟，他们猜测，薄膜的光滑是通过热钉扎和随后的荷能离子沉积来实现的。

Dürr 等人[77]研究了有机半导体 $C_{32}H_{16}$ 薄膜生长的动力学特性。利用原子力显微镜、X 射线反射、扩散 X 射线散射确定了其标度指数：$\alpha=0.684$，$\beta=0.748$，$1/z=0.92$，表明膜在垂直方向以非同寻常的速度生长，并且，膜在横向上具有关联性。他们认为，这来源于，在薄膜早期生长阶段，由于倾斜畴之间形成的晶界的横向非均匀性。

目前，有关各种薄膜生长的标度行为的实验研究还刚刚处于起步阶段，大量深入细致的工作仍等待着科学工作者去完成。但可以肯定，应用标度理论研究薄膜生长已经开辟了薄膜研究的一个崭新领域。

参 考 文 献

[1] K. L. Chopra. Thin Film Phenomena. New York：McGraw-Hill，1969.

[2] P. Meakin，Fractal. Scaling and Growth Far from Equilibraum. England：Cambridge University Press，1998.

[3] B. Nowicki. Wear. 1985，102：161.

[4] B. Klinkenberg. Geomorphology，1992，5：5.

[5] S. F. Edwards and D. R. Wilkinson. Proceedings of the Royal Society（London），1982，A381：17.

[6] M. Kardar，G. Parisi，and Y. Zhang. Phys. Rev. Lett.，1986，56：889.

[7] M. Schwartz and S. F. Edwards. Europhysics Lett.，1992，20：301.

[8] J. P. Bouchaud and M. E. Cates. Phys. Rev. 1993，E47：R1455.

[9] Y. Tu. Phys. Rev. Lett.，1994，73：3109.

[10] J. Krug. J. Phys.，1989，A22：L769.

[11] C. Herring. J. Appl. Phys. ，1950，21：301.

[12] W. W. Mullins. J. Appl. Phys.，1957，28：333.

[13] W. W. Mullins. J. Appl. Phys.，1959，30：77.

[14] J. Krug，Habilitation thesis. Dusseldorf：Heinrich-Heine-Universitat，1994.

[15] C. Lam and L. Sander. Phys. Rev. Lett.，1993，71：561.

[16] H. P. Bonzel. Mass transport by surface self-diffusion. In V. T. Binh，editor. Surface mobilities on solid materials. New York：Plenum，1983，NATO ASI.

[17] Z. Racz，M. Siegert and M. Plischke，Surface-diffusion induced instabilities. In R. Jullien，J. Kertesz，P. Meakin，and D. Wolf，editors，Surface disordering：Growth，roughening and phase transitions，New York：Nova Science，Commack，1993.

[18] D. D. Vvedensky，A. Zangwill，C. N. Luse and M. R. Wilby. Phys. Rev.，1993，E48：852.

[19] J. Krug，H. T. Dobbs and S. Majaniemi. Zeitschrift fur Physik，1995，B97：281.

[20] J. Krug，M. Plischke，M. Siegert. Phys. Rev. Lett.，1993，70：3271.

[21] D. Huse. Phys. Rev. Lett.，1985，55：2924.

[22] T. Hwa and E. Frey. Phys. Rev.，1991，A44：R7873.

[23] J. Krug，P. Meakin，T. Halpin-Healey. Phys. Rev.，1992，A45：638.

[24] J. Amar and F. Family. Phys. Rev.，1992，A45：5378.

[25] K. Kawasaki and J. Gunton. Phys. Rev.，1976，13：4658.

[26] J. Amar and F. Family. Phys. Rev.，1993，E47：1595.

[27] D. Forster，D. Nelson and M. J. Stephen. Phys. Rev.，1977，A16：732.

[28] J. Krug and H. Spohn. Kinetic roughening of growing surfaces. In C. Godreche，editor，Solid far from equilibrium：

Growth morphology and defects. Cambridge: Cambridge University Press, 1991.
[29] D. E. Wolf and J. Villain. Europhysics Lett., 1990, 13: 389.
[30] T. Sun, H. Guo and M. Grant. Phys. Rev., 1989, A40: 6763.
[31] Z. Racz, M. Siegert, D. Liu and M. Plischke. Phys. Rev., 1991, A41: 5275.
[32] Y. Kuramoto. Chemical oscillations, waves and turbulence. Berlin: Springer, 1984.
[33] G. I. Sivashinsky. Acta. Astronautica, 1977, 4: 1177.
[34] G. I. Sivashinsky. Annual Rev. Fluid Mechanics, 1983, 15: 179
[35] V. Yakhot. Phys. Rev., 1981, A24: 642.
[36] S. Zaleski. Physica, 1989, D34: 427.
[37] K. Sneppen, J. Krug, M. H. Jensen, C. Jayaprakash and T. Bohr. Phys. Rev., 1992, A46: R7351.
[38] F. Hayot, C. Jayaprakash and Ch. Josserand. Phys. Rev., 1993, E47: 911.
[39] V. L'vov and I. Procaccia. Phys. Rev. Lett., 1992, 69: 3543.
[40] I. Procaccia, M. Jensen, V. L'vov, K. Sneppen and R. Zeitak. Phys. Rev., 1992, A46: 3220.
[41] V. L'vov and V. V. Lebedev. Nonlinearity, 1993, 6: 25.
[42] R. Cuerno and A. Barabasi. Phys. Rev. Lett., 1995, 74: 4746.
[43] M. Rost and J. Krug. Phys. Rev. Lett., 1995, 75: 3894.
[44] M. Eden. A two-dimensional growth process. In J. Neyman, editor, 4th. Berkeley symposium on mathematics, statistics and probability, Berkeley: University of California Press, 1961. Volume IV: Biology and the problems of health.
[45] M. Eden. A probabilities model for morphogenisis. In Hupert P. Yockey, R. Platzman and H. Quastler, editors, Symposium on information theory in biology, New York: Pergamon, 1958, Gatlinburg, Tenessee, October 29-31, 1956.
[46] M. Plischke and Z. Racz. Phys. Rev. Lett., 1884, 53: 415.
[47] Z. Racz and M. Plischke. Phys. Rev., 1985, A31: 985.
[48] P. Meakin, P. Ramanlal. L. M. Sander and R. C. Ball, Phys. Rev., 1986, A34: 5091.
[49] D. E. Wolf and J. Kertesz. Europhysics Lett., 1987, 4: 651.
[50] P. Devillard and H. E. Stanley. Physica, 1989, A160: 298.
[51] M. Vold. J. Colloid Sci., 1963, 22: 300.
[52] M. Vold. J. Phys. Chem., 1960, 64: 1616.
[53] M. Vold. J. Phys. Chem., 1960, 63: 1608.
[54] M. Vold. J. Colloid Sci., 1959, 14: 168.
[55] R. Jullien and P. Meakin. Europhysics Lett., 1987, 4: 1385.
[56] B. D. Lubachevsky, V. Privman. S. C. Roy, Phys. Rev., 1993, E47: 48.
[57] D. Henderson, M. H. Brodsky and P. Chaudhari. Appl. Phys. Lett., 1974, 25: 641.
[58] S. Kim, D. Henderson and P. Chaudhari. Thin Solid Films, 1977, 47: 155.
[59] A. G. Dirks and H. J. Leamy. Thin Solid Films, 1977, 47: 219.
[60] H. J. Leamy and A. G. Dirks. The microstructure of vapor deposited thin films. In E. Kaldis, editor, Cyrrent topics in material science, chapter 4, pages 309-344. North Holland, Amsterdam, 1980.
[61] P. S. Joag. J. Phys., 1988, A21: 739.
[62] W. K. Burton, N. Cabrera and F. C. Frank. Phil. Trans. Royal Soc., 1951, 243A: 299.
[63] F. Family. J. Phys., 1986, A19: L441.
[64] J. D. Weeks, G. H. Gilmer and K. A. Jackson. J. Chem. Phys., 1976, 65: 712.
[65] S. K. Chan and N. Y. Liang. Phys. Rev. Lett., 1991, 67: 1122.
[66] F. C. Frank. J. Cryst. Growth, 1974, 22: 233.
[67] D. J. Kashchiev. J. Cryst. Growth, 1977, 40: 29.
[68] G. H. Gilmer. J. Cryst. Growth, 1980, 49: 465.

[69] N. Goldenfeld. J. Phys., 1984, A17: 2807.
[70] Saarloos and G. Gilmer. Phys. Rev., 1986, B33: 4927.
[71] J. Krug and H. Spohn. Europhysics Lett., 1988, 8: 219.
[72] J. H. Jeffries, J. K. Zuo, M. M. Craig. Phys. Rev. Lett, 1996, 76 : 4931.
[73] C. V. Dharmadhikari, A. O. Ali, N. Suresh, D. M. Phase, S. M. Chaudhari, V. Ganesan, A. Gupta, B. A. Dasannachara. Solid State. Communications, 2000, 114: 377.
[74] J. M. Freitag and B. M. Clemens. J. Appl. Phys., 2001, 89 : 1001.
[75] X. Wang, W. T. Zheng, L. J. Gao, W. Guo, Y. B. Bai, W. D. Fei, S. H. Meng, X. D. He, and J. C. Han. J. Vac. Sci. Techmol., 2003, A21: 983 .
[76] C Casiraghi, et al.. Phys. Rev. Lett., 2003, 91: 226104.
[77] A C Dürr, et al.. Phys. Rev. Lett., 2003, 90: 016104.

第五章 薄膜表征

前面几章已对薄膜的制备、薄膜的生长进行了详尽阐述。在这一章，我们将对所获得薄膜样品如何表征进行详细讨论。

第一节　薄膜厚度控制及测量

任何技术所要达到的目的是获得具有特定意义的产品，并且产品的性质是可重复的。在薄膜技术中，所希望的性质 Ei 通常与许多参量有关，特别是与厚度有较大关系，即：

$$Ei = Ei(D, \dot{D}, \cdots, p, \dot{p}\text{；基片})$$

式中，D 代表薄膜厚度；p 为残留气体气压。

故此，在薄膜制备过程中和沉积以后需要测量薄膜的厚度[1]，在薄膜沉积过程中的膜厚确定需采用原位测量。可以通过许多技术手段和方法实现膜厚和相关物理量的测量，下面我们将进行详细讨论。

一、沉积率和厚度监测仪

(一) 气相密度测量（图 5-1）

如果蒸发原子密度的瞬时值在沉积过程中可测量，则可确定撞击到基片上的原子速率，由于这一方法没有累积性，因此必须通过积分运算得到每单位面积上的膜质量或膜厚。当离化检测计暴露在蒸气中时，气相原子首先由于热离化产生电子，然后这些电子被加速到阳极，离子移向收集极，在收集极离子被离化，相应的电流 I_i 正比于离子的数量和离化电子电流 I_e，其中离子数对应于气流中的粒子密度 n，

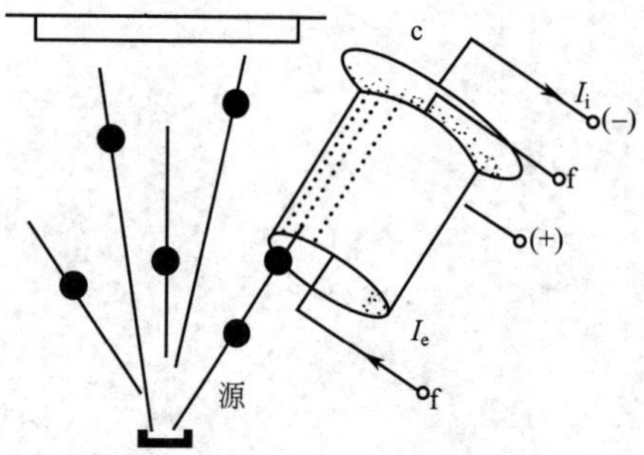

图 5-1　通过测量蒸气密度测量膜厚的离化检测计

f—灯丝；c—收集极；I_i—离子电流；I_e—电子电流

$$I_i \propto I_e n \tag{5-1}$$

在气相中的粒子密度 n 与生长速率相关，

$$\dot{\mu} = \frac{M}{L}\frac{dZ}{dA dt} \tag{5-2}$$

而

$$\frac{dZ}{dA dt} = n\langle |c| \rangle \tag{5-3}$$

用平均粒子速度$\langle|c|\rangle$作替换可得到

$$\dot{\mu}=a\frac{I_i}{I_e}\left(\frac{8kT_{源}L}{\pi m}\right)^{1/2} \tag{5-4}$$

式中，a 为常数；$T_{源}$ 为蒸发源的温度；k 为玻耳兹曼常数；m 为气相原子质量。

这一方法的缺点是，结果依赖于源温度和真空中残余气体气压（它对离子电流有贡献）。积分值 $D=\frac{1}{\rho}\int\dot{\mu}\mathrm{d}t$ 的相对误差在10%左右。

（二）振动石英方法（图 5-2）

这是一个动力学测重方法，通过沉积物使机械振动系统的惯性增加，从而减小振动频率。石英作为压电共振器，它以切向模式运动，具有的一级振动频率为

$$f_0=c/(2D_q)=k/D_q \tag{5-5}$$

式中，D_q 为石英厚度；c 是切向波的传播速度，$c=G/\rho_q$；G 为切变模量；ρ_q 为石英密度。

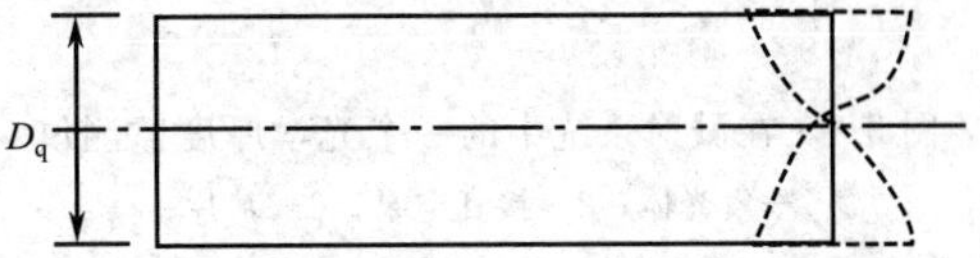

图 5-2 作为压电共振器的石英以切向模式运行 D_q 为厚度

对于薄膜沉积，膜的质量由石英检测出来，此时，石英的厚度增加了与沉积质量等价的 ΔD_q 值：

$$\Delta D_q=D\rho_{膜}/\rho_q \tag{5-6}$$

因此振动频率改变为：

$$f=\frac{c/2}{D_q+\Delta D_q}\approx f_0-\frac{f_0\rho D}{K\rho_q}=f_0-\Delta f \tag{5-7}$$

f_0 与温度相关性在所谓的石英 A-T 切割时达到最小。对于这种切割 K 为 1.670mmMHz，对于两种厚度的典型值如下表：

D_q	f_0	$\mathrm{d}f/\mathrm{d}\mu$	$\mathrm{d}f/\mathrm{d}D(\rho=1\mathrm{g/cm^3})$
1.67mm	1MHz	2.2Hz/μg·cm^{-1}	0.022Hz·Å^{-1}
0.28mm	6MHz	81.5Hz/μg·cm^{-1}	0.815Hz·Å^{-1}

测量的灵敏度主要由石英厚度的力学极限和参考振荡器的稳定性决定：通常对于 $D=0.1\mathrm{nm}$（$\rho=10\mathrm{g/cm^3}$）灵敏度为 $10^{-7}\mathrm{g/cm^2}$。

（三）光学监测

这一方法是基于生长膜会产生光学干涉现象，因此只用于透明膜的测量。用于溅射系统的光学监测的例子示于图 5-3。

在膜生长过程中干涉强度的变化示于图 5-4 中。对于干涉最大，其光程差为 $2D(n^2-\sin^2\theta)^{1/2}$（$D$ 为膜厚，n 为折射系数）。对于表面和界面反射，如果 $n_{基片}<n_{膜}$，则 $D=k\lambda$（k 为正整数，λ 为波长）即为表面和界面处所引起的位相变化。

（四）其他监测仪

原则上讲任何与厚度相关的膜性质都可用于监测厚度，但是，由于许多性质对其他参数如气压、沉积率、温度等关系敏感，只有在这些参量保持一定时，此性质才可成功地与厚度关联。

电阻和电容经常用于监测膜厚度。

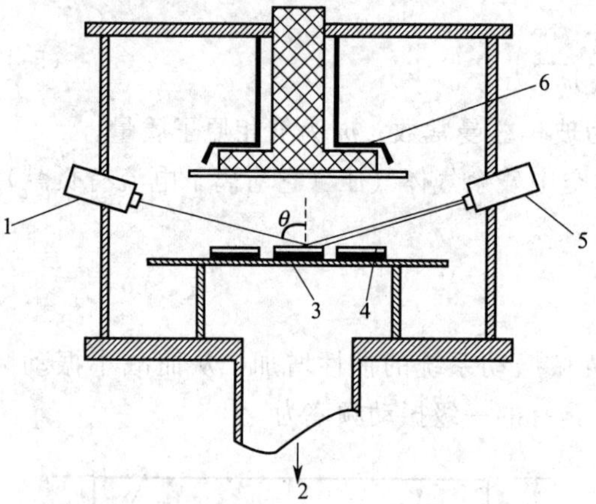

图 5-3　在溅射系统中的一个光学厚度监测仪

1—发光体；2—接真空泵；3—基片；

4—SiO_2 膜；5—检测仪；6—阴极靶

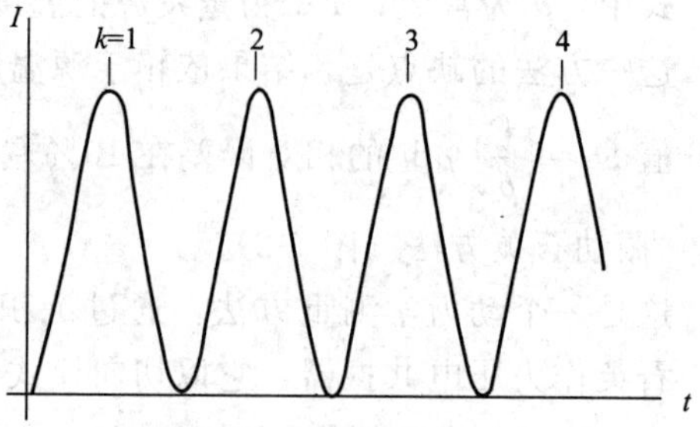

图 5-4　干涉强度随厚度 t 变化曲线

二、膜厚度测量

许多监测器必须被校正，校正工作通常由监测仪器与独立进行沉积膜厚度测量的结果进行比较来完成。使用光学干涉仪进行厚度的绝对测量是可能的。

（一）光学膜厚度确定（干涉仪）

干涉仪测量膜厚方法可以使用 Fizeau 盘来实现，Fizeau 盘能够发生多种反射导致一尖锐的干涉现象（图 5-5），干涉强度为：

$$I_R(\Delta\varphi)=I_0\left\{1-\frac{T^2}{1-R^2}\left[\frac{1}{1-F\sin^2(\Delta\varphi/2)}\right]\right\} \tag{5-8}$$

式中，I_0 代表原光束的强度；T 为透过率；R 为反射率；$F=4R(1-R)^2$。

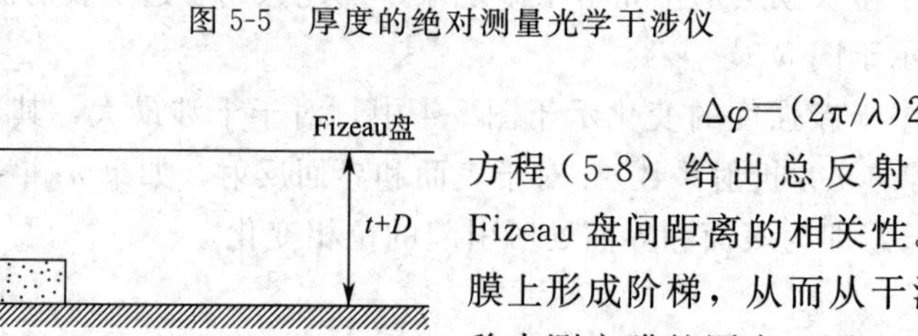

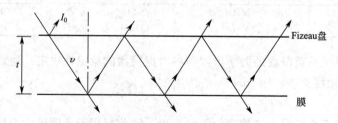

图 5-5　厚度的绝对测量光学干涉仪

$$\Delta\varphi=(2\pi/\lambda)2t\cos\theta \tag{5-9}$$

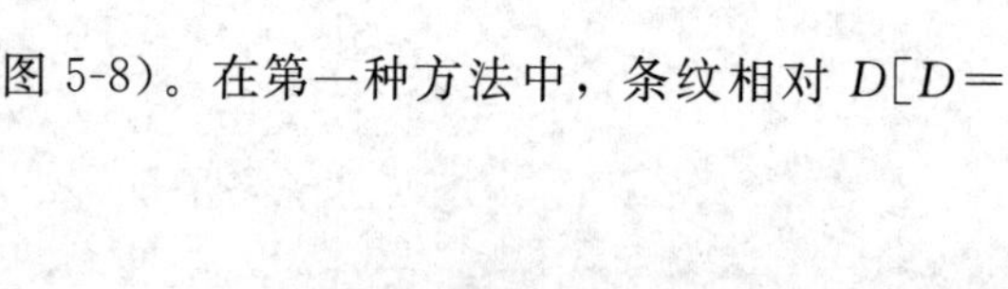

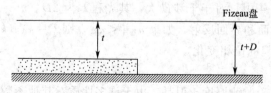

图 5-6　膜厚可由膜上的阶梯导致干涉极小漂移来测定

方程（5-8）给出总反射强度与膜表面和 Fizeau 盘间距离的相关性。膜厚可以通过在膜上形成阶梯，从而从干涉条纹极小值的漂移来测定膜的厚度（图 5-6）。

可使用的两种方法，一种是 Tolansky 干涉仪法（图 5-7），另一种是 FECO 干涉仪法（图 5-8）。在第一种方法中，条纹相对 $D[D=\lambda x/(2l)]$ 移动 x/l，D 的分辨率为 1～3nm。

对于第二种方法，条纹移动为 $\Delta\lambda_N=2DN$，N 是干涉级次，它可以用来估计条纹距离，分辨率为 0.1nm。

为了在膜上和阶梯底部上获得相同的反射率，表面必须同时镀上 Ag 膜。

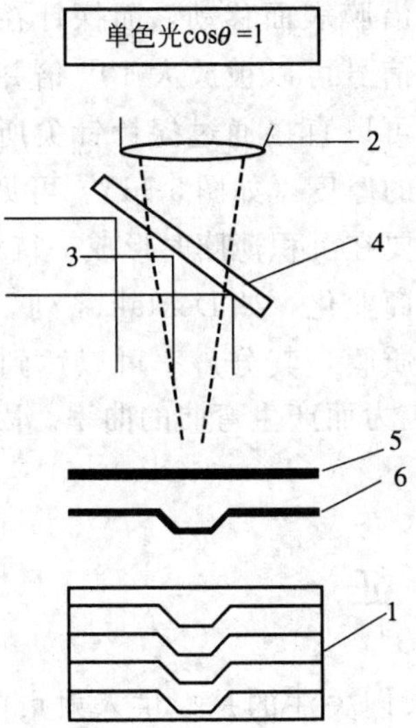

图 5-7 Tolansky 干涉仪

1—干涉图；2—显微物镜；3—单色光；4—镜；5—Fizeau 盘；6—高反射涂层

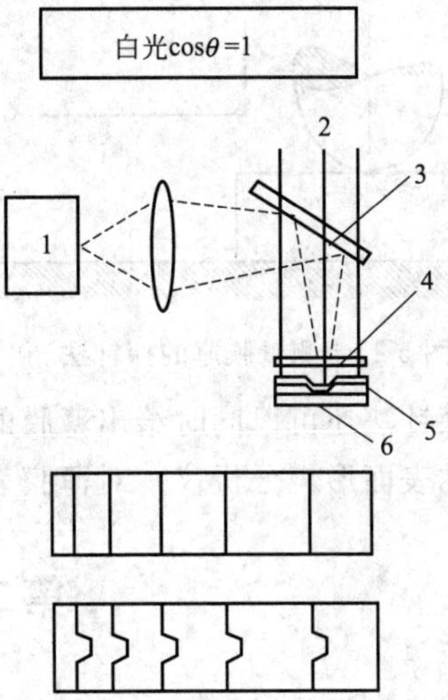

图 5-8 FECO 干涉仪

1—光谱；2—白光；3—镜；4—半透银涂层；5—有沟道的膜；6—基片

其他干涉仪可以以同一方式使用，但其精度要差，这是由于大多数使用的二束干涉仪，会给出发散的衍射条纹。薄膜的最小测量厚度一般在 10～30nm。

（二）X 射线干涉仪（Kiessig 条纹）（图 5-9）

当掠入射时，X 射线被平整表面反射和透过，反射级数稍稍不同于 1，$n=1-\delta$，$\delta\approx10^{-4}$（例如对于 Ag，$\delta=31\times10^{-6}$）。Snell 定律给出 $\sin\upsilon/\sin\upsilon'=1-\delta$，在进行一些变换后，可得

$$\theta'=(\theta^2-2\delta)^{1/2} \tag{5-10}$$

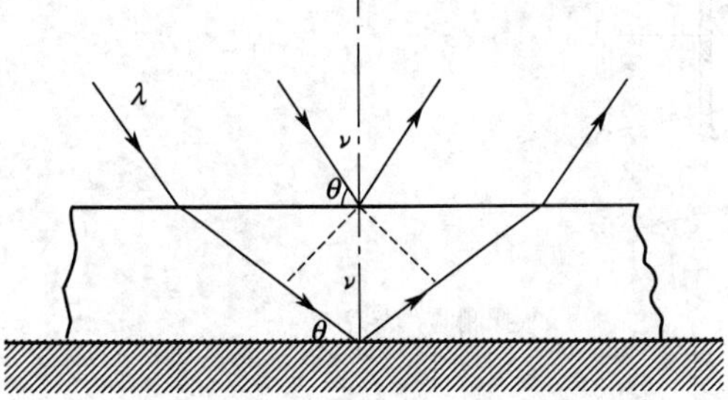

图 5-9 X 射线干涉仪

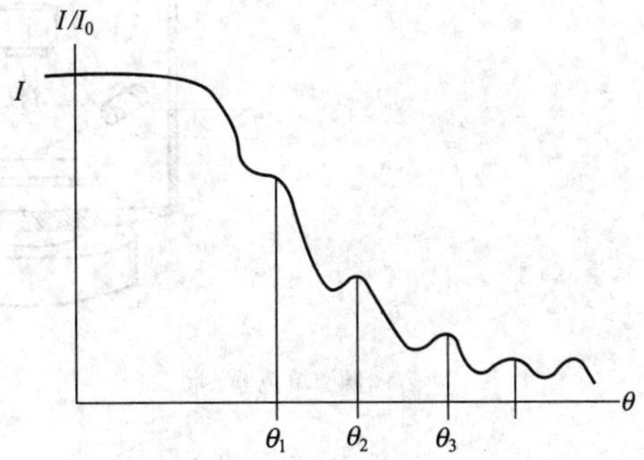

图 5-10 X 射线干涉仪的反射曲线

对于表面和界面反射的光程差为 $2D\sin\theta'+\lambda/2$，在反射曲线中极大值出现在角度为 $\Delta=n\lambda(n=1,2,\cdots)$ 处（图 5-10），从而

$$D=K\frac{\lambda}{4}\frac{1}{\sqrt{\theta_k^2-2\delta}}\quad(K=1,3,5,\cdots) \tag{5-11}$$

正确的 K 可以由尝试法确定，在 D 中的散射对正确的 K 值应为最小，此方法对于测量厚度小于 100nm 膜特别有用，其分辨率为 0.1～0.5nm。

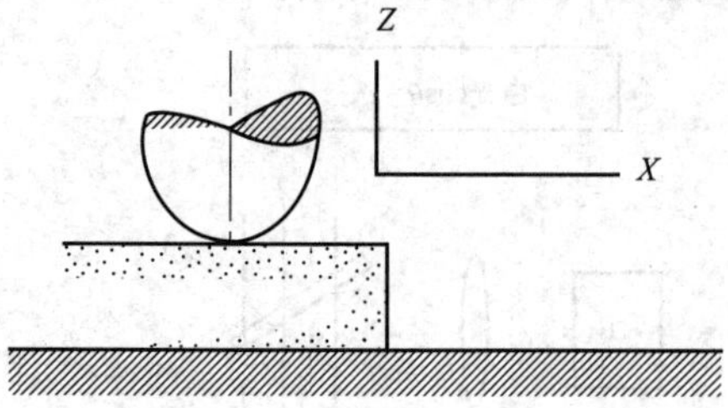

图 5-11　测量膜厚的探针法

（三）探针法

金刚石探针沿膜表面移动，而探针在垂直方向上的位移通过电信号可以被放大 10^{16} 倍并被记录下来。从膜的边缘可以直接通过探针针尖所检测的阶梯高度确定薄膜的厚度（如图 5-11）。可见，应用探针法测量膜厚需要在沉积薄膜时形成一待测量阶梯。现在探针法已经商业化，如 Dektak 系列。探针法所测薄膜一般为硬质膜，其分辨率可以达到 1～2nm。另外，探针法还可以同时给出薄膜的表面形貌和膜由于应力而产生弯曲的曲率。因此，探针法（又称表面形貌分析仪）对薄膜表征非常有用。

第二节　组 分 表 征

在现代材料分析中[2]（也包括薄膜材料的分析），人们关注的是提供入射束的辐射源、粒子束（光子、电子、中子或离子）、入射束与样品相互作用截面、入射束与样品作用后所出来的辐射、探测系统。下面，我们主要关注入射束与薄膜材料的相互作用并重点关注相互作用后的辐射能量和强度。发射粒子的能量为鉴定和识别原子提供了依据，而辐射强度可以提供粒子的数量，即样品的成分的依据。辐射源和探测系统固然都很重要，但这里我们主要强调材料的定量分析，这一分析与入射束同样品的相互作用相关。用于分析薄膜材料的实验系统可以用图 5-12 示意给出。在一些情况下，使用的入射束和出射束相同（我们使用入射

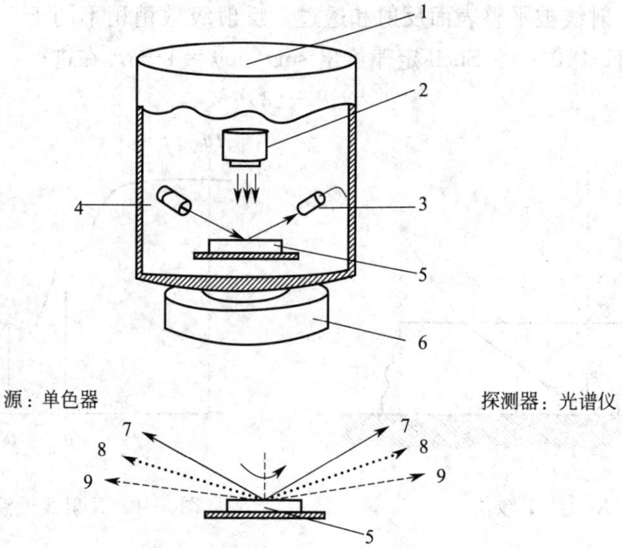

图 5-12　用于材料组分分析技术中的入射源和探测器示意图

1—分析室；2—溅射源；3—探测器；4—源；
5—样品；6—真空系统；7—电子；8—光子；9—离子

束代表光子，粒子束代表电子、离子等），下面给出一些实际例子：

电子入、电子出：俄歇电子能谱（AES）

离子入、离子出：卢瑟福背散射（RBS）

X 射线入、X 射线出：X 射线荧光光谱（XRF）

在其他情况下，入射束和出射束不同，如下面所列出的一些例子：

X 射线入、电子出：X 射线光电子谱（XPS）

电子入、X 射线出：电子探针分析（EMA）

离子入、靶离子出：次级离子质谱（SIMS）

入射到靶上的粒子束或者发生弹性散射或者引起原子中电子的跃迁。散射粒子或出射粒子的能量包含原子的特征，跃迁能量是已知原子的标识，因此，测量出射粒子的能量谱即识别了原子。

靶（或样品）中单位面积（每平方厘米）上的原子数可由与入射粒子数 I 和相互作用粒子数的关系确定，术语散射面用于定量测量入射粒子与原子的相互作用。对于一已知过程的单个原子散射截面 σ，通过概率 P 来定义：

$$P=\frac{\text{相互作用粒子数}}{\text{入射粒子数}} \tag{5-12}$$

对于粒子数为 I 的垂直入射束，每单位面积包含 N_t 个原子的靶（样品），相互作用粒子数为 $I\sigma N_t$。从对测量包含跃迁特征出射粒子的检测效率，最终可以得到原子数和靶材组分（图 5-13）。

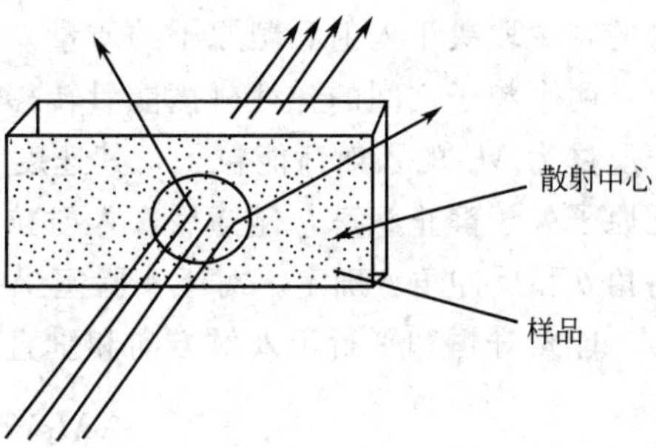

图 5-13 散射截面示意图

一、卢瑟福背散射（RBS）

现代原子模型是电子围绕在带有正电的中心核——原子核（包含 Z 个质子，$A-Z$ 个中子，Z 为原子序数，A 是原子质量）周围运动。由带有正电荷的 α 粒子对样品的单一碰撞和大角度散射不仅确立了上述原子模型，而且也形成了现代薄膜材料分析技术——卢瑟福背散射（RBS）的基础。

在所有分析技术中，RBS 或许最容易理解，也最容易应用，因为它基于中心力场的经典散射原理，除了为提供能量为 MeV 的粒子束准直所需的加速器外，仪器本身非常简单[图 5-14(a)]。

探测器使用半导体核粒子探测器，它的输出电压脉冲正比于从样品散射到检测器中的粒子能量。RBS 技术也是最为定量化的技术，当具有 MeV 能量的 He 离子（α 粒子）与样品发生碰撞并被散射时，α 粒子与靶原子运动完全被库仑排斥作用所控制。碰撞运动学和散射截面与靶原子间的化学键合无关，因此背散射测量对靶内的电子组态或化学键合不敏感，为了获得电子组态信息，人们必须使用其他分析技术手段如 XPS。

（一）弹性碰撞运动学

在 RBS 中，具有单一能量的入射 α 粒子与靶原子相碰撞，然后被散射到探测器——用来测量粒子能量的分析系统。在碰撞中，能量从运动粒子传递给静止的靶原子；散射粒子能

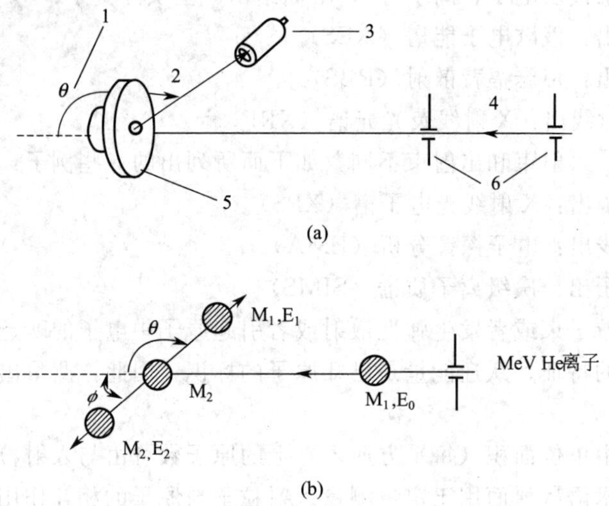

图 5-14 (a) RBS 实验系统示意图；(b) 弹性散射过程示意图

1—散射角 θ；2—散射束；3—核粒子探测器；

4—MeV He 入射束；5—样品；6—准直径

量的减少取决于入射和靶原子的质量，从而提供了识别靶原子的手段。

两个粒子之间的弹性碰撞能量转移或运动学完全可以由能量和动量守恒原理来解决。对于质量为 M_1 的入射荷能粒子，其速度和能量为 V 和 E_0（$E_0=1/2M_1V^2$），而质量为 M_2 的靶原子处于静止状态，碰撞后，入射粒子和靶原子的速度值 V_1、V_2 和能量值 E_1、E_2 由散射角 θ 和反冲角 ϕ 确定。对于实验室坐标系下，各量的表示及几何关系示于图 5-14(b) 中。

能量守恒和平行于入射方向和垂直于入射方向的动量守恒可由下述方程表示：

$$\frac{1}{2}M_1V^2=\frac{1}{2}M_1V_1^2+\frac{1}{2}M_2V_2^2 \tag{5-13}$$

$$M_1V=M_1V_1\cos\theta+M_2V_2\cos\phi \tag{5-14}$$

$$0=M_1V_1\sin\theta-M_2V_2\sin\phi \tag{5-15}$$

首先消去 ϕ，然后再消去 V_2，可以得到粒子速度比：

$$\frac{V_1}{V}=[\pm(M_2^2-M_1^2\sin^2\theta)^{1/2}+M_1\cos\theta]/(M_1+M_2) \tag{5-16}$$

对于 $M_1<M_2$，取“+”号，则发射粒子的能量比为

$$\frac{E_1}{E_0}=\left[\frac{(M_2^2-M_1^2\sin^2\theta)^{1/2}+M_1\cos\theta}{M_2+M_1}\right] \tag{5-17}$$

能量比（称为运动学因子 $K=E_1/E_0$）表明散射后粒子的能量仅仅由粒子和靶原子的质量及散射角决定。

对于 180°的背散射，能量达到最小值

$$\frac{E_1}{E_0}=\left(\frac{M_2-M_1}{M_2+M_1}\right)^2 \tag{5-18a}$$

在 90°时能量比为

$$\frac{E_1}{E_0}=\frac{M_2-M_1}{M_2+M_1} \tag{5-18b}$$

当 $M_2=M_1$ 时，粒子碰撞后将静止，所有的能量传给靶原子。对于 $\theta=180°$，传递给靶原子的能量 E_2 达到最大值：

$$\frac{E_2}{E_0}=\frac{4M_1M_2}{(M_1+M_2)^2} \tag{5-19}$$

而一般的关系则为

$$\frac{E_2}{E_1}=\frac{4M_1M_2}{(M_1+M_2)^2}\cos^2\phi \tag{5-19a}$$

实际上，当靶原子包含两种不同种类原子，且它们的质量差一小量 ΔM_2 时，实验装置要尽量调整使之在碰撞后测得的粒子能量 E_1 尽可能有大的变化 ΔE_1。当 $\theta=180°$时，ΔM_2 的改变使 K 的改变最小（$M_1<M_2$），因此，$\theta=180°$对于检测器是择优选择方向（实际情况，由于检测器的尺寸 $\theta\approx170°$），而此实验设置正是背散射名字的由来。

在背散射测量时，来自半导体检测器的信号是以脉冲电压的形式出现，脉冲的高度正比于粒子的入射能量。脉冲高度分析器在已知多道分析器中将已知高度脉冲储存起来，道数用脉冲高度来进行校正，因此在道数和能量之间存在直接的关系。

（二）散射截面和瞄准距离

识别靶原子是通过测量弹性碰撞后的散射粒子能量实现的。每单位面积上靶原子数 N_s 可由入射粒子和靶原子之间的碰撞概率来确定。碰撞概率是通过在如图 5-15 所示的几何构形中，入射到靶上的已知粒子数 Q 中被检测到的整个粒子数 Q_D 来测得。靶原子束 N_s 和检测粒子的关系由散射截面给出，对于厚度为 t，具有 N 个原子/cm^3 的薄靶，$N_s=N_t$。

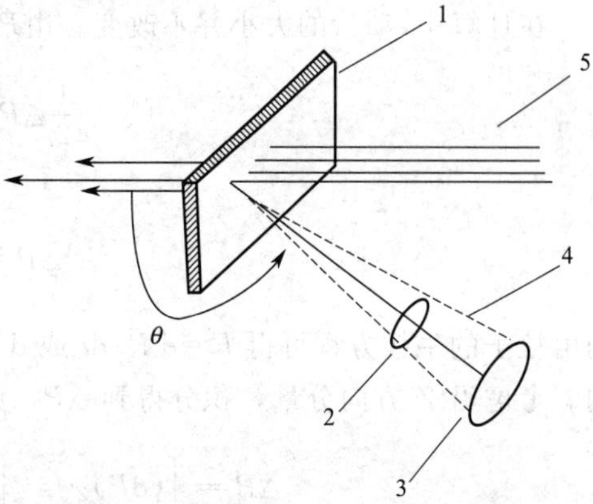

图 5-15 证明微分散射截面的散射实验简单示意图（只有被散射在检测器扫描固体角 dΩ 的入射粒子被计算）

1—靶：N_s 个原子/cm^2；2—Ω；3—探测器；4—散射粒子；5—入射粒子

对于通过角度 θ 散射入射粒子到微分固体角 $d\Omega$（中心在 θ 附近）的靶原子的微分散射截面 $d\sigma/d\Omega$，由下式给出：

$$\frac{d\sigma(\theta)}{d\Omega}\cdot d\Omega\cdot W_s=\frac{\text{散射到 } d\Omega \text{ 中的粒子数}}{\text{整个入射粒子数}}$$

在背散射光谱仪中，检测固体角很小（10^{-2} 或更小），因此可定义平均散射截面 $\sigma(\theta)$

$$\sigma(\theta)=\frac{1}{\Omega}\int_{\Omega}\frac{d\sigma}{d\Omega}d\Omega \tag{5-20}$$

此处，$\sigma(\theta)$ 通常称为散射截面。对于距靶 l 距离，面积为 A 的小检测器，固体角由 A/l^2 给出。

对于图 5-16 所示的几何构形，靶单位面积（cm^2）原子数 N_s 与产额或检测粒子数 Q_D 的关系为：

$$Y=Q_D=\sigma(\theta)\Omega QN_s \tag{5-21}$$

式中，Q 为入射粒子的总数，Q 值由入射到靶上的荷电粒子束流对时间积分得到。

（三）中心力场散射

中心力场散射截面可由粒子与靶原子间的相互作用力计算得到。当入射到靶上的粒子经碰撞后只有小偏折时，可采用中心力场散射来给出入射粒子与靶原子的相互作用。当具有电

荷为 Z_1e 的粒子接近靶原子（带有电荷 Z_2e）（Z_1、Z_2 分别为粒子与靶原子的原子序数），它将感受到一排斥力的作用，从而使其运动轨道偏离入射线方向（图 5-16），在距离 r 处的库仑力 F 为

$$F=\frac{Z_1Z_2e^2}{r^2} \tag{5-22}$$

令$\vec{P}_1$ 和$\vec{P}_2$ 为粒子初始和最终动量，从图 5-17 可以看到动量的整个变化 $\Delta\vec{P}=\vec{P}_2-\vec{P}_1$ 沿 Z' 轴方向。

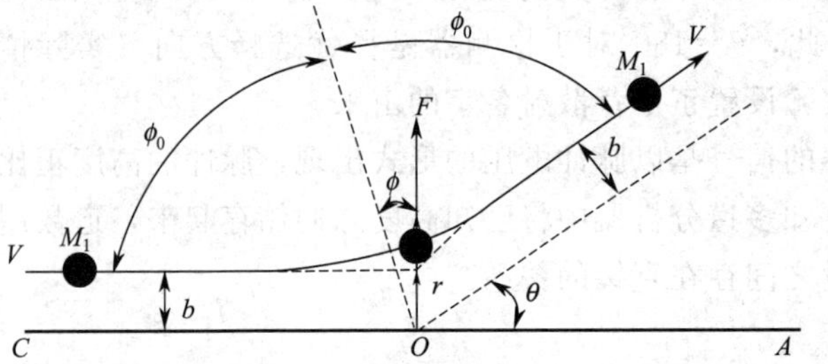

图 5-16 RBS 背散射示意图

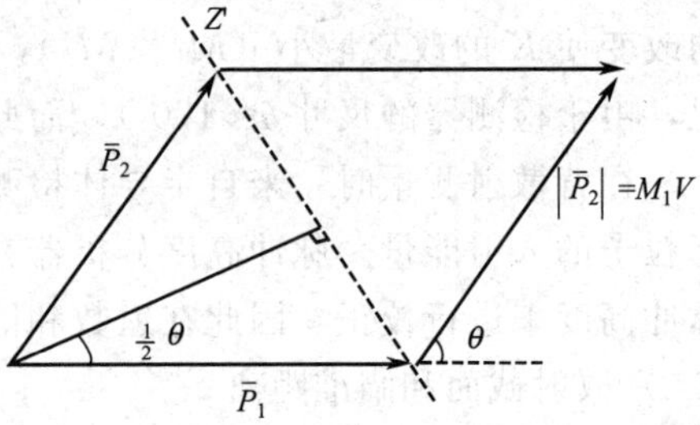

图 5-17 RBS 中的动量关系图

注意 $|\vec{P}_1|=|\vec{P}_2|$

在计算中，动量的大小并不改变。由$\vec{P}_1$、$\vec{P}_2$、$\Delta\vec{P}$形成的等腰三角形，可以得到

$$\frac{1}{2}\Delta P/M_1V=\sin\frac{\theta}{2}$$

或

$$\Delta P=2M_1V\sin\frac{\theta}{2} \tag{5-23}$$

而由粒子的牛顿方程可得 $F=\mathrm{d}\vec{P}/\mathrm{d}t$ 或 $\mathrm{d}\vec{P}=\vec{F}\mathrm{d}t$，$F$ 为库仑定律给出的力，它的方向沿径向。考虑沿 Z'方向分量，积分得到 ΔP，则

$$\Delta P=\int(\mathrm{d}P)_{Z'}=\int F\cos\phi\mathrm{d}t=\int F\cos\phi\frac{\mathrm{d}t}{\mathrm{d}\phi}=\mathrm{d}\phi \tag{5-24}$$

此处积分变量由 t 变为 ϕ。我们可以将 $\mathrm{d}t/\mathrm{d}\phi$ 与位于原点时的粒子角动量联系起来，因为力是中心力，对原点不会产生力矩，因此粒子的角动量守恒，开始时，角动量为 M_1Vb，过一段时间，为 $M_1r^2\mathrm{d}\phi/\mathrm{d}t$，角动量守恒给出：

$$M_1r^2\frac{\mathrm{d}\phi}{\mathrm{d}t}=M_1Vb$$

或

$$\frac{\mathrm{d}t}{\mathrm{d}\phi}=\frac{r^2}{Vb}$$

将其带入方程(5-24) 并将力用库仑力代替，则

$$\Delta P=\frac{Z_1Z_2e^2}{r^2}\int\cos\phi\frac{r^2}{Vb}\mathrm{d}\phi=\frac{Z_1Z_2e^2}{Vb}\int\cos\phi\mathrm{d}\phi$$

或

$$\Delta P=\frac{Z_1Z_2e^2}{Vb}(\sin\phi_2-\sin\phi_1) \tag{5-25}$$

从图 5-16 可得到 $\phi_1=-\phi_0$，$\phi_2=+\phi_0$，此处 $2\phi_0+\theta=180°$，则 $\sin\phi_2-\sin\phi_1=2\sin(90°-1/2\theta)$。结合方程(5-23）和方程(5-25)，可得到

$$\Delta P=2M_1V\sin\frac{\theta}{2}=\frac{Z_1Z_2e^2}{bV}2\cos\frac{\theta}{2} \tag{5-26a}$$

它给出瞄准距离 b 与散射角的关系为：

$$b=\frac{Z_1Z_2e^2}{M_1V^2}\cot\frac{\theta}{2}=\frac{Z_1Z_2e^2}{2E}\cot\frac{\theta}{2} \tag{5-26b}$$

从 $2\pi b\mathrm{d}b=-\sigma(\theta)\cdot 2\pi\sin\theta\mathrm{d}\theta$ 可以得到散射截面

$$\sigma(\theta)=\frac{-b}{\sin\theta}\frac{\mathrm{d}b}{\mathrm{d}\theta} \tag{5-27}$$

由几何关系 $\sin\theta=2\sin(\theta/2)\cos(\theta/2)$ 和 $\mathrm{d}\cot(\theta/2)=-\frac{1}{2}\mathrm{d}\theta/\sin^2(\theta/2)$ 可得出：

$$\sigma(\theta)=\left(\frac{Z_1Z_2e^2}{4E}\right)^2\left(\frac{1}{\sin^2\theta/2}\right) \tag{5-28}$$

这一散射截面是由卢瑟福导出的。1911～1913 年 Geiger 和 Marsden 所做实验验证了散射量正比与（$\sin^4\theta/2)-1$ 和 E^{-2} 的预言。此外，他们发现，在中心原子处的元素电荷数大致等于原子质量的一半，这一观察引入了元素的原子序数概念，这一概念描述了原子核所带的正电荷。由验证原子具有核模型的这一实验，现在已成为一种重要的材料分析技术。

对于库仑散射，入射粒子与散射原子的最接近距离 d 由入射能量 E 和 d 点的位能所决定

$$d=\frac{Z_1Z_2e^2}{E} \tag{5-29}$$

散射截面可以写成 $\sigma(\theta)=(d/4)^2/\sin^4(\theta/2)$，对 180°散射，$\sigma(180°)=(d/4)^2$；对于 2MeV 的 He 离子（$Z_1=2$）入射到 Ag 靶（$Z_2=47$）时

$$d=\frac{2\times47\times14.4}{2\times10^6}=6.8\times10^{-4}\ (\text{Å})$$

这一值远比玻尔半径 $a_0=\hbar^2/m_ee^2=0.053\text{nm}$（$\hbar$ 普朗克常数，m_e 电子质量）和 Ag 的 K 壳层半径 $a_0/47\approx10^{-3}\text{nm}$ 小得多，因而使用非屏蔽截面是正确的。对于 180°的散射截面为

$$\sigma(\theta)=(6.8\times10^{-4})^2/16=2.89\times10^{-8}=2.89\times10^{-24}\text{cm}^2$$

（四）二体散射横截面

我们所使用的中心力场意味着入射粒子散射前后的能量没有变化。事实上，从运动学角度，我们知道靶原子会从它的起始位置反弹，因此入射粒子在碰撞中会损失能量。通过引入质心坐标来替代实验室坐标，我们可以得到计算靶原子反弹效应的散射截面，这里我们只给出变换的结果：

$$\sigma(\theta)=\left(\frac{Z_1Z_2e^2}{4E}\right)^2\frac{4}{\sin^2\theta}\frac{(\{1-[(M_1/M_2)\sin\theta]^2\}^{1/2}+\cos\theta)^2}{\{1-[(M_1/M_2)\sin\theta]^2\}^{1/2}} \tag{5-30}$$

对于 $M_1\ll M_2$ 可以得到展开式：

$$\sigma(\theta)=\left(\frac{Z_1Z_2e^2}{4E}\right)^2\left[\sin^{-4}\frac{\theta}{2}-2\left(\frac{M_1}{M_2}\right)^2+\cdots\right] \tag{5-31}$$

可以看到此方程的主项正是方程(5-28) 给出的散射截面，其他修正项是很小的。

(五) 背散射的能量宽度

当能量为 MeV 的 He 离子穿过薄膜样品时，在它们的入射路径在 3～6nm 之间，以 dE/dt 的速率行进时，将有能量损失。在薄膜样品中，总能量损失 ΔE 正比于深度 t 是一较好的近似，即：

$$\Delta E_{in}=\int^{t}\frac{dE}{dx}dx\approx\left.\frac{dE}{dx}\right|_{in}\cdot t \tag{5-32}$$

式中，dE/dx 由入射能量 E_0 和 $E_0-(dE/dx)t$ 的平均值来估计。

在深度 t 的粒子能量为：

$$E(t)=E_0-t\cdot dE/dx|_{in} \tag{5-33}$$

在大角度散射后，粒子的能量为 $KE(t)$，式中 k 为方程(5-17) 所定义的运动学因子。粒子的出射能量为：

$$E_1(t)=KE(t)-\frac{t}{|\cos\theta|}\frac{dE}{dx}|_{out}=-t\left(k\frac{dE}{dx}|_{in}+\frac{1}{|\cos\theta|}\frac{dE}{dx}|_{out}\right)+KE_0 \tag{5-34}$$

式中，θ 为散射角。从厚为 Δt 的薄膜中出来的信号的能量宽度 ΔE 则为：

$$\Delta E=\Delta t\left(k\frac{dE}{dx}|_{in}+\frac{1}{|\cos\theta|}\frac{dE}{dx}|_{out}\right)=\Delta t[s] \tag{5-35a}$$

式中，下标“in”和“out”代表 dE/dt 在入射和出射时的值；$[s]$ 经常代表背散射能量损失因子。

在入射和出射轨道上，假设 dE/dx 为常数，将给出 ΔE 与深度 t 具有线性关系。对于薄膜，$\Delta t\leqslant 100$nm，沿轨道的能量相对变化很小。在估计 dE/dx 时，可以使用“表面能量近似”，在这一近似中 $dE/dx|_{in}$ 用 E_0 来估计，而 $dE/dx|_{out}$ 用 KE_0 来估计。在这一近似中，从厚度为 Δt 的膜中的能量宽度为

$$\Delta E=\Delta t[S_0]=\Delta t\left[k\frac{dE}{dx}|_{E_0}+\frac{1}{|\cos\theta|}\frac{dE}{dx}|_{KE_0}\right] \tag{5-35b}$$

当膜厚或路径变得重要时，通过在散射前后的一平均能量 $\overline{E}$ 来选择 dE/dx 常数将是一个很好的近似。对于入射轨道，入射粒子以 E_0 能量进入，在 Δt 时刻具有能量 $E(\Delta t)$，则 $\overline{E}_{in}=1/2[E(\Delta t)+E_0]$。散射后，粒子具有能量 $KE(\Delta t)$，则 $\overline{E}_{out}=1/2[E_1+KE(\Delta t)]$。在这一“平均能量近似”中，散射前的能量 $E(\Delta t)$ 可由 dE/dx 计算，能量的损失由入射和出射路径分摊，则 E 可由 $E_0-1/2\Delta E$ 近似给出，因此 $\overline{E}_{in}=E_0-1/4\Delta E$ 和 $\overline{E}_{out}=E_1+1/4\Delta E$。

(六) 背散射光谱确定薄膜组分

轻离子的能量损失在 MeV 能量范围内显示出非常明显的行为图案。dE/dx 值可用于进行背散射粒子或在核反应中的出射粒子的组分深度线形分析。我们用在 Si 基片的离子注入和在 Si 上的薄膜沉积来示意一下背散射光谱技术。

对于杂质非常低的情况 [≤1% (原子分数)]，截止功率简单地由基体决定。图 5-18 给出 As 注入到 Si 中的散射谱图。由方程(5-35) 使用 $k=k_{As}$ 和硅的 dE/dx 得到漂移 ΔE_{As}，表明 As 注入到 Si 表面以下。

图 5-19 上部分给出在 Si 基片上、厚为 100nm 的 Ni 膜。在停止前，几乎所有的入射

^{4}He 束皆穿入样品数个微米量级深度。从 Ni 前表面散射的粒子具有由 $E_1 = kE_0$ 给出的能量，这里，在散射角为 170°时，^{4}He 散射的运动学因子对于 Ni 为 0.76，对于 Si 为 0.57。

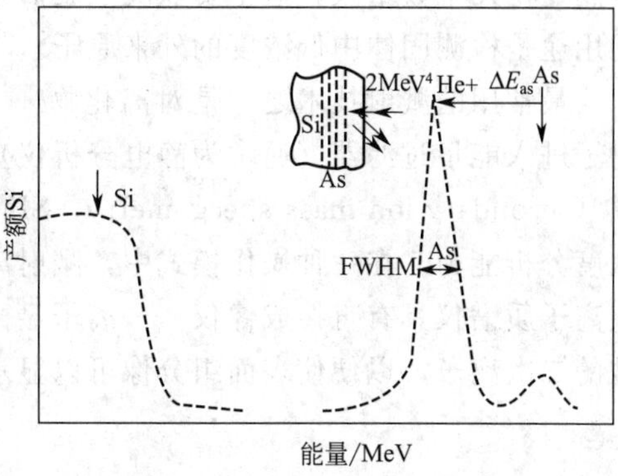

图 5-18 2MeV He 离子的背散射谱
样品为以 250eV 能量，1.2×10^5 As 离子/cm² 剂量在 Si 晶上注入 As

当粒子横向穿入到固体时，沿行进路径以 640eV/nm 的速度损失其能量（假设 Ni 的密度为 8.98g/cm³）。在薄膜分析中，能量损失随厚度增加呈线性关系是一较好近似，因此，2MeV 粒子在穿透到 Ni-Si 界面时将损失 64keV 的能量。在界面反射后，从 Ni 中散射的粒子将具有 1477keV 能量［由 $k_{Ni}\times(E_0-64)$ 导出］。在出射路径上，由于能量损失过程依赖于能量（690eV/nm），粒子具有稍稍不同的能量损失。从表面出现时，从界面 Ni 所散射的^{4}He 离子将具有 1408keV 能量，在表面和界面间离子的总能量差为 118keV，此值可由方程(5-35) 推导出来。

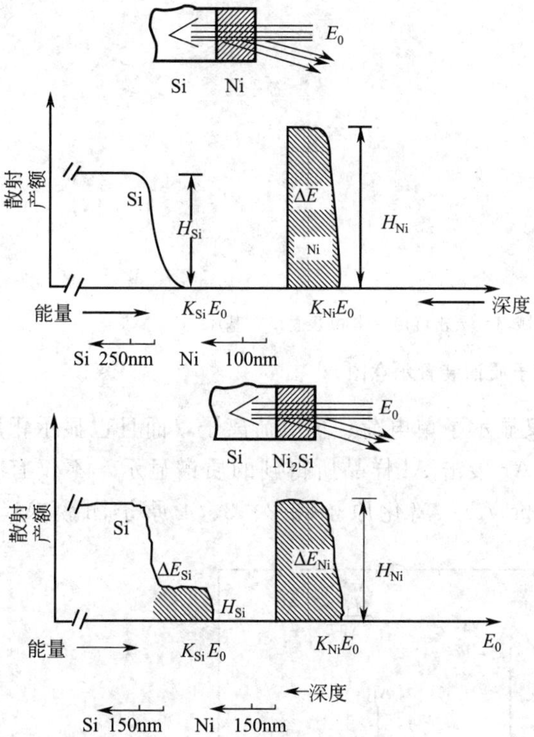

图 5-19 MeV ^{4}He 离子入射到硅基片上、厚为 100nm 的 Ni 膜（上图）与硅基片上 NiSi（下图）RBS 光谱示意图

一般地，人们对反应产物或互扩散形貌感兴趣。图 5-19 下部分给出 Ni 膜与基片 Si 反应形成 Ni_2Si 的 RBS 谱图。反应后，Ni 信号 ΔE_{Ni} 稍有展宽，这是由于对能量损失有贡献的 Si 原子的存在。Si 信号显示了对应于 Ni_2Si 中 Si 的阶梯，注意到 Ni 和 Si 的高度比 H_{Ni}/H_{Si} 可以给出层中的组分。一级近似下，浓度比可由下式给出：

$$\frac{N_{Ni}}{N_{Si}}\approx\frac{H_{Ni}}{H_{Si}}\frac{\sigma_{Si}}{\sigma_{Ni}}\approx\left(\frac{H_{Ni}}{H_{Si}}\right)\left(\frac{Z_{Si}}{Z_{Ni}}\right)^2 \quad (5\text{-}36)$$

此处我们忽略了由 Ni 和 Si 原子引起的散射粒子在其出射路径上的截止截面差别。在硅化物中的 Ni 或 Si 产额可由信号高度与能量 ΔE 的乘积得到。因此，对于在膜中均匀分布的两个元素 A 和 B 的原子比率可近似由下式给出：

$$\frac{N_A}{N_B}=\frac{H_A\Delta E_A\sigma_B}{H_B\Delta E_B\sigma_A} \quad (5\text{-}37)$$

在 Ni_2Si 情况下，方程(5-36) 和方程(5-37) 的差别在确定硅化物化学配比时只为 5%。

二、二次离子质谱仪（SIMS）

通过溅射过程可对样品表层刻蚀，而溅射物的相对丰度提供了被除去表层组分的直接量度。溅射物作为处于各种激发态的中性物、具有正电荷和负电荷的离子以及粒子团簇发射出来。同一样品的离化物和中性物的比率可能变化几个数量级，这主要取决于表面条件。溅射物分析是最敏感的表面分析技术，通常的用途是检测固体中低浓度的外来原子。

最常用的溅射技术之一是对离化物——二次离子的收集和分析，如图 5-20 所示，二次离子进入能量过滤器（通常为静电分析仪），然后在质谱仪中被收集，这便是二次离子质谱仪（secondary ion mass specgometry，SIMS）。所有二次离子质谱仪都具有表面和元素深度浓度分析能力。在一种操作模式中，溅射离子束穿过样品并在样品表面留下刻蚀坑。有的二次离子质谱仪具有直接成像仪——离子显微镜，利用离子显微镜，可以检测来自样品某一区域的二次离子，以便使表面组分像可以显示出来。

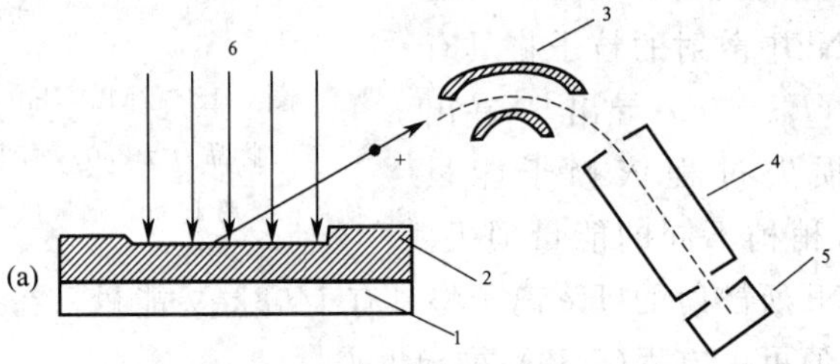

1 —基片；2 —膜；3 — 能量过滤器；4 — 质谱仪；5 —二次离子检测器；6 — 入射离子

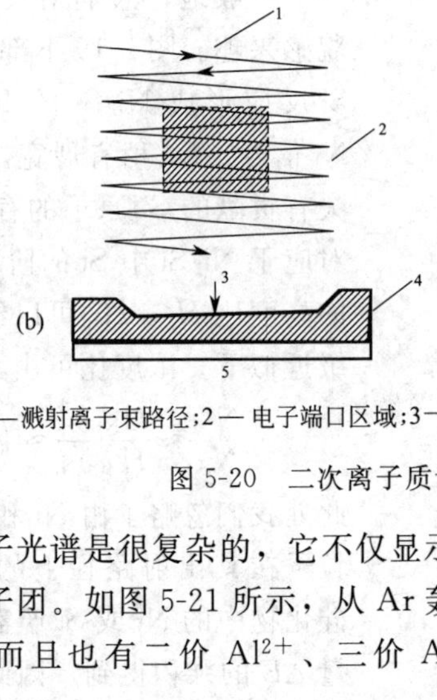

1 —溅射离子束路径；2 — 电子端口区域；3 —轰击坑；4 — 样品表面；5 —基片

图 5-20　二次离子质谱装置示意图

正和负二次离子光谱是很复杂的，它不仅显示了单电荷、多电荷离子，而且也显示靶原子所有被离化的原子团。如图 5-21 所示，从 Ar 轰击 Al 样品所得到的质谱显示，不仅有一价离化原子 Al^{+}，而且也有二价 Al^{2+}、三价 Al^{3+} 离化原子和 2、3、4 原子团簇 Al_2^{+}，

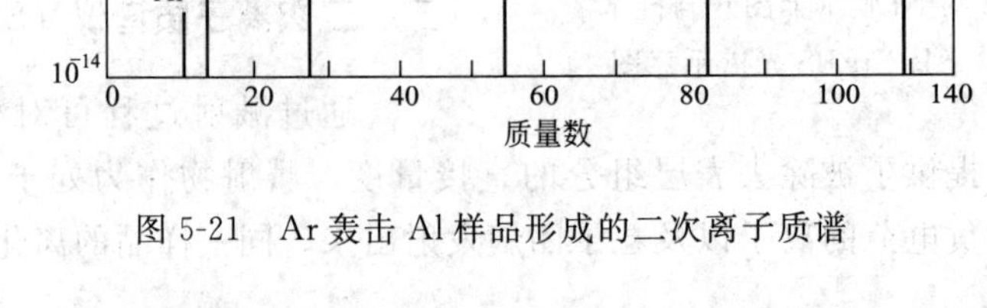

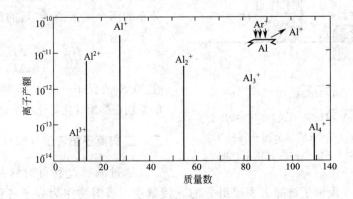

图 5-21　Ar 轰击 Al 样品形成的二次离子质谱

Al_3^+，Al_4^+，在大多数情况下，一价离化原子的产额占主导地位。

溅射粒子从固体中出来时一般具有一定能量分布，这一能量分布对应着构成溅射过程许多单个事件的涨落。溅射粒子具有能量谱 $Y(E)$ 的相关总产额为

$$Y=\int_0^{E_m} Y(E)\mathrm{d}E \tag{5-38}$$

此处 E_m 为溅射粒子的最大能量。正电离化的二次离子产额 $Y^*(E)$ 与溅射产额 $Y(E)$ 的关系为：

$$Y^*(E)=\alpha^+(E)Y(E) \tag{5-39}$$

总二次正离子产额为：

$$Y^+=\int_0^{E_m} \alpha^+(E)Y(E)\mathrm{d}E \tag{5-40}$$

式中离化概率 $\alpha^+(E)$ 与粒子能量和基片特性有关。对于几乎相同的溅射产额，溅射物间的离化产额可以相差三个数量级。二次离子质谱定量分析的主要困难是 $\alpha^+(E)$ 的确定。

在靶中浓度为 C_A 处的质量为 A 的单一同位素元素的测量信号 I^+（单位为每秒粒子数）由下式给出：

$$I_A^+=C_A i_p \beta T \alpha^+(E,\theta)Y(E,\theta)\Delta\Omega\Delta E \tag{5-41}$$

式中，i_p 为溅射束流（单位离子数）；θ 和 E 代表检测系统的角度和通过的能量；$\Delta\Omega$ 和 ΔE 是固体角和能量过滤器的宽度；β 和 T 是检测器灵敏度和所测离子的系统发射；α^+ 和 Y 与样品组分有关，如果某种成分在整个基体中的浓度较低，则与这种成分的依赖关系可忽略。二次离子质谱非常强的信号使其具有在较广的浓度范围内分析氢元素的能力。

二次离子产额对靶表面正离子或负离子的存在非常敏感。离开表面的正离子中性化涉及发射物的原子能级和在固体表面处电子填充离化能级的可能性。当固体中的电子具有与未占据能级相同能量时，这一过程效率最高。在这一条件下，共振隧道会出现，促使离子中性化。因此，离子中性化的概率与固体能带、溅射离子能级有关。对于高产额离化粒子，人们希望减小中性化概率，这可以通过形成一薄的氧化层来实现。氧化层会导致一宽的禁带，从而使中性化所获得的电子数减少，例如，氧吸附引起二次离子产额的增加。对氧化表面的敏感性是二次离子质谱的一个优势。根据这一特性，二次离子质谱经常用于分析表面被氧覆盖或由氧气轰击的样品。

三、X 射线光电子能谱（XPS）

能量为 70keV 的光子与原子中的电子主要通过光子吸收过程发生相互作用。光电子过程是光子与原子作用的直接结果，它是主要分析工具之一——光电子能谱的基础。当紫外线照射到样品上时即形成紫外线光电子能谱（UPS），当入射线为 X 射线时，即形成 X 射线光电子能谱（XPS），XPS 的另一个称谓是用于化学分析的电子光谱（ESCA，electron spectroscopy for chemical analysis）。

在材料分析中，人们感兴趣的光子能量范围对应于紫外光和 X 射线。实际上，光子能量从 10eV 开始延伸［这一值接近于氢原子中电子的结合能（13.6eV）一直到 0.1MeV］。具有这些能量的光子可以穿入固体内与内壳层电子发生作用。低能光子用于建立与外壳层（不是被紧束缚）电子相联系的可见光谱。这些外壳层电子只涉及化学键合，与特定原子无关，因此它不能用于元素识别。大多数实验室所用仪器的 X 射线能量在 1～10keV，这也是

我们主要讨论的能量范围。

（一）实验装置

在光电子能谱中，令人感兴趣的基本过程是能量为 $\hbar\omega$ 的光子吸收、电子发射（光电子）。光电子的动能（相对某一合适能量零点）与靶原子中的电子结合能相关。在这一过程中，入射光子将整个能量转移给束缚电子。只要能测量出从样品中逃逸出来且没有能量损失的电子能量，则可提供样品中所含元素的标识。如图 5-22 所示，光电子谱需要单色辐射源和电子谱仪。对于所有电子光谱，其共同点是电子的逃逸深度为 1～2nm，因此样品制备应格外小心，同时也需要清洁真空系统。

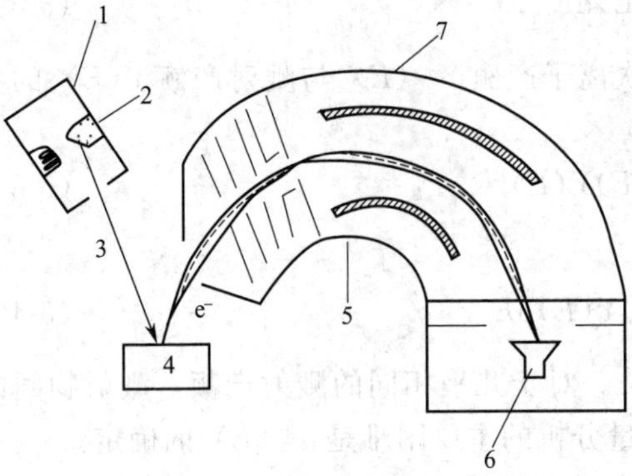

图 5-22 X 射线光电子谱设备示意图

1—Al；2—X 射线源；3—光子；4—样品；5—电子光学系统；6—电子检测气；7—能量分析器

1. 辐射源

特征 X 射线源最便捷的产生方法是用电子轰击 Mg 或 Al 靶。X 射线连续韧致辐射，相对于特征 X 射线的强度，在产生软 X 射线（约 1keV）的重要性方面，要比硬 X 射线（例如，从 Cu 靶轰击得到）差得多。由电子对 Mg 和 Al 轰击产生的 X 射线的一半是 K_αX 射线，连续谱的贡献几乎观察不到，这是因为韧致光谱分布在几千电子伏特而 K_αX 射线峰位中心只位于半高宽约为 1eV 处。除了 K_α 线外［$K_{\alpha2}$ 对应于 $2p_{1/2}\rightarrow 1s$，而 $K_{\alpha1}$ 对应于 $2p_{3/2}\rightarrow 1s$，如图 5-23(a) 所示］，还存在低强度的高能特征谱线，这些谱线对应于 Al 靶中的电子激发（1s 离化＋2s 离化）。但对于大多数应用，分析用的光谱已足够清晰。如果在光源中需要高能分辨，就必须使用单色器（图 5-24），而单色器会降低效率。X 射线单色器通常利用对某一选择光束能量的晶体衍射来获得。

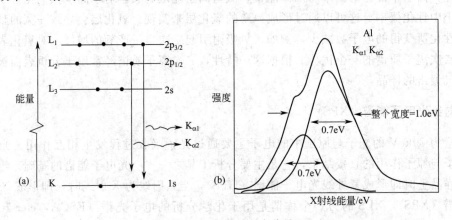

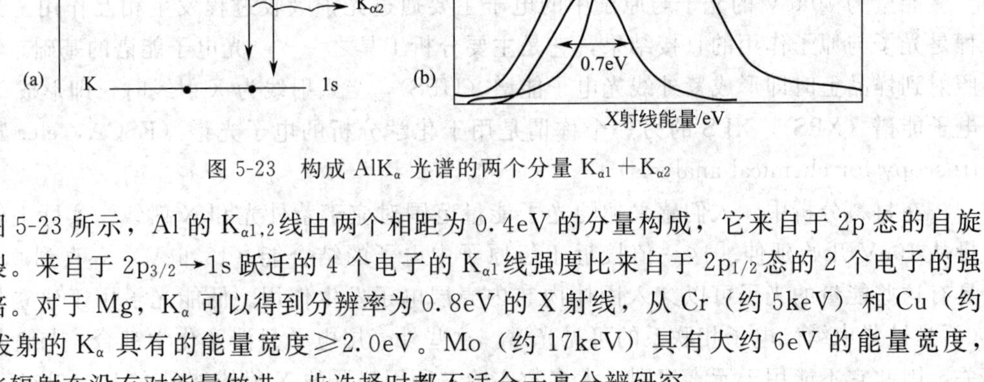

图 5-23 构成 AlK_α 光谱的两个分量 $K_{\alpha1}+K_{\alpha2}$

如图 5-23 所示，Al 的 $K_{\alpha1,2}$ 线由两个相距为 0.4eV 的分量构成，它来自于 2p 态的自旋轨道劈裂。来自于 $2p_{3/2}\rightarrow 1s$ 跃迁的 4 个电子的 $K_{\alpha1}$ 线强度比来自于 $2p_{1/2}$ 态的 2 个电子的强度高 2 倍。对于 Mg，K_α 可以得到分辨率为 0.8eV 的 X 射线，从 Cr（约 5keV）和 Cu（约 8keV）发射的 K_α 具有的能量宽度≥2.0eV。Mo（约 17keV）具有大约 6eV 的能量宽度，所有这些辐射在没有对能量做进一步选择时都不适合于高分辨研究。

紫外光发射谱（UPS）一般使用共振光源如 Hg 放电灯，它的能量在 16～41eV 范围，这一能量足以分析大多数固体的价带密度。光源的强度较高，能量宽度较窄。在这些实验中的能量分辨率一般受到电子分析仪的限制。UPS 研究主要注重于考查固体中的价带或键合轨道中的电子组态而不是确定元素组分。

电子的同步辐射可提供一连续光谱，其强度远高于特征 X 射线或共振光源的强度，从同步辐射出来的极化的、可调制辐射是此实验最显著的优点，但是对同步辐射设施的限制性接近，限制了它在日常样品分析中的应用。

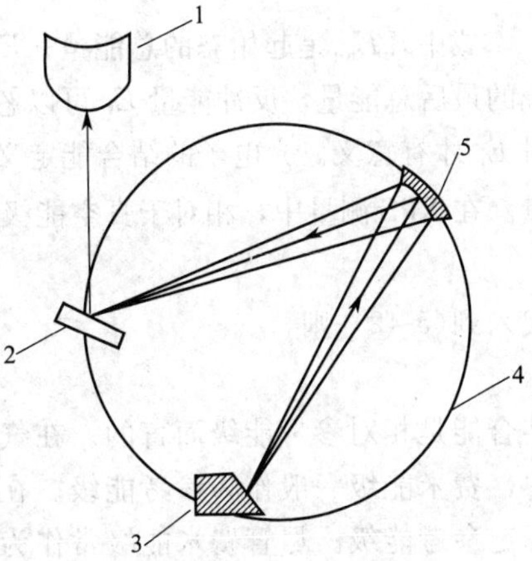

图 5-24 X 射线单色系统示意图

1—能量分析器；2—样品；3—X 射线源；4—Rowland 图；5—晶体发散器

2. 电子光谱仪

光电子能量由光电子在静电场或磁场中的偏折来确定。静电分析器是大多数实验室系统中所能发现的仪器，分析器有两种操作模式：偏折式和反射式（镜面反射）。在偏折模式中，电子沿等势线运动；在镜面反射模式中，电子穿过等势线运动。在偏折模式中，如图 5-25 所示，电子经过分析器并不改变其能量；在镜面反射模式分析器中，电子穿过电位线运动，从反射极被反射到分析出口。

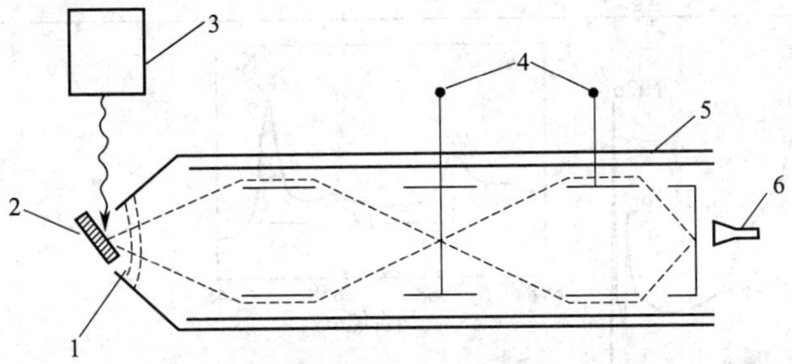

图 5-25 用在 XPS 中的双路圆筒镜面分析仪（CMA）示意图

1—减速栅极；2—样品；3—X 射线源；4—分析控制；5—磁屏蔽；6—电子检测器

普通类型的镜面分析器是圆筒镜面分析器（CMA），它具有环形入口和出口，因此整个光谱具有柱对称性（图 5-25）。偏折由内外筒电位差引起。图 5-25 所示的是双路且有两个 CMA。球形减速栅极用于扫描光谱，它只允许一恒定的能量通过，以确保恒定的能量分辨率。

检测系统基于电子倍增管的增益原理，通常为信道电子倍增管信道口（channeltron）。沿管方向加上高电场，入射电子产生二次电子雨，相反，二次电子又轰击管壁，进一步产生二次电子。它可以得到 10^8 倍增益。

（二）光电子的动能

在固体光电子谱中，人们要分析用单一能量 $\hbar\omega$ 照射固体时所发射出来的电子的动能。相关的能量守恒方程为：

$$\hbar\omega + E_{tot}^{i} = E_{kin} + E_{tot}^{f}(K) \qquad (5\text{-}42)$$

式中，E_{tot}^{i}是起始态的总能量；E_{kin}为光电子的动能；E_{tot}^{f}为光电子从第 K 个能级发射后系统的最后总能量，反冲能量 E_r 可以忽略。只有对于轻原子（H、He、Li），当与仪器线宽相比时 E_r 才有意义。光电子的结合能定义为：将光电子移到具有零动能的无穷远处时所需要的能量。在 XPS 测量中，相对于真空能级而处于第 K 个能级的电子的结合能 $E_B^V(K)$ 定义为：

$$E_B^V(K) = E_{tot}^{f} - E_{tot}^{i} \qquad (5\text{-}43)$$

代入到(5-42) 则

$$\hbar\omega = E_{kin} + E_B^V(K) \qquad (5\text{-}44)$$

结合能是相对参考能级而言的。在气相光发射中，结合能可从真空能级来确定。在固体研究中，费米能级一般作为参考能级。在下面的讨论中，我们只使用 E_B 符号来表示结合能而不标定参考能级。尽管费米能级常作为金属或具有金属性物质如硅化物的参考能级，但对于半导体和绝缘体，还没有准确定义的参考能级。参考能级的模糊性以及样品荷电等因素要求在分析 XPS 光谱时一定要格外小心。

（三）光电子能谱

X 射线激发的光电子能谱的主要特征示意于图 5-26 中，此光谱是 MgK_α（E=1.25keV）辐射 Ni 样品得到。光谱显示出在允许的能量范围内，具有典型的尖峰特征和延伸的能量尾。谱的尖峰对应着从固体中逃逸出来的特征电子能量（逃逸时无能量损失）。较高的能量尾则对应着电子经受了非弹性散射，在电子出来的路径上有能量损失，因此以较低动能出现。

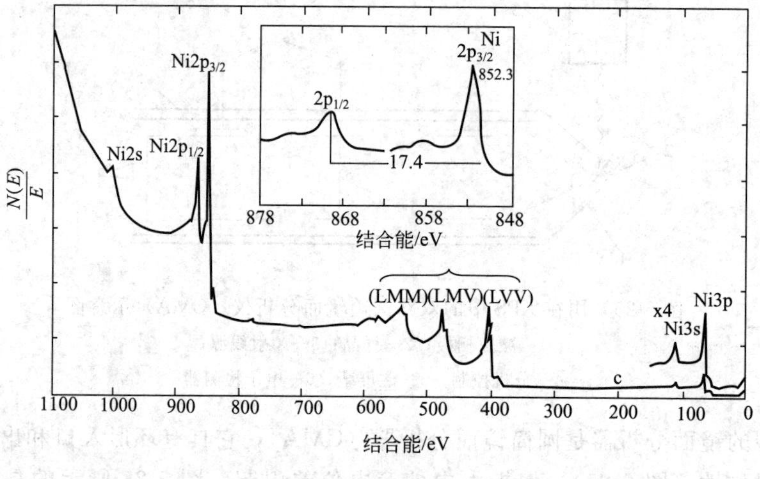

图 5-26　MgK_α1.25keV 光辐射 Ni 的光电子能谱

Mg K_α 线的能量不足以将 Ni 中的 K 壳层电子射出，但在 L 和 M 壳层产生一些空位。2s、2p 以及 3s 和 3p 线清晰可见，最明显的谱线是 $2p_{1/2}$ 和 $2p_{3/2}$。从 p、d、f 电子态（具有非零角动量）的光发射产生像 $2p_{1/2}$-$2p_{3/2}$线的自旋-轨道双线，示意于图 5-26 的小图中。两个谱线对应于具有 $J_+=1+m_s=3/2$ 和 $J_-=1-m_s=1/2$ 的终态。谱线的强度比为 $(2j_-+1)/(2j_++1)$，由此给出 $p_{1/2}$与 $p_{3/2}$谱线强度比为 1∶2；对 $d_{3/2}$与 $d_{5/2}$为 2∶3；对 $f_{5/2}$与 $f_{7/2}$为 3∶4。

在从 L 壳层发射 2s 或 2p 电子后，在中心壳层留下一个空位，空位可由从 M 壳层或价带 V 的一个电子所填充，同时另一 M 壳层或价带 V 的电子携带走能量。这一俄歇过程是原

子序数小于 $Z=35$ 元素光子的最主要反激发过程，这个过程将在下面详细阐述。俄歇线 LMN，LMV 和 LVV 在图 5-26 所示的 XPS 光谱中清晰可见。由于俄歇谱线是元素标识线，因此它可用于元素识别。如同光电子谱线，每一俄歇谱线由低能量尾得到，它对应着在出射路径上具有能量损失的电子。俄歇谱线的能量与入射光子能量无关，而光电子谱线的能量随入射光子能量线性变化。

(四) 定量分析

光电子谱中峰的谱线或面积强度在定量分析时是重要的。已知谱线的强度取决于多个因素，包括光子散射横截面 σ、电子逃逸深度 λ、光谱仪的透过率、表面粗糙度或非均匀性以及存在的卫星结构（它导致主峰强度的降低）。

本质上，X 射线从 XPS 信号发出的深度范围内不会衰减，因为 X 射线的吸收长度比电子的逃逸深度大几个数量级。对于在亚壳层 K 中产生一个光子的每一入射光子的概率 P_{pe} 是

$$P_{pe}=\sigma^{k}Nt \tag{5-45}$$

式中，Nt 是厚度为 t 的表层单位面积上（cm^2）的原子数；σ^{k} 是从已知轨道 K 发射一光电子的散射截面，散射截面与原子序数强烈相关。

未经历弹性碰撞而从固体中逃逸出来的电子数随着深度的增加以 $e^{(-x/\lambda)}$ 形式减少，此处 λ 为平均自由程。每单位平方厘米产生可检测到的光电子数则为 $N\lambda$，使每一个入射光子从亚壳层 K 中产生一个可检测的光电子的概率 Pd 由下式给出：

$$Pd=\sigma^{k}N\lambda \tag{5-46}$$

并不是所有来自已知亚壳层的光电子都对谱峰有贡献，这个谱峰对应着内壳层中一单个空位的基态组态。激发态的影响是减弱谱峰强度。产生谱峰信号的效率 Y 对自由电子可以在 0.7～0.8 之间变化。更重要的是，它强烈依赖于化学环境。

最后，仪器效率 T 是电子动能的函数，通常以 E^{-1} 形式变化，例如图 5-26 中替代光电子的能谱 $N(E)$ 为 $N(E)/E$，以补偿透射效率。

在化学分析中，人们一般感兴趣于样品中元素 A 和 B 的相对浓度 n_A/n_B，因此只需求出谱峰线的面积比（强度比 I_A/I_B），则组分比可写成：

$$\frac{n_A}{n_B}=\frac{I_A}{I_B}\frac{\sigma_B\lambda_B Y_B T_B}{\sigma_A\lambda_A Y_A T_A} \tag{5-47}$$

如果谱峰具有相同的能量则 $\lambda_A=\lambda_B$ 和 $T_A=T_B$，谱峰效率相等，则成分比可近似为：

$$\frac{n_A}{n_B}=\frac{I_A\sigma_B}{I_B\sigma_A} \tag{5-48}$$

这一近似假设的前提是：样品平整且均匀，光子各向同性发射，样品表面清洁、表层无污染。

检测示踪元素的灵敏度取决于元素的散射截面和来自其他元素的背底信号。在好的条件下，样品的元素分析可以达到千分之一灵敏度，但一般成分分析的相对误差在 10%左右。XPS 检测对表层非常敏感，其探测深度一般在 10nm 左右。材料分析中 XPS 的主要应用是确立固体表面区域原子的化学键合。

四、俄歇电子能谱

上节我们讨论了光子辐射形成的内壳层空位。激发原子可以以辐射跃迁发射 X 射线的

形式释放能量，也可以以无辐射跃迁只发射电子的方式释放能量。后一过程即构成了俄歇电子能谱（AES）的基础。在 AES 中，我们通过测量电子辐射样品所发射电子的能量分布来确定样品的组分。如其他电子光谱一样，AES 的观察深度大约在 1～5nm，它由逃逸深度所决定。由芯能级识别原子是基于电子结合能数值，利用 AES，出射电子的能量由结合能与具有特征能量的出射电子（俄歇电子）能量差决定。图 5-27 给出俄歇辐射的跃迁过程，在这一过程中原子终态留有两个空位。如果终态空位中的一个与原空位处于同一壳层，就会出现称为 Coster-Kronig 非辐射跃迁。这一跃迁很重要，因为 Coster-Kronig 跃迁率比正常的俄歇跃迁高得多，从而影响俄歇谱线的相对强度。例如在图 5-27 中，如果 L_1 壳层中有一个空位，L_2 到 L_1 的跃迁将非常迅速（Coster-Kronig），因此，减少了 M 电子到 L_1 的跃迁。

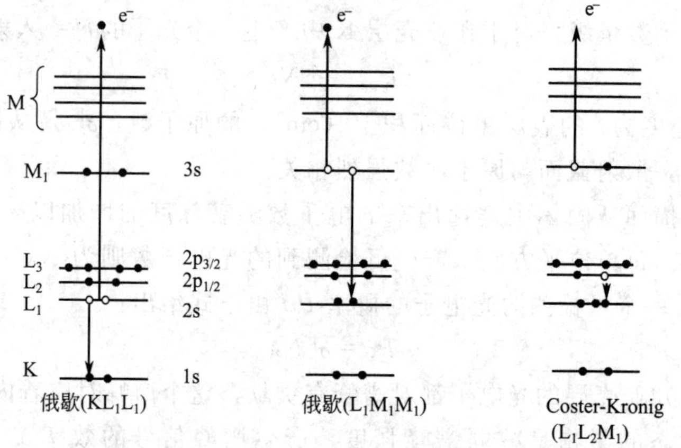

图 5-27　各种电子跃迁过程示意图

（一）俄歇跃迁

对于在 K 壳层的空位，当一个外部电子如 L_1 电子填充空位时即发生了俄歇跃迁过程。跃迁释放的能量提供给另一个如 L_1 或 L_3 电子，这个电子从原子中发射出来，所描述的这一过程称为 KLL 俄歇跃迁，更准确地用 KL_1L_1 或 KL_1L_3 表示。如果 L 壳层有空位，则从 M 壳层的电子填充 L 空位时，另一个 M 壳层电子被发射出来，同样发生了俄歇跃迁过程，一般用 $L_1M_1M_1$ 表示。当轨道非常接近时，由于电子-电子相互作用非常强，最强的俄歇跃迁则为典型的 KLL 或 LMM。对于 Coster-Kronig 跃迁，空位被来自同一壳层的电子所填充，即 LLM。涉及外部轨道、价带的俄歇跃迁具有约 2 倍于价带能量宽度的能量。在图5-28 中，Si 的 KL_1L_2 和 $L_{2,3}V_1V_2$ 俄歇跃迁用 V_1 和 V_2 表示位于价带态密度极大位置。

更完全描述俄歇过程的术语应标出所涉及的壳层和终态。终态通常用描述轨道的光谱表达方法描述。例如，KL_1L_1 跃迁将使 2s 留下空位，而 2p 壳层有 6 个电子，跃迁为 KL_1L_1（$2s^0 2p^6$）；KL_2L_3 跃迁将在 2p 壳层留下空位，用 KL_2K_3（$2s^2 2p^4$）表示，甚至在相对简单的 KLL 跃迁中，也有大量在能量上稍有不同的终态，因此对应着稍有不同的俄歇谱线。

（二）能量

俄歇电子能量可由跃迁前后的总能量差确定，例如，确定俄歇电子能量的经验方式为：

$$E^Z_{\alpha\beta\gamma}=E^Z_\alpha-E^Z_\beta-E^Z_\gamma-\frac{1}{2}(E^{Z+1}_\gamma-E^Z_\gamma+E^{Z-1}_\beta-E^Z_\beta) \tag{5-49}$$

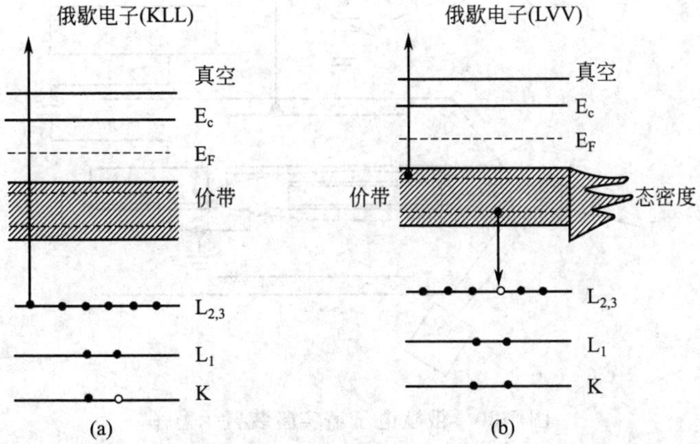

图 5-28 (a) 硅中 $KL_1L_{2,3}$ 跃迁示意图；(b) LVV 俄歇跃迁示意图

式中，$E^Z_{\alpha,\beta}$是元素 Z 的 α、β、γ 跃迁俄歇能；前三项代表元素 Z 的 α、β、γ 壳层的结合能量差；修正项很小，它只涉及当 β 电子移去时，γ 电子结合能增加和当 γ 电子移去时，β 电子结合能增加的平均值。

图 5-29 显示俄歇能量与原子序数的关系。结合能与原子序数的强烈相关构成 AES 技术识别元素的基础。

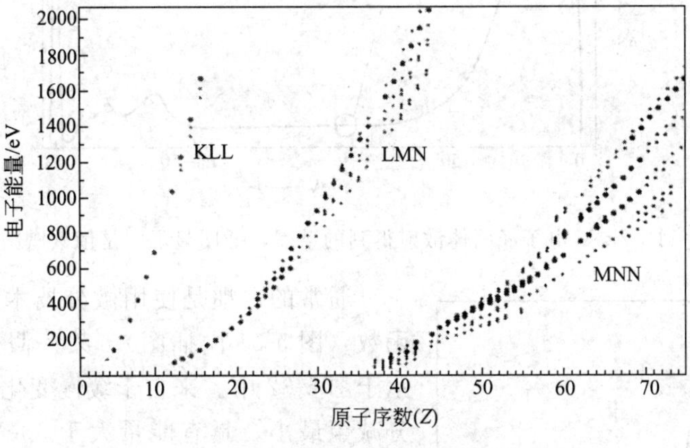

图 5-29 俄歇电子能量与原子序数关系示意图

实点代表每一元素的强跃迁

（三）俄歇电子光谱（AES）

如同其他电子光谱，俄歇光谱分析也是在真空条件下进行。图 5-30 给出俄歇电子光谱实验装置示意图。圆筒式镜面分析仪（CMA）内部有一电子枪，电子枪所发出的电子束聚焦到样品的某一点。从样品中发射出来的电子从束孔进入，直接从 CMA 出孔出来，最终到达电子倍增器中。电子通过时的能量 E 与加在外筒的电位成正比，电子通过时的能量范围 ΔE 由分辨率 $R=\Delta E/E$ 决定，R 典型值为 0.2%～0.5%。

由 2keV 电子束辐照固体所发射出的 AES 电子的整个光谱示于图 5-31。在右侧的窄峰是弹性散射电子引起（无能量损失）；低能量处谱线的特征对应于其特征能量损失源于电子或等离子体激发的电子。俄歇电子跃迁一般叠加在二次电子的大背底下具有微弱的特征。

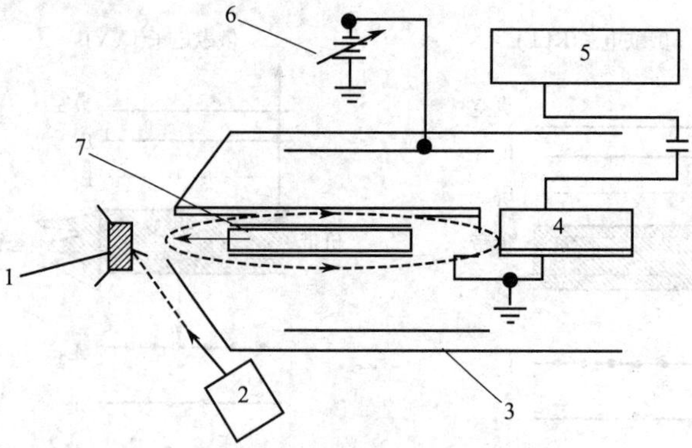

图 5-30　俄歇电子谱实验装置示意图

1—靶；2—溅射离子枪；3—磁屏蔽；4—电子检测器；
5—数据分析；6—扫除电源；7—电子枪

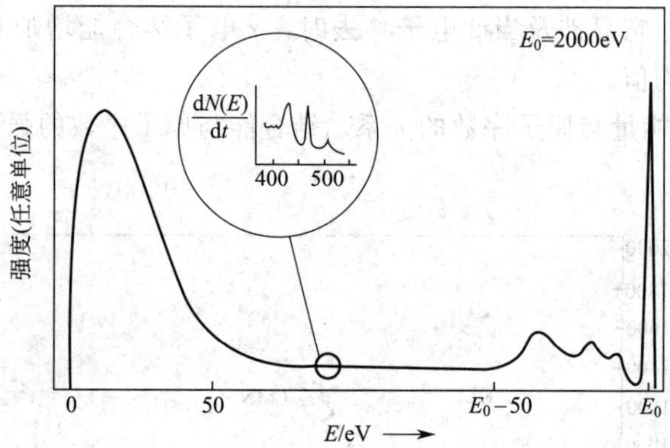

图 5-31　2keV 电子经固体散射得到的谱图，插图显示的是俄歇谱图区域

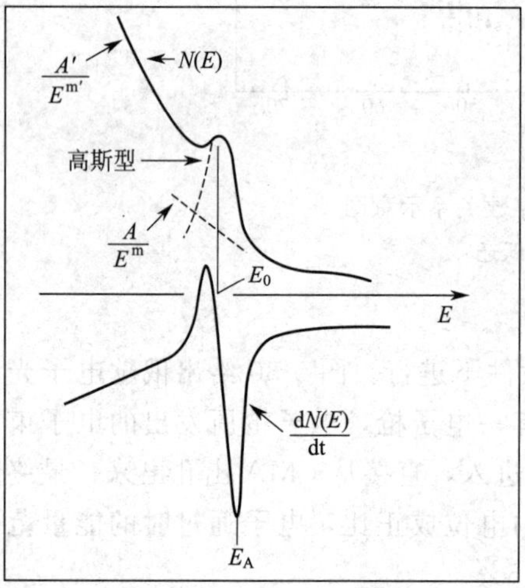

图 5-32　假想光谱 $N(E)$

它包含一连续背底 A/E^m、高斯型峰和低能阶梯 $A'/E^{m'}$，光谱下部为微分光谱

通常的习惯是使用微分技术并产生 $dN(E)/dE$ 函数（图 5-31 内插图）。某一假想光谱的微分分析示于图 5-32 中。来自于缓慢变化的背底贡献通过积分减至最小。具有能量大于 50eV 的整个背散射背景电流为电子束源电流的 30%。由于这一电流引起的噪声以及分析器能量宽度 Δt 与俄歇谱线宽度比一般确定了信噪比，因此也确立了测量样品中杂质的测量极限。对于检测极限的典型值为 1000ppm，约 0.1%（原子百分比）。

由于较弱信号原因，俄歇谱实际上通常采用微分模式。微分很容易通过在外筒电压上叠加一小的交流电压来实现，同时利用锁相放大器从电子倍增管检测同位相信号，记录仪的 y 轴正比于 $dN(E)/dE$，x 轴正比于电子动能 E，故微分光谱可以直接提取出来。

使用微分技术的一个例子示意于图 5-33 中，它是能量为 2keV 的电子束入射到 Co 上而得到的。在直接光谱 $N(E)$ 中，主要特征是弹性峰和几乎平坦的背底。图 5-33(a) 中的箭头代表 O 和 Co 俄歇电子能量，微分谱［图 5-33(b)］揭示出 LMM Co、KLL C 和 O 信号。

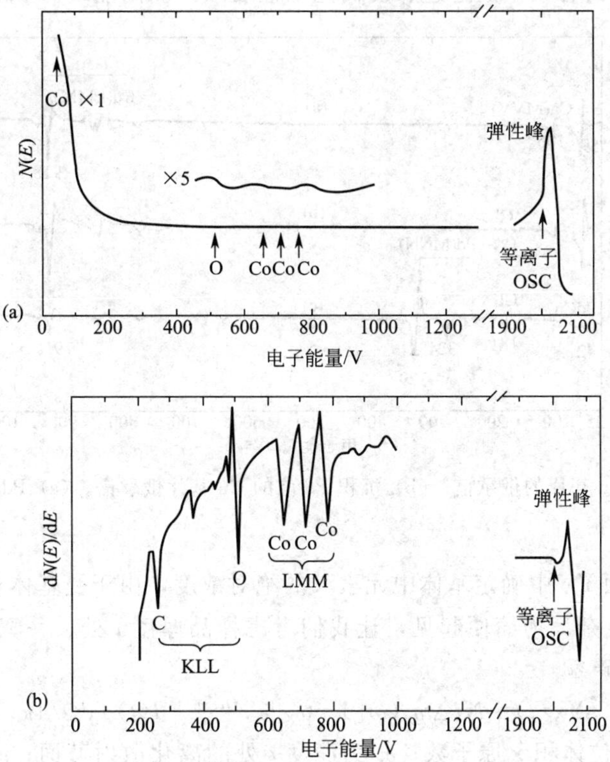

图 5-33 用 2keV 电子入射到 Co 样品上所获得的
(a) N (E) 光谱，(b) dN (E) 微分谱

对于自由电子，俄歇产额 Y_A 由电子碰撞的离化散射截面 σ_e 与发射俄歇电子概率 $1-\omega_x$ 的乘积确定：

$$Y_A \propto \sigma_e(1-\omega_x) \tag{5-50}$$

在固体中，情况更复杂些，甚至要考虑与电子逃逸深度 λ 一样厚的层的产额。例如，穿透到表面层后，被背散射的电子其能量远远高于结合能时，将对产额有贡献。产额也受到入射电子束的入射角和出射电子的出射角强烈影响。因此，表面粗糙度起一定作用；从粗糙表面电子逃逸的概率比从光滑表面逃逸的电子概率小。在分析固体时，人们必须考虑入射光束和俄歇电子。

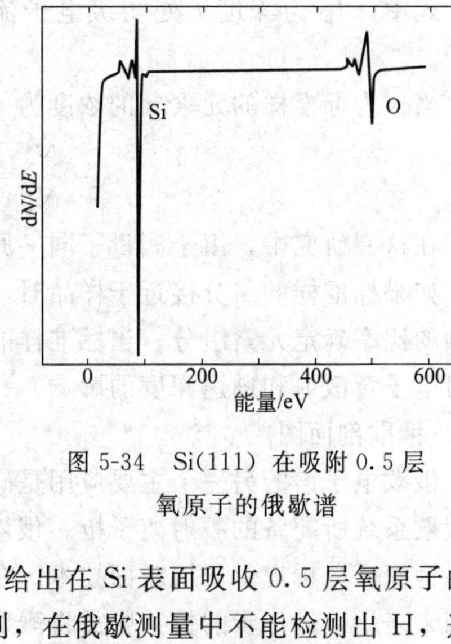

图 5-34 Si(111) 在吸附 0.5 层氧原子的俄歇谱

俄歇电子光谱是一表面敏感的分析技术。图 5-34 给出在 Si 表面吸收 0.5 层氧原子的氧信号。一般地，少量污染物 C、N、O 很容易被检测到，在俄歇测量中不能检测出 H，这是

因为在俄歇跃迁过程中至少需要 3 个电子。

从基片来的信号对表层的存在十分敏感。图 5-35 给出 Cu 基片在沉积 1.35nm Pd 前后的俄歇谱。可以清晰地看到 Cu 信号因 Pd 覆盖而强烈地衰减，特别是，低能 Cu（MVV）线由于对 60eV 电子具有较小的逃逸长度而完全被衰减，而高能线 918eV 只被部分衰减。

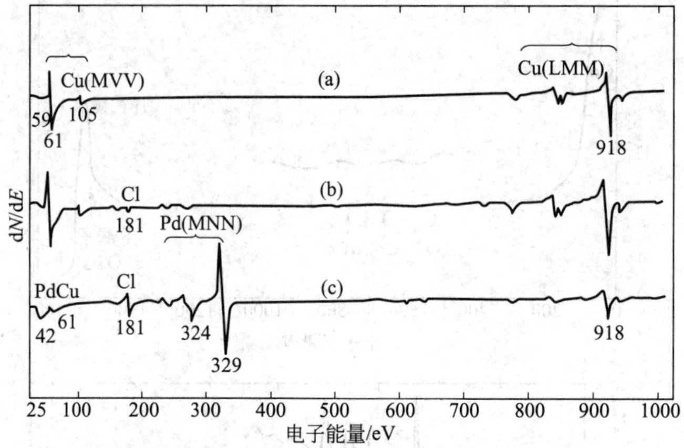

图 5-35 (a) Cu 基片的俄歇谱；(b) 沉积 Pd 前的 Cu 基片俄歇谱；(c) Pd/Cu 双层俄歇谱

（四）定量分析

从俄歇电子产额 Y_A 中确定基体中元素 x 的绝对浓度，由于受基体对背散射电子和逃逸深度的影响而变得复杂。为简便起见，让我们考虑样品厚度 t 处，一宽度为 Δt 的薄层所产生的 KLL 俄歇电子产额：

$$Y_A(t)=N_x\Delta t\sigma_e(t)[1-\omega_x]e^{-(t\cos\theta/\lambda)}I(t)T\mathrm{d}\Omega/4\pi \tag{5-51}$$

式中，N_x 为单位体积 x 原子数；σ_e 为深度 t 处的离化散射截面；ω_x 荧光产额；λ 逃逸深度；θ 分析器角度；T 分析器透过率；$\mathrm{d}\Omega$ 分析器立体角；$I(t)$ 深度 t 处中子激发流。

将激发流密度分为两项往往是方便的，

$$I(t)=I_p+I_B(t)=I_p(t)[I+R_B(t)]$$

式中，I_p 为深度 t 处初级电子流；I_B 是由于散射初级电子的激发流；R_B 是背散射因子。

当作为标准样的元素 x 的浓度为 N_x^s，则测试样品的浓度 N_x^s 可由俄歇产额得到：

$$\frac{N_x^s}{N_x^T}=\frac{Y_x^s}{Y_x^T}\left(\frac{\lambda^T}{\lambda^s}\right)\left[\frac{(1+R_B^T)}{(1+R_B^s)}\right] \tag{5-52}$$

在这一研究中，由于测量了同一原子的俄歇产额，因此不需要离化截面和荧光产额，此外，如果标准样的组分接近于样品时，并且测试是在同一实验条件下进行，则可直接由俄歇产额的比率确定元素组分。当标准样的组分与测试时样品的组分大不相同时，则需要考虑基体对电子背散射和逃逸深度的影响。

（五）俄歇剖面图

俄歇电子谱的另一个主要应用是确定薄膜中组分随深度和层结构的变化，这一研究依赖于俄歇系统所配备的溅射离子枪。俄歇信号在样品近表面（约 3nm）附近产生出来，离子溅射为深度分析提供了层断面技术。在通常的实验室中，深度剖面图用俄歇信号高度与溅射时间来表示，进一步的校正则需将溅射时间转换成深度、俄歇信号高度转变为原子浓度。由于表面偏析和择优溅射，离子溅射会引起表层组分的变化。

俄歇电子谱的一个优点是它对质量较小杂质的敏感性，如碳或氧，它们通常是表面或界面的污染物，这些界面杂质的存在通过阻止相应原子扩散而在薄膜中起到破坏作用，在热处理后薄膜结构的平面性变差，经常与这些污染物有关。薄膜中存在的大约 1.5nm 厚的氧化物，很容易在俄歇剖面图中显示出来，如图 5-36，除去这些氧化层是在 Ta-Si 层上通过热氧化形成薄的、均一氧化层的关键。氧化层的存在阻止了 Si 从多层 Si 层中的释放，导致整个 Ta-Si 层氧化而不是在表面形成 SiO_2。与溅射剖面相联系的俄歇电子谱需要一定的灵敏度以检测薄膜的污染层。

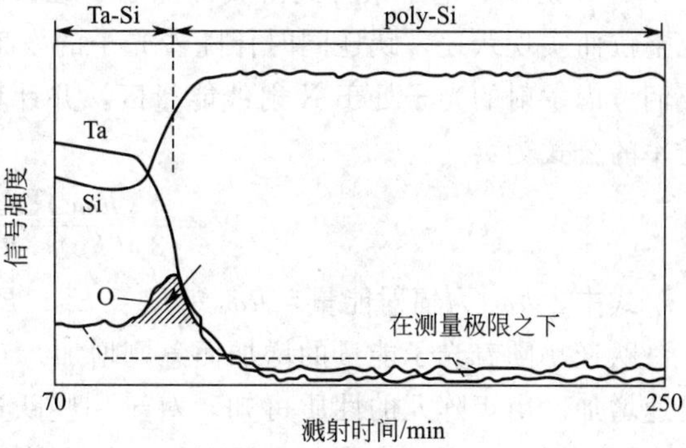

图 5-36 沉积在多晶 Si 上的 Ta-Si 膜界面区 AES 谱剖面图

多层膜用于集成电路、光学仪器以及固态科学的其他方面，具有溅射深度剖面分析功能的俄歇电子谱对于这些结构的分析自然非常有用。

图 5-37 给出沉积在 Si 基片上的 Cr/Ni 多层膜的溅射深度剖面图。这一令人具有深刻印象的剖面图，证明了俄歇电子谱的能力，结合溅射，它以半定量方式对多层膜元素的分布进行了描述。在图上部的元素剖面图的图形分布反映界面的不规则性。通过在溅射中旋转样品可以减少表面粗糙度（图的下部）。

目前，现代分析实验室一般配备用于样品深度剖面分析的各种设备。当遇到薄膜样品中

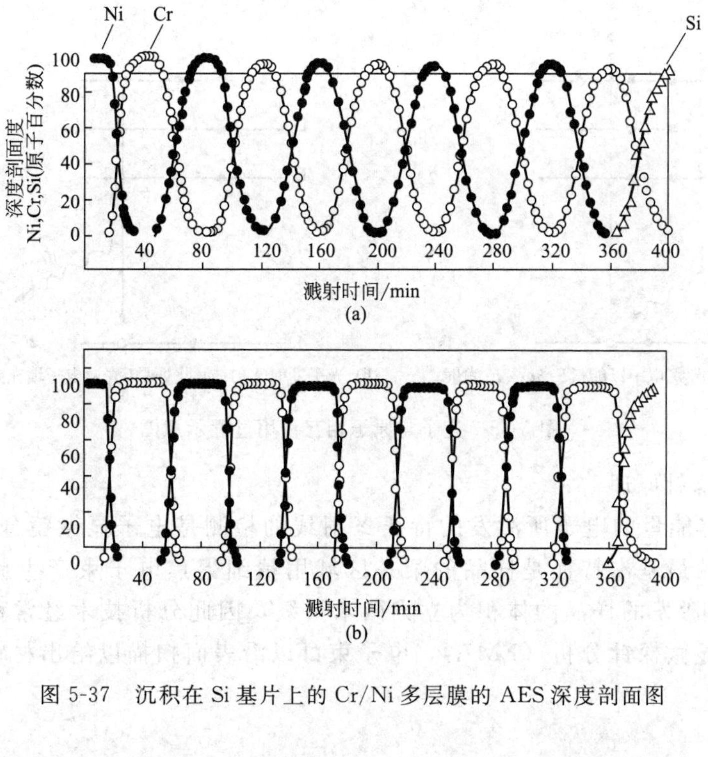

图 5-37 沉积在 Si 基片上的 Cr/Ni 多层膜的 AES 深度剖面图

含有未知杂质或污染物时，分析则需使用所有实验室拥有的技术，而溅射深度剖面图分析经常是起始分析的出发点。

五、电镜中的显微分析

在这一部分中，我们只考虑附属于透射或扫描电子显微镜上的显微分析设备。

（一）电子显微镜显微分析

当X射线、电子束打到薄膜样品后，在样品的原子中会产生空位，电子将从外壳层填充空位而实现跃迁，跃迁同时伴随着光子的发射，这一过程称之为自发辐射。在以下部分，我们考虑发射的光子处于X射线能量区，并计算相对的跃迁率。从初态i到终态f的辐射跃迁率的公式为：

$$W=\frac{4}{3}\frac{(\hbar\omega_{\mathrm{fi}})^3}{(\hbar c)^3}\frac{e^2}{\hbar}|\langle\psi_{\mathrm{f}}|\vec{r}|\psi_{\mathrm{i}}|\rangle^2 \tag{5-53}$$

式中，$\hbar\omega_{\mathrm{fi}}$为辐射能量，$\hbar\omega_{\mathrm{fi}}=E_{\mathrm{B}}^{\mathrm{i}}-E_{\mathrm{B}}^{\mathrm{f}}$；$E_{\mathrm{B}}$为初态或终态的结合能。

跃迁率随着光子能量的增加而急剧增加。对于已知跃迁，它也会随着原子序数的增加而迅速增加。由矩阵元的性质可知，对于一些跃迁$\omega=0$，因此，对于允许的跃迁可以导出选择定则。以上考虑可应用于电子显微探针实验的分析中。在电子显微过程中，电子束轰击到固体薄膜上产生出具有原子能量标识的X射线。

考虑在K或L壳层具有一个空位的激发原子，最直接的跃迁方式是，从壳层中占据态的电子跃迁到空位态，同时伴有X射线的发射，在图5-38中这一跃迁可用L_3到K跃迁（$K_{\alpha1}$ X射线）表示。X射线辐射主要来自偶极辐射，且遵守电子跃迁选择定则（$\Delta l=\pm1$；$\Delta j=0,\ \pm1$），其能量由结合能差表示：

$$\hbar\omega(K_\alpha)=E_{\mathrm{B}}^{\mathrm{K}}-E_{\mathrm{B}}^{L_3} \tag{5-54}$$

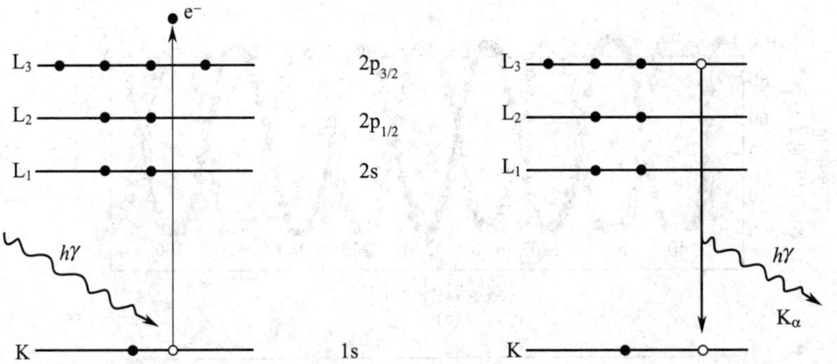

(a) 光子被吸收，电子以能量$E=\hbar\omega-E_{\mathrm{B}}$发射　　(b) 光子发射(X射线)，此处是L壳层电子填充到K壳层空位

图5-38　光子与原子相互作用过程示意图

（二）电子显微探针原理

由具有一定能量的电子所激发的特征X射线的检测是电子显微镜分析组分的基础。电子显微探针的最基本特征是样品的某一区域用精细聚焦电子束产生局域激发（图5-39）。由电子所激发的样品的体积为立方微米量级，因此分析技术经常称为电子探针显微分析或电子显微探针分析（EMA），电子束可以沿表面扫描以给出材料组分的横向分布图像。

在薄膜分析中，只有一些谱线是重要的，主要是 K_α、K_β 和 L 系（L_α、L_β、L_γ 线），较为重要的特征谱线的能量示于图 5-40 中。在 X 射线谱分析中，通常既使用能量又使用波长，这取决于检测系统的类型，即是能量色散还是波长色散。

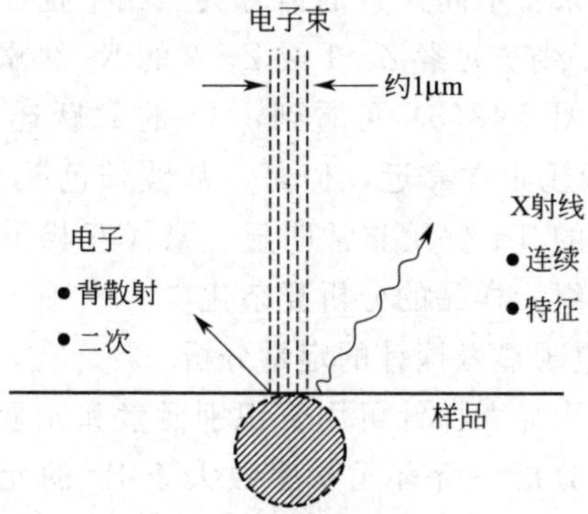

图 5-39 电子束与固体薄膜作用：入射电子在薄膜的微米深处产生内壳层空位

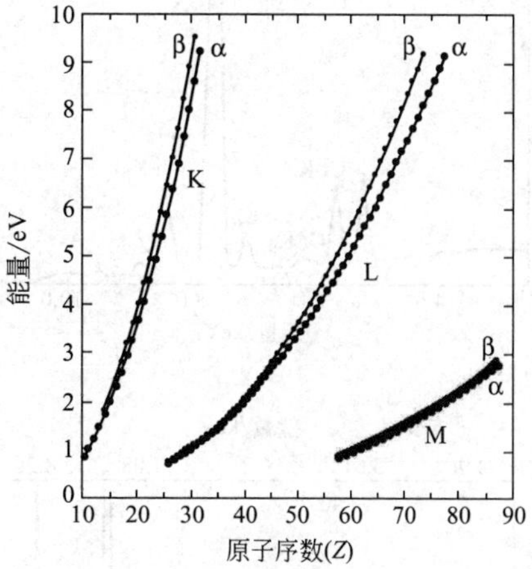

图 5-40 作为原子序数函数的元素的 K_α、K_β、L_α、L_β、M_α、M_β 线能量

最方便的分析形式是能量色散光谱（EDS）模式，它使用 Si(Li) 检测器，一入射的 X 射线产生一个光电子，光电子最终通过形成电子-空穴对消耗掉它的能量，电子-空穴对数正比于入射光子能量。在偏压情况下，会形成一电脉冲，脉冲振幅正比于电子-空穴对数或 X 射线能量，这便是 Si(Li) 检测器的原理。这种检测器在较宽能量范围内，以大约为 150eV 能量分辨率，提供了测量 X 射线光谱的直接方法。利用 Si(Li) 检测器测量 Mn K X 射线光谱，其结果示于图 5-41 中，K_α、K_β 线可清晰分辨。K_α 线（148eV）的半高宽由检测器的分辨率决定。分辨率由与电子-空穴对产生过程相联系的统计变化来建立。较高的分辨率可由波长色散技术获得，尽管这一技术的效率不高。

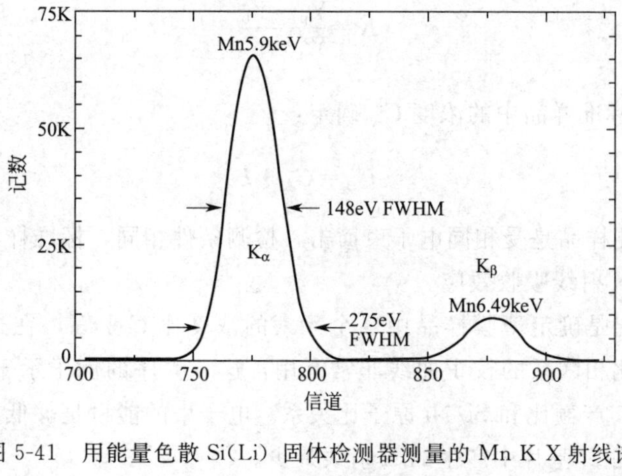

图 5-41 用能量色散 Si(Li) 固体检测器测量的 Mn K X 射线谱

波长色散光谱（WDS）涉及分析器晶体的 X 射线衍射，只有满足 Bragg 定律（$n\lambda=2d\sin\theta$）的那些 X 射线被反射到检测器中，已知波长的高级反射也衍射到检测器中，反射的

波长为λ，λ/2，λ/3，…对应于一级、二级、三级…反射。在图 5-42(a) 和 (b) 中给出了 Ni 基合金的 X 射线光谱，分别使用了能量色散系统和波长色散系统，在波长色散系统中能量分辨率（−5eV）足够好，在空间靠得很近的谱线很容易分辨。

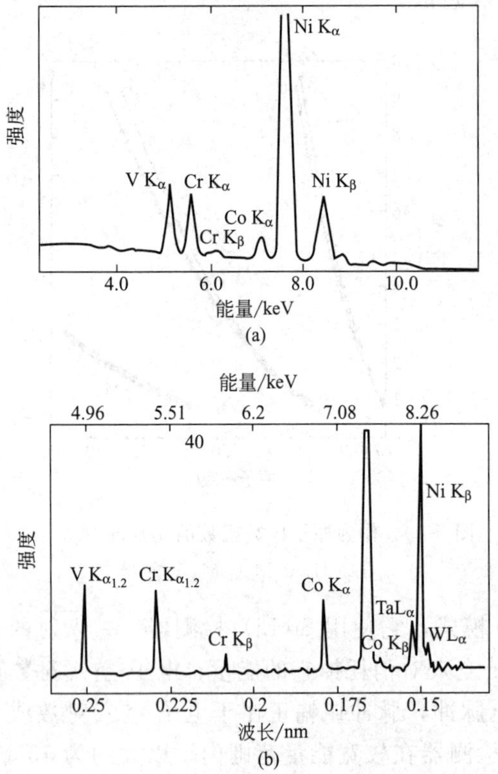

图 5-42 (a) Ni 基合金的能量色散 X 射线谱；(b) Ni 基合金的波长色散 X 射线谱：波长色散谱采用 LiF 衍射晶体

在能量色散系统中，当 X 射线能量靠得很近时，来自不同元素的信号会互相干扰，元素 Z 的 K_α 线与元素 Z−1 或 Z−2 的 K_β 线靠得较近。从图 5-42(b) 可看到，Ta 的 L 跃迁与 Ni 的 K 跃迁非常靠近，但是，从波长色散系统，材料中的 Ta 组元非常明显。谱线互相干扰可能使多组元样品的分析复杂化。

（三）电子显微探针的定量分析

电子显微探针可用于识别元素和元素成分的定量分析。所有元素序数大于 Be 的元素原则上都可利用这一技术进行分析，但实际上，此技术大多应用于 $Z \geqslant 10$，对于元素的检测极限是 50～100ppm，而对于低原子序数（在 Mg 以下的元素）只有其含量大于 0.1% 原子百分比时才能被检测到。

如果可以得到适当的标准谱的话，针对已知元素浓度，定量分析的精度可达 1% 左右，最简单的程序是在波长 λ_p 处，测量已知元素的产额 Y_p，减去背底产额 Y_b，确定样品中校正产额与标准样品的校正产额 $Y_p^s - Y_b^s$ 的比 K，背底是由于韧致辐射造成，利用定义：

$$K = \frac{Y_p - Y_b}{Y_p^s - Y_b^s} \tag{5-55}$$

元素 A 的浓度可由标准样品中的浓度 C_A^s 确定：

$$C_A = C_A^s \cdot k \tag{5-56}$$

此处标准样品和所测样品是受相同电子束撞击，检测条件相同，标准样品的组分与样品组分接近以具有等同的 X 射线吸收效应。

经常遇到的情况是确定薄膜样品中二个元素的浓度比 C_A/C_B，在这种情况下，建立一个将峰强比与原子比相联系的校正曲线非常有用，这一程序的例子示于图 5-43 中，它显示出 NiL_α 和 SiK_α 线，产额比和 Si/Ni 原子比关系。电子束的能量足够低以使电子的穿入只局限于硅化物表层，在 Si 基片中产生的 X 射线最少。

定量分析：在已知基体中某一元素的绝对浓度确定是一个比较复杂的问题。首先考虑 X 射线产额 Y_x，它从深度为 t，宽度为 Δt 的薄层中产生出来：

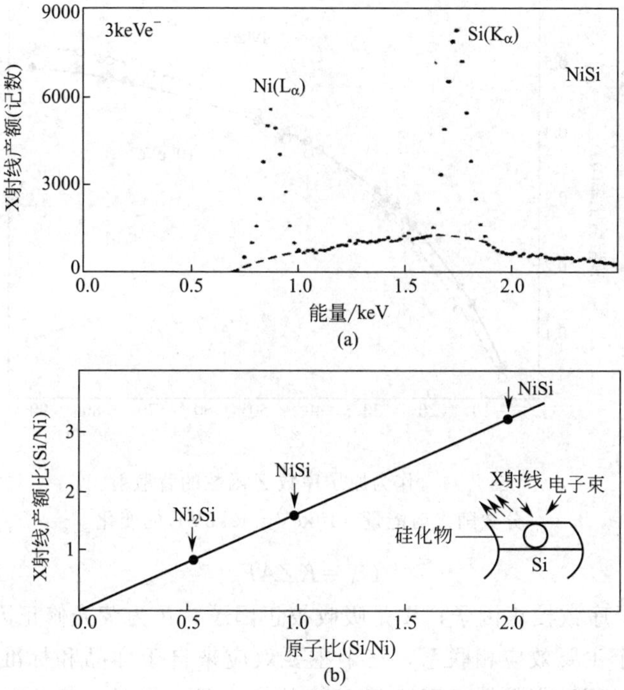

图 5-43 (a) 3keV 电子轰击 NiSi 的能量谱；
(b) X 射线产额比与已知不同 NiSi 原子比的函数关系曲线

$$Y_{\mathrm{x}}(t)=N\Delta t\sigma_{\mathrm{e}}(t)\omega_{\mathrm{x}}e^{-\mu t/\cos\theta}I(t)\varepsilon\frac{\mathrm{d}\Omega}{\mathrm{d}t} \tag{5-57}$$

式中，N 为原子数；σ_{e} 为深度 t 处、离子具有能量为 E_{t} 的离化截面；μ 为 X 射线吸收系数；ω_{x} 为荧光产额；θ 是探测角；ε、dΩ 为检测器的效率和固体角；$I(t)$ 是在深度 t 处的电子束强度。整个观察到的产额：

$$Y=\int_{t=0}^{R}Y(t)\mathrm{d}t+\text{次级荧光} \tag{5-58}$$

式中，R 是电子所到达的范围。二次项包含由于高能 X 射线吸收和 X 射线的再发射引起的次级荧光。

方程(5-57) 考虑了：①当电子穿入到样品时，由于电子能量的改变所导致的散射截面(作为深度的函数) 的改变；②电子束穿入样品时因电子背散射引起的 $I(t)$ 衰减。

电子束衰减是一令人惊奇的、非常重要的因素，图 5-44 给出对于二个不同入射能量下，作为原子序数 Z 的函数的背散射分数，背散射分数几乎与能量无关。

校正因子：实际上，方程(5-57) 和方程(5-58) 通常不被用于估计组分，而是将未知样品的 X 射线产额与标准样品的相比较，即使在这样的情况下，也必须进行校正，这是因为在方程(5-57) 中有许多因素与基体有关，在显微分析方面的广泛研究已经产生出一种经验的校正因子，它代表所有与基体相关效应。

对涉及定量分析修正因子的深入研究，可以由考虑确定合金中元素 A 的浓度 C_{A} 程序得到，而浓度则由样品的 X 射线强度与标准样品的强度比确定，即

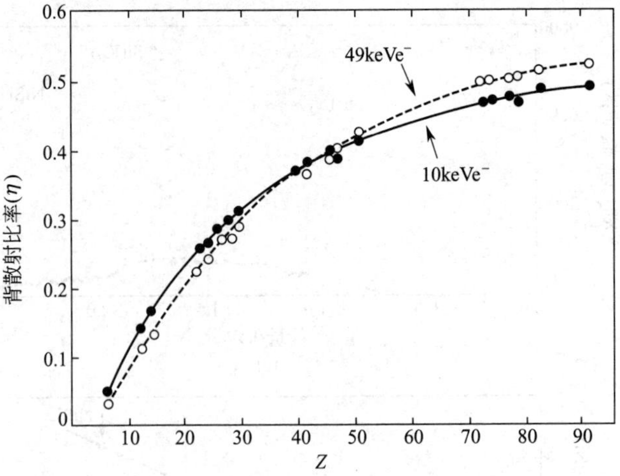

图 5-44　作为原子序数 Z 函数的背散射分数随入射能量（10keV，49keV）的变化

$$C_A = KZAF \tag{5-59}$$

式中，Z 为原子序数校正因子；A 是吸收校正因子；F 为荧光修正因子。

这些校正与三个主要效应相联系，三个主要效应来自于样品和标准样品对电子和 X 射线相互作用的不同。原子序数校正因子 Z 基于的事实是：样品中产生的原 X 射线不会随浓度增加而增加。入射电子被背散射部分和 X 射线产生的体积、样品组分相关。由于测试样品和标准样品的吸收系数不同——X 射线辐射衰减不同，则需要吸收校正 A；荧光修正 F 代表由于另一个元素发射的 X 射线的荧光激发，从元素 A 产生的次级 X 射线（图 5-45），当激发线具有稍大于与被测谱线相关的结合能时，此效应非常强，例如，在包含 Fe 和 Ni 的样品中，Ni K X 射线可能激发 Fe K X 射线，在 Cu-Au 样品中，Au L 线可能激发 Cu K_α。由特征谱线引起的荧光修正取决于原子荧光产额 ω_x 和样品中激发元素的比例。对于能量在 3keV 以下的 X 射线，ω_x 较小，荧光可忽略不计。在方程(5-59) 中的每个修正因子的大小在大多数情况下介于 2%～10%之间。

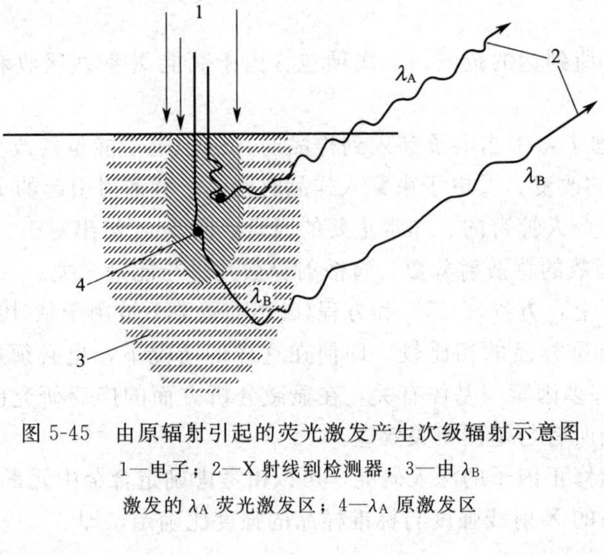

图 5-45　由原辐射引起的荧光激发产生次级辐射示意图

1—电子；2—X 射线到检测器；3—由 λ_B 激发的 λ_A 荧光激发区；4—λ_A 原激发区

第三节　薄膜的结构表征

大多数材料倾向于形成结晶相，所谓结晶相是指原子的有序排列，这一有序排列可以由衍射技术来识别。特殊的点阵类型和点阵常数将产生明显的衍射图案，此图案可以用来识别化合物或单质，因此衍射探针不仅可以为表面组分的确定提供帮助，而且可以提供薄膜结构信息，这是薄膜表征的重要部分。

众所周知，常规确定材料结构的方法是X射线衍射方法，X射线衍射是确定三维有序固体的经典和成熟的技术。这里三维意味着体测量，它由X射线吸收深度决定，典型值为10～100μm，对于近表面分析，我们需要一个能在表面和近表面满足衍射条件的几何构型以及有效的相互作用。可以使用掠入射几何构型或电子衍射探针来提高表面的灵敏度，电子衍射探针与小于1μm深度的样品发生强作用而揭示薄膜的结构。

X射线衍射技术属于无损检测，不破坏检测样品，但其缺点是不能直观而只能是间接确定样品中的原子排列方式。衍射技术是代表材料分析的一个较大且独特领域，大多数有关衍射技术的文献和书籍都对此有详尽阐述，这里我们将给出这一技术的机制并给出它在表面技术中的应用。对于此技术有关详细的阐述请参考其他文献或书籍。

一、衍射参数

材料的晶体结构通常由衍射技术确定，在衍射技术中，入射线波长与晶体点阵中原子间距离为同一数量级，因此衍射分析可以采用热能中子和具有几千电子伏特能量的光子来探测固体薄膜的结晶性。对于表面晶体衍射，需要使用能量为100eV的电子。在所有的衍射分析中，晶体点阵中原子的有序排列扮演着衍射光栅的角色，以产生干涉条纹的极小和极大。

衍射过程的存在从本质上证明了原子的波象性。Davisson和Gemer的早期实验证实了电子衍射，后来，有人又确认了中子和其他粒子的波象性。这些实验直接验证了德布罗意关系

$$\lambda=h/p=h/\sqrt{2mE} \tag{5-60}$$

式中，λ为粒子的波长；p为粒子的动量。

如果原子间距离0.1nm，则相关的粒子能量对于电子则为150eV，对中子为0.08eV（热中子）。同时，这些实验也确认了使用原子波动方程——薛定谔方程的正确性。

对不同的深度可以进行采样，它取决于衍射物质。衍射是同一波长辐射的相干叠加，因此吸收式非弹性散射决定了深度区域。在X射线衍射中，人们使用的X射线能量所对应的波长与点阵常数可比拟，即0.1nm的点阵常数对应能量为12.4keV的X射线。对于X射线，吸收由光电子吸收和被分析样品的相对厚度所决定。在约10keV能量下起主导作用的X射线是光电效应，即吸收，非弹性效应，即康普顿散射不是太重要，因为光电子吸收比康普顿散射效应大得多，X射线衍射扩散到约10μm深度。从本质上讲，电子吸收由逃逸深度给出，因此，低能电子衍射（low energy electron diffraction，LEED）用于分析表面结构。作为一个纯粹表面技术，LEED不是完美无缺的，因为电子只能穿入几个单原子层。

背散射电子的能量分布示意于图5-46中，电子、二次电子、等离子体激发，这些非弹性事件（主要为等离子损失）决定了电子的逃逸长度，弹性散射电子的尖峰用于衍射分析。

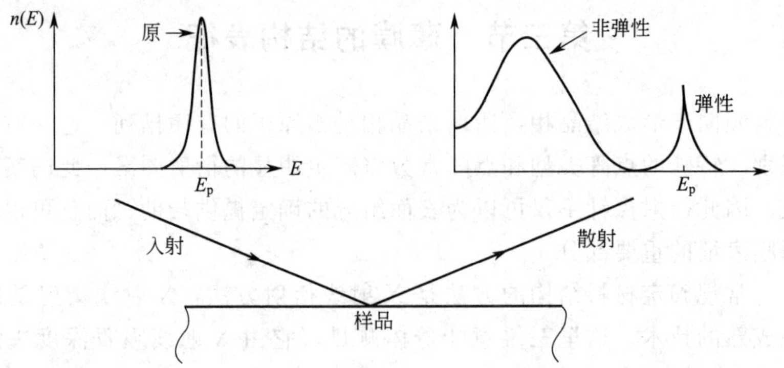

图 5-46 从单一晶体表面入射的 1keV 电子的入射和散射电子能量分布示意图

二、热振动与 Debye-Waller 因子

在分析原子位置时，我们必须考虑原子围绕其平衡位置的热运动，它打破了完整的晶体点阵。测量由于热运动引起的位移可以确定原子由热振动振幅的平方平均值来实现。在简谐振动近似下，振幅的分布 $P(u)$ 为高斯型：

$$P(u)=\frac{1}{(2\pi\langle u^2\rangle)^{3/2}}e^{-u^2/2\langle u^2\rangle} \tag{5-61}$$

$\langle u^2\rangle$ 为分布的平均值。在许多情况下，我们感兴趣于一维分量 $\langle u_x^2\rangle$，则

$$P(u_x)=\frac{e^{-u_x^2/2\langle u_x^2\rangle}}{(2\pi\langle u_x^2\rangle)^{1/2}} \tag{5-62}$$

对于立方系，$\langle u_x^2\rangle=\langle u_y^2\rangle=\langle u_z^2\rangle=\frac{1}{3}\langle u^2\rangle$。

在 Debye 近似条件下，定义 Debye 温度 θ_D 为

$$\hbar\omega_D=k\theta_D \tag{5-63}$$

ω_D 为 Debye 截止频率，即固体中所允许的最大频率，则有

$$\langle u^2\rangle=\frac{3\hbar^2 T}{Mk\theta_D^2}\left[\phi\left(\frac{\theta_D}{T}\right)+\frac{\theta_D}{4T}\right] \tag{5-64}$$

式中，$\phi(x)=\frac{1}{x}\int_0^x\frac{y\,dy}{e^y-1}$ 为 Debye 函数；M 为单原子固体的原子质量。

$\langle u^2\rangle$ 对温度的依赖关系示意于图 5-47 中。高温时，$T\gg\theta_D$，$\langle u^2\rangle$ 正比于绝对温度 T；低温时，$\langle u^2\rangle$ 接近于常数为一有限值，它对应固体零点运动。

热振动引起 X 射线强度随温度而变化，如图 5-48 所示，X 射线的强度随温度变化为

$$I=I_0e^{-2W} \tag{5-65}$$

式中，W 为 Debye-Waller 因子，在 X 射线衍射中 $2W=\frac{1}{3}\langle u^2\rangle(\Delta k)^2$，这里 Δk 为 X 射线衍射的动量转移，即 $\Delta k=(4\pi/\lambda)\sin\theta$，$\lambda$ 为入射波长；2θ 为散射角。

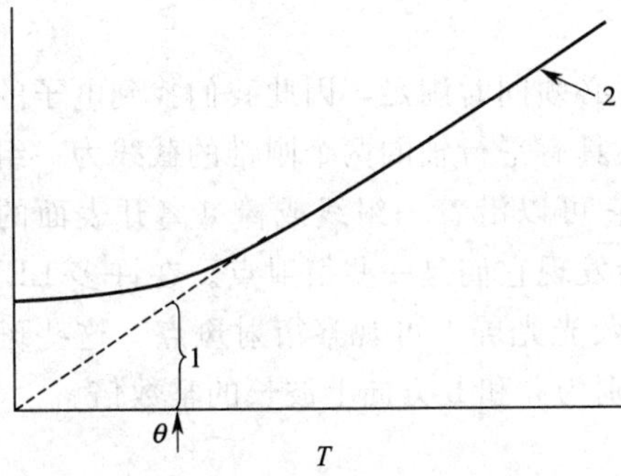

图 5-47 Debye 近似条件下平均平方位移 $\langle u^2 \rangle$ 与温度 T 的关系

1—截距＝零点动能＝$3\hbar^2/(4MkQ_D)$；

2—斜率＝$3\hbar^2/(MkQ_D^2)$

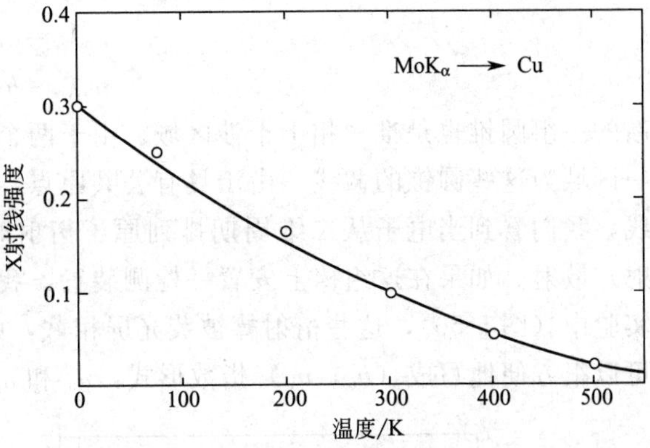

图 5-48 Mo K_α X 射线［由 Cu（800）平面反射得到的］的 X 射线积分强度与温度的关系

实线是由 Debye-Waller 因子计算得到的曲线

三、低能电子衍射（LEED）

考虑具有波长 λ 的电子垂直撞击到原子间距为 a 的一个周期排列的原子（图 5-49），当电子被散射时，从一个原子出来的次波与相邻原子的次波相干涉。当相干干涉发生时，将产生新的波前。相干干涉的条件是次波相长而非相消，因此，它们必须同位相，即对于来自不同原子的波前，沿散射方向波长差必须为整数，这一相干干涉条件为：

$$n\lambda = a\sin\theta \tag{5-66}$$

式中，$n\lambda$ 为波长的整数倍；$a\sin\theta$ 是原子间距沿次波传播方向的投影，因此，为相邻原子形成次波间的间距，与 a 和 λ 相关，对于相干干涉可以在几个角度上出现，由于这一列原子具有一维对称性，因此沿此列轴线相干干涉会形成一圆锥，在圆锥上可以获得电子出现的概率。

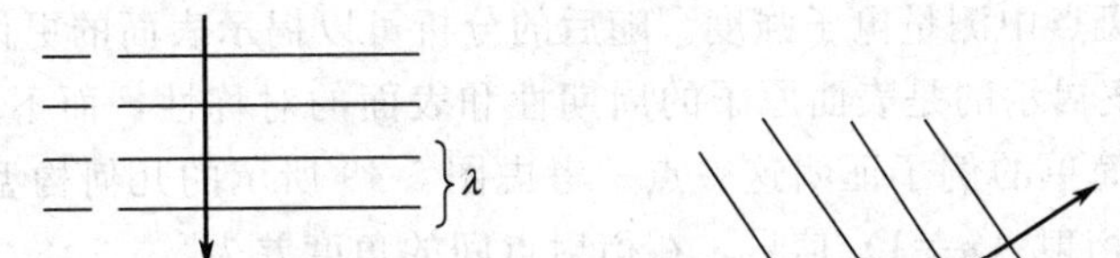

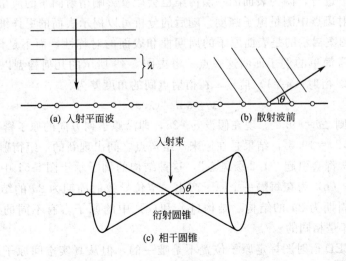

图 5-49 一列散射中心粒子的衍射

原子间距为 a 和 b 的二维周期排列，将产生两组必须同时满足的衍射条件，即：

$$n_a\lambda_a = a\sin\theta_a \tag{5-67}$$

$$n_b\lambda_b = b\sin\theta_b \tag{5-68}$$

新的一组圆锥也是唯一相干干涉区域。由于两个条件必须同时满足，因此我们找到电子的唯一区域为这些圆锥的截线。由于具有公共原点，但不具有平行轴的两个圆锥的截线为一组直线，我们看到当电子从二维周期排列原子衍射时，它可以沿着一组线或棒（离开表面的辐射）散射。如果在这组棒上安置一检测装置，我们会发现它们是一些衍射点。在许多 LEED 实验中（图 5-50），这些衍射棒被荧光屏相截，则在荧光光屏上可观察衍射斑点。这些斑点可以很方便地写成（n_a，n_b）指数形式，n_a 和 n_b 分别为 a 和 b 方向上波长的整数倍。

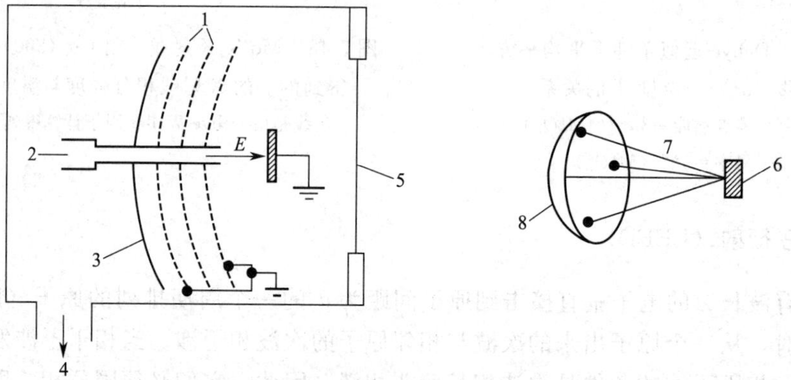

图 5-50 低能电子衍射装置示意图

1—栅；2—电子枪；3—荧光屏；4—真空；5—观察口；6—样品；7—衍射束；8—荧光屏

各种 LEED 装置复杂程度变化很大。在最简单的装置中，LEED 衍射图案直接在屏幕上观察。如图 5-50 所示的设备包含一组阻挡栅以反射非弹性电子，而弹性电子具有足够高的能量克服这一阻挡。通过阻挡栅后，弹性电子进一步被加速，从而使硫荧屏发光。在这一模式中，从 LEED 衍射图案很快可以确定单晶表面处的结晶序数。这类实验必须在仔细控制的高真空条件下进行，因为表面的一层污染也会严重影响衍射图案的质量。电子衍射更复杂的装置是在反射斑点中测量电子强度。随后的分析可以揭示表面的更详细结构。

LEED 衍射图案揭示的是表面原子的周期性和表面的对称性，而不是详细的原子位置，我们利用一个非常简单的例子证明这一点。考虑图 5-49 所示的几何构型以及对应于零级衍射（$\theta=0°$）和一级衍射（$n=1$）信号，在衍射点间的角度差为：

$$\Delta\theta = \sin^{-1}(\lambda/a)$$

如果 $\lambda/a=1/3$，则 $\Delta\theta=19.5°$。现在假设 $a\to 2a$，即沿原子列方向的原子密度减半，则 $\Delta\theta=9.59°$和 $\Delta\theta(n=0,2)=19.5°$，结果是在原来一组斑点之间出现新的一组衍射斑点。导致周期性加倍的任意结构都会引起“1/2 级斑点”，这种结构的例子示于图 5-51 中，图(a) 为周期为 a 的原有结构，(b) 为在每隔一个原子产生一空位导致的周期为 $2a$ 的结构(c) 为由相邻原子成对构成的周期为 $2a$ 的结构。结构(b) 和(c) 中的原子占有不同的位置，但导致的 LEED 衍射图案却是相同的。

尽管根据 LEED 衍射图标定原子位置不是唯一的，但从真实空间原子的组态可以预言 LEED 衍射图案的对称性。图 5-52 给出立方晶体（100）表面的层结构例子。在图中的字母

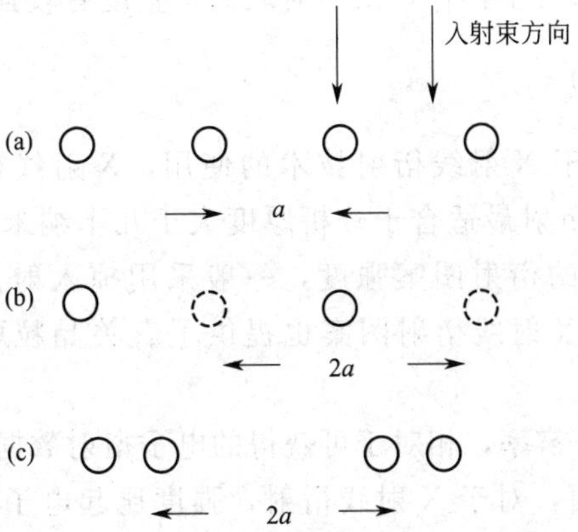

图 5-51 具有周期为（a）a，（b）$2a$，（c）$2a$ 的原子链，图（b）和（c）引起相同的具有 1/2 级次斑点的 LEED 衍射图案，但是它们的原子组态不同

P 代表单胞为简单的初级单胞，对于 P(2×2) LEED 衍射图具有额外的、半级斑点，图中字母 C 代表单胞在中心处有一额外散射点，它在衍射图中引起（1/2，1/2）斑点。

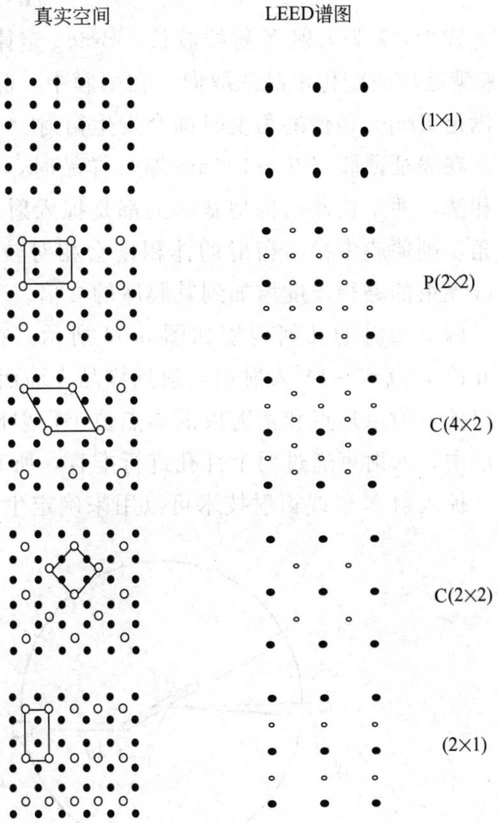

图 5-52 立方晶体（100）表面上的层结构以及相关的 LEED 衍射图

一般地，表面周期性变化将导致衍射图案的变化，这种变化很容易观察到并可以用新的二维对称性解释。例如，气体吸附在晶体表面时，这些吸附的气体以一定的周期性有序方式排列，它的周期性一般为基底点阵的整数倍，这种结构的标准表示为 M(hkl)-(n×m)-C，此处 M 为研究表面的化学元素符号，(hkl) 代表某一特殊结晶面，(n×m) 表示新的表面结构，其周期性在 a 方向上为原表面周期的 n 倍，而在 b 方向上为原表面周期性的 m 倍，最后一个符号 C 是吸附原子的化学符号或其他表面污染物。往往在（n×m）之间插入一字母，例如，P 代表新单胞为简单初级单胞，C 代表新单胞有心，为简便 P 往往省略。如果新单胞相对于基片单胞有旋转，表示相对取向时则包含角度，这些术语的例子如 Ni(111)(2×2)-O，Pt(100)-C(2×2)-C_2H_2，W(110)-C(9×5)-CO 和 Si(111)-(7×7)，当污染物未知，或确信表面自己重构成新的周期结构而不存在其他元素时，后面一项的符号可删去。

LEED 高的表面灵敏度来自于低能电子的大的散射界面，中等能量电子衍射（MEED）和反射高能电子衍射（RHEED）将能量区扩展到约 50keV，因此使这一技术对薄膜更为有用。这些技术往往在掠入射几何条件下操作，由此对表面平整度有较强的要求。

四、掠入射角 X 射线衍射（GIXS）

薄膜元素组分分析经常借助于 X 射线衍射技术的使用，X 射线衍射技术可以唯一地确定近固体表面的晶相。X 射线衍射最适合于分析厚度大于几十纳米的薄膜，为了限制 X 光穿透深度，提高膜相对于基片的衍射图案强度，一般采用掠入射角方法。每一相可由它们的特征衍射图案确定，这一 X 射线衍射图案也提供了有关晶粒取向和晶粒尺寸分布等信息。

X 射线技术提供了最高的角分辨率，相对于可获得的电子衍射数据，X 射线衍射技术能提供更准确的结构数据。另一方面，对于 X 射线衍射，强度比起电子衍射可以很低，电子衍射的主要优点是它可以在样品中的一个小区域进行衍射。

X 射线衍射的基础是，描述晶体原子平面进行 X 射线散射的相干干涉条件满足 Bragg 方程

$$2d\sin\theta=n\lambda$$

式中，λ 为入射 X 射线波长，Bragg 定律要求衍射时 θ 和 λ 要匹配。这一条件可由变化 λ 来满足，或变化单晶的取向。在薄膜中，晶粒取向的分布几乎是连续的，当晶粒取向在正好满足 Bragg 条件的角度时即会发生衍射。

在表征薄膜（20～100nm 厚）样品时，一般使用 Seemann-BohlinX 射线衍射仪和 Read 照相法，两个仪器的构型基本上都是掠入射 X 射线衍射装置，且其入射角固定。使用掠入射角，则薄膜中参与衍射的体积则会相对较大，例如，当入射角为 6.4°时，在薄样品中 X 射线光束的路径长度增加到其膜厚的 9 倍。

两个实验的几何构型如图 5-53 所示。在两种装置中，X 射线衍射谱由 X 射线单色束（Cu K_α）以 6°～14°入射角入射到样品表面而得到。在 Seemann-Bohlin 装置中 X 射线需要聚焦以使入射束焦点和衍射束的焦点位于衍射圆的圆周上。检测器沿衍射圆移动。在 Read 照相法中，入射束通过两个针孔进行准直，所有角度的衍射谱同时纪录在感光胶片上。

掠入射 X 射线衍射技术可以用来确定生长的金属间化合物或硅化物以及化合物相的厚

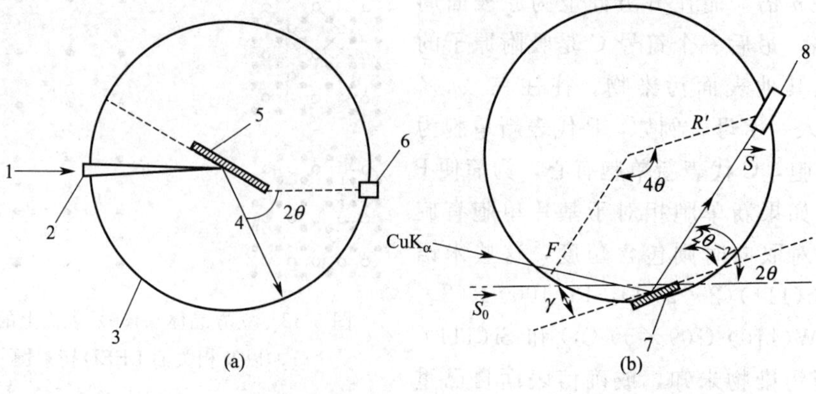

图 5-53 （a）Read 照相法示意图；（b）Seemann-Bohlin 装置示意图

1—X 射线光束；2—准直器；3—感光膜；4—衍射束；

5—样品；6—光束截止；7—样品；8—计数器

度。作为例子，考虑在 Si 上沉积 Pd 层的多晶 Pd_2Si 生长。图 5-54 给出在 Si 上沉积 100nm Pd 的 Seeman-Bohlin X 射线衍射和在形成 Pd_2Si 时所有 Pd 完全被消耗掉的终态 X 射线衍射谱。

在所沉积的状态中，图 5-54(a) 的衍射谱为纯 Pd 谱而没有基底 Si 的反射，反射对应于 Pd 的点阵常数为 0.224nm(111) 和 0.112nm(222)。完全反应后形成 Pd_2Si 层的衍射谱［图 5-54(b)］则显示出立方结构的衍射峰。其点阵常数 $a=0.6493$nm 和 $c=0.3427$nm。点阵常数范围从 0.3246nm(110) 变化到 0.1058nm(203)。

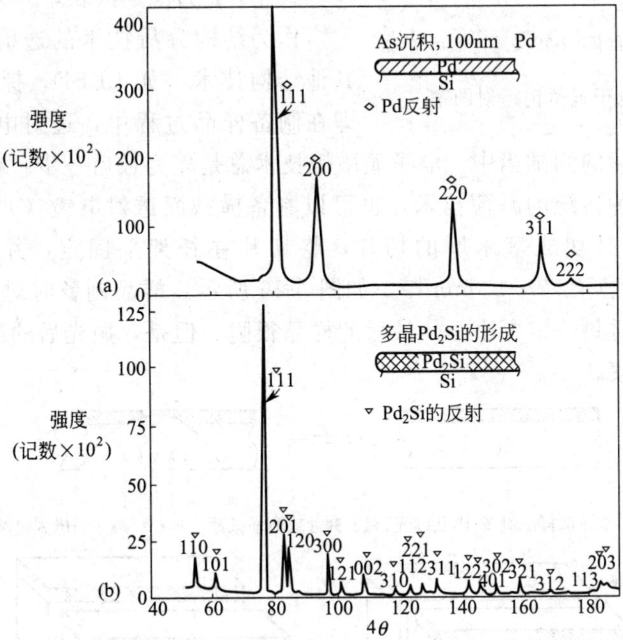

图 5-54 掠入射 Seemann-Bohlin 衍射图

(a) 在 Si 上沉积 100nm Pd；(b) 完全反应后形成多晶 Pd_2Si 膜

从已知 Pd_2Si 反射强度可以测量 X 射线辐照下硅化物的总体积。对于横向均匀分布层(在硅化物一般均满足此条件)，总的积分强度 I_{int} 正比于膜厚，因为此时膜中的 X 射线吸收校正较小。测量强度一般也由结构和几何因子所决定，只要生长的硅化物层的结晶度不变，则结构和几何因子皆不变。卢瑟福背反射可用于校正由衍射法所确定的厚度。

另外掠入射 X 射线衍射还可用于测定薄膜的表面粗糙度和薄膜的密度。

五、透射电子显微镜

电子衍射是用于识别固体结构的另一个技术。简单地说，从晶体点阵产生的电子衍射可以采用满足波长增强和相干的 Bragg 方程的运动学散射来描述。许多情况下，样品用化学刻蚀或离子减薄的方法减薄到几百埃的厚度。电子透过薄样品时会形成电子衍射图案。如同在 X 射线衍射情况那样，电子衍射图案示意于图 5-55 中。对于单晶衍射为斑点，精细多晶为环，大晶粒多晶且包含织构则为环加斑点。在所示的例子中，离子对 Pd 膜辐照，引起薄膜的结构由精细多晶体变为大块单晶体的结构相变。

对于立方晶体（平面 {hkl}，点阵常数为 a），则面间距 d 由下式

$$d_{hkl}=\frac{a}{\sqrt{h^2+k^2+l^2}} \tag{5-69}$$

给出。

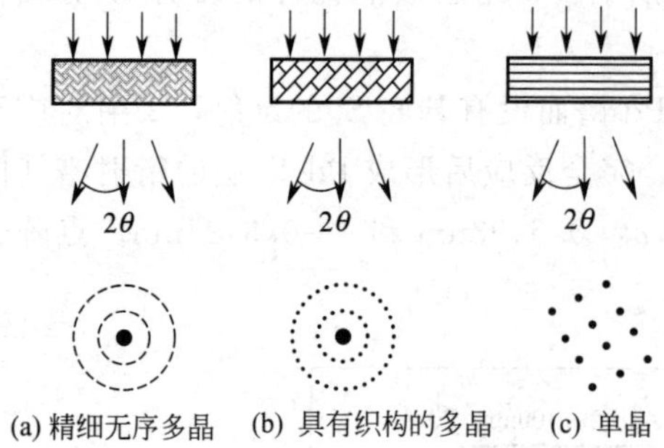
2θ
2θ
2θ
(a) 精细无序多晶
(b) 具有织构的多晶
(c) 单晶

图 5-55　透射电子显微镜衍射图案

如果样品距成像平面为 L，则衍射环的直径 R 与面间距的关系为

$$\lambda L=Rd_{hkl} \tag{5-70}$$

式中，λ 为电子波长，并采用了小角近似。

作为结构分析技术的透射电子显微镜不同于其他结构技术（如 LEED，掠入射 X 射线衍射），即在制备样品过程中，透射电子显微镜是损坏样品的。因此，在连续的测试当中，电子显微镜技术总是作为最后一步。在制备样品方面，人们采用的不只是一种传统的减薄技术，也可以制备横截面透射电镜（TEM）样品。在这种情况下，人们将样品切成毫米厚的切片，将切片在托架上固定，并露出截面，抛光至 50μm，而后离子研磨至 50～100nm 厚，如图 5-56 所示。样品制备时对在不同离子减薄中，以不同速率刻蚀的材料一定要小心，最后的样品很脆。但是，抛光后的截面可以对薄膜反应区边缘进行直接观察。

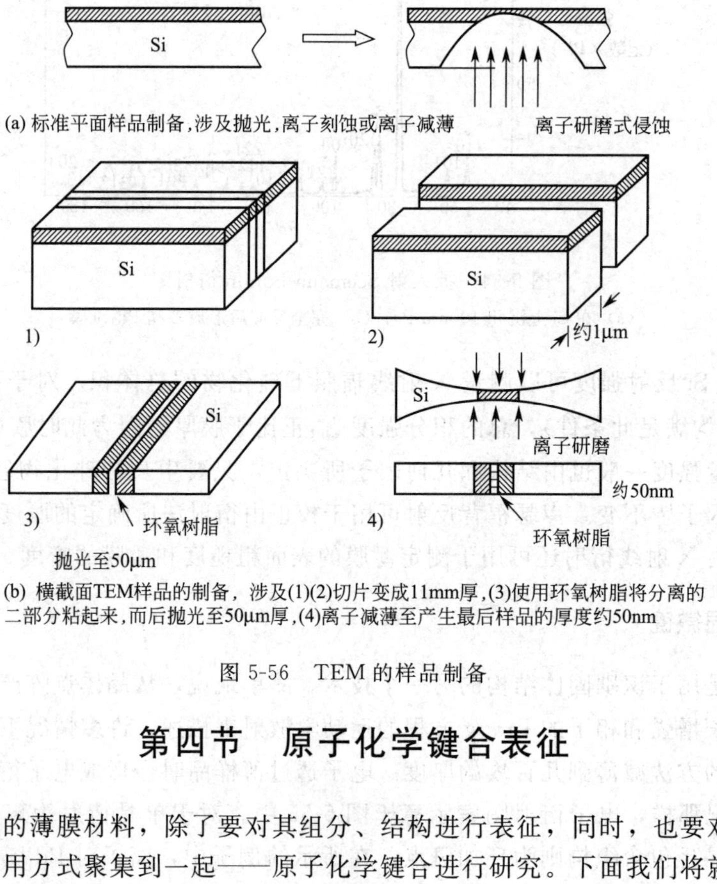
Si
(a) 标准平面样品制备，涉及抛光，离子刻蚀或离子减薄
离子研磨式侵蚀
Si
1)
Si
2)
约1μm
Si
3)
环氧树脂
抛光至50μm
Si
离子研磨
约50nm
4)
环氧树脂
(b) 横截面TEM样品的制备，涉及(1)(2)切片变成11mm厚，(3)使用环氧树脂将分离的二部分粘起来，而后抛光至50μm厚，(4)离子减薄至产生最后样品的厚度约50nm

图 5-56　TEM 的样品制备

第四节　原子化学键合表征

对于所得到的薄膜材料，除了要对其组分、结构进行表征，同时，也要对材料中的原子通过何种相互作用方式聚集到一起——原子化学键合进行研究。下面我们将就表征薄膜材料中原子化学键合的测试仪器进行介绍。

一、能量损失谱（EELS）

（一）电子能量损失谱的基本原理

1. 逃逸深度

当入射电子束打到薄膜样品后，与固体薄膜中的原子发生相互作用，电子束将显现特征能量损失，从而获得固体薄膜中原子相互作用信息，这即为电子能量损失谱（EELS）。

对定量分析来说，确定电子的逃逸深度很重要，所谓的逃逸深度即为具有能量为 E_c 的电子可以沿薄膜深度传播而不损失能量的距离（图 5-57）。入射线（不管是光子还是电子）具有足够的能量以进入固体深处，经历非弹性碰撞，并从激发处到表面损失能量 δE 的电子，将以较低的能量离开固体薄膜，同时贡献了背底信号或在主信号谱峰以下延伸几百电子伏特的带尾。

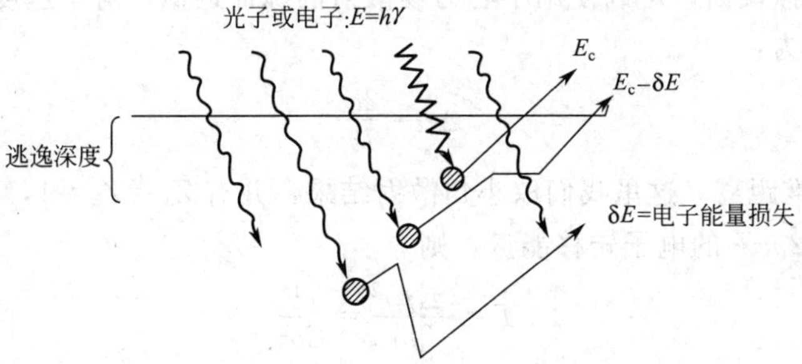

图 5-57　高能光子入射到表面，在固体相对深处产生特征电子示意图
只有近表面产生的电子能够无能量损耗地逸出

考虑以具有能量 E_c 的电子流（I_0）作为源，在基片上沉积的膜，在薄膜内任意非弹性碰撞使其从能量为 E_c 的电子集团中除去。考虑非弹性散射截面为 σ，在沉积膜中每立方厘米有 N' 个散射中心，电子从初始集团除去数 $\mathrm{d}I$，每单个散射中心为 σI，每单位厚度增量 $\mathrm{d}x'$ 所除去的电子数为

$$-\mathrm{d}I=\sigma IN'\,\mathrm{d}x \tag{5-71}$$

从而给出

$$I=I_0\mathrm{e}^{-\sigma N'x} \tag{5-72}$$

平均自由程与截面的关系由定义

$$1/\lambda=N'\sigma \tag{5-73}$$

给出，因此方程（5-71）可写成：

$$I=I_0\mathrm{e}^{-x/\lambda} \tag{5-74}$$

可见从沉积膜表面逃逸的电子数随着膜厚指数衰减。在这一讨论中，我们将平均自由程与逃逸深度作为同义词，并使用符号 λ。从固体深处激发出来的电子产额由 $\int I(x)\mathrm{d}x=I_0\lambda$ 给出，因此厚的基片似乎作为厚度为 λ 的靶。

图 5-58 给出电子平均自由程与能量之间的关系。此图显示平均自由程与能量相关，且在 100eV 附近处，平均自由程具有较宽的最小值，这一平均自由程和能量的曲线关系称为“普适曲线”。

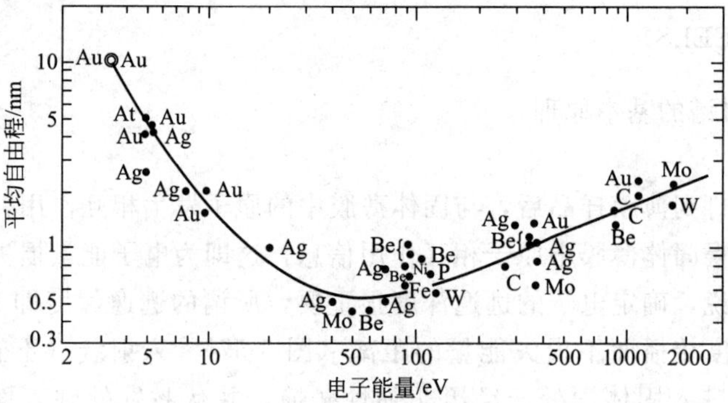

图 5-58 电子平均自由程的普适曲线

2. 非弹性散射截面

对于非弹性碰撞截面，可以使用中心力场散射的脉冲近似，对于速度为 v 的电子，它转移给靶电子的动量为：

$$\Delta p=\frac{2e^2}{bv} \tag{5-75}$$

式中，b 为瞄准距离。这里我们取小角散射结果，并有 $Z_1=Z_2=1$，$M_1=M_2=m$，令 T 代表能量为 $E=1/2mv^2$ 的电子转移能量，则

$$T=\frac{(\Delta p)^2}{2m}=\frac{e^4}{Eb^2} \tag{5-76}$$

对于在 T 和 $T+\mathrm{d}T$ 之间的能量转移，微分截面 $\mathrm{d}\sigma(T)$ 是

$$\mathrm{d}\sigma(T)=-2\pi b\mathrm{d}b \tag{5-77}$$

由方程（5-76），$2b\mathrm{d}b=-(e^4/ET^2)\mathrm{d}T$，则

$$\mathrm{d}\sigma(T)=\frac{\pi e^4}{E}\cdot\frac{\mathrm{d}T}{T^2} \tag{5-78}$$

对于在 $T_{\min}$ 和 $T_{\max}$ 之间转移能量的电子的截面为

$$\sigma_e=\int_{T_{\min}}^{T_{\max}}\mathrm{d}\sigma(T) \tag{5-79}$$

$$\sigma_e=\pi\frac{e^4}{E}\left(\frac{1}{T_{\min}}-\frac{1}{T_{\max}}\right) \tag{5-80}$$

对于具有几百电子伏特或更高能量 E 的荷能电子，最大能量转换 $T_{\max}$ 远远大于 $T_{\min}$，因此

$$\sigma_e\approx\frac{\pi e^4}{E}\frac{1}{T_{\min}}=\frac{6.5\times10^{-14}}{ET_{\min}}\mathrm{cm}^2 \tag{5-81}$$

E 和 $T_{\min}$ 的单位为 eV，并使用 $e^2=1.44\mathrm{eV}\cdot\mathrm{nm}$。

3. 等离子体激元

固体中，导电电子气体的集合激发导致电子能量损失出现分立的峰，等离子体激元即为一个等离子体激元振动的量子，它具有大约为 15eV 的能量，用 $\hbar\omega_p$ 表示。

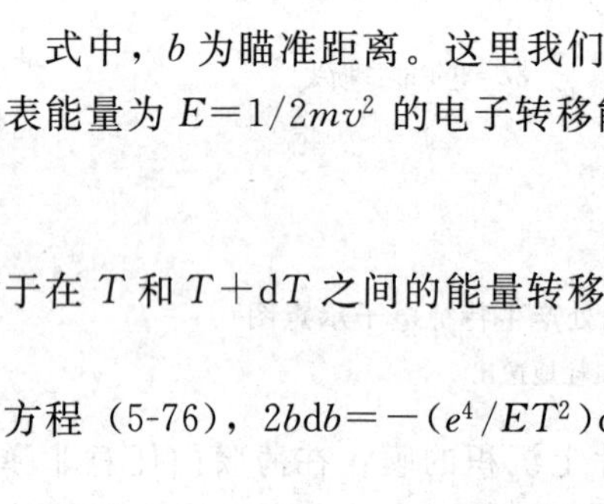

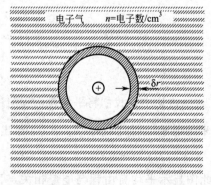

图 5-59 具有 $\frac{4}{3}\pi r^3 n$ 个电子的电子气围绕在正电荷核心，它将具有 δr 的半径收缩

从经典观点看，等离子体激元频率由金属中的价电子相对于正电荷中心（图 5-59）的振动来决定。考

虑从一个含有电子气浓度为 n 的正电荷的径向距离有一个涨落 δr，如果电子气从它的平衡位置扩展半径 δr，在壳层中的电子数则为 $\delta n=4\pi nr^2\delta r$，它将具有电场 ε

$$\varepsilon=\frac{e}{r^2}\cdot\delta n=4\pi ne\delta r \tag{5-82}$$

由扩展引起的阻碍力为

$$F=-e\varepsilon=-4\pi e^2\delta rn \tag{5-83}$$

由方程（5-83）给出的简谐振子频率的解为：

$$\omega_{\rm p}=\left(\frac{4\pi e^2 n}{m}\right)^{1/2} \tag{5-84}$$

式中，m 为电子质量；对于金属，$n\approx10^{23}/\mathrm{cm}^2$ 给出 $\omega_{\rm p}=1.8\times10^{16}\,\mathrm{rad/s}$，$\hbar\omega_{\rm p}=12\mathrm{eV}$。等离子体激元频率可以认为是由入射荷电粒子激发的电子-离子系统的“中性”频率。

对于 Mg 测得的等离子体激元能量值为 10.6eV，而 Al 则为 15.3eV，图 5-60 给出 Al 膜反射的能量损失谱。损失峰由体等离子体激元 $\hbar\omega_{\rm p}=15.3\mathrm{eV}$ 和表面等离子体激元 $\hbar\omega_{\rm p}=10.3\mathrm{eV}$ 结合而成。表面等离子体激元频率 $\omega_{\rm p}(\mathrm{s})$ 与体等离子体频率有如下关系：

$$\omega_{\rm p}(\mathrm{s})=\frac{1}{\sqrt{2}}\omega_{\rm p} \tag{5-85}$$

这一方程对许多金属和半导体皆成立。根据每个原子中有 4 个价电子，且整个价电子相对离子核振动，得到的 Si 和 Ge 的计算等离子体激元能为 16.0eV，而对 Si 的测量值为 16.4～16.9eV，Ge 则为 16.0～16.4eV。

（二）电子能量损失谱

当电子束穿过薄膜或被表面反射时，其特征能量的损失可以提供有关固体本质和相应结合能等信息。能量损失谱（electron energy loss spectroscopy，EELS）中电子束能量范围为 1eV 到 100eV。能量的选择要根据具体实验和所感兴趣的能量范围，低能区主要用于表面研究，它主要集中于与吸附分子相联系的振动能。能量损失谱由与吸收分子振动态相对应的分立峰组成。在高能区，起主导作用的峰对应等离子振子损失。对能量损失谱的仔细研究也显示出分立的边峰，它们对应着原子能级的激发和离化，这些特点可以用于元素的识别。谱线扩宽是由于入射电子可以连续地转移能量给束缚电子，例如，一芯能级电子可能被激发到未被占据态或从固体中发射出来。散射截面有很强的趋向，即有利于小能量转移，因此，激发为主导过程。

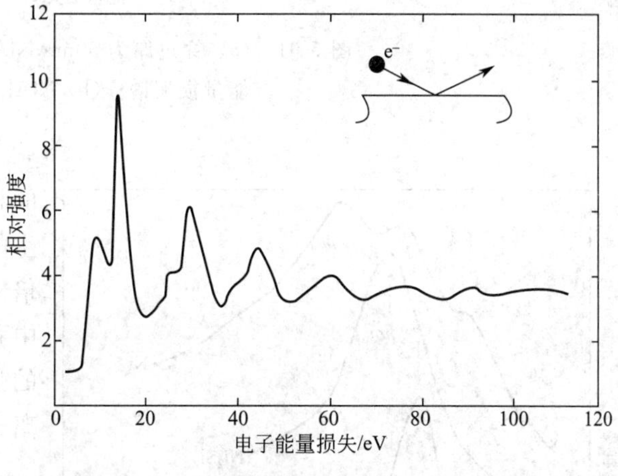

图 5-60 入射电子能量为 2keV 的 Al 的电子反射能量损失谱，损失峰是表面和体的共同损失的结合

在高分辨率下的损失谱研究可以给出未被占据态密度信息，下面我们给出应用约 100keV 电子束得到的 Ni_xSi_y 膜的非弹性散射能量损失谱。使用约 100keV 的高能电子是因为碰撞间的长距离（大约 50～100nm），它可以检查安放在电子显微镜样品网格中的自持膜。一般使用的分辨率为 0.1～0.5eV 的静电分析仪，以便使态密度的改变可以得到监测。

具有 80keV 能量穿过厚 50nm 的 NiAl 晶体膜的电子能量损失谱示于图 5-61 中。在谱中，主要特征是大的体等离子体激子峰，用 $\hbar\omega_p$ 标记，它位于 17.8eV 处。这一共振峰涉及所有的价电子，它比纯 Al 的 15.0 体等离子体激子共振位移到较高能量处（17.8eV）。体等离子激子对于样品组分的敏感性示意于图 5-62 中，它给出了 Si、$NiSi_2$、Ni_2Si 和 Ni 的等离子体共振峰。当 Ni 的浓度增加时，等离子体激子峰变宽，其中心向高能位移。Si、$NiSi_2$、Ni_2Si_2 的等离子体能量 $\hbar\omega_p$ 分别为 16.7eV、17.2eV 和 21.8eV。

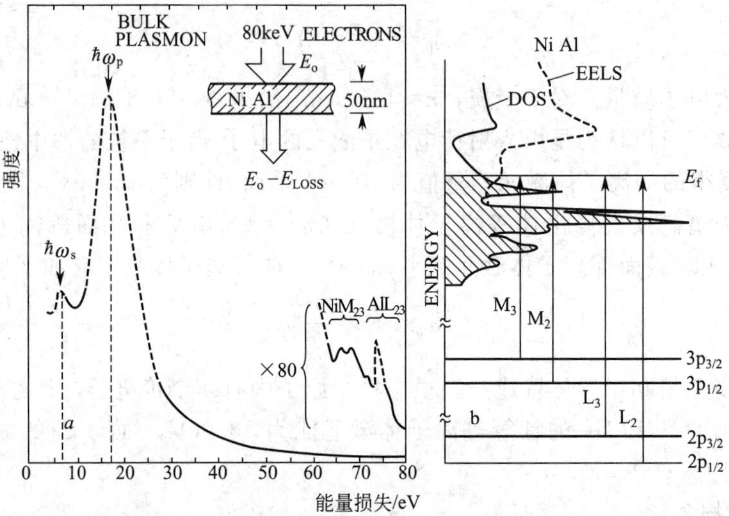

图 5-61 (a) 穿过厚为 50nm NiAl 靶的 80keV 电子能量损失谱；(b) NiAl 的态密度

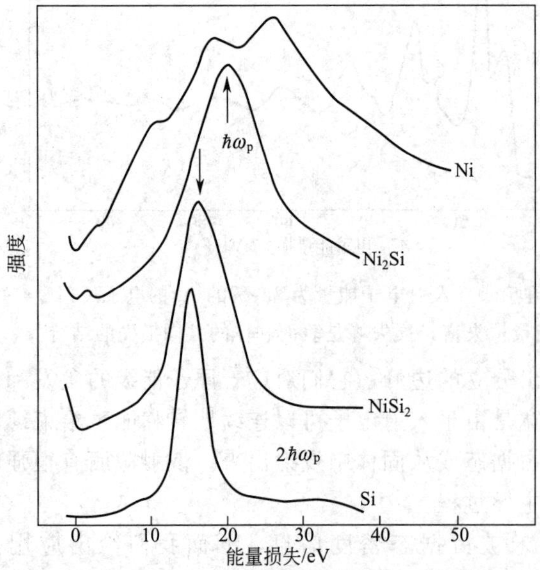

图 5-62 Si、$NiSi_2$，Ni_2Si、Ni 自持膜的 EELS 谱（入射电子能量 80keV，膜厚约 40nm）

等离子体激子可以用于估计多种散射的相对量。由第二个顺次等离子体激子产生的峰的峰位比原来的等离子体激子峰大 2 倍。如硅的第二个共振峰为 33.4eV。从图中我们可以看到，第二个峰与第一共振峰的强度比很小，它意味着样品的厚度比等离子体激子共振激发的平均自由程小得多。

在 NiAl（图 5-61）EELS 谱中，弱而尖锐峰出现在高能量损失约 70eV 处，这对应着单个深层束缚芯能级电子到未被占据的导带态的激发。在图 5-61 中，在大约 75eV 处的 AlL_{23} 跃迁对应着 Al 2p 芯能级电子到位于费米能级上面的未被占据态的跃迁。在图中，测量 AlL_{23} 数据正好落在态密度计算值上（实线），实验数据反映态密度形状，则意味着 EELS 可用于确定导带以上的态密度。

Ni-Si 能量损失谱也展示了芯能级跃迁的特征。图 5-63 是 40nm 厚的 $NiSi_2$ 的电子能量损失谱，能量范围从 0～138V，最高峰为等离子体激子振荡峰（$\hbar\omega_p$）。在高能区有 Ni M_{23} 和 Si L_{23} 芯能级激发峰，其强度分别被放大 100 倍和 350 倍。在 EELS 谱中分辨不出多重散射，表明在 NiM 边缘前的 Ni 低能损失区的背底，主要来自于等离子体激子峰的尾峰。在 Ni M 和 Si L 边的台阶高度也可用于确定组分。

在等离子体激子峰能量以下，即在图 5-63(a) 中的 0～15eV 的电子能量值对应于带间跃迁光谱。带间跃迁涉及价带和导带态密度的卷积，因此比起对芯能级光谱的解释要困难得多。

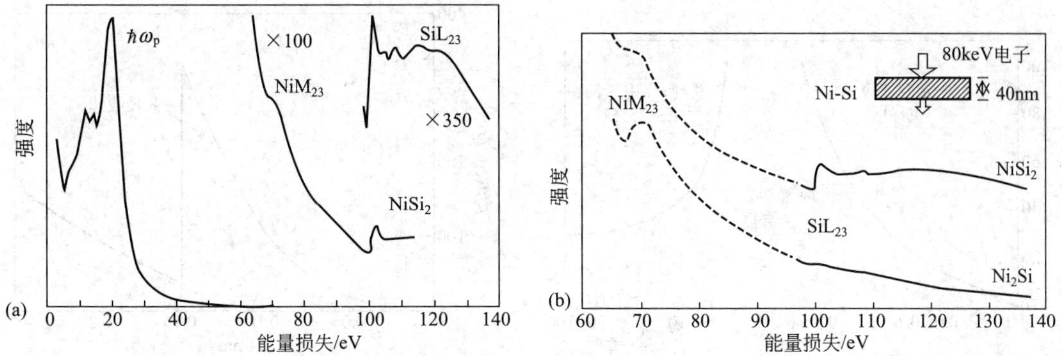

图 5-63 (a) $NiSi_2$ 电子能量损失谱，显示等离子体峰和 Ni M_{23}，Si L_{23} 峰；(b) Ni 和 Si 芯能级激发在能量区的 EELS 谱比较

对于 Ni 与 Si 不同原子比情况下，Ni 和 Si 边的台阶高度差可以在图 5-63(b) 中见到，它们分别是 Ni_2Si 和 $NiSi_2$ 谱。当检测一个损失能量为 E_A 的入射电子，穿过厚度为 t，含原子 A 的浓度为 A 的材料时的产额 Y_A 为：

$$Y_A = QN_A\, t\sigma_A\, \eta\Omega \tag{5-86}$$

式中，Q 为入射电流密度积分；N_A 为 A 原子对非弹性散射有贡献的原子数；σ_A 为 A 原子在已知芯能级电子的跃迁截面；η 为收集效率；Ω 是检测器收集角。

方程 (5-86) 假设收集电子只经历单一的非弹性散射，只要从 A 原子散射的收集效率等于从 B 原子散射收集效率，则原子 A 与原子 B 的原子比为：

$$(N_A/N_B) = (Y_A/Y_B)(\sigma_B/\sigma_A) \tag{5-87}$$

式中，Y_A 和 Y_B 可从实验上，通过测量在吸收边以上能量窗口区域的面积而得到。因此，原子比率的精确性与所计算的截面值和确定 Ni M 对 Si L 面积比值有十分敏感关系。

电子能量损失谱大多数情况下并不是用来直接确定组分或少量杂质，它的主要优点是小区域分析（<100nm）用以检测微析出和组分变化以及原子间的化学键合。

二、扩展 X 射线

(一) X 射线吸收

当高能光子束穿入薄膜样品时，有三个过程将引起光子束的衰减：光电子的产生、康普顿散射、电子-正电子对。在康普顿效应中，X 射线被吸收材料中的电子所散射，出射束由两部分组成，一部分是原来的波长 λ，另一部分则是波长变长的辐射（能量降低）。一般，这一问题可以这样处理：具有动量为 $P=\hbar/\lambda$ 的光子与具有静止能量 mc^2 的静止电子发生弹性碰撞，以 θ 角散射以后，光子波长变长，其增量为 $\Delta\lambda=(\hbar/mc)(1-\cos\theta)$，此处，$\hbar/mc=0.00243\text{nm}$，为电子的康普顿波长。

如果光子能量大于 $2mc^2=1.02\text{MeV}$，光子将会湮灭同时产生电子-正电子对，这一过程称为电子-正电子对产生。三个过程——光电、康普顿散射和电子-正电子对产生中的每一个过程，在其对应的光子能量区域起主导作用（图 5-64）。对于 X 射线和低能 γ 射线，光电吸收为光子穿过材料时光子衰减的主要贡献，这一能量区域是材料分析中分析原子作用过程的基本关注点。

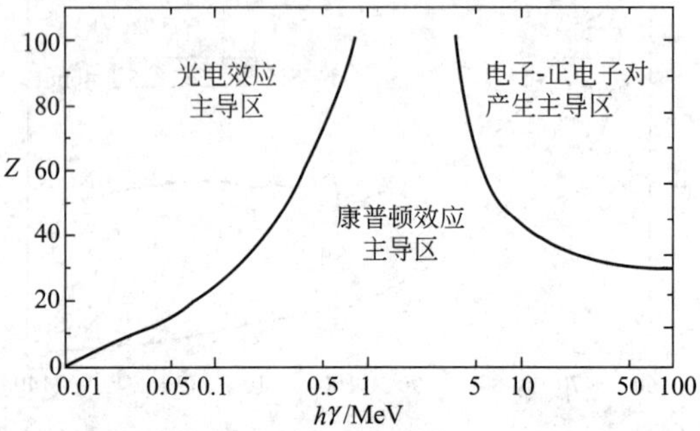

图 5-64 光子与薄膜相互作用的三个主要过程与能量关系

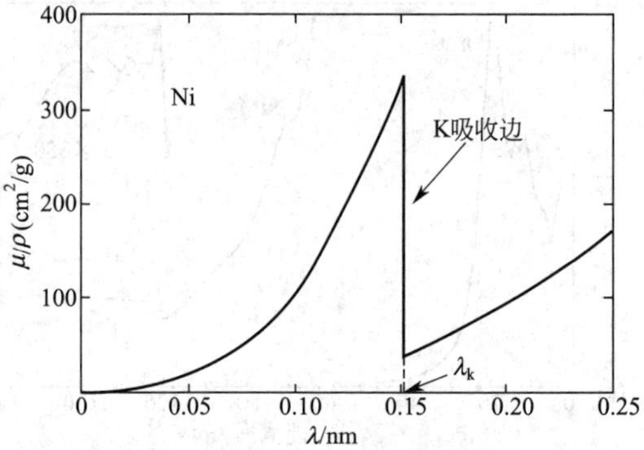

图 5-65 Ni 质量吸收系数 $\mu/\rho(\text{cm}^2/\text{g})$ 与 λ 的关系

对于入射线强度为 I_0 的入射线，穿过一薄膜时，所透过的 X 射线强度遵守指数衰减关系：

$$I=I_0\text{e}^{-ux}=I_0\exp(-\mu/\rho)\rho x \tag{5-88}$$

式中，ρ 是固体的密度（以 g/cm^3 为单位）；μ 为线性衰减系数；μ/ρ 为质量衰减系数（以 cm^2/g 为单位）。

图 5-65 给出 Ni 的质量衰减系数与 X 射线波长的关系。吸收系数强烈依赖于光电子散射截面与能量的依赖关系。在 K 吸收边，光子从 K 壳层激发出电子，当光子波长对应 K 吸收边时，吸收主要由 L 壳层的光电子过程所主导；在短波长 $\hbar\omega\geqslant E_B(\text{K})$ 时，在 K 壳层的光电子吸收则起主导作用。

X 射线光电子谱和 X 射线吸收谱都依赖于光电效应，它们各自的实验装置示于图 5-66 上部（左边为 XPS，右边为 X 射线吸收）。在 XPS 中，束缚电子如 K 壳层电子（图 5-66）被激发出样品外，成为自由电子。因尖锐峰出现在光电谱中，光电子的动能能较好定义。在 X 射线吸收谱中，当束缚电子被激发到第一未被占据能级时（满足跃迁选择定则），就会出现吸收边。对于金属样品，这一未被占据的能级刚好位于费米能级以上。在 X 射线吸收中，测量的是作为能量函数的吸收；而在 XPS 中入射的是一恒定能量光子，测量的则是出射电子的动能。

对于在已知壳层或亚壳层中电子的质量吸收系数，可以由光电散射截面 σ 计算得到

$$\frac{\mu}{\rho}=\frac{\sigma(\text{cm}^2/\text{电子})\times N(\text{原子数/cm}^3)\times n_s(\text{电子数/壳层})}{\rho(\text{g/cm}^3)} \tag{5-89}$$

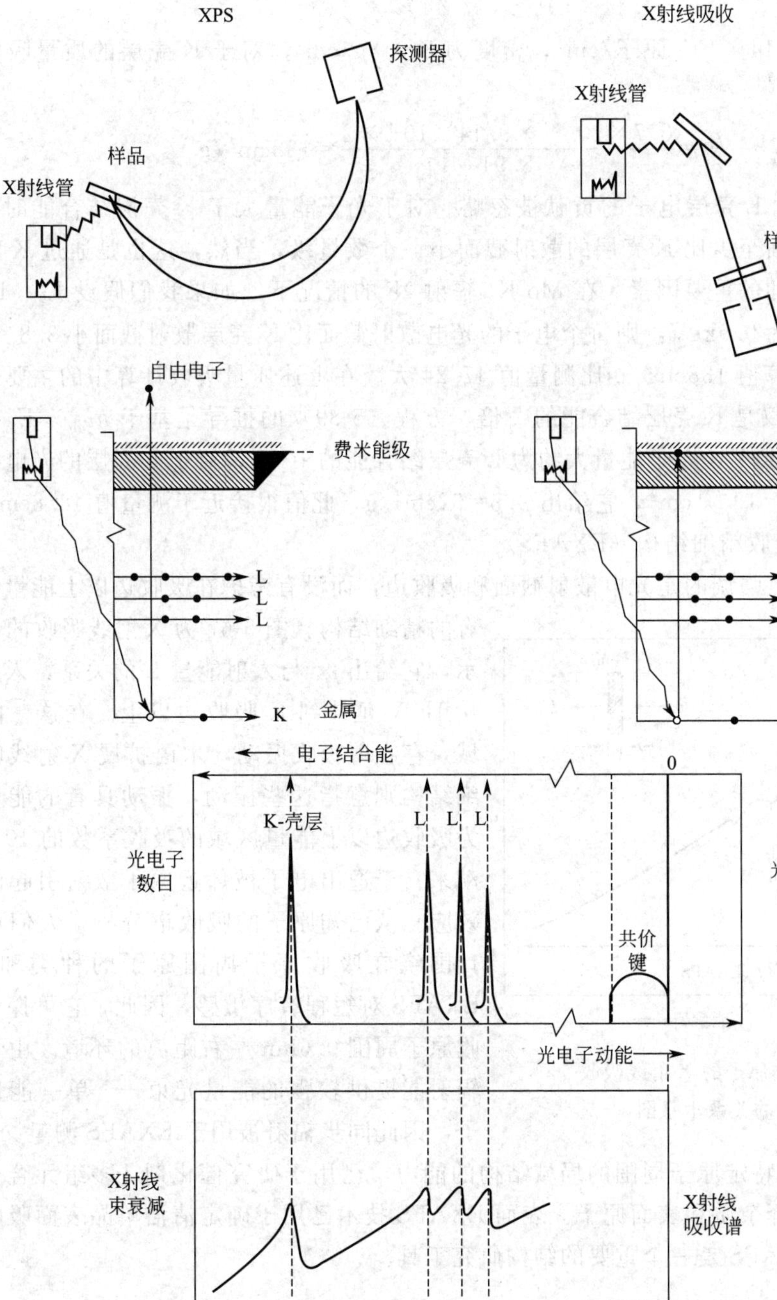

图 5-66 XPS 和 XAS 的比较

式中，ρ 为密度；N 为原子浓度；n_s 为壳层中的电子数。例如，对于 MoK_α 辐射（$\lambda=0.711$，$\hbar\omega=17.44keV$）Ni，Ni K 壳层结合能为 8.33keV，则每个 K 电子的光电散射截面为：

$$\sigma_{ph}=\frac{7.45\times10^{-16}\,cm^2}{17.44\times10^3}\left(\frac{8.33}{17.44}\right)^{5/2}=6.7\times10^{-21}\,cm^2$$

Ni 的原子密度为 9.14×10^{22} 原子/cm³，密度为 8.918g/cm³，对于 K 壳层的质量吸收系数 μ/ρ 为

$$\frac{\mu}{\rho}=\frac{6.7\times10^{-21}\times9.14\times10^{22}\times2}{8.91}=138cm^2/g$$

在这一计算中，L 壳层电子的贡献被忽略。对于光子能量大于 K 壳层结合能时，对 L 壳层的光电散射截面至少比 K 壳层的散射截面小一个数量级，当然，这也是通过 K 吸收边时，吸收会剧烈增加的重要因素。在 Mo K_α 辐射 Ni 的情况下，如果我们假设 L_1、L_2、L_3 壳层的平均结合能为 0.9keV，则每个电子的光电散射截面比 K 壳层散射截面小 3.8×10^{-3}。K 壳层吸收系数计算值 138cm²/g 比测量值 47.24 大。在上述质量吸收计算中的主要困难是 Mo K_α 辐射能量仅仅是 K 壳层结合能的 2 倍，方程（5-89）的推导是基于 $\hbar\omega_p\gg E_B$。对于 CuK_α 辐射 $E=8.04$keV，光子能量大约为 L 壳层结合能的 10 倍，对于 L 壳层的光电吸收截面计算值为 $\sigma=3.1\times10^{-21}\,cm^2$，它给出 $\mu/\rho=32cm^2/g$，此值很接近于测量值 48.8cm²/g。

（二）扩展 X 射线吸收精细结构（EXAFS）

在前一部分重点强调的是光电散射截面和吸收边，而没有考虑在吸收边以上能量处所具有的精细结构。图 5-67 为 X 射线吸收的示意表示，它给出 μ_x 与入射能量 E 的关系，入射能量从 1keV 延伸到 K 吸收边以上。在这一能量区域，存在着吸收振动，术语扩展 X 射线吸收精细结构则意指这些振动，振动具有的能量大约为吸收边以上能量区域的吸收系数的 10%。振动来自于逸出电子被邻近原子散射引起的干涉效应。从已知原子的吸收谱分析，人们可以估计围绕在吸收原子周围原子的种类和数量。EXAFS 对短程有序敏感，因此，它可探测出吸收原子周围 0.6nm 左右距离的环境。由于同步辐射能提供较强的能量光束——单一能量的光子，因此同步辐射被用于 EXAFS 测量。

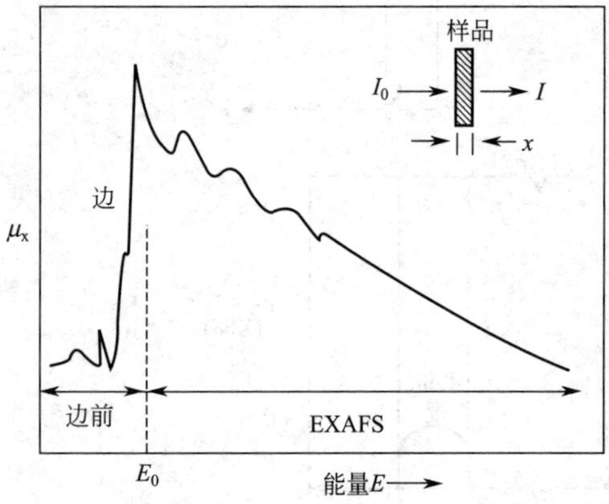

图 5-67 固体原子的 X 射线吸收 μ_x 与 E 的关系示意图

EXAFS 确定一特定原子周围的局域结构的能力，已用于研究催化剂、多组元合金、无序和非晶固体、稀释杂质和表面原子。表面 EXAFS 技术已用于确定清洁单晶表面吸附原子的键长和位置。EXAFS 是一个重要的结构研究工具。

三、振动光谱：红外吸收光谱和拉曼光谱

（一）基本原理

红外吸收光谱［后来发展成为傅里叶变换红外光谱（FTIR）］和拉曼光谱是测量薄膜样品中分子振动的振动谱。显然，分子振动依赖于薄膜的化学组成、结构、化学键合，而直接决定分子振动能的是分子之间的化学键合。构成薄膜样品分子振动的频率一般从红外延展到远红外范围。当用红外线照射薄膜样品时，与样品分子振动频率相同的红外光便会被分子共振吸收。由于每种分子的振动频率一般都是确定的，因此利用红外吸收

光谱可以标识薄膜中所含的分子并确立分子间的键合特性。这便是红外吸收和傅里叶红外光谱的基本原理。

另一方面，如果照射薄膜样品的入射光不是红外光而是可见光或紫外光，则当入射光照射到样品后，出来的散射光频率会有稍许改变，这种频率的改变也是由分子振动引起的。因此，如果从实验上能够测定这种频率的改变（即波数的位移），即可分析和鉴别出薄膜样品的化学组成和化学键合（尤其是对后者特别有效），这便是拉曼光谱分析的基本原理。入射光受到样品的散射称为拉曼散射，它属于非弹性散射，拉曼散射包括斯坦克斯散射和反斯坦克斯散射。散射引起的频率变化实际上是一种能量变化，这一能量的变化与分子振动的能级变化有关。

值得指出的是，并不是所有满足入射光的频率与分子振动频率相同条件，就一定会出射红外吸收或拉曼散射。红外吸收是由引起偶极矩变化的分子振动产生的，而拉曼散射则是由引起极化率变化的分子振动产生的，其原因在于：红外吸收是红外范围的低频率光直接与分子振动相互作用，而可见光和紫外光等高频率光只是和分子内的电子相互作用，因此，由于作用的方式不同，某些分子振动对红外是敏感的，而另外一些分子振动则对拉曼散射敏感。红外吸收和拉曼散射的选择定则与分子振动的对称性密切相关。下面给出一些例子。

① 对于具有对称中心的分子振动，红外不敏感，拉曼散射敏感；相反，对于具有反对称中心的分子振动，红外吸收敏感而拉曼散射不敏感。

② 对于对称性高的分子振动，拉曼散射敏感。

（二）傅里叶变换红外光谱（FTIR）和拉曼光谱

传统的红外光谱依赖于红外光束通过格栅色散到单色元件中，并通过整个感兴趣的光谱区进行扫描。当光束照到样品时，各种红外波长被样品吸收，结果以样品的红外光谱的形式记录下来。为得到 $4cm^{-1}$ 的分辨率，对于样品的一次扫描需要 2～3min。

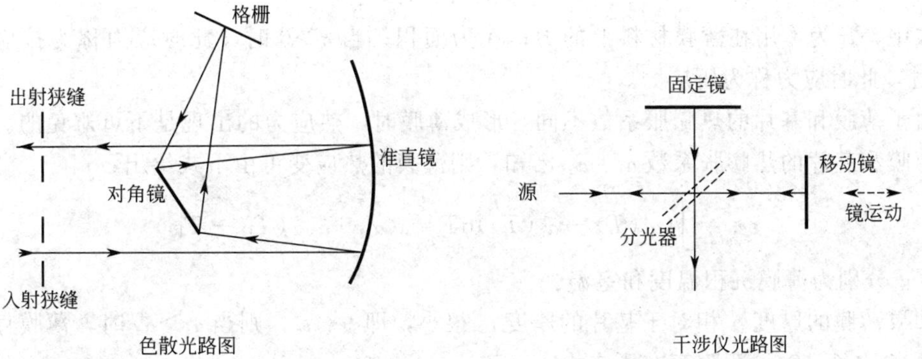

图 5-68 色散和干涉仪的光路图比较

傅里叶变换红外（FTIR）光谱依赖于完全不同的原理来记录相同的信息，这一原理即为相干干涉仪。Michelson 或 Genzel 干涉仪形成 FTIR 光谱仪基础，图 5-68 给出色散光学系统和 Michelson 干涉仪系统的比较。FTIR 由标准红外源、准直镜、分光器、固定镜和移动镜组成。50％的光束通过分光器，50％被返回到起始路线。结果在分光器处，通过入射线和反射线不同的光程差而产生干涉条纹。

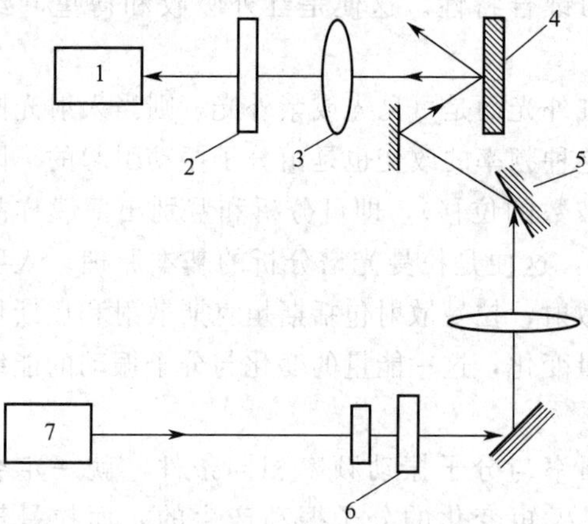

图 5-69 激光拉曼装置示意图

1—分光器；2—检偏电镜；3—透镜；4—样品；5—反射镜；6—干涉滤波器；7—激光器

当 $L_2=L_1+n\lambda$ 时，相长干涉出现；当 $L_2=L_1+n\lambda/4$ 时，相消干涉出现，对于单色光源，由此给出强度干涉图，它是以正弦波动的形式传播。一般的红外源覆盖较宽的波长，所获干涉图为所有单个干涉图案的复合体，只有在 $L_1=L_2$ 的点所有波动具有同位相，从而具有很强的中心干涉，远离这一点，在任意一个方向传播的各种波长趋向于相消，将使信号变弱。

激光拉曼光谱仪装置示意于图 5-69 中，其主要元件为激光源、光路系统、分光系统、检测记录系统。激光源的种类较多，其中以氩激光器为最常用。现在已开发出紫外激光源等产生不同频率光的激光源。

第五节 薄膜应力表征

薄膜应力是薄膜重要的力学性质，它对薄膜的实际应用影响很大。薄膜应力可以分为外应力和内应力。薄膜外应力包括外界所施加的应力，基片和薄膜热膨胀不同所导致的应力和薄膜与基片共同受到塑性变形所引起的应力；而薄膜内应力则是薄膜的内禀性质，它形成的主要原因是薄膜生长中的热收缩、晶格错配或杂质的存在、相变、表面张力等因素。应力的一般形式有轴向张力、轴向压力、双轴张力和静水压力以及纯切应力。应力 σ 定义为作用在某一材料单位面积上的力，单位为 N/m^2 或Pa，即

$$\sigma=F/A$$

式中，F 为作用在薄膜材料上的力；A 为面积；当 $\sigma>0$ 时，此时应力称为拉应力；当 $\sigma<0$ 时，此时应力称为压应力。

由于薄膜和基片的热膨胀系数不同，形成薄膜时，热应力的出现是不可避免的。如果所沉积薄膜和基片的热膨胀系数 α_f、α_s 已知，则薄膜的热应变可由下式给出：

$$\varepsilon_{th}=\int(\alpha_f(T)-\alpha_s(T))\mathrm{d}T=(\alpha_f-\alpha_s)(T_D-T_R) \tag{5-90}$$

T_D、T_R 分别为薄膜沉积温度和室温。

如果薄膜的厚度 t_f 相对于基片的厚度 t_s 很小，即 $t_f\ll t_s$，则当 $\alpha_f>\alpha_s$ 时，薄膜存在拉应力；而当 $\alpha_f<\alpha_s$ 时，薄膜存在压应力。

对于在厚基片上沉积薄膜所出现的双轴应力（图 5-70），假设沿垂直于基片平面的方向无应力 $\sigma_z=0$，而 x，y 方向薄膜呈各项同性，则有 $E_x=E_y=\varepsilon$，从而 $\sigma_x=\sigma_y=\sigma$，应力应变存在如下关系

$$\sigma=\frac{E_s}{1-\upsilon_s}\varepsilon \tag{5-91}$$

其中 E_s、υ_s 分别为基片的弹性模量和泊松比。

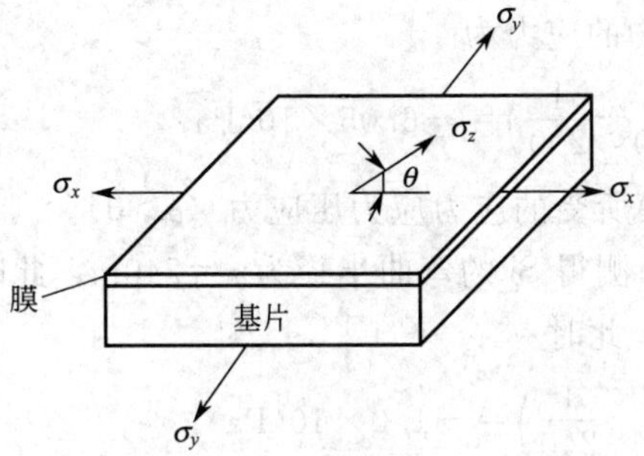

图 5-70 薄膜的双轴应力示意图

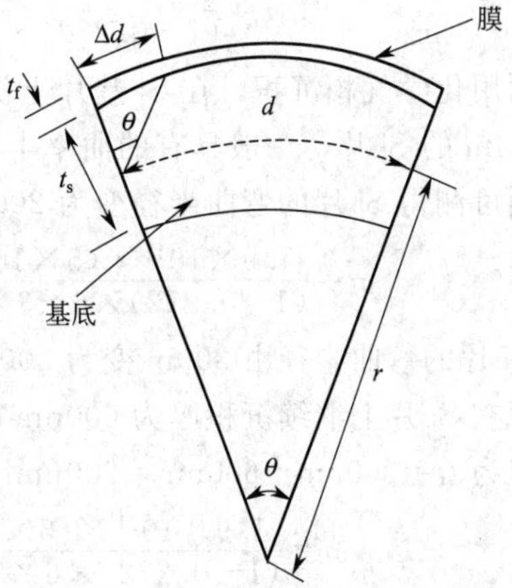

图 5-71 弯曲基片的几何构型示意图

对于基片弯曲情况，如图 5-71 所示，假设薄膜厚度 t_f 远小于基片厚度 t_s，薄膜所受应力可由下式给出：

$$\sigma_f = \frac{E_s\, t_s^2}{6(1-\upsilon_s) r t_f} \tag{5-92}$$

式中，r 为基片的弯曲半径，式(5-92) 称为 Stoney 方程。

典型的薄膜应力一般在 10MPa～5GPa 之间，对于超硬薄膜，应力可能超过这一范围。

如果薄膜与基片的弯曲情况如图 5-72(a) 所示，则薄膜所受到的应力为压应力，此时薄膜趋向于膨胀。当薄膜与基片的弯曲情况如图 5-72(b) 所示时，薄膜所受到的应力则为拉应力，此时薄膜趋向于收缩。当薄膜受到压应力作用时，薄膜一般会出现起皱、起泡和剥离现象；而当薄膜受到拉应力作用时，则会出现裂纹直至断裂等现象。

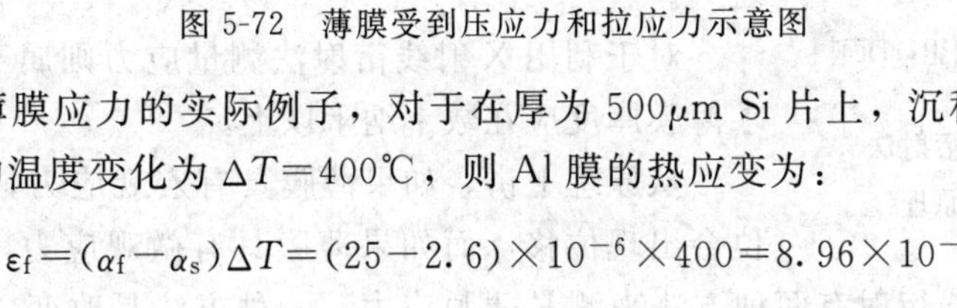

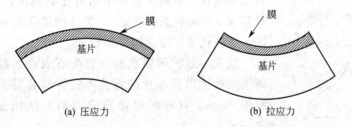

图 5-72 薄膜受到压应力和拉应力示意图

下面举一些薄膜应力的实际例子，对于在厚为 500μm Si 片上，沉积厚为 500nm 的 Al 膜，当沉积前后的温度变化为 $\Delta T = 400℃$，则 Al 膜的热应变为：

$$\varepsilon_f = (\alpha_f - \alpha_s)\Delta T = (25-2.6)\times 10^{-6}\times 400 = 8.96\times 10^{-3}$$

$$\sigma_f = E_f\, \varepsilon_f = 70\text{GPa}\times 8.96\times 10^{-3} = 6.3\times 10^{8}\,\text{Pa}$$

基片 Si 的弯曲半径则为

$$r = \frac{E_s\, \varepsilon_s^2}{(1-\upsilon_s) 6\sigma_f\, t_f}$$

其中 $\upsilon_{Si} = 0.272$，$E_{Si} = 190\text{GPa}$，$t_s = 5\times 10^{-4}\,\text{m}$，$t_f = 0.5\times 10^{-6}\,\text{m}$

$$r=\frac{1.9\times10^{11}\times(5\times10^{-4})^2}{(1-0.272)\times6\times6.3\times10^8\times5\times10^{-7}}=34.5\text{m}$$

利用化学气相沉积，在 Si 基片上沉积氧化物和氮化物，其应力变化非常有趣。对于厚为 500μm 的 Si 片，一般具有的曲率半径为＋300m，如果在 Si 片上沉积厚为 300nm 的氧化物，则可测得 Si 片的弯曲半径变为 200m，则氧化物的应力为

$$\sigma_f=\frac{1.9\times10^{11}\times(5\times10^{-4})^2}{(1-0.272)\times6\times3\times10^{-7}}\times\left(\frac{1}{300}-\frac{1}{200}\right)=-6.05\times10^7\text{Pa}$$

由于 Si 片的弯曲半径由 300m 变为 200m，则氧化膜所受的应力应为压应力（$\sigma>0$）。

而在 Si 片上继续沉积厚为 600nm 的氮化物时，测得 Si 的弯曲半径为 $r=240$m，此时总膜厚应为 $t_f=300\text{nm}+600\text{nm}=900\text{nm}=9\times10^{-7}\text{m}$，此时

$$\sigma_f=\frac{1.9\times10^{11}\times(5\times10^{-4})^2}{(1-0.272)\times6\times9\times10^{-7}}\left(\frac{1}{300}-\frac{1}{240}\right)=-1.0\times10^7\text{Pa}$$

而氮化物本身所受到的应力则为

$$\sigma_n=\sigma_f-\sigma_{0x}=-1.0\times10^7-(-6.05)\times10^{-7}\text{Pa}=5.05\times10^7\text{Pa}$$

因此氮化物膜所受应力应为拉应力，但双层膜所受的总应力仍为压应力。

薄膜应力的测量有很多方法，有直接测量薄膜变形量 δ 方法和间接 X 射线衍射测量方法（图 5-73）。

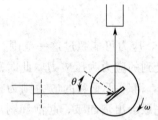

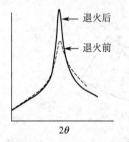

图 5-73　X 射线衍射法测量薄膜应力原理

从基片的应变量求得薄膜变形量的方法有：①把基片一端固定，求出膜生长时产生的自由端位移 δ；②使用圆形基片，从牛顿环的移动量求出 δ；③将基片一端固定，在膜生长时，在基片自由端加力，测出阻止基片变形所需力的大小；④触针法：在一定方向上移动触针，测得薄膜沉积前后基片的变形量；⑤单狭缝衍射法：将基片一端做成单狭缝，把平行光照射在单狭缝上，测量衍射光的强度，则由强度 I 和狭缝宽度 δ 的函数关系确定 δ。另外测量方法还有光断面显微镜法、干涉仪法、全息摄影法等。

现在一般的薄膜实验室皆配有表面形貌分析仪，因此，薄膜的厚度以及基片的弯曲半径皆很容易直接测得。可见，利用 Stoney 方程确定薄膜应力的方法则是最常用的方法之一。

对于利用 X 射线衍射法测量应力则属于间接方法，且要求薄膜厚度应在数十纳米以上。

从原理上讲，如果薄膜具有宏观应力，则 X 射线衍射峰位会出现位移，而如果薄膜具有微观应力，则衍射峰的宽度会变宽。利用 X 射线衍射有两种方法来测量薄膜应力。一种方法是改变 X 射线入射角，同时改变探测器的方向，观测正反射方向的衍射图形；另一种方法是 X 射线的入射角保持一定，改变探测器方向观测衍射线图形。

对于第一种方法，首先使样品旋转 θ 角，同时将探测器旋转 2θ 角，探测正反射方向上的衍射图形。

假设由（hkl）各结晶面所产生的衍射角为 θ_{hkl}，面间距为 d_{hkl}、X 射线波长为 λ，则由

布拉格公式，得到一级衍射为

$$2d_{hkl}\sin\theta_{hkl}=\lambda$$

$$d_{hkl}=\frac{\lambda}{2\sin\theta_{hkl}} \tag{5-93}$$

如（hkl）面的面间距为 d_0，则该面上〈hkl〉方向的应变 ε 为：

$$\varepsilon=\frac{d_0-d_{hkl}}{d_0} \tag{5-94}$$

（hkl）面平行于基片底面和薄膜表面。薄膜内应力 σ 为：

$$\sigma=\frac{E\varepsilon}{2\upsilon} \tag{5-95}$$

其中，E 为薄膜的弹性模量；υ 为薄膜的泊松比。

对于第二种方法，相对于薄膜样品采用两个入射角，测定（hkl）面的面间距，即固定X射线准直仪的方向，将探测器置于衍射角的方向上。首先将入射角调整到某一值，使在平行于基片底面的（hkl）发生衍射，测定衍射角 ψ_0，由布拉格公式确定面间距 d_0，随后将探测器旋转一适当角度，测出不平行于基片底面的（hkl）面上衍射角 ψ_{hkl}，求得面间距 d_{hkl}，膜的内应力 σ 为

$$\sigma=\frac{[(d_{hkl}-d_0)/d_0][E/(1+\upsilon)]}{\sin^2\psi_{hkl}} \tag{5-96}$$

值得一提的是，利用Raman光谱也可以测量薄膜的应力，其原理是应力引起晶格振动的变化，在Raman谱上则表现为谱线的蓝移或红移现象。有人已经利用Raman光谱定量研究了AlN薄膜应力[3,4,5]。

由于篇幅所限，对于薄膜其他性质如电学、磁学、光学等性质的表征，本章将不能一一详述，请参考相关文献。

参 考 文 献

[1] A Wagendristel and YM Wang：Introduction to Physics and Technology of Thin Films. Singapore：World Scientific Press，1994.

[2] LC Felfdman and JW Mayer. Fundamentals of Surface and Thin Film Analasis. North-Holland：Prentice Hall PTR，1986.

[3] J M Wagner，F Bechstedf . Appl Phys Lett，2000，77：346.

[4] L Liu B Liu，J H Edgar，et al. J Appl Phys，2002，92：5183.

[5] T Prokofyeva，M Seen J Vanbuskirk，et al. Phys Rev B，2001，63：125313.

第六章 薄膜材料

第一节 超硬薄膜材料

一、超硬材料[1]

金刚石被公认为是自然界中最硬物质。在所有材料中，多晶金刚石的切变模量和弹性模量最高。寻找硬度可能超过金刚石的新型超硬材料的研究历史相当悠久，最近，又成为研究的热点。合成超硬材料对于了解原子间相互作用的微观特性与宏观性质之间的基本关系以及纯技术方面的应用都是十分重要的。在这一领域的研究有两条主线，一条是新相或新陶瓷材料的实验合成，另一条则是对假设相的理论研究。

最近压缩率与硬度的经验关系备受人们的关注。人们利用经验关系对不同结构材料的体弹性模量进行了计算并与实验作了比较，最后外推到材料的硬度，从而预言出一些新型超硬材料。但这些预言需要认真检验，以免使人们误入歧途。对于实际应用，材料的弹性和宏观力学性能如硬度和强度是十分重要的。材料的弹性性质（体弹性模量、切变模量、弹性模量和弹性刚度系数）由微观原子间的相互作用所决定。在力学特性中，硬度、强度和屈服应力等性质也直接与材料中原子间的结合相关。强度和屈服应力定义为，当材料失效或塑性变形时所对应的临界应力。同时，硬度或材料抵制弹性和塑性变形的能力则没有准确的定义。硬度既取决于材料的弹性性质和塑性性质，也取决于测量硬度时压痕的半径或测试点。因此，像其他力学性质一样，硬度不仅与微观性质（如原子间作用力）有关，而且，也与材料的宏观性质（如缺陷、形貌、应力场等）有关。

超硬材料（严格意义上讲，只有硬度超过 40GPa 的材料才可称为超硬材料）可以划分为三类，它包括已合成出来的超硬材料，也包括理论预言的超硬材料：

① 由周期表中第 2、3 周期的轻元素所形成的共价和离子-共价化合物；

② 特殊共价固体，包括各种结晶和无序的碳材料；

③ 与轻元素形成的部分过渡金属化合物，如硼化物、碳化物、氮化物和氧化物。

这些超硬相如金刚石在正常条件下是亚稳相。从化学角度讲，绝大多数超硬材料本质上都是共价型或离子型固体，尽管过渡金属化合物超硬材料具有共价键和金属键。

超硬材料的普遍特点是，它们由元素周期表中位于中间位置的主族元素组成，这些元素具有最小离子、共价或金属半径，且固态中的原子间具有最大的结合能。元素中电子壳层的周期填充使固体中的原子半径或分子体积呈现规律性变化。在此种情况下，元素固相在变化时如具有最小摩尔体积则具有最大的体弹性模量，最大的结合能和最高熔点。摩尔体积 V_m，体弹性模量 κ 和结合能 E_c 之间具有明确的关系，特别是，Aleksandrov[2]等人给出：

$$\kappa \propto \frac{E_c}{V_m} \tag{6-1}$$

对于由单一元素组成的固体，$\kappa V_m/E_c \equiv c$，变化范围为0.5～16，但绝大多数的比值位于1～4之间。如果已知某一组物质的归一化能量和体积普适标度函数 $E=E_0 f(V/V_0)$[2]（E_0、V_0 为零温、零压下的能量和体积），则对于这些物质而言，相似的关系式 $K_0V_0/E_0=f''_0=$ 常数是成立的。对于固体，它的能量可由形式为 $E_c=A/V_m^m-B/V_m^n$，$c=mn$ 的势函数来描述。特别对于惰性元素形成的固体，可由Lennard-Jones势来较好描述（$m=4$，$n=2$），此时 $c=8$。人们假设方程（6-1）可适用于各类固体化合物。

（一）由原子序数较小的元素形成的化合物

第一组超硬材料由位于第二、第三周期中间的元素如铍、硼、碳、氮、氧、铝、硅、磷的化合物组成。这些元素能够形成三维刚性点阵，原子间具有较强的共价键。典型的离子-共价化合物例子是氧化物，如刚玉 Al_2O_3，超石英（SiO_2 的高压相）。超石英的高弹性模量和高硬度与硅原子在超石英的六配位（八面体）相联系，这与在普通 SiO_2（石英、方石英、磷石英和玻璃）中的硅形成四配位、氧形成三配位形成对照。氧化物 BeO 和 B_6O 具有高硬度。Badzian[3]曾报道 $B_{22}O$ 可以刮擦金刚石。值得指出的是，人们对具有高含硼量的硼氧化物的许多性质还未进行研究，这些材料显示着巨大的研究价值，氧化物 $B_{1-x}O_x$、P_2O_5 和 Al-B-O 系统有可能成为新型超硬材料。

近年来人们对碳氮材料发生极大兴趣，大量实验和理论研究集中于理想超硬相 C_3N_4 的研究。合成超硬氮化碳材料大部分仍处于起始阶段。Sundgren小组已成功得到类足球烯结构的 CN_x（$x=0.2$）材料，它具有60GPa的硬度值。CN_x 氮含量变化范围较宽，当氮含量由11%增加到17%时，CN_x 的原子键合从 sp^3 键合转变为 sp^2 键合，同时密度由3.3减小到2.1g/cm^3。事实上，对各种低压缩率 C_3N_4 的预言（包括三维全部由 sp^2 构成的结构）显示出潜在着大量的亚稳 C-N 相。

众所周知，具有闪锌矿和纤锌矿结构的 BN 具有较高的硬度和弹性模量，它们类比于立方和六方金刚石。其他共价固体如碳化硅（SiC）、碳化铍（Be_2C）、硼碳化物、硼磷化物、硼硅化物（$B_{13}C_2$，B_4C，BP 和 B_4Si）以及氮化硅（Si_3N_4）也是尤为重要的材料。B-C-N、B-C-O、B-C-Be 三元系化合物也是可能的超硬候选材料。

（二）碳材料

可以将碳材料划分到特殊的一类材料中。由于碳原子之间存在不同类型的化学键合，故而碳存在大量的同素异构体和无序相，sp^3 碳杂化键合形成金刚石，为已知最硬的材料，单晶金刚石的维氏硬度为70～140GPa，其值取决于晶体类型和所选晶面，压头载荷等因素，载荷及测试方法的改变导致所报道的硬度值较为分散。金刚石单晶的泊松比异常地低，其值为0.07。金刚石的多晶切变模量超过除 BN 以外的其他已知超硬材料。另一具有 sp^3 杂化键合的碳材料-六方金刚石（lonsdaleite）具有与金刚石相似的力学特性。

近年来，各种沉积技术应运而生，以制备高 sp^3 键合度的非晶碳膜，这种膜的显微硬度达到70GPa，已接近于金刚石的硬度值。由四面体配位碳原子形成的四面体非晶网络的弹性常数也接近，但略小于金刚石。人们还从理论上设想，由 sp^2 碳原子键合所形成的假想结构，所形成的相具有变化较大的密度（0.5～3.14g/cm^3）和体弹性模量（50～570GPa），显然，这些值低于金刚石的相应值。这些假想结构与石墨有重大区别，石墨由于结构中共价六方层间是靠弱键合形成，故而力学性质较差。

足球烯 C_{60} 的发现为寻求新的超硬碳材料开辟了新路，C_{60} 是 sp^2 碳原子键合形成的一个凝聚相。对于单个 C_{60} 分子的体弹性模量估计应在 800～900GPa，它比金刚石高 2 倍。尽管足球烯 C_{60} 是一个软的分子晶体，体弹性模量较低，但经验估计在 50～70GPa 的压力下，C_{60} 分子几乎互相接触，此时，它会变得比金刚石不可压缩，其具有的弹性模量值为 600～700GPa。对 C_{60} 进行高温高压处理已合成出大量聚合 sp^2-sp^3 非晶和纳米晶相，其硬度与金刚石相近。

人们对比金刚石还致密的碳结构特别感兴趣，这些相的弹性模量和硬度值可能超过金刚石的对应值。根据 Yin 和 Cohen，Biswas，Yin 和 Clark[4~7] 等人的理论计算，所设想的高压 BC8 和 R8 相（具有扭曲的四面体配位）和 SC 结构预计比金刚石致密，但是，这些相在实验上并未观察到。而且，应该指出，对 BC8 碳相在标准条件下所估计的零压体弹性模量为 410GPa，它比金刚石体弹性模量小，只有在高压下，它才可能超过金刚石。

（三）过渡金属化合物

从Ⅰ族 Na 到过渡金属（Ti、V、Cr、Zr、Nb、Mo、Hf、Ta、W）与硼、碳、氮和氧形成的化合物属于第三组，由 Re 和 B 形成的化合物也显示出高硬度。在这类材料中尤以硼化钨为最为典型（WB_4，WB_2，WB，其硬度近似为 36～40GPa）。过渡金属硼化物形成一组硬度超过 20GPa 的硬质材料。过渡金属碳化物和氮化物在硬度上次于硼化物。从ⅦB 到ⅡB 族中的元素具有最小的摩尔体积和最高的体弹性模量。显然，在外壳层中电子数少的金属与 B、C、N 部分形成共价键时更适合于形成较硬材料。过渡金属氧化物和硅化物的硬度值则在 5～20GPa 范围。

表 6-1 已列出一些典型超硬材料的体弹性模量 κ、弹性模量 E、切变模量 G 和硬度 H。

表 6-1 一些超硬材料的体弹性模量 κ、切变模量 G、弹性模量 E 和硬度 H

物质	κ/GPa	E/GPa	G/GPa	H/GPa
金刚石	442～433	1142	534～535	60～150
六方金刚石		942	382	60～70
非晶碳		200～300		30～65
由 C_{60} 得到的三维聚合物		约 400		25～60
B(β型)	170	390		30～34
BN(立方)	369～382	973	409	46～80
W-BN	390	790	330	50～60
BP	169		174	33
$B_{13}C_2$		480	203	57
B_4C	200	474	201～205	30
$CN_{0.2}$		900		60
α-SiC(六方)	221～234	457～466	198～200	21～29
β-SiC(立方)	210	401～410	170～173	26～37
Si_3N_4	249	约 280	123	33
Al_2O_3	246	403～441	160～166	20～27
B_6O	200～208		204	35
超石英 SiO_2	305	467	187	33
BeO	250～254	394～400	159～162	10～15
Cr_2O_3		397	162	27～29
TiB_2	244	446～540	263	33～34
ZrB_2	218	420～430	221	23～36

续表

物 质	κ/GPa	E/GPa	G/GPa	H/GPa
HfB_2	222	480～510	228	23～29
VB_2	286	340～347	130～137	28
TiC	200	383～437	182～196	18～32
ZrC	195～223	353～386	162～168	25～30
HfC		505	221	20～29
WC	421	700～720	269～280	28～32
TiN	280～292	431～440	160	18
ZrN	265～267	380～400	156～160	17～19
Re	363～365	462～520	179～206	2.5～6
Os	373	515～559	224	3.5～3.9
Ru	285	422～463	160～170	2.6～4.9
Mo	268～273	317～330	119～127	1.5～2.3
W	299～310	389～395	149～160	2.2～3.8
Be	111～115	287～320	149～155	0.9～1.34

二、金刚石薄膜

(一) 金刚石薄膜的化学合成[8]

Eversole[9]是第一个利用低压化学气相沉积，采用循环过程合成金刚石薄膜。Angus 扩展了这一工作。他们在金刚石磨料上生长硼掺杂金刚石膜。Derjaguin 等人[10]又对 Eversole 的工作作了进一步扩展，他们对物理化学实验进行了缜密部署和操作。在循环热解方法中，金刚石作为基片，金刚石生长是同质外延生长。但是循环法中，由于碳氢热解具有十分低的金刚石沉积率（约 1nm/h），而且需要金刚石作基片，故此它的应用很不现实。

1982 年，Matsumoto 等人[11]在利用化学气相沉积技术方面取得了突破。他们使用热灯丝（约 2000℃）直接激活通过热灯丝的氢和碳氢气体，金刚石被沉积在距灯丝 10mm 处的非金刚石基片上。沉积过程中，用原子氢刻蚀石墨并能使沉积循环进行，最终得到了较高的沉积率（约 1mm/h）。

自此，各种用于金刚石化学气相沉积的激活方法如直流等离子体、微波等离子体、电子回旋共振-微波等离子体化学气相沉积以及各种改进装置被研制出来。在金刚石生长中，原子氢的作用逐渐被认识，如今，金刚石生长率已接近于工业化标准所能接受的程度。在 20 世纪 80 年代末，低压合成金刚石吸引了众多科学家的兴趣，由此，掀起了金刚石膜研究的热潮。现在，直流等离子体喷注金刚石方法由于它的高沉积率而得到工业界的广泛关注。但是，直流等离子体喷注设备较为昂贵。

值得一提的是，碳氟化合物的热解方法。OH 原子团、O_2、O、F_2 作为石墨刻蚀甚至比原子氢还好。根据这些结果，Rudder 等人预言，像 CF_2 碳氟化合物热解可以产生外延金刚石生长。在他们的实验中，用 H_2 稀释的 CF_4 和 F_2 混合气体流入到加热至 875℃的金刚石基片上。用拉曼光谱证实所沉积的膜为金刚石，光谱未能检测出石墨相的存在。热解过程几乎在接近于热平衡条件下进行，但是，得到的金刚石膜生长率偏低，只达到约 0.6mm/h。这一技术有潜在的、超过化学气相沉积方法效率的能力。

除了化学气相沉积，物理气相沉积方法也平行应用于金刚石膜的沉积，并预计可在低温下沉积金刚石。最近 Lee 等人[12]的工作确实证明了，利用 $CH_4/H_2/Ag$ 混合气体的直接低能离子轰击可以在非晶碳基体上得到金刚石纳米晶。

1. 热丝化学气相沉积（HFCVD）

热丝 CVD 是在低压下生长金刚石的最早方法，而且也是大众化的方法。1982 年，Matsumoto 等人[11]利用难熔金属灯丝（如 W）加热至 2000℃以上，在此温度下，通过灯丝的 H_2 气体很容易产生原子氢。在碳氢热解过程中，原子氢的产生可以增大金刚石的沉积率。金刚石被择优沉积，而石墨的形成则被抑制，结果，金刚石的沉积率增加到 mm/h 量级，而这一沉积率对工业生产来说是具有价值的。热丝 CVD 系统简单，成本相对较低，运行费用也较低等特点使之成为工业上最普遍使用的方法。工业生产中使合成金刚石的成本降至最低是最为迫切的。HF-CVD 可以使用各种碳源如甲烷、丙烷、乙烷和其他碳氢化物，甚至含有氧的一些碳氢化物如丙酮、乙醇和甲醇也可以作为碳源气体。含氧基团的加入，使金刚石沉积的温度范围大大变宽。

除了典型的 HF-CVD 系统，也有一些在 HF-CVD 系统基础上的改进系统。最大众化系统是直流等离子体与 HF-CVD 复合系统。在这一系统中，可以在基片和灯丝上施加偏压。在基片上加中等正偏压、灯丝加中等负偏压会使电子轰击基片，使表面氢得以脱附。脱附的结果使生长率增加（约 10mm/h），这一技术称为电子助 HFCVD。当偏压足够强，以建立起一个稳定的等离子体放电时，H_2 和碳氢化物的分解大幅度增加，最终导致生长率的增加（约 20μm/h）。当偏压的极性反转时（基片为负偏压），基片会出现离子轰击，会导致在非金刚石基片上金刚石成核的增加。另一改进是，用多个不同灯丝取代单一热灯丝以便实现均匀沉积，最终形成大面积膜。HF-CVD 的缺点是，由于灯丝的热蒸发会在金刚石中产生难熔金属灯丝元素的污染。

2. 微波等离子体 CVD（MWPCVD）

早在 20 世纪 70 年代，科学家发现，利用直流等离子体可以增加原子氢的浓度。因此，等离子体成为另一种将 H_2 分解为原子氢，激活碳基原子团以促进金刚石形成的方法。除了直流等离子体外，另外两种不同频率的等离子体也被人们使用。对于微波等离子体 CVD 的激发频率的典型值为 2.45GHz，而对于射频（RF）等离子体 CVD 则为 13.56MHz。微波等离子体在微波频率引起电子振动方面是独特的。当电子与气体原子和分子碰撞时，可产生很高的离化。微波等离子体经常被称为具有"热"电子、"冷"离子和中性粒子。沉积过程中，微波通过窗口进入到等离子体增强 CVD 合成真空室。发光等离子体一般呈球状，球状的尺寸随微波的功率的增加而增大，金刚石膜在发光区一角的基片上生长，基片不必一定直接接触发光区。利用微波等离子体 CVD，有人已制备出直径为 4in 的金刚石膜。

3. 射频等离子体化学气相沉积

射频可以由两种组态方式产生等离子体，即电容耦合平行板和感应法。射频等离子体 CVD 使用的频率为 13.56MHz。射频等离子体的优点在于，它弥散的区域远比微波等离子体大。但是，射频电容等离子体其局限性是，等离子体的频率对于溅射不是最佳的，尤其是等离子体包含氩。由于来自等离子体的离子轰击导致对金刚石的严重损害，电容耦合射频等离子体不适合于生长高质量的金刚石。利用射频感应方法，人们已经生长出多晶金刚石膜，其沉积条件与微波等离子体 CVD 相似。利用射频感应等离子体增强 CVD，人们也获得了同质外延金刚石膜。

4. 直流等离子体化学气相沉积

直流等离子体是金刚石生长时激活气体源（一般为 H_2 和碳氢气体的混合物）的另一种方法。直流等离子体助 CVD 具有生长大面积金刚石薄膜的能力，生长面积的大小仅受到电极尺寸和直流源的限制。Fujimori 等人[13]使用热丝 CVD 和直流等离子体 CVD 复合系统合成了金刚石膜。在钨灯丝上施加－120V 的电压将其加热至 2200℃，他们得到的沉积率大幅度增加，而且保持了金刚石膜的完整性。

直流等离子体助 CVD 的另一优点是直流喷注的形成。日本科学家设计了一种直流弧光等离子体助 CVD 方法，得到的金刚石沉积率超过 20mm/h。Kurihara 等人[14]设计了一种直流等离子喷注设备并命名为 DIA-JET。DIA-JET 系统使用了一个注射喷嘴，喷嘴由一个阴极棒和环绕阴极的阳极管所组成。这一系统所得到的典型金刚石沉积率为 80mm/h。美国的 Norton 公司研制了一种全新的直流等离子体喷注系统，使用的直流功率为 100kW。我国北京科技大学也研制出相似的系统。由于各种直流电弧方法可以在非金刚石基片上以较高的沉积率合成高质量金刚石，因此，为金刚石膜合成提供了可市场化方法。

5. 电子回旋共振微波等离子体助化学气相沉积（ECR-MP-CVD）

如前面所述，直流等离子体，射频等离子体、微波等离子体都是将 H_2 或碳氢化合物离化分解成原子氢和碳氢原子团，从而有助于金刚石形成。因此，我们可以预料电子回旋共振微波等离子体 CVD 是一种更佳的合成金刚石膜的方法，因为 ECR-MP 会产生高密度等离子体（$>1\times10^{11}cm^{-3}$），它更适合于金刚石生长。事实上，Hiraki 等人在 1990 年使用 ECR-MP-CVD 制备了金刚石。生长温度可降至 500℃。后来，其他人使用 ECR-MP-CVD 也成功制备了金刚石膜，在 300℃的基片温度下获得了均匀金刚石膜。

但是，由于 ECR 过程中所使用的气体压力（$10^{-4}\sim10^{-2}$ Torr）极低，金刚石的沉积率很低。因此，这一方法只用于实验室。

6. 燃焰助化学气相沉积

Hirose 等人第一次使用燃焰助化学气相沉积方法沉积金刚石膜。在焊接吹管的喷烧点处，使 C_2H_2 和 O_2（1∶1）混合气体氧化，在内燃点接触基片的明亮点处形成金刚石晶体。燃烧方法较传统 CVD 方法具有优势的是，设备简单，成本效率比低，沉积率高。可在大面积和弯曲的基片表面沉积金刚石。这一方法的缺点也是明显的，由于沉积很难控制，所沉积的金刚石膜在显微结构和成分上都是不均匀的。焊接吹管在基片表面上形成温度梯度，因此，在大面积基片上合成金刚石会引起基片翘曲或断裂。在提高燃焰 CVD 沉积金刚石膜的质量、增大沉积面积方面也取得了很大进展。预计这一技术可以在制备应用于摩擦领域的金刚石方面得到推广。

（二）CVD 金刚石膜的成核机制

成核是 CVD 金刚石生长的第一和关键一步。成核控制是优化金刚石的晶粒、取向、透明性、黏附性、粗糙度等性质所必需的。

研究金刚石成核不仅可以控制生长出适合于各种应用的金刚石膜，而且也可洞悉金刚石的生长机制。目前，对金刚石成核的了解是很有限的。碳可以通过 sp^1、sp^2、sp^3 杂化形成不同类型的化学键。金刚石只由 sp^3 键组成，从热力学角度，它相对于石墨相是亚稳态，而石墨则是由 sp^2 键组成。为什么亚稳金刚石相可以在 CVD 条件下，在金刚石或非金刚石上生长是一个非常有趣的问题。

1. 提高成核的方法

在早期 CVD 沉积研制中，基片采用金刚石单晶，后来，使用金刚石籽晶作为基片。大多数早期努力局限于金刚石的均匀生长和同质外延生长。1982 年，Matsumoto[11] 在生长金刚石方面取得了突破，实验中金刚石籽晶不再作为基片，除了成核密度较低这一缺点外，所形成的膜是连续的。1987 年，Mitsuda 等人[15] 发现，用金刚石粉末刮擦基片表面可以大幅度提高成核密度。从此，基片刮擦成为获得高成核密度和均匀晶粒尺寸金刚石膜的最常用和最有力的方法。人们研究最多的是硅基片的刮擦，在用金刚石刮擦之后可以得到 $10^7 \sim 10^8 cm^{-2}$ 的成核密度，与此相对照，如果采用非刮擦基片，成核密度只达到 $10^4 cm^{-2}$。除了金刚石粉外，其他磨料粉如 c-BN，TaC，SiC，甚至铁也可用于刮擦基片表面以提高成核率。而且，金刚石粉末在各种硬质材料中被认为是最有效的刮擦材料。

后来，科学家们揭示出在基片表面涂上石墨、非晶碳、类金刚石、C_{60}，甚至机械油可以大幅度提高成核率。但是，这些方法，包括上面提到的刮擦方法不能在非金刚石基片上形成择优成核或外延生长。

1991 年，Yugo 等人[16] 报道利用 MWCVD，通过使用偏压技术，在镜面抛光的基片上（未刮擦）获得了高密度核。他们在 Si 基片上施加负偏压从而获得 $10^9 \sim 10^{10} cm^{-2}$ 的高密度核。随后 Jiang 等人[17] 和 Stoner 等人[18] 在 Si 和 SiC 基片上采用偏压增强成核方式得到了金刚石异质外延生长。

对于大众化的 HF-CVD 方法，由于组成反应气体的原子氢和碳氢原子团都是中性的，因此，施加负偏压不会提高成核。但是，如果通过适当选择偏压，产生等离子体时，在 HF-CVD 中也可以得到类似于 MPCVD 的金刚石成核增强。最近，人们正探索着其他提高金刚石成核的方法。一种方法是，在十分低的气体压强下（0.1～1Torr）的成核提高，而另一种方法则是，在引入甲烷至沉积室之前，用 Si^+ 注入到镜面抛光的 Si 片中。

2. CVD 金刚石膜的生长机制

最近，CVD 金刚石生长机制日益受到关注，主要原因是基于这样的事实：进一步的技术发展需要更详尽了解金刚石合成的基础现象。诸如如何更有效、更经济地生长金刚石膜，如何使金刚石生长的缺陷密度降至最低，何种气体源更有效等问题均需要对生长机制有清晰、完整的了解。

Tsuda 等人[19] 首次尝试在原子尺度上解释 {111} 金刚石生长，他们假设金刚石生长涉及 CH_3^+ 或荷正电的表面。但是，这与 HF-CVD 生长相矛盾，在 HF-CVD 条件下，CH_3^+ 很少，基片并未荷电。

后来，Chu 等人[20] 提出在 HF-CVD 条件下，对于所有 {111}、{100} 和 {110} 面，甲醇原子团是主要的生长先导物。他们使用 C^{13} 同位素识别金刚石生长先导物，得到的结论是，甲醇原子团是金刚石生长的主要先导物。但是，在高温环境下，CH_4 和 C_2H_2 将分解成各种产物，人们不能区分产物来自何种气体。其他研究结果显示，在金刚石生长时甲醇或甲烷比乙炔更有效。

Harris[21] 利用九碳化合物模型（BCN）提出只涉及中性 CH_3 和氢原子的生长机制。对于金刚石 {100} 表面生长，CH_2 基团为键的终端，H-H 原子间距离仅为 0.077nm，它几乎与 H_2 分子中的原子间距（0.074nm）相同。由于原子间相互作用为非键式，可预料 H 原子间存在很强的排斥。这一排斥作用在很大程度上将影响金刚石 {100} 表面的生长。相似的结论在其他低指数面的生长同样成立。

Frenklach[22]及其合作者认为，乙炔在金刚石｛111｝和其他低指数面生长中为主要的生长先导物。在HF-CVD条件下，乙炔量远多于CH_3。

最近，纳米金刚石因其应用和基础方面所具有的意义受到人们的关注，研究显示它们由C_2二聚物而不是CH_3构成。

回答上述模型是否正确以及实验结果所适用的范围如何是很难的，其原因在于，在原子尺度上，原位生长的动态学研究实验十分困难。由于金刚石成核和生长都是表面现象，在探究生长过程以了解它的机制方面，表面技术是合适和有效的。在表面技术中，高分辨率电子能量损失谱可用于研究原子或分子的振动以提供表面原子种类、组态和吸附位置等信息。在金刚石生长过程中，先导物总是碳氢原子团或它们的衍生物，它们吸附在生长表面上。因此，高分辨率电子能量损失谱很适合于研究附着在表面的先导物类型和它们在成核和生长过程中的演化。

对于金刚石｛111｝面的生长，人们提出两阶段实现模型。在第一阶段，表面碳由H分离、吸附和CH_3连接在被激活位置并导致核的形成。在第二阶段，(111)表面由于乙炔的作用沿(011)方向生长。

对于(100)金刚石表面生长仍存在很大争议，Harris[21]提出生长只涉及中性CH_3和氢原子，其预言的生长率与实验符合较好。但是，对于所提模型中的H-H排斥则不同于金刚石(100)表面。在由CH_2为终端的金刚石(100)表面，较强的排斥力只存在于近邻的氢原子中。研究表明[23]，原子氢很容易从CH_3中分离出来，因此，CH_2原子团成为(100)金刚石生长的先导物。

金刚石晶粒形貌控制不仅在实际应用中很重要，而且在验证所确定的金刚石生长机制上也非常具有意义。CVD金刚石薄膜的形貌与生长参数相关。有人对(111)、(100)面形成与实验参数如CH_4/H_2比率、O_2含量、热丝与基片距离等的关系进行了系统研究。但是，对这些关系还未给出满意的解释。

在金刚石的CVD制备过程中，最重要的方面是碳氢气体必须被H_2稀释至含量为1%，而且H_2必须分解为原子氢。人们意识到原子氢起到一些特殊作用，首先，原子氢与石墨发生反应或对石墨进行刻蚀，它的反应速度比金刚石高20～30倍左右，因此，石墨及其他非金刚石相可以迅速地从基片上被清除掉，只有具有金刚石结构的团簇保留下来并继续生长；第二，原子氢使金刚石表面变得稳定并保持sp^3杂化组态；第三，原子氢可将碳氢化物转变成原子团，而原子团是金刚石形成所必需的先导物；第四，原子氢从附着在表面的碳氢化合物中分离出氢，从而产生用于金刚石先导物吸收的活性位置。但是，过量的原子氢会引起不必要的强分解发生，石墨将很容易出现，从而损害了金刚石膜的质量。

另外，在等离子体助CVD生长金刚石膜过程中，H^+对基片的刻蚀速度超过原子H，因而，在金刚石膜生长过程中起到主导作用。在反应气体中加入氧，如CO、O_2或乙醇也对CVD金刚石膜生长速度和质量有积极作用，而且使得金刚石生长可以在低温下进行。但如果添加过量的氧，则会引起氢的分解太强烈，甚至引起表面氧化，最终会损害金刚石的质量。

(三) 金刚石的性质及应用

1. 性质

依靠很强的化学键合形成的金刚石具有特殊的力学和弹性性质。金刚石的硬度、密度、热导率、声速都是已知材料中最高的，而它的压缩率则是所有材料中最低的。

在所有材料当中，金刚石的弹性模量也是最大的。金刚石的动摩擦系数只为0.05，像聚氟四烯的摩擦系数那么低，在所有重要的材料中，这一数值也是最低的。在所有材料当中，金刚石显示最高的纵向声速。

金刚石具有已知的最高热导率。即使如此，如果金刚石采用纯碳同位素制备，则其热导率将增加五倍以上，采用同位素，主要是减少声子散射。

已知波长和温度下的折射率和光学吸收是材料最重要的光学性质。金刚石在红外和紫外区具有合适的折射系数和较小的光吸收系数。

自然金刚石的空穴迁移率为$1800cm^2/(V \cdot s)$，电子迁移率则达到$2000cm^2/(V \cdot s)$。对于合成的同质外延生长金刚石，空穴的迁移率达到$1400cm^2/(V \cdot s)$。对于自然金刚石，空穴和电子载流子漂浮迁移速率在电场强度为$10^4V/m$时开始饱和。对于空穴，饱和速率为$10^7cm/s$，而电子则为$2.0 \times 10^7cm/s$，而且，自然金刚石的电阻率可达到$10^{15}\Omega \cdot cm$。

介电损耗位相角是微波和毫米波应用的一个重要参数。在所有材料中，金刚石的介电损耗位相角最低。

金刚石不与普通的酸发生反应，甚至在高温下也是如此。用加热的铬酸清洁混合剂或硫酸和硝酸混合剂处理，石墨会缓慢氧化，而金刚石则是化学惰性的。但是在高温下，金刚石在氧气和空气气氛下很容易氧化（石墨化）。而且，熔融的氢氧化物、氧酸盐和一些金属（Fe、Ni、Co等）对金刚石有腐蚀作用。

在高于870K的温度下，金刚石与水蒸气和CO_2发生反应。在钾液体盐中，金刚石的氧化比由钠盐侵蚀快2倍。金刚石可以与金属发生化学反应形成碳化物或在金属中分解。像W、Ti、Ta、Zr等金属高温时与金刚石反应生成碳化物，而Fe、Co、Ni、Mn和Cr会使金刚石分解。由于在高于950K的温度下金刚石可以在铁与铁合金（如钢）中分解或与之发生反应，因此，金刚石还不适合于在铁及铁合金（包括高速钢和硬质钢）上的机械操作。

2. 应用

由于其优异的硬度和较低的摩擦系数，金刚石可用做刀具。由金刚石加工而最易达到机械变形的材料有Al、Al合金、Cu、Cu合金、氯化物、氟化物、多碳化物、塑料、石英、蓝宝石、NaCl、Si_3N_4、SiC、Ti、WC、ZnS和ZnSe。

金刚石也可用作磁盘的涂层以保护磁头在磁盘上的碰撞，由此，需要表面光滑和具有一定硬度。此外，精细粒多晶金刚石膜可以用做导线模具和水喷嘴，因为多晶人造金刚石喷嘴硬度均匀且重量轻，后者对于大多数流水线切削操作是至关重要的。

金刚石的热导率为$20W/(cm \cdot ℃)$，作为热导器是无与伦比的。对于多晶CVD金刚石膜，热导率取决于晶粒尺寸。对于结构为柱状的薄膜，在生长方向上热导率与最高热导率相比降低55%，在横向上则降为最高值的25%。由于具有高热导率，金刚石被认为是最理想的热交换材料（热源和散热器）。在电子应用方面，金刚石已被用作电绝缘热导体。最近，高功率激光二极管已安装在金刚石上以改善二极管的性能，增加其输出功率。

较大集成电路（VLSI）多片模（MCM）块也使用金刚石厚膜作为散热器以增加集成密度。

第一个金刚石窗口用于金星探测器中的红外辐射传感器，金刚石窗口也用于潜望镜和导弹中。

光学匹配是金刚石的另一个应用。金刚石的折射系数为 2.4，它低于大多数半导体，但高于典型的介电材料。金刚石一般具有比制造红外探测器材料低的折射系数，这些材料包括 Si、Ge、Ⅱ～Ⅵ元素和铅盐，因此，金刚石是涂层应用较佳材料。通过金刚石涂层，硅太阳能电池的效率已经增加 40%，而 Ge 电池增加 88%。

最近，有人建议 CVD 多晶金刚石膜可用作快速光开光（约 60ps），其依据是金刚石具有低的介电系数和高的击穿电压。

由于金刚石的载流子的高迁移率、高击穿电场、高饱和率、高热导率和宽带隙使之在高温、高压、高功率、高频率、高辐射环境下成为电子器件的理想材料。合成的金刚石还用于光检测器、光发射二极管、核辐射检测器、热敏电阻、变阻器和负阻仪器。使用同质外延金刚石膜和硼掺杂、沉积在绝缘单晶金刚石基片的金刚石膜可用于基本的场效应晶体管仪器中。但是，金刚石固态器件的广泛应用需要在更常用的基片上沉积高质量金刚石膜。

除了生长高质量的金刚石膜外，器件制造包含很多加工过程。这些过程包括膜的掺杂，用 p 型和 n 型掺杂剂的选区掺杂、刻蚀。形成欧姆接触和整流接触，沉积介电膜、薄膜表面通道。

金刚石的异质外延生长已尝试在各种单晶基片包括 c-BN，β-SiC，Si，Ni，Pt 和 Ir 上进行。尽管还未得到单晶膜，但在硅上异质外延生长金刚石证明是非常可行的，现正在被广泛研究。

掺杂在器件工业中为一必要的加工过程。硼是使金刚石变为 p 型行为的掺杂剂。通过 B_6H_6 或各种固态源的化学气相沉积以及离子注入可在同质外延和多晶膜中进行掺杂。而金刚石的 p 型掺杂问题原则上已得到解决，金刚石的 n 型掺杂（N、P、Li、Na、K 和 Ru）仍成为问题。与 n 掺杂相关的难题是大的 n 掺杂剂会使点阵畸变，点阵畸变在金刚石中产生一浅的受主能级，由此补偿施主掺杂剂，因此，对于实现 n 型金刚石的合理方法是应减少掺杂所引起的点阵畸变。

Geis 报道通过沉积几种元素的单层，在高硼掺杂金刚石（约 $10^{21}cm^{-3}$）上可以形成欧姆接触。也有人通过选区硼离子注入形成欧姆接触，注入是在室温下进行，注入能量为 65keV，剂量为 $3\times10^{16}cm^{-3}$。这一高剂量的离子注入引起金刚石膜的大面积辐照损伤，而在随后的退火处理中产生表面层石墨化，表面由煮沸的酸液除掉。在 800℃左右，金属化出现，形成的合金包含 Ag、Cu 和 In，它们提供较强的化学键合。

整流接触在室温和 400℃温度下，在单晶金刚石上，沉积异质外延膜 Ni 而得到实现。对于 625μm 的金刚石点，在 500℃下沉积的 Ni 膜将具有反向漏电流 20A（在 20V 偏压下）。并且，Ni 膜与其下的金刚石基片附合很好。另一在金刚石上产生优异的整流接触是使用溅射 Ta 和 Si 形成的复合膜，反向漏电流明显减少，对击穿电压有明显改善。

由于获得 n 型金刚石较为困难，对于使用金刚石 p-n 结的晶体管设计还未得到实现。相反，许多计划集中于金属半导体场效应晶体管（MESFET）或金属绝缘场效应晶体管（MISFET）。有人已制造出这些 FET 器件，但是这种 FET 所具有的特性还达不到实际应用需要，优化的制备方法和设计还未实现，所沉积膜的质量也需改进。

三、类金刚石薄膜材料[24]

类金刚石（DLC）是碳的一种非晶态，它含有大量的 sp^3 键。第一个合成 DLC 的实验是采用低温下的化学气相沉积方法，甲烷为源气体，所得到的 DLC 膜包含大量氢。人们一度认为氢是稳定 DLC 所必需的，而且还建立了 sp^3 成分与氢含量的关系。但是，1989 年，人们利用脉冲激光熔融碳形成了高质量 DLC，从而证明对于稳定 sp^3 键，氢不是必需的。因此，无氢 DLC 的概念也随之出现[25]。

(一) DLC 膜的制备

由于形成金刚石的自由能为 $394.5kJ\cdot mol^{-1}$ (300K)，而石墨为 $391.7kJ\cdot mol^{-1}$，因此，类金刚石相或 sp^3 键合碳在热力学上是亚稳相。两相自由能差意味着将石墨转化成金刚石是困难的，这是由于存在较大的激活势垒，因此，合成 DLC 膜需要非平衡态过程以获得亚稳 sp^3 键合碳。平衡态过程如电子束蒸发石墨将形成 100% sp^2 键合碳，这是因为蒸发粒子的激活能接近于 kT。化学气相沉积也是平衡态方法，但是，在 CVD 过程中，由于原子氢的存在可以帮助稳定 sp^3 键。从碳氢化合物 CVD 沉积 DLC 的经验来看，一些研究者认为氢的存在是 DLC 膜中形成 sp^3 键的必要条件。

合成 DLC 的主要突破是来自于脉冲激光沉积 (PLD) 无氢 DLC 膜。PLD 实验清楚地证明，氢的存在不是形成 sp^3 键的必要条件。来自脉冲激光束的高能光子将 sp^2 键合碳原子激发成 C^* (激发碳) 态，这些激发态碳原子随后簇合形成 DLC 膜，即

$$C(sp^2\ 键合)+h\gamma \longrightarrow C^*$$

$$C^*+C^* \longrightarrow (sp^3\ 键合)$$

因此，DLC 合成方法可以分为两组：化学气相沉积 (CVD) 和物理气相沉积 (PVD) 方法。第一组方法包括离子束助 CVD 沉积，直流等离子体助 CVD、射频等离子体助 CVD，微波放电等。第二组包括阴极电弧沉积，溅射碳靶，质量选择离子束沉积，脉冲激光熔融 (PLA) 等。下面就各种沉积方法分别加以介绍。

1. 离子束沉积 DLC 膜

Aisenberg[26] 第一个利用离子束设备沉积 DLC 膜。在 Ar 等离子体中，通过溅射碳电极产生碳离子。在这一技术中，偏压将离子萃取出来并导引到基片。Kaufman 离子源是最广泛使用的离子源之一。离子束的优点在于，它可以很好地控制，这在其他等离子源中是不可实现的。例如，产生的离子束能量在较窄范围内分布，而且，具有特定方向。重要的参数如离子束能量和离子电流密度在较广的沉积条件范围内可独立控制。这与大多数等离子体技术形成鲜明对照。在大多数等离子体技术中，轰击条件由各种参数包括等离子体功率、气压、气体组分、流量和系统几何构型所控制。此外，离子与等离子体分离可以减小高能等离子体电子和基片的作用。因此，高能粒子碰撞只发生在离子束与基片之间。

为了充分利用离子束沉积技术中对离子束可控制的优势，在将离子束传输到基片或靶上时，保持离子束能量、离子束电流和离子的种类不变是重要的。在这一方面，使在离子束传输区域的气压降至最低最为关键。在离子束沉积过程中，具有几电子伏特到几千电子伏特能量的离子碰击到生长膜的表面导致亚稳相的产生，这一亚稳相具有独特性质。用于产生亚稳相的主要离子能量一般在 30～1000eV。

离子束沉积有两种类型。第一种是直接离子束沉积，在这一类型中，可控组分、能量和流量的离子束直接射向基片。撞击离子即用来提供沉积的原子，也提供改善薄膜形成的能量。第二种则是离子助沉积。在这一技术中，由于不需要产生待沉积材料的离子，因此，可以以极快的速度、在较大面积上制备薄膜。在此情况下，气体离子源提供的是非平衡离子能量。

这一技术可以让沉积室保持在高真空下，并保持离子的能量不变，使基片的污染降至最低。

除了单一离子源沉积外，也有人采用双离子源沉积 DLC 膜，第二个源可以是掺杂物，或仅仅是产生荷能氩离子源用于轰击生长膜以促进 sp^3 键形成。

质量选择离子束（MSIB）技术对离子束沉积技术有所改进。Lifshitz 等人[27]就 MSIB 各种参数对 DLC 膜生长的影响作了评述，他们还提出了 DLC 膜的生长模型。由 MSIB 技术沉积 DLC 膜过程中可让 C^+ 或 C^- 到达基片，而其他离子被滤掉，因此，可得到 sp^3 含量很高的 DLC 膜。MSIB 的主要缺点是，由于限制离子束的尺寸而使膜生长率变小，另外，与 CVD 或等离子体沉积比较，设备昂贵。

2. 阴极电弧沉积（CAD）

从阴极电弧发射出的离子流与靶成分密切相关，它具有较高能量，处于激发态。因此，阴极电弧蒸发石墨被称为是在大面积基片上制备硬质抗磨 DLC 膜的最佳方法。利用这一技术，很容易得到 DLC 膜和含掺杂的 DLC 膜。阴极电弧具有低电压、电流特性。电流在阴极一个点或更多点上流动，其流动直径为 5～10μm。在阴极点的极高电流密度，引起固态阴极材料的剧烈发射，大多数发射物在与阴极点有关的浓密等离子体中被离化。对于碳阴极，发射物主要是 C^+，其动能由在 22eV 左右的宽峰所代表。足够的等离子体被发射出来以使真空中的放电达到自持，因此，阴极电弧经常被称为真空电弧。

传统阴极电弧技术的主要改进是过滤阴极真空电弧（FCVA）沉积技术。FCVA 的开拓性工作由 Aksenov 等人[28]完成。最近，新加坡理工大学金刚石及其相关研究小组开发研制了双 S 型 FCVA 系统，应用该系统人们已在大面积（约 ϕ200）硅片上成功获得 sp^3 含量大于 80%，且均匀度极佳的 DLC 膜。哈尔滨工业大学复合材料中心已经引进了这一技术和设备，为我国在该领域赶超国际先进水平提供了有利条件。

在 FCVA 沉积过程中，中性粒子和大粒子从等离子束流中被清除掉，因此，在等离子体中只有荷电离子及集团到达出口并沉积到基片上。利用 FCVA 制备的 DLC 膜具有高硬度和高密度等特点。由 FCVA 制得的 DLC 膜显示的高压应力（9～10GPa）也证明了膜的质量相当好，因为 sp^3/sp^2 的比通常正比于压应力。

3. 溅射沉积

各种溅射方法已用于制备无氢和含氢 DLC 膜，这主要取决于所使用的气体和靶材。离子束溅射技术通常使用能量为 1keV 的 Ar^+ 束溅射石墨靶，溅射出来的碳原子团沉积到附近的基片上。已经证明，为生长膜提供离子轰击的二次 Ar^+ 束在促进 sp^3 键形成时是必须的。研究人员建立了四面体键合的比率与 Ar^+ 入射离子能量之间的关系，并找到了最佳入射能量。而且入射 Ar^+ 能量与 DLC 膜内的压应力的关系也是重要的，它是亚注入机制的基础。亚注入的提出是为了解释为什么具有高 sp^3 含量的 DLC 膜普遍存在内应力。

离子注入溅射的明显缺点是，来源于石墨溅射率低所导致的低沉积率，这一缺点可使用磁控溅射来克服。在磁控溅射过程中，利用 Ar^+ 等离子体溅射石墨靶，同时轰击生长膜。

Cuomo 等人[29]报道在低温下，溅射沉积了致密 DLC 膜，并发现膜的密度和 sp^3 键特性随基片热导率的增加而增加，随基片温度的增加而减小。他们提出了荷能碳原子凝聚到 DLC 膜中的模型。

磁控溅射已成为工业生产 DLC 涂层的主要技术，因为它可以提供良好的过程控制，并很容易调整以满足加工生产需要。磁控溅射的缺点是，在低功率和低气压形成的硬质膜的沉积率较低。

4. 激光熔融沉积

激光熔融，或更确切地说脉冲激光熔融（PLA）沉积薄膜，在 1987 年成功沉积高转变温度超导膜 $YBa_2Cu_3O_{7-\delta}$以后，得到广泛普及。当强光束打到固体时，光子将它们的能量在 10^{-12}s 内传递给电子，而电子系统将能量在 10^{-10}s 内传递给声子，因此，光子能量最终以热的形式出现，它使固体以可控方式熔化和蒸发。在熔化区，简单的热平衡可用于估计熔化深度

$$\Delta x_m = I(1-R)\tau/(C_v T_m + L)\rho \tag{6-2}$$

在蒸发区，蒸发和熔融层的厚度可由下式给出：

$$\Delta x_m = I(1-R)\tau/(C_v T_m + L + \Delta H_v)\rho \tag{6-3}$$

式中，I 为激光强度，W/cm^2；C_v 为比热；L 为熔化潜热；ΔH_v 为蒸发焓；ρ 为质量密度；R 为反射率；τ 为脉冲持续时间；T_m 为熔点。

注入到激光熔融原子团的平均能量很高（100～1000kT，k 为玻耳兹曼常数，T 为绝对温度），这一特性可以实现理想化学配比蒸发、低温合成和新相形成。低温下，亚稳相的最重要的例子是碳的熔融，脉冲激光熔融 sp^2 键合碳，导致 sp^3 键合 DLC 的形成。

脉冲激光熔融石墨靶，自 1989 年以来，已用于制备无氢 DLC 膜，因此，开始受到科学和技术界的关注。PLA 的特点是沉积过程是一个非平衡态过程，在激光等离子体中所产生的原子基团具有很高动能。例如，由平衡过程如电子束蒸发所产生的原子基团的平均动能约 1kT，而由 PLA 产生的平均动能则高达 100～1000kT。光子能量足以使 2s 电子激发到 2p 轨道而形成 sp^3 杂化，这是 DLC 组分的先导物。目前，在制备高质量 DLC 膜中，PLD 和 FCVA 以及 MSIB 之间存在着竞争。

人们可以使用不同波长的激光制备 DLC 膜，大多数研究者使用波长为 1064nm 的 Nd：YAG 激光器，也有人利用波长为 248nm 的 KrF 激光器沉积 DLC 膜。膜的质量如透明性、sp^3 含量、密度、内应力等直接与沉积的能量密度有关。实验表明，低波长激光器沉积的 DLC 膜质量较好，sp^3 含量较高。等离子体诊断研究支持这样的假设：气相碳原子基团的动能和动量是产生 sp^3 键合状态的关键因素。实验显示，90eV 的动能最有利于产生最大 sp^3 含量的 DLC 膜。

sp^3 含量可以在很大范围内加以控制，这主要通过制备参数如基片温度、基片材料以及沉积室的气压和气氛来实现。实验显示，基片温度和气氛是获得高质量 DLC 膜的关键参数。在沉积室中，增加 Ar 和 N_2 压强可以提高 sp^2 键的形成。这一现象可能的解释是随着气压的增加，束流中的碳原子基团的动能由于碰撞概率增加而减小。

激光感应真空电弧式激光电弧沉积（LAD）技术是对 PLD 技术的改进，这些改进是利用了可控的脉冲电弧等离子体源与 PLD 高能量效率等优点。

利用等离子体诊断技术，研究显示，LAD 过程以几乎充分离化的等离子体为特征。例如，利用光发射光谱，发现在峰值电弧电流为 1A 时，激光电弧等离子体具有最高程度的离化（几乎为 100%的 C^+）。由光谱位移估计到的动能为 20eV 左右，这一值很接近于高质量 DLC 沉积所需的最佳能量值。

LAD 技术已得到弹性模量为 400GPa，能带隙为 2.0eV 的 DLC 膜。使用激光电弧的最重要优点是生长率。LAD 沉积 DLC 膜的生长速率远远大于 FCVA、MSIB 或传统的 PLD。

与连续电弧相比，在控制材料合成时受到侵蚀和减小大粒子方面，发射激光感应和激光可控脉冲真空电弧沉积独具特色。

5. 等离子体助化学气相沉积

等离子体沉积或等离子体增强化学气相沉积（PECVD）是制备含氢 DLC 的最普通方法，它涉及碳氢化合物气源的射频等离子体沉积，且需在基片上施加负偏压。由于这些技术只能沉积含氢 DLC，故此，我们将不再加以讨论。

（二）DLC 的理论研究和结构、原子键合的实验表征

由于 DLC 本质上是由 sp^3 碳和 sp^2 碳复合而成的非晶复合体，它们的相对比例随着许多因素而发生较大变化，涉及结构、化学、物理特性的理论模型必须考虑上述特点。大多数早期和现代表征都聚焦在化学键和决定 DLC 化学键合的各种其他因素，这是因为，从本质上讲，DLC 的所有性质最终都由其化学键合所决定。利用原子结构、电子性质和其他行为的理论模型来解释 DLC 的特性具有很大挑战性，与 DLC 性质相关的因素有：与金刚石、石墨相比的短程有序和中程有序性，电子结构，内应力，服役时的失效模式，电子过程（光跃迁、场发射、电导、振动行为，掺杂机制等）以及它们与 sp^3/sp^2 比率的关系。到目前为止，还没有一种理论模型可以解释 DLC 的所有这些性质。

1. DLC 的理论模型

Beeman 等人[30]给出 DLC 最早的理论模型之一，它们构造了三种具有不同 sp^3 和 sp^2 碳原子的三种非晶碳模型，同时也给出一种纯 sp^3 非晶 Ge 模型，并将其按比例推广到金刚石。对于结构研究，它们分析了径向分布函数（RDF），并给出了系统的短程有序。他们给出的模型具有很明显特征：第一，除了 sp^2 模型外，所有模型对应于相对各向同性的无序混乱网络结构，且没有内部悬挂键。第二，所有模型都作了弛豫处理，以使由偏离结晶态的键长、键角所引起的应变能降至最低。由于上述两个特点，他们得出 sp^3 含量不可能超过10%的结论，这一点并不令人感到惊奇。一个没有悬挂键的结构不能代表像 DLC 那样的非晶半导体的真实结构。因此，在 DLC 中需要较大压应力来适应高 sp^3 含量，这点与实验观察相一致。

Beeman 等人的另一个重要工作是他们分析了 DLC 的振动性质。他们计算了振动态密度（VDOS）和折合 Raman 强度，并将计算值与实验值进行了比较，计算结果的一个令人瞩目的特点是：一个位于 $1200cm^{-1}$ 附近的 VDOS 峰对应于具有高 sp^3 含量的结构，这个峰对应着非晶 sp^3 组元，但直到最近这个峰才被实验检测出来。

Robertson 等人[31]根据 Huckel 近似计算了非晶碳的电子和原子结构，并用紧束缚哈密顿来描述电子的行为。他们以 sp^3 波函数为基，只获得第一近邻相互作用和一些第二近邻的相互作用，同时也研究了带隙的形成，掺杂的可能性，原子的排列。在完全忽略 σ 态的情况下，分析了 π 态的能隙存在。由 Beeman 等人的计算可以知道，π 态的关键特点是半充满，因此光谱中在 E_F 处产生的能隙会使每个原子的总的 π 电子能量降低，从而使新结构稳定。因此，在 DLC 中产生带隙驱动力是这一使总 π 电子能量降低的趋势，由此，很清楚：带隙主要取决于 π 态的浓度和排列，而只间接地与其他因素如氢含量有关。Robertson 等人发现最稳定的 sp^2 排列方式是形成六环簇，即石墨层。发现光能隙的宽度与 sp^2 簇尺寸成反比，蒸发非晶碳的 0.5eV 光能隙与直径为 0.15nm 的，由 sp^3 键连接的无序石墨层模型相一致。DLC 形成这样的有限团簇是为了松弛应变，这意味着 DLC 的光能隙取决于中程有序程度，

而不是像大多数非晶半导体那样只与短程有序有关。不像其他非晶半导体，在非晶碳中，所有 σ 键合包含 π 和 σ 键，原则上存在既有 π 缺陷也有 σ 缺陷的可能性。但是，由于 π 键较弱，人们可以预料，π 缺陷由于较低生成能将占主导作用。已经证明：任何具有奇数 π 轨道的团簇将在 $E=0$ 附近产生一个态，这个态被半充满。

Drabold 等人[32]使用从头计算密度泛函，对 DLC 进行了理论研究。其主要结果是：在非晶网络中的三配位缺陷是成对的，由此会出现大于 2.0eV 的光能隙，这是与实验相吻合的，他们对 DLC 网络振动性质的计算也给出了与 Beeman 等人相似的结果，即在 $1200cm^{-1}$ 处出现振动峰。

Wang 和 Ho[33]使用紧束缚分子动力学通过淬火高密度、高温度碳而产生非晶态网络。他们发现这一网络可产生 74%含量的 sp^3 位置。理论模型对结构、振动、电子性质的研究结果显示与实验所得的结果普遍吻合。除了在带隙区域出现一些态以外，整个电子的态密度(DOS) 与金刚石的扩展 DOS 十分相似。如将电子 DOS 分解成 sp^3 和 sp^2 原子的贡献，则结果显示，在带隙区域的态大多源于 sp^2 原子，它具有大约为 2.0eV 的赝带隙，而与 sp^3 原子相联系的态则具有 5.0eV 的带隙。他们对 VDOS 的计算结果再一次显示出 $1200cm^{-1}$ 振动峰，与 Beeman 和 Drabold 等人的结果一致。

最近，郑冰和郑伟涛等人[34]利用紧束缚分子动力学方法，从理论上研究了离子沉积过程中 DLC 的生长和性质。发现，DLC 的 sp^3 原子含量、密度、压应力与生长温度、离子能量、离子剂量、退火温度等密切相关；sp^3 转变为 sp^2 的临界温度随离子能量的增加而降低；低温和低离子能量入射情况下，sp^3 的比例可以达到 82%。

2. DLC 结构与化学键合的实验表征

广泛用于表征 DLC 结构与化学键合的实验表征技术包括可见和紫外拉曼光谱、傅里叶变换红外光谱（主要研究含氢 DLC)、透射电子显微镜（TEM）和 X 射线光电子能谱(XPS)。

(1) 拉曼光谱

拉曼光谱是最广泛用于研究各种碳相键合状态的实验手段。金刚石与石墨的特征拉曼光谱已经得到很好的确立。对于金刚石（天然或合成)，在 $1332cm^{-1}$ 处出现拉曼峰，这一拉曼峰很早便被识别出来，尽管这个特征峰的位置取决于金刚石晶体的应力条件。对于单晶石墨，拉曼特征峰出现在 $1575cm^{-1}$ 处。

由于大多数 DLC 材料的原子结构和键合特征位于金刚石和石墨之间，通过两种极端材料金刚石与石墨的研究，对 DLC 振动性质的全面了解将很有帮助。Tuinstrta 和 Koehig[35]最早对石墨一级拉曼光谱进行了研究。对于单晶石墨，只观察到 $1575cm^{-1}$ 单峰，相对于入射信号，改变晶体取向并不会改变光谱特征。但是，在多晶石墨情况下，在 $1355cm^{-1}$ 处又观察到一拉曼峰。多晶石墨出现的两个拉曼峰的强度与所研究的石墨类型有关。$1355cm^{-1}$ 峰的强度对于退火热解石墨、商业石墨和碳墨逐渐增加，这一峰强的增加有两种因素，第一是样品中无序碳的增加，第二对应着石墨晶粒尺寸减少。对于石墨的振动模式，只有 $2E_{2g}$ 模式是拉曼激活的，因此，在单晶石墨观察到的拉曼峰可以归为这两个 E_{2g} 模式，并称为 G 带或 G 峰。

但是，理解多晶石墨 $1355cm^{-1}$ 峰的来源则相对困难，由于此峰位置接近于金刚石特征峰，人们可能认为此峰是石墨样品中类金刚石原子排列所致，但下面的事实排除了这一可能性：

① 1355cm^{-1}峰的强度变化不与无序碳含量的倒数成正比；

② 此峰具有较窄的带宽，而无序碳是高度无序，应当具有较宽的峰；

③ 从键的畸变和激光辐照热效应两方面因素考虑，人们预料该峰应从1332cm^{-1}频率处下移，而不是观察到的频率上移；

④ 无序碳并不能解释所观察到1355cm^{-1}峰的极化效应。

一个有趣的观察是，晶粒尺寸对1355cm^{-1}峰出现的影响，如果将此峰强度与晶粒尺寸L_a作图，可得到一线性关系，这意味着拉曼峰强正比于样品中边界占据数。因此，1355cm^{-1}峰可能由于某些声子拉曼激活选择定则的变化而被拉曼激活。在无限点阵中，此峰则是拉曼禁止的。一般认为1355cm^{-1}可归结为小晶粒或大晶粒边界的A_{1g}振动模式，由于1355cm^{-1}峰的出现与石墨样品中的无序程度有关，因此，它被称为D峰或D带。

与金刚石和石墨相比，DLC除了没有长程有序外，其他一些因素也增加了DLC拉曼光谱的复杂性，特别是光谱的解释和光谱与DLC结构的相关性较为复杂。在非晶硅和锗中，键合状态sp^{3}改变不大。因此，相对于它们各自的结晶性，非晶拉曼谱的解释相对较容易。但是，在DLC情况下，解释拉曼光谱的最主要困难在于sp^{2}和sp^{3}键合的同时存在。例如，对于可见受激拉曼特征是否来自sp^{2}或sp^{3}原子团至今仍存在许多争议。

大多数DLC拉曼研究使用波长为514.5nm的氩离子激光。一般观察到的拉曼谱约在1560cm^{-1}处存在一相对较为尖锐的峰，而在约1350cm^{-1}处有一宽的伴峰。从本质上讲，DLC的可见拉曼光谱主要特征似乎可由石墨光谱的一些特征得到解释。所谓的G峰对应于与结晶石墨的E_{2g}振动模式相联系的G线，D峰大致对应于与石墨无序振动模式相联系的D线。关于DLC可见拉曼光谱的最基本的争议在于这两个带的来源，例如，有研究者将DLC拉曼光谱分为两相，把在约1400cm^{-1}处的相1归因于源自sp^{3}团簇的振动，因为在sp^{3}键合的σ-σ^*跃迁能量附近，由4.8eV激发能将会使相1的共振增强。而其他研究者则倾向于G和D带来源于石墨，并观察到伴峰D相对于G带的强度随着sp^2/sp^{3}比率的增加而增加，从而证实伴峰D来源于sp^{2}碳团簇的假设。必须记住这样一个事实：在可见光受激范围（9.1×10^{-7}cm^{-1}·sr^{-1}）内，金刚石的拉曼散射截面比石墨（5×10^{-5}cm^{-1}·sr^{-1}）小得多，很清楚，由sp^{2}碳形成的拉曼散射，在可见光激发范围，由于π-π^*共振而占主导地位。原则上，可见拉曼光谱不能直接给出sp^3/sp^{2}比的定量信息，甚至不能给出样品中存在sp^{3}原子的直接证据。

对于直接检测sp^{3}碳原子，必须使用其他技术，或采用不同的入射光波长以实现σ-σ^*的激发跃迁。但是，DLC的可见拉曼光谱的形状可以给出膜质量的间接信息，对于脉冲激光沉积的DLC膜，发现，增加沉积能量时膜会变得更加透明，表明sp^{2}碳结构的减少，随着沉积能量的增加，拉曼峰向高频率漂移且变得愈来愈窄，而且更加对称。当sp^{2}碳原子的比例减少时，拉曼峰的积分强度减少。因此，增加沉积能量似乎不仅能减少sp^{2}碳原子的比例，而且也能使结构的分布变窄，从而导致振动能量在小范围内分布。而拉曼峰的漂移可能与膜中应力条件的变化有关，G带的其他变化如对称性和积分强度仍需要进一步的理论研究。具有高sp^{3}含量的DLC拉曼谱中D带的消失意味着不存在任何石墨微晶粒，有研究者对无氢DLC膜拉曼光谱的系统变化作了研究，指出拉曼峰强烈依赖于sp^{2}成分，这一点可以用于识别低sp^{2}含量的无氢DLC膜。但是，实验结果显示，膜中G带的位置对于低于

40%的 sp^2 含量几乎不变。

研究者已经确认约 $1200cm^{-1}$ 处的拉曼峰来自于非晶相的 sp^3 碳。最近，利用紫外拉曼光谱已实现了 DLC 膜 sp^3 键合的直接观察。紫外线短波长光用于提高 σ-σ^* 电子跃迁共振。应用紫外拉曼技术，观察到含有大量 sp^3 键的 DLC 膜在约 $1200cm^{-1}$ 处出现一拉曼峰，这一拉曼峰称为 T 峰，它归因于 sp^3 键合，可以预言，在未来的 DLC 表征中，紫外拉曼光谱将受到人们的高度重视。

(2) DLC 膜的电子显微镜研究

透射电子显微镜，特别是带有电子能量损失谱（EELS）附件的透射电镜已用于研究 DLC 的显微结构和键合状态，径向分布函数（RDF）分析也已用于电子衍射花样分析中以获得 DLC 原子结构信息。一些研究者利用 X 射线衍射和中子衍射束，已获得 DLC 薄膜的原子结构信息。基于实验衍射的 RDF 分析一般要与理论研究相结合，尤其是实验结果经常要与理论计算相比较，但是，实验结果仍与 DLC 原子结构的理论模型存在巨大差异，因此，当把实验 RDF 分析与理论预言相比较时一定要格外小心。

透射电镜对于 DLC 膜研究的一个重要应用是使用 EELS 附属设备研究原子键合，特别是，人们已广泛应用 EELS 技术估计 sp^3/sp^2 比率。

通常，EELS 光谱的两个区域在表征 DLC 时是至关重要的：低能损失谱和近 K 边缘离化损失谱。为了提取有关 DLC 样品的键合信息，通常使用石墨、金刚石以及其他石墨化碳样品作为参考材料。

对于石墨，EELS 谱在 7eV 能量附近有一损失谱，它归因于 π 等离子振子或 π-π^* 的跃迁，但 DLC 则没有此对应峰，DLC 除了在 30eV 处显示一宽的等离子体振子激发而无其他特征。另一方面，金刚石除了它的等离子振子峰 33.8eV 外，还显示出其他至少三个特征。这些特征包括在 6eV 处损失信号的上升，意味着金刚石的宽带隙；在 13eV 处由于很强的带间跃迁而使斜率发生变化，第三个特征则是在 23eV 处有一伴峰，这一伴峰归因于表面等离子体振子激发、带间跃迁或污染表面。在 DLC 的低能量损失谱中，13～18eV 间的宽峰类比于金刚石谱中 13eV 的斜率变化。另一个多少有些被零损失峰压制的宽峰开始于 5eV，它可能与 6eV 处金刚石的带隙相关联。在 DLC 低能损失谱中的另一有趣特征是在 24eV 处的弱伴峰，它的来源可类比于展示相似伴峰的金刚石光谱。

通过对于不同碳同素异构体的不同低能损失光谱的比较研究，可以获得有关 DLC 膜质量的定性信息，而样品 sp^3/sp^2 比率的定量信息通常由 K 边缘谱分析得到。对于完全由 sp^2 构成的热蒸发碳，在 285eV 处出现一非常明显的特征峰，它归因于 π^*。与之相比，DLC 膜的 285eV 处峰将明显减弱。减弱的 π^* 特征通常被看作是 DLC 中含有较低含量的 sp^2 键合。根据 DLC K 边缘损失谱，有两种方法可以计算 sp^3/sp^2 比率。在第一种方法中，π^* 峰的强度被认为直接正比于材料中 π 键电子数。此方法基于 K 边缘 1s 到 π^* 的跃迁形成 π^* 峰，因为这一特征在光谱中已明确定义。在所有的碳结构中，σ^* 态对峰的主吸收边的贡献是很小的。峰强 I_π 的测量要除以计数 $I_{\Delta E}$，ΔE 要从吸收边开始测量。如果 I_π 取为 π^* 和 σ^* 特征峰之间从吸收边开始到最小值的计数，则比率可由下式给出：

$$f^I = I_\pi I^r_{\Delta E} / I_{\Delta E} I^r_\pi \tag{6-4}$$

式中，I^r_π 和 $I^r_{\Delta E}$ 是对参考材料的强度积分；f^I 代表样品中 sp^2 键合原子的含量，这一比率已经归一化。

这一方法的基本假设是对于各种类型碳，从 1s 到 π^* 态的跃迁矩阵元是不变的。

在第二种方法中，首先要获得 285～310eV 的能量损失谱。在 285～290eV 区间的峰来自于基态 1s 芯能级到类似于反键态的空 π^* 态的电子激发。对于高于 σ^* 态的激发出现在大于 290eV 以上区域。在这两个能量窗口的积分面积比正比于 π^* 和 σ^* 态的相对比，对于 100% sp^2 键合碳，比值为 1∶3，而对于完全 sp^3 键合碳则为 0∶4，sp^2 键合碳的原子含量 X 由下式给出：

$$(I_\pi/I_\sigma)_s/(I_\pi/I_\sigma)_r=3x/(4-x) \tag{6-5}$$

式中，I_σ 是从 290～305eV 区间的积分强度；I_π 是从 284～289eV 区域的强度，下标 s 和 r 分别代表 DLC 样品所确定的比和 100% sp^2 键参考材料所确定的比。人们发现第二种方法得到的 sp^3 含量要比第一种方法低。

在 EELS 中存在的不确定性来自于校正程序，它会导致实验结果的错误。EELS 的另一个缺点是它属于破坏性实验，膜的性质在制备透射电镜样品或由高能电子束照射时可能受到影响。在 sp^2 和 sp^3 态间的带间散射也可能带来 EELS 分析的不确定性。

(3) DLC 膜的傅里叶红外光谱（FTIR）表征和红外光学性质

傅里叶红外光谱（FTIR）技术主要用来研究含氢 DLC 的键合，因为 C—H 键伸缩及弯曲是红外激活的。在大多数情况下，FTIR 用于确认 DLC 膜是否含氢和存在什么类型的 C—H 键。FTIR 的另一个重要应用是研究含氢 DLC 膜的热稳定性，特别是与退火相关的氢原子的行为。

FTIR 测量之所以重要也是因为 DLC 被认为是用作红外增透涂层的理想候选材料。对于这一应用，有关 DLC 红外光学性质的知识是非常关键的。作为波长函数的红外区透过率、反射率、发射率、吸收率、折射系数、消光系数都是十分重要的性质。对于无氢 DLC 膜，这些性质是化学键合、结构，特别是 sp^3/sp^2 比、表面粗糙度、掺杂浓度和掺杂类型的函数。

对于无氢非晶碳 a-C 和含氢碳 a-C∶H 膜，FTIR 吸收谱一般是不同的。对于 a-C 膜，不存在 CH_2，CH_3 或 O—CH 伸缩或弯曲模式特征峰。

(4) DLC 膜的 X 射线光电子能谱（XPX）研究

Schafer 等人[36]进行了 DLC，DLC∶H 和 a-C∶H 非晶碳的光电子发射研究，并将实验结果与由分子动力学模拟得到的计算 DOS 值进行了比较，他们获得了价带 XPS 光谱和芯能级 XPS（CIS）光谱，以此研究了各种结构的 DOS。通过 XPS 价带光谱确定的电子结构，它们与占据的 DOS 密切相关。研究表明，在非晶和两个结晶态（金刚石和石墨）之间的 DOS 有大量令人惊奇的相似性，即非晶碳的最近邻，或至少中程有序仍足以产生所对应的单晶 DOS 的一些特征。

DLC 的 XPS 是否能提供样品的一些有用信息，特别是组元之间的键合状态，过去一直争论不休。目前，还没有大家一致公认的结论。在 DLC 情况中，区分来自于表面污染层的碳的贡献是很困难的。由高度四面体成键构成的 DLC 的最表面几层是由 sp^2 碳构成。在 Schafer 等人[36]的实验结果中，DLC 膜的 C1s 芯能级在低能量区显示出一个清晰的非对称峰，他们论证了这一非对称峰的出现来自于 sp^2 碳原子，而且论证了在 sp^3 键合非晶碳情况下，−0.82eV 的 C1s 漂移对应于由 π 键相连的 sp^2 碳原子。用相距为 0.82eV 的两个峰拟合 C1s 光谱揭示出 sp^2 含量的贡献，由此得到的 sp^2 含量与 K 边 EELS 得到的值相符。另一观察到的现象是非晶 DLC 的 C1s 谱线宽大约为金刚石的 2 倍，他们将其归因于键电荷起伏引起的无序造成。

利用 XPS 对 DLC 进行分析表征还未得到广泛承认，这是因为在解释 XPS 光谱时还有一些不确定性。对于芯能级谱线的褪卷积处理有一定的争议，而且，在 DLC 情况下，在测试得到光谱前，通常要用离子枪对样品进行清洁，现在还不清楚这一过程是否会影响到样品的内禀结构和键合情况，因此，在解释 XPS 光谱时需格外小心，以免得到错误的结论。

（三）DLC 的性质及表征

1. 电性质

已经发现所有类型 DLC 的光学（Tauc）带隙主要取决于 sp^2 含量。在 sp^2 含量较低时这一点尤为重要。对 DLC 电子过程的研究包括光发射、电导率测量、光导率和发光（PL）行为、介电常数测量、电子自旋光谱等。

由于 DLC 膜最有希望的应用是半导体器件，因此，其电子传输、电子掺杂可能性、掺杂机制等具有重要技术意义。

DLC 的电测量显示未掺杂 DLC 是典型的 p 型半导体，其费米能级大致位于价带顶 0.22eV 处。由 FCVA 方法制备的 DLC 其 sp^3 键合碳在 90%以上，这种膜的光学带隙在 2.0～2.5eV 范围。DLC 膜可以用 P、N、B 掺杂，通过掺杂可使 DLC 膜的室温导电性在 5 个数量级范围内可控。DLC 掺杂无需借助于氢，表明 DLC 具有密度足够低的中间带隙态，这点也由电子自旋共振（ESR）测量得到证实。ESR 可以测量样品中未配对自旋，自旋密度与碳离子能量和 sp^3 含量有关。FCVA 制备的 DLC 膜的自旋密度与碳离子能量关系为：当碳离子能量小于 25eV 时，自旋密度为 $10^{23}cm^{-3}$，具有这一自旋量级的非晶材料不能用于实际电子材料。当能量高于 40eV 时，自旋密度有一很大的下降，达到 $5\times10^{18}cm^{-3}$，同时也观察到当 sp^3 含量超过 40%时也有迅速下降，然后保持相对平衡，当 sp^3 含量为60%～70%而非最大值 80%时，DLC 膜具有最低的自旋密度。

在 a-C 和电子掺杂 a-C 中的电子传输机制一直存在着较大争议。一些研究者认为，掺杂剂的加入，特别是 P 和 N，在 DLC 中不会引起一个真正的掺杂效应，相反，只是对 E_f 附近的 DOS 或带边有所改变。对于 N 掺杂，至少有一点取得共识：在高 N 浓度时，N 增加 sp^2 含量，由此通过增加 E_f 附近的 DOS 或增加 sp^2 位置间的连通性，导致了 DLC 膜电导率的增加。这一所谓的 N 显微结构掺杂已被光吸收、EELS 测量、紫外光电子谱所证实。

最重要的问题是 N 的低浓度掺杂、有报道关于 DLC 的临界 N 掺杂浓度为 1%（质量分数）。但是，至少在低电场下（$<10^4V/cm$）和接近或低于室温情况下，电导率遵守电子跳跃传输机制。

有研究者结合应力松弛和电导研究识别出 PLD 方法制备的 DLC 膜的传输机制。实验观察到 DLC 膜的电导率随碳的三重配位浓度成指数增加，这一结果与热激活电子跳跃机制相一致，从简单的理论考虑，可得到计算 sp^2 键的方程为：

$$N=\beta'/kC_0K_BT \tag{6-6}$$

式中，β' 为包括导电激活能的参数；k 为常数；C_0 为开始时 sp^2 含量；K_B 为玻耳兹曼常数；T 为热力学温度。

从实验数据可知，对电导率有贡献的典型 sp^2 链长估计由 13 个碳原子组成，这一数值在物理上是合理的，它也与在高分辨率透射电镜中观察不到 sp^2 位置的实验事实相一致。

2. 场发射性质

DLC 最有希望的应用之一是平板显示器（FPD），现在 FPD 主要由液晶显示器所控制，但是，液晶显示器具有一些缺点，如视角差、功率消耗高，温度范围受到限制等，其替代技术为场发射显示（FED），DLC 是满足此应用的最重要候选材料之一。

在 FED 中，电子从阴极基体发射出来，通过一窄的真空带被加速以激发磷像素屏幕。FEDs 的最主要优点是它可以获得高清晰画面，这是因为使用了磷像素屏幕，磷具有很好的亮度、颜色对比度和良好的视角。FEDs 很薄，因此，不必进行电子束扫描；它们具有较低的功率消耗，因为它使用场发射而不是热离子发射；它们是发射式显示而不是原色显示，因此，每一像素只有在电流通过时才有显示。

现存在三种类型的 FED 设计，第一种是使用 Mo 式硅尖作为阴极，尖端直径在 20nm 量级。这一模式的缺点是尖端可靠性差，寿命短。此外，亚微米尺度上的光刻以及尖端沉积技术都很难使 FED 大规模生产和应用。第二种模式是使用具有低电子亲和力、甚至是负电子亲和力的材料做阴极，这可以使电子在较低的电场下发射。金刚石属于这类材料，但金刚石的缺点在于沉积金刚石需要在较高（>500℃）基片温度下实现，这一温度对电子器件的制造十分不利。另一个重要问题是存在 CVD 晶界和表面的石墨相。为了解决这些问题，具有高 sp^3 含量的 DLC 膜被广泛地用于 FED 应用研究，其优点在于它具有与金刚石相似的键合环境，但可以在很低的基片温度下合成。

Robertson 和 Rutter[37] 给出了金刚石和 DLC 表面的能带图。根据他们的计算，DLC 具有较大的正的电子亲和势 E_A 值，其主要势垒为前表面。氮掺杂对金刚石和 DLC 的场发射有很大影响，氮是一弱的浅施主，它使费米能级提高，从而使势垒降低，最终提高场发射，大家普遍认同的是氮的加入将使场发射更加有效。

与 FED 有关的主要关注点是击穿电压、电子发射的几何均匀性、电流密度。DLC 在 FED 领域的应用仍是一个十分活跃的研究方向。有关场发射的微观机制现在还不十分清楚，更合理、更详细的理论解释有待出现。

3. DLC 膜的力学性质

DLC 膜的力学性质——弹性模量、硬度、内应力、抗磨损、摩擦系数等在摩擦学和增透涂层应用方面都是十分重要的。

如同其他性质一样，DLC 的力学性质也由 sp^3/sp^2 比率和化学键合所决定。自然金刚石和一些 DLC 膜的一些力学性质已列于表 6-2 中。

表 6-2 自然金刚石和一些 DLC 膜的一些力学性质

材 料	制备技术	密度/(g/cm³)	sp³/%	硬度/GPa	弹性模量/GPa	在金属上的摩擦系数
金刚石	自然	3.52	100	100	1050	0.02～0.10
a-C	溅射	1.9～2.4	2～5	11～24	140	0.20～1.20
a-C : H : Mc	反应溅射	1.9～2.4	2～5	10～20	100～200	0.10～0.20
a-C : H	射频等离子体	1.52～1.69	2～5	16～40	145	0.02～0.47
a-C;a-C : H	离子束	1.8～3.5	2～5	32～75	145	0.06～0.19
a-C	真空电弧	2.8～3.0	85～95	40～180	500	0.04～0.14
纳米金刚石	PLD	2.9～3.5	75	80～100	300～400	0.04～0.14
a-C	PLD	2.4	70～95	30～60	200～500	0.03～0.12

在制备和应用DLC膜时最令人困扰的问题是与高含量四面体配位DLC膜相关的内应力。所报道的内应力大部分高达10GPa，如此大的内应力使人们不可避免地担心DLC膜的附着性质。因此，减少甚至消除内应力一直成为DLC膜研究的重要课题。

有研究者认为压应力是形成高度四面体键合的必要条件之一，这可类比于高温高压合成金刚石，原因是非晶四面体碳被认为是结晶金刚石的先导物，因为两者的物理和化学特征很相近，然而，较大的压应力会带来严重的附着问题。

事实上，术语“附着”涵盖着一个广泛的概念和思想，它决定于是从分子、微观，还是宏观角度探讨问题，也与是否讨论界面的形成或系统的失效有关，因此“附着”一词很含糊。它既意味着界面键的确立也包括用于破坏系统的力学载荷。因为这一点，不同领域的研究者已经提出了多种“附着”模型，这些模型放在一起既相互补充又相互矛盾，这些模型包括：机械啮合；电子理论（静电附着）；边界层和相间理论；吸附（热力学）理论；扩散理论；化学键合理论。

在这些模型中，通常可以相当人为地区分出机械和特殊“附着”，特殊“附着”以各种键型为基础，实际上，每个理论考虑都在某种程度上有效，这取决于相接触固体的本性和形成键合系统的条件。

通过基片/涂层界面形成化学键合可以大大提高材料间黏合的程度。显然，在真空条件下的薄膜沉积情况下，化学键合的形成和强度依赖于涂层材料和基片材料的化学活泼性。一个重要的因素将大大影响膜和基片的化学键合，即在沉积前必须清洁基片表面并将其保持在真空条件下。例如，在沉积DLC膜之前，如果不清除Si片上原有的氧化物，则会观察到DLC与基片结合较差。相反，如果除去Si片的氧化层并露出清洁Si表面，则DLC膜与Si片结合较好，因为Si和C显示较强的相互共价键合作用。

对附着力直接测量，可以采用在垂直于膜与基片界面的方向上施加一定的力来实现。拉伸测试、超离心、超声振动技术可用于施加所需的力，不幸的是，不同测试方法所得到的结果不是很一致。

当内应力σ超过某一临界值时，薄膜会出现附着失效。当机械能密度超过产生两个新表面能量时，厚为h的膜将剥离。通常，应力可由Stoney公式计算得到，但也可以利用拉曼峰移测量DLC的内应力。在这一方法中，通常测量G峰漂移并与无应力样品的峰位比较。这一方法的基本原理是，当材料受到拉力作用时，组元原子间的平衡位置将不可逆的改变。结果，决定原子振动频率的原子力常数也随之改变，因为它们与原子间距离有关。通常，当键长随拉伸载荷增加而增加时，力为常数，因此振动频率将减小，而材料承受静水压或机械压缩时，情况正好相反。

拉曼峰位移量与残留应力σ的关系为：

$$\sigma=2G[(1+\nu)/(1-\nu)](\Delta\omega/\omega_0) \tag{6-7}$$

式中，$\Delta\omega$、ω_0、G、ν分别为拉曼位移、参考态拉曼峰位、材料的切变膜量和泊松比。

由于拉曼光谱一般可以分成两个高斯峰，以得到与实验吻合最好的拟合曲线，因此，详细的应力分析可从可见拉曼光谱的峰移入手。但是，由此得到的峰，可能与由紫外拉曼得到的峰位不同，因为所采用的实验路线不同。有研究者研究了FCVA沉积得到的非晶碳膜的内应力对拉曼光谱的影响，他们通过改变入射离子的能量控制应力的大小。实验观察到：压应力使膜的拉曼散射峰向高频漂移了20cm^{-1}，利用附着和剥离膜的拉曼光谱来测量由峰移引起的应力大小，对于双轴压应力得到的值为$-1.9cm^{-1} \cdot GPa$。

得到低应力 DLC 膜的传统方法涉及提高沉积温度或减小到达基片表面的碳离子能量等。不幸的是，这些减小应力的方式是以减小 sp^3/sp^2 比率，由此导致膜质量变差为代价的。因此，如何降低应力已成为制约厚 DLC 膜应用的一个难以逾越的绊脚石。一些研究者尝试用 DLC 的掺杂来降低内应力，并观察到当在 DLC 中掺杂 Cu、Ti 或 Si 时，DLC 的 G 峰向短波数位移，表明 DLC 膜内应力有所降低。也有研究者利用 Ti 和 W 掺杂来大幅度降低 DLC 膜的内应力，并发现掺杂后 DLC 膜中也有纳米晶 TiC 和 WC 的存在证据。

目前研究者已作了大量努力通过各种手段来直接改善 DLC 膜的附着性。例如，形成类金刚石复合体（DLN）；在 DLC 膜和基片之间沉积中间过渡层；形成功能梯度和纳米层 DLC 涂层等。

由于 DLC 膜涂层已被用作磁盘驱动装置的保护涂层，因此，DLC 的摩擦性能以及它与 sp^3/sp^2 之间的关系已得到相当广泛的研究。通常人们认识到：DLC 膜具有较低的摩擦系数（<0.1），DLC 膜的抗磨损性能则与气氛和膜的质量、特别与 sp^3/sp^2 比率有关。相对于多晶金刚石膜，DLC 膜的主要优势之一是 DLC 膜通常极为光滑。DLC 涂层和表面形貌对金属热蒸发磁带性能影响的研究显示：DLC 涂层防止了灾难性磨损和损伤，并防止了磁头与磁带间距的减小以及循环测试中的密切接触，但是研究也表明，DLC 涂层也不能大幅度改善磁带的耐久性。在暂停模式中，DLC 涂层通过防止磁头与金属磁性层的接触而改善了可靠性和摩擦性能。

（四）DLC 的应用

现代 DLC 膜的商业化应用包括微电子工业的微摩擦。潜在的并正在探索的应用包括平板显示、生物器件和电子器件。

DLC 膜的医学应用包括替代人体关节如臀和膝关节。人们知道摩擦化学条件在人的某些关节如臀关节是非常严酷的，甚至最好的材料如现在应用的 CO-Cr-Mo 合金在 10 年内也将有 0.02～0.06mm 厚度被溶解或被磨掉。在研制硬的、具有足够低的摩擦系数且与生物相容的涂层以改善人工关节的性能方面，人们付出了极大努力。Lappalainen 等人[38]在 Co-Cr-Mo 合金、不锈钢、钛合金臀和膝关节样品上沉积 DLC 膜（sp^3 含量约 80%，涂层厚度 200～1000nm），所使用的沉积手段为脉冲等离子体加速技术，研究表明，通过使用高能等离子体束和适当的中间层，DLC 涂层的附着性得到大幅度改善。这些 DLC 涂层是生物相容的，不会引起局部组织反应，而且它也提供了良好的摩擦特性。研究结果表明，与未涂层材料相比，DLC 涂层在抗磨损和防腐方面都有改善，在最好情况下，磨损率降低了 30～600 倍。

最近，Gerstner 和 Mckenzie[39]报道，利用氮掺杂 DLC 制造了新型电子器件并对其进行了表征。他们利用 DLC 制造非挥发性数字信息器件。器件是在铝膜上沉积 DLC∶N 膜，而铝膜是由热蒸发沉积到玻璃或硅基片上，他们得到了在各种条件下的伏安特性曲线，并观察到了记忆效应。当正方向增加偏压时，观察到伏安曲线有扭结出现。当电压加在相反方向时，扭结消失。发现，扭结只有在加负偏压，且偏压值超过某一临界值时才出现，在加上正偏压并达到相似临界值时，扭结消失。实验还发现，扭结随着负偏压加载时间的增加和膜厚的增加而增加。这意味着此效应为体效应，与 Al/DLC 界面处可能存在的氧化物无关。根据他们的前期工作，Gerstner 和 Mckenzie 指出，有利用 DLC 中的高密度俘获态密度的可能性。因此，由施主俘获态对 DLC 电子性质和其他半导体电子性质的影响以及在新型电子器件应用方面的潜在用途激发了人们新的兴趣。

四、CN_x 薄膜材料

金刚石虽为自然界已知最硬的材料，但材料学家们相信，通过人工合成手段有可能制备出硬度超过金刚石的材料。CN_x 薄膜材料的研究就是这其中的一种尝试。

CN_x 材料的研究可以追溯到 20 世纪初，但作为一种新型超硬材料的研究则是在 20 世纪 80 年代末。1989 年，美国加利福尼亚大学的 Liu 和 Cohen[40]，根据 Cohen 所给出的固体体弹性模量计算的半经验模型和从头计算方法，从理论上预言，碳和氮可能形成极硬的、具有与 $\beta\text{-}Si_3N_4$ 相同晶体结构的共价固体，即 $\beta\text{-}C_3N_4$，这种 $\beta\text{-}C_3N_4$ 结构的氮化碳其体弹性模量可与金刚石相比拟，甚至超过金刚石的体弹性模量，他们给出半经验公式为：

$$B=\frac{1971-220\lambda}{d^{3.5}} \tag{6-8}$$

式中，B 为体弹性模量，GPa；d 为原子间距，Å（1Å＝0.1nm）；λ 是标志化合物中离子性程度的量。

根据这一公式，对于同为周期表中副族Ⅳ中的两元素组成的化合物 $\lambda=0$，而对于不是同一副族中的两个元素组成的化合物；如副Ⅲ-Ⅴ和副Ⅱ-Ⅵ，则 λ 分别为 1 和 2。例如对于 BN，$\lambda=1$，$d=0.156$nm，$B=367$GPa；对于 $\beta\text{-}Si_3N_4$，$\lambda=0.5$，$d=0.174$nm，$B=265$GPa；而对于 $\beta\text{-}C_3N_4$，$\lambda=0.5$，$d=1.47$Å，$B=427$GPa。利用此公式得到的 $\beta\text{-}C_3N_4$ 体弹模量的误差为±15GPa。由此他们预言：有可能合成具有 $\beta\text{-}C_3N_4$ 结构的氮化碳，其体弹性模量可与金刚石的 443GPa 相比拟。对于各向同性固体而言，材料的硬度与体弹性模量成正比，故此，可以推断 $\beta\text{-}C_3N_4$ 的硬度值也较为接近金刚石的硬度。

1996 年，继 Liu 和 Cohen 之后，Teter 和 Hemley[41] 利用第一原理计算了具有其他结构的 C-N 化合物。他们指出，除了 $\beta\text{-}C_3N_4$ 相以外，C-N 还可能具有另外其他四种晶体结构，如 $\alpha\text{-}C_3N_4$、立方 $c\text{-}C_3N_4$，赝立方 $2b\text{-}C_3N_4$ 和石墨相 $g\text{-}C_3N_4$。除了 $g\text{-}C_3N_4$ 相外，其他相皆具有超硬性质。各种 C-N 结构及结构参数和它们的一些性质已列于表 6-3 中。

表 6-3 各种 C-N 结构及结构参数及一些性质

结构	空间群	晶格常数		密度/(mol/cm³)	体弹性模量
		a/Å	c/Å		
$\alpha\text{-}C_3N_4$	P3,C	6.4665	4.7097	0.2726	425
$\beta\text{-}C_3N_4$	P3	6.4017	2.4041	0.2724	451
$c\text{-}C_3N_4$	I43d	5.3973		0.2957	496
$Zb\text{-}C_3N_4$	$P\bar{4}2m$	3.4232		0.2897	448
$g\text{-}C_3N_4$	$P\bar{6}m2$	4.7420	6.7205	0.1776	

从表中可以看到，除了石墨相 $g\text{-}C_3N_4$ 外，其他结构的 C-N 体弹性模量皆在 425～496GPa 之间，因而它们将显示出超硬性质。尽管人们对理论预言的 C_3N_4 材料硬度还有一定争议，理论计算还需要实验检验，但是 C_3N_4 材料可能的超硬性质还是引起人们的极大关注。此外，理论预言的 C-N 材料还具有许多其他优异性质如具有高热导率、宽带隙、低摩擦系数、抗腐蚀、耐磨损等。由此，决定了 CN 材料具有十分广阔的潜在应用前景。

值得一提的是，对于一般材料而言，材料的硬度与体弹性模量并不存在简单的正比关系。研究发现，材料的硬度与材料的切变模量可能存在更直接的依赖关系。因此，这方面的工作还有待进一步深入。

(一) CN 薄膜材料的制备与表征

早在 Liu 和 Cohen 理论预言之前，Cuomo 等人[42]以石墨为靶，利用射频磁控溅射沉积了 C-N 薄膜材料，这是早期合成 C-N 薄膜材料的实验尝试之一。他们发现，当基片温度高于 900K 时将得不到 C-N 薄膜。另外，Han 和 Feldman[43]利用 CH_4 和 N_2 的等离子体化学气相沉积合成了 C-N 薄膜，并首次给出标志碳、氮化学键合的红外光谱特征。

继 Liu 和 Cohen 理论预言之后，合成 CN_x 薄膜材料的实验研究变得异常活跃，各种制备 CN_x 薄膜材料的技术手段层出不穷。下面我们选择其中一些典型实验加以介绍。

1. 激光熔融方法

Niu[44]等人使用 Nd：YAG 激光将石墨靶熔融，同时将高强度的 N 原子束直接入射到基片上，从而获得了 CN_x 材料。实验中发现，CN_x 薄膜中 N/C 原子比与 N 流量成正比，其最大值为 0.82；N/C 比与基片温度无关。CN_x 薄膜在 800℃ 基片温度下仍很稳定。他们对所获 CN_x 薄膜进行了透射电子显微镜实验分析，发现 CN_x 膜中含有结晶的小晶粒，它的衍射条纹与理论预言的 β-C_3N_4 相吻合，由此，声称得到了具有 β-C_3N_4 结构的微晶粒，这是第一次实验合成出 β-C_3N_4 的报道。同一研究小组的后期工作显示，随着碳到达基片量的增加，产物中 N 的含量将降低，从对所获 CN 膜的红外光谱分析发现 C≡N 键有所增加。

Alexandrescu[45]利用 KrF 和 CO_2 激光器在，乙烯-氨气混合气氛下，在镀钛的石英基片上沉积了 CN_x 膜，所获膜的 N/C 原子比为 0.45。Sharma 等人[46]利用 ArF 准分子激光器将置于－60℃液氨中的 $C_6H_{12}N_4$ 进行分解以获得 CN_x 膜。通过实验分析，他们认为所得到的产物已结晶，并推断为 α-C_3N_4 与 β-C_3N_4 的混合物。

到目前为止，利用激光熔融技术得到的 CN_x 膜大部分呈现非晶态，且 $N/C<1$，但也有一些研究者报道获得了 CN 晶体，而且，给出了与 β-C_3N_4 衍射条纹相吻合的若干个条纹。但是，这些衍射证据还不能完全确认 β-C_3N_4 的存在与否，一是在制备透射电子衍射样品时，总会存在一些污染，有些衍射条纹是否来自衍射物还不得而知，二是即使衍射花纹皆来自于 CN_x 膜，但理论预言的 β-C_3N_4 衍射花纹并未全部出现，并且衍射峰的强度与理论预测相差甚远。

2. 离子束沉积方法

离子束沉积主要采用氮离子注入的手段来合成 CN_x 膜。按氮离子能量的不同又划分为高能氮离子注入和低能氮离子注入。在高能注入条件下（$E_i>1$keV），对各种不同基片温度（－196～800℃）范围、不同基片材料上合成 CN_x 膜，研究者已作了大量有益尝试。研究发现，在基片温度低于 800℃ 情况下，基片温度的改变对 CN_x 膜中的 N 含量影响不大。离子注入存在的问题在于，所合成的 CN_x 膜的均匀性、N 含量分布的均匀性以及 N 的扩散等。

在低能注入情况下，N/C 可通过离子剂量加以调制。Boyd[47]等人发现，当使用 5eV 离子注入时，随着离子剂量的增加，N 含量迅速增加至 N/C 约 0.61，此后，N/C 值增加非常缓慢直到达到饱和值 0.67。另外，他们还研究了 CN_x 膜 sp^3 成键与注入离子能量的关系。发现，当入射离子能量约为 15eV 时，sp^3 键合碳含量呈现最大值；随着注入离子能量的增加，sp^3 键合碳含量呈明显降低趋势。

特别值得指出的是，在各种合成 CN_x 薄膜技术中，大多数实验结果显示，所获 CN_x 膜的 N/C 比很难大于 1，但是，Fujimoto 和 Ogata[48] 利用离子助动力混合方法，将 200～20keV 能量的氮离子注入到硅和 WC 基片上，得到了 N/C>1 的 CN_x 膜（C/N：0.2～2.0）。

Riviere 等人[49]采用双离子束溅射沉积方法制备了声称为 β-C_3N_4 碳氮化合物，他们使用两个 Kaufman 离子源，一个为 1.2keV Ar^+ 源用于溅射石墨，第二个则是能量为 600eV 的氮离子源轰击生长膜。卢瑟福背散射对所获 CN_x 膜的氮含量分析显示，其值十分接近 β-C_3N_4 氮含量。密度测量、透射电镜分析皆显示所形成化合物可能为 β-C_3N_4。

最近，郑伟涛（W. T. Zheng）等人[50]采用 10keV、35keV 和 60keV 的氮离子注入到金刚石膜和石墨以合成 CN_x。对所获 CN_x 膜利用 XPS 和拉曼光谱进行化学键合表征。发现，低能量氮离子注入金刚石有利于 sp^3 C—N 键的形成，而高能量注入则有利于 sp^2 C—N 键的形成；对于氮离子注入石墨，情况则正好相反。另外，通过 XPS 与拉曼光谱的对比比较，对 XPS 中的 N1s 芯能级光谱进行了合理标识，确认约 400.0eV 处的 N1s 峰归因于 sp^2 C—N 键；398.0～398.5eV 处的 N1s 峰归因于 sp^3 C—N 键。

3. 化学气相沉积方法

化学气相沉积 CN_x 膜的方法有热丝法（HF-CVD）、等离子体增强（PECVD）、微波等离子体增强（MWPCVD）、电子回旋共振（ECR-CVD）等。HF-CVD 生长 CN_x 膜的条件与生长金刚石很相似，只不过反应气体又增加了 N_2 或 NH_3。王恩哥等人[51]使用的 CH_4 的浓度为 1%，而其他小组则有所不同。通常，HF-CVD 沉积过程中，灯丝的温度大于 2000℃，基片温度大于 800℃，气压在 1～50Torr 之间。一般，利用 HF-CVD 系统得到的 CN_x 膜中碳含量较高。王恩哥小组成功地在 Ni 和 Si 片上获得结晶的 CN_x 膜，从 X 射线衍射分析结果看，产物为 α-C_3N_4 和 β-C_3N_4 的混合物，同时还有其他无法标定的新相。从扫描电镜上看，膜的形貌为规则的六角形，但并不是所有理论预言的衍射峰都出现，并且一些衍射峰的强度值与理论值不相符合。

最近，郑伟涛等人[52]采用微波等离子体化学气相沉积方法，利用反应气体 CH_4、H_2、N_2 混合气体，在 Si 基片上，获得结晶的 CN_x 膜，但 X 射线衍射和 XPS 实验分析发现，CN_x 膜含有一定量的 Si，形成的结构为 β-Si_3N_4，其中的碳可能部分置换 Si 的位置，从扫描电镜照片上看，结晶的 C-N-Si 外貌也呈规则的六角形状。此实验结果提醒研究者在做 CN_x 膜相分析时，一定要注意是否存在其他元素的污染，否则将很难得到正确、客观的结论。

值得指出的是，像在热丝化学气相沉积等方法中，基片所处的温度很高，加之灯丝本身污染，化学反应气体繁杂，所得到的 CN_x 膜很难保持纯净，因此，在表征所获的 CN_x 膜时应格外小心，尽量顾及到各种因素对膜的组分、结构及性质的影响，以免失之偏颇，给出不正确的结论和不正确的分析结果。

4. 反应溅射方法

反应溅射方法主要包括直流磁控溅射和射频磁控溅射两种方法。反应气体大多采用 N_2、N_2/Ar 或 NH_3、NH_3/Ar 等。在磁控溅射制备 CN_x 膜研究中，美国西北大学 Li 小组和瑞典林雪平大学 Sundgren 小组的工作尤为突出。Sundgren 小组[53]最早合成出类乱层石墨结构、类足球烯结构的 CN_x 膜，而且，所获膜的硬度高达 60GPa。最近，他们又成功制备出洋葱状的 CN_x 膜材料和 CN_x 纳米管，为 CN_x 的研究增添了新的色彩[54]。

美国西北大学的 Chung 等人[55]应用转动的碳靶和钛靶，在氮气放电气氛下，沉积获得了 TiN/CN_x 多层膜，此膜的硬度大大超过了 TiN 的硬度。

郑伟涛等人[56~63]在利用直流和射频磁控溅射系统沉积 CN_x 过程中，不盲目追求和局限于制备 β-C_3N_4 晶体，而是把 CN_x 当作一种新材料进行全面、系统、客观地研究和评价，重点着眼于成膜条件和参数对 CN_x 膜成分、结构和性质的影响，从而获得硬度高、弹性好、低摩擦、抗磨损、防腐蚀、化学稳定性好的 CN_x 新材料。他们系统研究了基片温度、氮气分压、基片偏压、基片材料对 CN_x 生长率、组分、结构、化学键合和性质的影响。发现：当基片温度升高时，CN_x 膜的沉积率和含氮量皆有所下降，当基片温度大于 700℃时，在基片上已没有 CN_x 膜形成，表明 CN_x 膜的生长过程中完全被脱附现象和（或）由先导物调节所控制。当放电气体氮的分压由 2mTorr 增加到 10mTorr 时，CN_x 膜的氮含量没有明显变化，但 CN_x 沉积率则随着氮气分压的增加而增加。这一现象可解释为[56]：①当靶表面的稳态 N 浓度增加时，C 的溅射率增加；②膜的密度的降低。在沉积过程中，当基片施加负偏压时[57]，CN_x 膜的氮含量变化不大，但沉积率在约－50V 附近达到极大。当负偏压太大时（>200V）时，则出现反溅射现象，基片上没有 CN_x 膜形成。当基片材料为 Si、SiO_2（非晶）、TiN（多晶）时，CN_x 与之结合较好，但基片为不锈钢和 Ni（单晶）时，则 CN_x 的附着力较差[58]。

利用原子力显微镜（AFM）对所获 CN_x 样品形貌进行分析时发现，当氮气分压较高时，CN_x 的表面较粗糙，而氮气分压较低时，所获 CN_x 膜的表面较光滑，而基片偏压则在－100V 时左右获得的 CN_x 膜最为光滑[57]，基片温度升高时，CN_x 表面将变得粗糙。

在各种实验参数中，对 CN_x 膜结构影响最大的是基片温度[56]。当基片温度小于 200℃时，所获 CN_x 为非晶，但当基片温度大于（等于）200℃时，CN_x 则呈现半结晶态——即类乱层石墨结构或类足球烯结构。

利用高分辨 XPS、近边缘 X 射线吸收精细结构光谱（NEXAFS）、拉曼光谱、红外光谱、电子能量损失谱，郑伟涛等人[60~63]对磁控溅射得到的 CN_x 进行了原子化学键合表征。对于 XPS N1s 芯能级谱测试发现，一般出现多个谱峰，分别位于 398.3eV、399.0eV、400.0eV、402eV，结合拉曼光谱，确立了 398.3eV 处的 N1s 峰归于 C—N sp^3 键，399.0eV 峰归因于 C≡N 键，400.0eV 峰归于 C—N sp^2 键，而 402.0eV 峰归于 N—O 键。目前，有关 XPS N1s 的标识还存在很大争议，争议的焦点主要集中于 398.3eV 和 400.0eV 的归属。一些研究者认为 398.3eV 峰来源于 C—N sp^2 键，400.0eV 峰则来源于 β-C_3N_4，而其他研究者则认为 398.3eV 来源于 C≡N 键，400.0eV 来源于 C—N sp^2 键，为此，郑伟涛等人采用多种技术手段[60~63]，并对结果反复对比比较，最终确认 398.3eV 峰归因于 C—N sp^3 键，400.0eV 峰归因于 C—N sp^2 键。

对 CN_x 膜硬度的表征大多采用纳米显微压痕法[60]。在这种方法中，不同的负载会在薄膜表面留下不同深度的压痕，在每一负载下，记录下加载和卸载时的压痕位移关系曲线，通过载荷-位移关系曲线便可得到膜的硬度和弹性模量。目前，各种实验得到的 CN_x 薄膜硬度值差别很大，大者达 60GPa，小者仅为几个 GPa，另外，还有研究者对 CN_x 膜的摩擦、磨损、防腐、化学稳定性和热稳定性等性质做了大量系统研究，发现 CN_x 膜的上述性质皆优于非晶碳。据报道，日本日立公司已经用 CN_x 取代非晶碳膜涂敷在磁盘上以起到保护作用。非晶 CN_x 膜较非晶碳膜优越的地方是 CN_x 膜晶粒小，分布均匀，因而对磁头的破坏性远远小于非晶碳。

Wang 等人[64]使用离子助电弧沉积法和磁控溅射方法，系统研究了 CN_x 膜的光学性质。他们得到的结果是：CN_x 薄膜的折射系数随氮原子含量的增加而减小，而消光系数则无明显变化。当沉积过程中用 H_2 取代 N_2 时，薄膜材料变得更加透明。另外，也有人利用正电子湮灭谱（PAS）研究了 CN_x 的空穴浓度，研究结果显示，在较高沉积能量下，CN_x 薄膜的密度减小，空穴密度增加。还有人对 CN_x 膜的热稳定性进行了研究[65]，发现，高温退火使 CN_x 膜中的氮含量下降，而相对来说 C—N sp^3 键较为稳定，同时，研究还发现，膜表面与膜内键合的热稳定性有所不同，在表面，高温退火时氮损失量更大。

最近，郑伟涛等人[66]对射频磁控溅射 CN_x 膜的场发射性质进行了系统研究，他们发现，CN_x 膜具有良好的场发射性能，场发射的电场阈值较低，而且发射电流密度也较高。通过计算，他们得到 CN_x 膜的有效功函数皆小于 0.1eV。利用 N—C 形成四面体键模型，他们阐述了氮降低场发射阈值的微观机制。当 N—C 形成四面体键时，碳将会形成反键态，此反键态位于导带上方而使 CN 的功函数大幅度降低，从而促进了场发射的进行。实验还发现，基片温度为 200℃，基片处于电位漂浮状态，且氮气分压为 0.3Pa 时，所得到的 CN_x 膜具有较佳的场发射性质。

（二）CN_x 膜的应用与展望

目前，虽然 CN_x 膜材料研究仍很活跃，但研究也正处在较困难时期，现在 CN_x 膜研究的主要困难一是含氮量的提高，二是实现膜的结晶。早期，有人利用高温高压的方法试图合成 β-C_3N_4，但结果大多宣告失败，所得到的产物往往贫氮或与 β-C_3N_4 结构相去甚远。也有人利用湿化学方法试图合成 β-C_3N_4。

尽管人们对 CN_x 材料的结晶相 β-C_3N_4 是否存在还有很大疑问，但从目前得到的 CN_x 性能来看，即便最终得不到 β-C_3N_4 相，CN_x 薄膜材料优越的力学性能，较好的热传导性、场发射特性、简单的制备过程也必将使其在新材料中占有重要的一席之地。它有望作为切削工具的涂层，摩擦磨损件的涂层以及计算机硬盘的保护涂层，以延长这些部件的使用寿命。它也有可能作为固体润滑剂，应用到航天航空领域。此外，作为平板显示器场发射阴极材料的潜在候选材料，CN_x 在微电子领域也将大有可为。

超硬薄膜材料除了金刚石、类金刚石、CN_x 以外，还有许多其他重要材料如 C-BN、Si-C-N 等材料，由于篇幅所限，就不一一赘述。

第二节　智能薄膜材料

1989 年，日本科学家高木俊宜提出了智能材料的概念，它的英文名字为 intelligent materials。智能材料就是指那些对环境具有可感知、可响应、具有功能发现能力的新材料。相似地，美国科学家 Newhham 提出了机敏材料“smart materisls”的概念，这种材料具有传感和执行功能。机敏材料概念和智能材料概念的共同之处在于，材料对环境变化的响应性，为以后方便起见，我们将智能材料和机敏材料统称为智能材料。

20 世纪 90 年代，世界发达国家先后开始智能材料的研究与开发工作。科学家把仿生功能引入到材料中，使材料成为具有自检测、自判断、自结论、自指令等特殊功能的新材料。智能材料结构常常把高技术传感器或敏感元件与传统结构材料和功能材料结合在一起，使无生命的材料变得有了“感觉”和“知觉”，如同人的智慧一样，不仅能发现问题，而且还能自行解决问题。智能材料包括智能金属及合金材料、智能金属陶瓷材料、智能高分子材料和智能生物材料等，下面我们只就智能合金——形状记忆合金薄膜进行重点介绍。

一、形状记忆合金薄膜材料

有些金属或合金材料，在发生了塑性形变后，经过加热到某一温度以上，能够回复到变形前的形状，这种现象叫做形状记忆效应。具有形状记忆效应的材料，通常是由两种或两种以上金属元素组成的合金如 NiTi 合金，这种合金称为形状记忆合金。形状记忆效应是在马氏体相变中发现的，通常把马氏体相变中的高温相叫做母相（P），低温相叫做马氏体相(M)。从母相到马氏体的相变称为马氏体正相变，或简称为马氏体相变，从马氏体相到母相的相变则称为马氏体逆相变。马氏体逆相变中表现出形状记忆效应，即晶体位向和晶格结构完全回复到母相状态，这种相变晶体学可逆性只发生在产生热弹性马氏体相变的合金中，迄今已经发现具有形状记忆效应的合金有 20 多种，表 6-4 给出了一些典型记忆合金的某些性质。

表 6-4 一些典型形状记忆合金的组成、结构、温度滞后、有序及体积变化

合金	组成/%(原子分数)	结构	温度滞后/℃	是否有序	体积变化
AgCd	44～49Cd	B2→M2H	约 15	有序	−0.6
CuZn	38.5～41.5Zn	B2→9R,M9R	约 10	有序	−0.5
NiAl	36～38Al	B2→M3R	约 10	有序	−0.42
TiNi	49～51Ni	B2→斜方			
		B2→但斜	约 30	有序	−0.34
InTl	18～23Tl	FCC→FCT	约 4	无序	−0.2
MnCu	5～35Cu	FCC→FCT		无序	

热弹性马氏体相变和非弹性马氏体相变是根据马氏体相变和逆相变温度滞后的大小来划分的。一般在冷却过程中，将马氏体相变开始的温度标以 M_s，终了温度标以 M_f，在加热过程中，将马氏体逆相变开始温度标以 A_s，终了温度标以 A_f。形状记忆合金的马氏体相变属于热弹性马氏体相变，其相变温度滞后比非热弹性马氏体相变小一个数量级以上，有的形状记忆合金只有几度的温度滞后。

当形状记忆合金被冷却到相变温度 M_s 以下时，母相的一个晶粒内会生成许多惯习面，它们的位向不同，但在晶体学上是等价的马氏体，我们把这些惯习面位向不同的马氏体叫做马氏体变体。马氏体变体在相变过程中的自协作是形状记忆效应的重要机制。

形状记忆合金在外部应力作用下，由于诱发马氏体相变而导致的合金的宏观变形是剪切变形，这种由外部应力诱发产生的马氏体相变叫做应力诱发马氏体相变。当形状记忆合金受到的剪切分应力小于滑移变形或孪生变形的临界应力时，即使在 M_s 温度之上也会发生应力诱发马氏体相变。形状记忆合金在 A_f 温度点以上产生应力诱发马氏体相变，一般会表现出相变伪弹性效应。但是，应力诱发马氏体相变并非都能产生相变伪弹性效应。

产生热弹性马氏体相变的形状记忆合金在 A_f 温度以上诱发产生的马氏体只在应力作用下才能稳定地存在，应力一旦解除，立即产生逆相变，回到母相状态，在应力作用下产生的宏观变形也随逆相变而完全消失。其中应力与应变的关系表现出明显的非线性，这种非线性弹性和相变密切相关，所以叫相变伪弹性，也叫超弹性。

形状记忆合金的相变伪弹性和形状记忆效应本质上是同一种现象，区别仅在于，相变伪弹性是在应力解除后产生马氏体逆相变，使形状回复到母相状态，而形状记忆效应则是通过加热产生逆相变回复到母相。

在众多记忆合金当中，NiTi 形状记忆合金，由于其具有大的畸变量和大的恢复力等特点，在制造微驱动器等方面显示出强大的优势[67]，下面我们将集中介绍 NiTi 形状记忆合金薄膜。

二、NiTi 形状记忆合金薄膜的制备和表征

一些制备方法如溅射沉积、真空蒸发沉积，激光熔融等已用于制备厚度大于 10μm 的 NiTi 膜。但是，溅射方法是获得完整形状记忆效应的主要方法。因此，我们将主要介绍磁控溅射制备 NiTi 膜。

在射频磁控溅射生长 NiTi 膜中[67]，放电气体一般采用 Ar，靶材为等原子比的 NiTi 合金。沉积过程中，Ar 离子被加速射向靶并将 NiTi 溅射出来，从而在基片上形成 NiTi 膜。由于 Ni 的溅射产额高于 Ti，因此采用等原子比 NiTi 靶进行溅射时，所得到的 NiTi 膜总是富 Ni，为了控制 Ni 的含量使 NiTi 膜的 Ni、Ti 含量仍保持等原子比，则需在 NiTi 靶上再放上一些纯 Ti 条（例如尺寸为 5mm×5mm×1mm）。利用这一方法，可以控制膜的 Ni 含量在 45%～53%（原子分数）范围。典型的基片-靶距离保持在 50mm。如果基片不加热。则得到的 NiTi 膜为非晶。

影响薄膜质量的主要溅射参数是射频功率、Ar 气分压、基片-靶距离、基片温度和靶的合金组分。在低 Ar 气分压下制得的 NiTi 膜较为平整，无任何结构特征，而在高 Ar 气分压下所得到的膜呈柱状结构。这一柱状结构表明膜是多孔的。这一结构可能是由于沉积原子在生长膜表面的迁移受到限制所致。在较高的 Ar 气分压下，由于 Ar 离子间的碰撞而使被溅射出来的原子能量降低，导致其表面扩散能力的降低，而且在高 Ar 气分压下，吸附在膜表面的 Ar 离子会干扰 Ti 和 Ni 原子的表面扩散。在高 Ar 气分压下制备的膜中，如果射频功率为 600W 时，则观察到的孔洞较其他条件下获得的薄膜的孔洞少，沉积 NiTi 膜所用基片为玻璃、Cu 和 Si。

如果基片不加热，沉积得到的 NiTi 膜为非晶态。Miyazaki 和 Ishida[67] 对样品在 973K 温度下加热，随后在 773K 进行了不同时间的时效处理，对于 36 千秒时效处理的 Ti-51.9%（原子分数）Ni 膜，用 X 射线衍射在三个不同温度下（300K、270K 和 200K）进行了结构表征。在这三个温度下，母相（B2）、R 相和马氏体相（M）皆独立存在。母相的晶体结构确定为 B2，而 R 相和 M 相则分别为菱方和单斜。这三个相的点阵常数与对应体样品的完全相同，尽管它们与合金含量有关。菱方角 α 只与温度唯一相关，菱方相的点阵常数几乎与温度无关。

在加载应力 50MPa 情况下，对不同热循环次数下的应变与温度的关系，Miyazaki 和 Ishida[67] 也作了研究。他们发现，在开始循环（$N=1$）的冷却阶段，R 相转变发生的起始温度为 333K，终了温度为 316K，此时有 0.13%应变的形状变化，在加热阶段，逆向 R 相转变发生的起始温度为 323K，终了温度为 336K，此时形状已完全恢复，温度滞后（H_k）只有 4K，如果使用诸如 R 相的转变做移动驱动器，则可预料反应会相当迅速。在循环了 100 次以后，形状曲线并未发现明显改变，其原因可以由这样的事实得到解释：R 相转变的应变相当小以致滑移畸变几乎不可能发生[68]。

当应力为 250MPa 下，Ti-43.9%（原子分数）Ni 膜的热循环畸变对应变-温度曲线的影响则有所不同，循环畸变曲线显示两阶段的畸变：当冷却时，由于 R 相转变，而在 R 相变开始温度 R_s 处发生第一次的形状改变；而由于马氏体相变，在马氏体相变开始温度 M_s 处出现第二次形状改变。R 相变和马氏体相变引起的应变 ε_A 和 ε_M 分别为 0.28%和 1.12%，当加热时，由于发生在逆转变的两步畸变（第一阶段发生在逆马氏体相变开始温度 A_s，第二阶段发生在逆 R 相变开始温度 RA_s）使得样品的原有形状几乎完全恢复。当循环次数增加时，R 相转变的特性如开始转变温度 R_s，应变 ε_R 和迟滞 H_R 几乎保持不变，而马氏体相变特性则改变较为明显。例如，M_s 上升，因此 R_s 和 M_s 的温度差减小。此外温度迟滞（H_M）减小，马氏体相变应变逐渐增加，马氏体相变中的这些变化可以认为是由于内应力场的作用而在循环过程中有位错的形成。内应力场与外加应力重叠使马氏体相变温度增加，但是，R 相转变特征在循环畸变中几乎不显示出变化，这是因为只涉及较小应变的 R 相转变对外加应力不敏感。

在循环次数超过 50 时，马氏体相变行为的所有变化都对循环不敏感，这意味着热循环在稳定形状记忆行为方面是有效的。

存在两种方法使溅射沉积的 NiTi 膜具有记忆形状：

① 在室温下溅射沉积 NiTi 膜，然后在 733K 左右的温度下使其结晶化；

② 在基片温度高于 623K 的温度下溅射沉积 NiTi 膜。

富 Ni 的 NiTi 合金在弹性约束下时效将具有双程记忆效应。由于双程记忆效应在不加任何外力情况下冷却和加热都会自发畸变，因此，这一效应在使驱动器微型化和简单化方面十分有用。Kuribayashi 等人[69]最早使用了 NiTi 膜双程记忆效应驱动器，但是，他们并未阐明双程记忆效应的最佳时效效果，由于双程记忆效应与基体中 TiNi 片析出物的析出过程和分布有关，它对时效处理条件如温度和时间十分敏感，Sato[70]等人最近对溅射沉积的 NiTi 膜获得双程记忆效应的最佳时效条件进行了阐述。

对于需要较大恢复应变的微驱动器，则需要具有较大迟滞温度（约 30K）的马氏体相变，为了改进响应速度，有必要减少温度迟滞。在 NiTi 膜中加入 Cu 会有效减小转变迟滞温度而又不改变转变温度。研究者已对含 Cu 量在 0～18%（原子分数）的 Ni-Ti-Cu 合金膜进行了研究[71]。所有这些成分的薄膜的马氏体转变温度在 323K 左右。在 Cu 含量小于 9.5%（原子分数）范围内，马氏体转变温度随着 Cu 含量增加稍有下降，在 Cu 含量大于 9.5%（原子分数）时，则随 Cu 含量的增加稍有增加，与相变相联系的迟滞则强烈依赖于 Cu 含量，即当 Cu 含量从 0～9.5%（原子分数）时由 27K 降到 10K，在 9.5%（原子分数）Cu 含量的薄膜中，出现两步骤相变，由 X 射线衍射确定为 B2↔正交（O)↔M 相，相对这些转变观察到完整的两步骤形状记忆效应。Cu 的加入引起最大恢复应变从 3.9%降到 1.1%，当 Cu 含量增加到 18%（原子分数）时，滑移的临界应力由 55MPa 增加到 350MPa。

除了在较窄的 Pd 含量区域具有 R 相转变外，三元 Ti-Ni-Pd 膜显示出 M 相变和 O 相变。Pd 的加入有效地增加了 O 相变温度。同时发现 Pd 的加入也减小了相变温度迟滞。在 Ti-Ni-Pd 膜中，所得到的较小相变温度迟滞和较高的相变温度，为 NiTi 基形状记忆合金膜应用于微驱动器而获得快速驱动带来巨大希望。

利用 Si 基微机械加工技术和溅射沉积 NiTi 膜，人们已制造出原形微驱动器，它们包括弹簧，双梁悬臂、筏、镜面驱动器、隔膜、微夹具等。

三、形状记忆合金及薄膜的应用

如上所述，形状记忆合金具有广泛的应用领域，涉及电气、机械、运输、化工、医疗、能源、日常生活等。上面提及的热驱动器可以用来制造热驱动引擎。迄今研制出来的形状记忆合金热机有曲轴偏心式、斜板式、场式和重力式等。形状记忆合金机器人是形状记忆合金的另一重要应用。用形状记忆合金制成机械手、机器人、能动式医用内窥镜、触角传感器、人工心脏等，在医学领域有着广泛的发展前景，而这一直是形状记忆合金应用中的热点。另外，形状记忆合金还可用于牙齿矫形、骨髓针、接骨针、人工关节棒、人造肌肉等。在工业上，形状记忆合金可制作成管接头、自动电子干燥箱、汽车排热装置、控制系统等。在航空航天上，形状记忆合金可以用作太阳尾随装置、宇宙天线等。

第三节　纳米薄膜材料

纳米薄膜材料可以看作是晶粒尺寸在几纳米或几十纳米量级的一种多晶体，它的性质与处于晶态和非晶态的同种材料有很大差异。有人认为，晶粒大小为几个或几十个纳米的例子不能认为是具有长程有序的传统材料。纳米材料是把许多缺陷如晶界引入到完整晶体中，使得位于这些缺陷核心区域的原子体积分数变得可与位于晶体其他区域的原子体积分数相比拟，从而产生了一种在结构和性质上既不同于晶体也不同于非晶体的新型固体。引入不同类型的缺陷如位错、晶界和相界可得到不同种类的纳米结构材料，但是所有这些材料都有如下的微结构特征：它们都是由弹性畸变结晶区所分隔的许多缺陷核心区所组成。这种不均匀使得纳米结构材料与非晶均匀无序固体有所区别。

从广义上，只要材料的尺度或晶粒尺度至少有一维处于几纳米或几十纳米量级就可称其为纳米材料。纳米材料可以分为三大类别：第一类别包括某些维度减小到纳米尺度和（或）某些维度以纳米尺度颗粒、细线或薄膜形式出现的材料。化学气相沉积，物理气相沉积、惰性气体凝聚、气相喷雾技术、从气相中析出、从过饱和液体或固体中析出等技术皆用于生产这类纳米材料。这类材料的应用实例如催化剂和用于单层或多层量子阱结构的半导体器件。第二类别包括其纳米尺度微结构只局限于体材料的薄的表面区域（纳米尺度）的材料，物理气相沉积、化学气相沉积、离子注入和激光束处理是广泛用来在纳米尺度上修饰固体表面的化学组成和（或）原子结构的技术。这类纳米材料的直接应用是通过在表面产生纳米尺度微结构来提高表面的抗腐蚀、硬度、抗磨损或作保持涂层。这类材料的另一重要部分是在自由表面上形成在横向上的纳米尺度结构图案。例如，纳米尺度的岛列（如量子点）由薄的（纳米尺度）导线相连接，这个点列可由光刻技术来实现，这类材料可望在下一代电子器件如高集成电路，单电子晶体管、量子计算机等的生产上起到重要作用。第三类型的纳米材料则是大块固体具有纳米尺度的微结构。具有纳米尺度微结构的材料成为纳米结构材料（nano-structured materials，简称 NsM）或纳米材料（nanophase materials）[72]。下面我们仅就纳米薄膜材料进行讨论。由于纳米薄膜材料的范围很广，我们仅仅以其中的一例——纳米复合薄膜（或涂层）材料[73]进行介绍。

对于体材料可以通过适当的表面涂层对其大量的功能性质进行优化，涂层部分通常展示出较未涂层工件所无法比拟的优越性能，在 20 世纪后五十年，表面涂层已经成为重要的工业分支。最初，涂层主要由电化学沉积来实现，然而，像硬度超过铬（Cr）的涂层如过渡金属氮化物和碳化物不能用溶液法来沉积。在 20 世纪 60 年代末，在硬质切削金属上，化学气相沉积 TiC 膜已引入市场，80 年代初，物理气相沉积硬质涂层也出现在市场上，在 1980 年左右，用 CVD 获得的 TiN 涂层已商业化，同时物理气相沉积获得的 TiN 和 TiC 涂层钻头和切削工件也已商品化。大约在同一时期，由等离子体激发化学气相沉积（PACVD）制备的类金刚石等低摩擦系数涂层和由物理气相沉积（PVD）制备的 MoS_2 都已出现。开发能够承受恶劣操作条件如高温且具有低摩擦系数、持久、或能引起所希望的生物反应的超级涂层是进一步发展新型硬质涂层的驱动力。

需要指出的是，将涂层/基片视为一个系统是很关键的。材料性质（如弹性模量、热膨胀系数、疲劳行为、化学相容性）对工件的最终行为起到决定性作用，此外，在涂层/基片界面处的化学键合等性质将影响涂层的附着性。对于改善硬质涂层的性质有许多途径和方法。一种是将适当的元素合金化到已存在的涂层中以改变涂层性质，这种方法称作“合金化改进涂层”(modified coatings by alloying)。在许多情况下，单一涂层材料的性能无法达到实际要求，因此，复合涂层材料随之诞生，在复合涂层材料中，不同的材料性质以一定方式结合在一起并产生新的性质，这种新材料的最终性质经常由形成复合材料的单体间的相互作用所控制，这就是第二种方式“多层膜涂层”（multilayer coatings）和第三种方式“纳米复合硬质涂层”（nanocomposite hard coatings），当层或晶粒尺寸处于纳米尺度时，超点阵效应可以进一步改善材料的性质，这三种方式已示意于图 6-1 中，下面我们将就纳米多层膜涂层和纳米复合涂层进行详尽讨论。

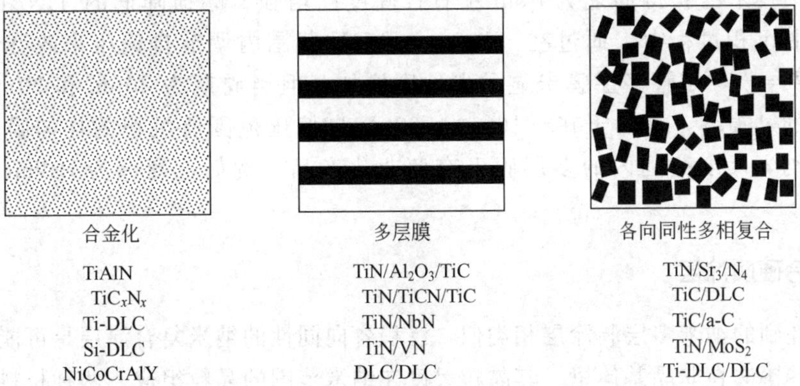

图 6-1　不同涂层复合的结构示意图

一、纳米多层膜涂层

在纳米多层膜涂层中，每一单层膜的厚度在纳米尺度范围。纳米多层膜的超点阵效应可以额外增加涂层的硬度。在 20 世纪 80 年代晚期，人们生长了硬度有所增加的单晶体纳米级超点阵膜，并对其进行了表征。Helmerson 和 Shinn[74,75] 发现，当超点阵周期在 5nm 时，TiN/VN 和 TiN/NbN 外延纳米多层膜的硬度超过 50GPa，它比基体材料的硬度增加 2 倍。对于超点阵周期为 4～8nm 的 TiN/VN 和 TiN/NbN，Chu 和 Spronl 等人[76,77] 也得到相似的硬度值。对于硬度增强的原因可以解释为，当两种材料的位错线能量有较大差别时，通过界面的位错运动将受到阻碍。由于位错线能量正比于切变模量，对于这些多层膜硬度提高的主要要求为两层材料的弹性模量差要大。为证实这一概念，对具有几乎相同切变模量的两种材料产生的多层膜 NbN/VN 进行了硬度测量，结果显示，多层膜的硬度较每个单体材料的硬度没有任何增加。另外，对 $V_{0.6}Nb_{0.4}N$/NbN 多层膜的测试分析结果也显示出硬度没有增加，注意 $V_{0.6}Nb_{0.4}N$/NbN 的点阵错配度为 3.6%，几乎与 TiN/NbN 的错配度相同，这说明，在多层膜系统中，相关应变在硬度增强过程中只起到次要作用，但切变模量差异是纳米多层膜硬度增加的前提条件。此外，与沉积条件有关的层间互扩散将使切变模量调制幅度变小，从而使硬度降低，因此，清晰无扩散界面在多层膜硬度提高过程中起到决定性作用。

当由两种不同结晶结构材料建造一个新超点阵涂层时，一种材料可作为模板并强迫另一种材料的最初几个原子层按第一种材料的结构排列，从而产生具有新性质的材料。例如，在 TiN/Cr_2N 超点阵系统中，通常的六方 Cr_2N 结构被胁迫成面心结构，前提是 Cr_2N 层足够薄以使胁迫立方相和六方相的能量差比相关应变能小。TiN/AlN 多层膜涂层在层厚为 2.5nm 时显示最大硬度，在这一超点阵中，TiN（NaCl 型结构）胁迫 AlN（通常为纤锌矿结构）以 NaCl 型结构存在，而这一结构通常只有在高压下才存在。

当抗磨损涂层应用于修整工具时（钻头、切削工具等），在切削边可能出现 800℃ 的高温，因此，对于一个好的涂层相关的参数不仅仅是单独的力学参数，而且也包括化学稳定性（氧化性），特别是应用过程中高温韧性是较硬度更为重要的参数。

多层膜的结构也可以通过简单的沉积条件的周期变化来产生。由于反应溅射 TiN 膜的内应力取决于样品所加偏压，在沉积过程中，通过调制自偏压可以实现膜中内应力的周期调制，通过这一技术已获得周期为 8nm 左右且硬度已增强、磨损降低的 TiN/TiN 多层膜。相似地，在膜沉积过程中，通过在 −100～−600V 范围内调节自偏压来改变周期也获得了 a-C∶H 多层膜，尽管多层膜未显示出硬度增加，但当周期为 20nm 和 30nm 时多层膜显示出较低的磨损率，这对于在 −100～−600V 自偏压范围所沉积的均匀膜是无法达到的。周期在纳米尺度范围内的多层膜已有商业化产品。例如，商标为 Balinit C 的 WC/C 涂层。

二、纳米复合硬质涂层

与上述提到的纳米多层膜涂层相类似，沉积各向同性的纳米复合涂层是可能的。纳米复合涂层由一些镶嵌在非晶基体里、其晶粒尺度在纳米范围的晶粒组成。两种材料即结晶相和非晶相同时沉积，通过相分离形成纳米复合材料。相分离的前提是两相完全不相溶。与多层膜结构对比，纳米复合材料只能由某些材料复合而得到，而多层膜则可由任何材料以任何周期来获得。此外，纳米复合薄膜的结晶相的尺度不可能由沉积过程独立控制，因为它本质上由材料的性质和沉积条件（温度、等离子条件、组分等）两者共同决定，在过去的十多年中，一些纳米复合薄膜系统已经从实验室中得到，它们的一些性质也得到详细研究，这些纳米复合薄膜材料因其独特性质而展示了广阔的应用前景。

基于加入稳定的氧化物形成元素（Al、Si、Hf、Cr、Zr、Nb）到 TiN 的思想，人们尝试共沉积了 TiN/Si_3N_4，与 TiAlN，TiZrN 及其他单相硬质材料相对照，Si 不能替代 TiN 中 Ti 的阵点位置。根据平衡条件下 Ti-Si-N 不存在任何三元稳定相，当沉积 TiN 过程中，加入 Si 会形成两相 TiN/Si_3N_4 涂层。Hirai 等人[78]在 1982 年首次获得了 Ti-Si-N 涂层，Li

等人[79]和 Vepřek 等人[80]则最早通过将 Si 加入到 TiN 而改善了材料硬度，他们利用等离子体增强 CVD，在 550～600℃沉积温度下，得到了 TiN-Si_3N_4 膜。Li 等人使用的气体为 $TiCl_4$，$SiCl_4$ 和 H_2，而 Vepřek 等人使用的是 SiH_4 而不是 $SiCl_4$，所得到的膜在 15%（原子分数）硅含量下显示出异乎寻常的高硬度（约 60GPa），在膜样品的 X 射线衍射信号中只观察到来自 TiN 的衍射峰。进一步的实验验证了这些涂层为由大约 4～7nm 的 TiN 晶粒镶嵌在非晶 Si_3N_4 基体中的纳米复合材料[81]。这种纳米复合材料的示意图如图 6-2 所示。

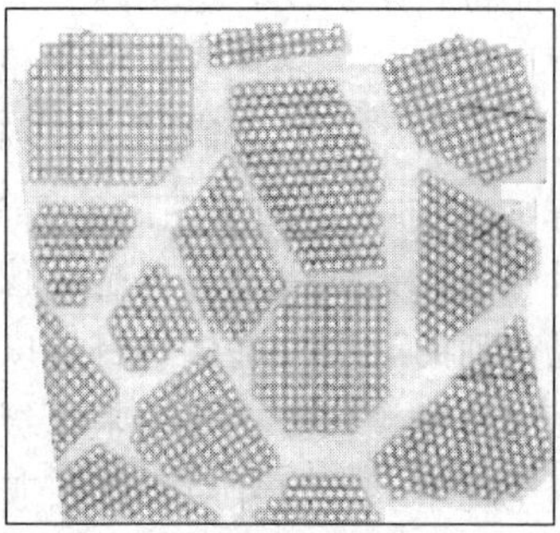

图 6-2 由纳米晶粒镶嵌在非晶基体中而形成的纳米复合材料的示意图

Vepřek 及其合作者第一个报道了 TiN-Si_3N_4 纳米复合涂层的硬度值。在 Si 含量为 8%（原子分数）时，nc-TiN/a-Si_3N_4 膜显示超过 50GPa 的高硬度值，此硅含量对应着大约 19%（原子分数）的 Si_3N_4，TiN 晶粒达到最小，复合膜硬度达到最大（50GPa），这一发现说明晶粒和非晶相界面具有决定性影响，因为最高硬度是在每单位体积具有最大结晶表面积时观察到的，硬度明显依赖于膜中的硅含量。在沉积过程中，使用含氯原子团的优点在于，所有反应气体很容易被引入到沉积室。但是，在典型的 PACVD 压强下（10～100Pa），以相当可观的速率生长的气相成核过程将对生长膜的均匀性带来威胁。含氯的排出物也是 PACVDA 的一个主要问题，在 PACVD 过程中需要强烈放电使化学平衡移动，以便使氯含量低于 1%。但是，这样的放电会导致较高的基片温度（500℃或更高），对用于大多数钢的保护涂层来说这一温度太高。在 TiN/Si_3N_4 的 PACVD 合成过程中所涉及的气体（$TiCl_4$、SiH_4、H_2、HCl）也给加工工程带来不利条件。

克服上述缺点的有效方式是使用 PVD。合成过程则必须是反应式 PVD 以使从溅射靶 Ti 和 Si 中经反应气体放电而形成氧化物。如 Vepřek 所指出的那样，氮必须有足够的活性以压制氮化硅的形成，从而最终形成 TiN 和 Si_3N_4。在基片处，非平衡磁控溅射（UBM）技术足以提供高比率的气体分解和离化。Vaz 等人[82]第一个报道了应用 PVD 得到硬度增强的 TiN/Si_3N_4 涂层，他们观察到，在 Si 含量相对较低时的硬度增大，由此确认了 Vepřek 的结果。显微压痕方法测得的硬度值显示，在大约为 10%～12% Si_3N_4 含量情况下，nc-TiN/a-Si_3N_4 的硬度值接近于 40GPa。透射电子显微镜清楚显示，TiN 纳米晶的（200）衍射平面的存在。显微照片的傅里叶变换给出的平均晶粒尺寸为 2.5nm，但由 PACVD 得到的样品，其纳米尺度远远大于此值，且报道的硬度值也远高于 PVD 样品。

实验所观察到的硬度随晶粒尺寸减小而增加的现象与多层膜的硬度行为十分相似。晶体材料通过位错运动对畸变的抵抗可由切变模量来描述。类比于多层膜结构，纳米复合薄膜的硬度增加也可以用清晰的两相界面和较大的两相切变模量差来解释。但是，与多层膜明显不同的是：纳米晶/非晶系统是各向同性的，或者换一句话说，两相（结晶和非晶）的取向和顺序是无序的。在 n-TiN/ Si_3N_4 中所遇到的清晰界面是由于两相的互不相溶而形成，这主要是源于化学因素，而在多层膜情况下，清晰界面则是由于适当的合成技术与条件所形成。

为获得清晰的相的变化，由第二相对结晶材料的完整封装是必需的。这一点对于具有原子级清晰界面的超点阵也是如此。对于纳米结晶各向同性材料，对纳米晶的完全包覆可通过非晶材料来实现。这是因为非晶材料结构具有可变动性，它可以适应纳米晶的形状和取向，而且，来自于晶粒取向的非相干应力可以很好地由非晶材料来适应。

很久以前，人们便观察到金属由于有限晶粒尺寸效应而得到硬化。这一现象可由 Hall-Petch 关系来描述，它将小晶粒金属的高硬度归因于位错在晶界处的堆积，换句话说，晶界阻碍了位错的运动。但是，像 Hall-Petch 理论等经典理论不能解释纳米复合薄膜体系中所观察到的硬度较基体材料硬度高 2～4 倍这一现象。像在多层膜体系一样，所观察到的最高硬度是晶粒尺度在几纳米量级时出现的。硬度明显依赖于晶粒尺寸的关系显示了纳米复合薄膜系统中晶粒尺寸对硬度所起到的关键作用。阻碍位错运动并不能单独解释硬度的增强。位错必须至少在几纳米尺度下形成，在各向同性尺度为 2nm 的纳米晶体中，这个距离为五个单胞大小。这样的纳米晶具有的小尺寸阻碍了位错的发展，因此，在边界处没有位错可以聚集。相反，至少对于碳化物为基的材料，当加载时会有塑性变形通过伪塑性畸变的形式出现，此时纳米晶互相相对移动，这就需要对每单位体积做更多的功，因为材料内部的晶粒的重排是必要的，以产生剩余畸变，在宏观上这就等价于对畸变的较大的阻抗性，换句话说，就是增加了材料的硬度。

相对于 TiN，nc-TiN/ Si_3N_4 涂层的其他改进是它们改善了抗氧化性能。TiN 在 550～600℃时已显示出较大的氧化速率，而 nc-TiN/a-Si_3N_4 则更具有抗氧化性，与单相 TiN 基涂层如 TiAlN 相对照，在氧化的 TiN/a-Si_3N_4 的外层表面没有发现富 Si 保护层，这说明氧化机制较为复杂。在 Si_3N_4 含量为 12%时，在 800℃时，nc-TiN/Si_3N_4 的氧化速率较 TiN 低 10 倍。进一步增加 Si_3N_4 的含量，会使氧化速率变得更低，但这要损失纳米复合薄膜的硬度，两步氧化过程有可能控制 600℃和 1000℃温度区间的氧化。第一步是以氧通过 Si_3N_4 垒而缓慢扩散到 TiN 纳米晶为特征，这一步在低温到 850℃之间起主要作用。涂层中 Si_3N_4 成分的增加意味着较厚的 Si_3N_4 层封装 TiN 晶粒，因此观察到较低的氧化速率，这一步伴随着非晶硅化物通道的形成，它进一步减少氧扩散到 TiN 中，在 820℃以上温度，氧化以 TiO_2 的再结晶和生长为特征。

具有优异性质的纳米复合薄膜不仅仅局限于氮化物系统。有人利用激光熔融和反应溅射复合系统，将 TiC 晶粒镶嵌到无氢 a-C 基体中[83]。与 TiN/ Si_3N_4 纳米复合膜相比较，这一 TiC/a-C 系统中则包含着几十纳米的大晶粒，在晶粒 5nm 左右之间是厚的非晶相。10～50nm 的晶粒尺寸足以形成位错，但对于裂纹的自传播又太小，大晶粒分离可以适应非相干应力，并能在晶粒间形成纳米微裂纹以产生伪塑性行为。通过这种方式，这一纳米复合材料的韧性为 TiC 的 4 倍，其硬度为 32GPa。

通过将其他元素以纳米形式加入到已存在的涂层中，可以改变材料除硬度以外的其他性质，将 W 和 Cr 作为纳米夹杂物加入到 a-C∶H 涂层中，则 a-C∶H 涂层的性质有了改变。这些改进涂层被用作热太阳能转化器中的选择吸收涂层。另一个益处则是在涂层中可以引入一些具有润滑性质的材料如 MoS_2、C、DLC，这些材料可以在涂层的上部，也可以与涂层形成复合涂层，有人已成功获得 TiN/MoS_2、TiB_2/MoS_2 和 TiB_2/C 纳米复合涂层系统。

白晓明和郑伟涛等人[84]利用多靶磁控溅射系统获得了 CrN/Si_3N_4 多层膜，研究了混合放电气体、偏压、基片温度以及退火（样品在 900℃温度下退火 2～4h）温度对多层膜显微结构与界面性质的影响。X 射线衍射和 X 射线反射测量分析表明，当 Si_3N_4 层厚为 0.3nm 时，在 900℃温度下退火 4h 后，CrN/Si_3N_4 多层膜层状结构仍得以保持。可见，适当控制

Si_3N_4 层厚，可以使 CrN/Si_3N_4 多层膜具有优异的热稳定物性。因此，CrN/Si_3N_4 多层膜在高温摩擦学应用方面具有良好的应用前景。另外，他们[85]还通过在 Ti/TiN 多层膜中插入 Si_3N_4 层，使 Ti/TiN 多层膜的硬度与热稳定性大幅度提高。

从 nc-TiN/a-Si_3N_4 和 nc-TiN/a-C 纳米复合涂层的有关工作可以得到一些构筑纳米复合材料（具有增强的力学性质）的普遍原理：

① 复合体中的一相必须足够硬以承受负载，过渡金属氮化物和碳化物以及一些主族氧化物都是合适的候选材料；

② 复合体中的另一相必须提供结构的柔韧性以起到纳米结合剂作用，非晶材料如 Si_3N_4，a-C，a-C：H 等最适合于这一目的；

③ 相间的互不相溶是确保弹性性质从一相到另一相发生突变的前提条件。

有关纳米多层膜与纳米复合膜的研究，白晓明和郑伟涛等人[86]做了详细评述。

三、应用及展望

纳米复合涂层的主要应用是作为机械加工工具的涂层。对于新型硬质涂层来说，它们的抗磨损性能必须有所改善以延长其使用寿命，硬度增加的涂层可望满足这一要求。高负载轴承及滚珠不需要高硬度表面，但是韧性和低摩擦系数则是最关键的要求，具有润滑固相的纳米复合涂层或多层膜能够满足上述要求。

在 20 世纪 70 年代和 80 年代发展起来的硬质涂层是将几个有限的涂层材料应用于各个方面。这几种有限材料包括 TiN、TiCN 和 TiC 等单相材料。未来的新型涂层材料必须与已有的涂层相竞争，因此，新型涂层材料必须具有优异的综合性能，它们将具有现有涂层不具有和无法实现的一些性质。另一个开发新型高性能涂层的动力是材料学家们的科学好奇心，根据预言规则和理论模型，可以很好地了解材料的行为、不同相结构间的相互作用，特别是在纳米尺度上的相互作用，这些知识会导致新型涂层的出现，它们的性质远远好于今天所得到的涂层材料。但是，从第一原理是无法预言涂层表面的抗磨损性或者是突然失效。决定涂层失效的不仅仅是涂层的性质，在很大程度上还受摩擦物体性质的影响，在大多数情况下，受将两物体分离的润滑相的影响，当摩擦物体或润滑相改变时，整个情况将发生改变，不同的磨损行为将会出现。因此，研究摩擦磨损工程时应将整个系统作为研究对象，而不应仅仅考虑硬质涂层的作用，尽管硬质涂层起着十分重要的作用。

第四节 石墨片二维薄膜材料

石墨片[87]是指单层碳原子密堆排列成二维（2D）正六边形网状点阵所形成的材料，它是构成石墨的基本单元块。它可以形成零维的足球烯（C_{60}），也可以卷成一维的碳纳米管，或者堆积成三维的石墨。从理论上，人们对石墨片已研究了 60 多年[88~90]，其研究成果被用于描述各种碳基材料。后来，人们认识到石墨片可以为量子电动力学提供一个非常好的 2+1 维凝聚类比系统，由此，众多理论学家开始把石墨片当作理论假想模型。另一方面，虽然石墨片可以堆积成石墨，但人们认为，石墨片本身在自由状态下是不可能存在的，因而被戏称为“学术材料”，即被认为相对于非晶碳、足球烯、碳纳米管等的形成，它是不稳定的。然而，三年前，当人们[91,92]出乎意料地发现了自支撑的石墨片，特别是，随后的实验证实了[93,94]石墨片的电荷载流子确实是无质量的狄拉克（Dirac）费米子时，以往的假想模型最终变成了现实。石墨片的“淘金热潮”也由此宣告开始。

一、石墨片的实验制备

70 年前，Landau 和 Peierls[95,96]论证了严格意义上的二维晶体在热力学上是不稳定的，因而也是不可能存在的。他们的理论指出，在低维晶体中，热涨落的发散性贡献导致在任一有限温度下原子的位移可与原子间距离相比拟。这一论证后来由 Mermin[97]进行了进一步扩展并被一系列实验观察所强烈支持。事实上，薄膜的熔化温度确实随着厚度的减少而迅速下降。在厚度为典型的 12 个原子层时，薄膜变得不稳定（原子析出形成岛或分解）[98]。正是由于这一原因，原子层迄今为止只作为大的三维结构的集合单元，通常可以通过与其匹配的晶体点阵的最上面一层来外延生长。如果没有三维材料作为基础，二维材料则被认为是不存在的。直到 2004 年，人们利用常规方法，才从实验上发现了石墨片和其他自支撑二维原子晶体（如单层 BN）[91,92]。这些二维晶体可以在非晶基片、液态悬浮物中作为膜的形式而得到。

最为重要的是，二维晶体的发现不仅接连不断，而且，二维晶体显示出高的结晶质量[99]。尤其对于石墨片，载流子可以在几千个原子距离间传输而不被散射[94~97]。而后的研究表明，这一单原子层厚晶体的存在也可以从理论上加以解释。即，所获得的二维晶体可看作处于亚稳的淬火态，因为他们可以从三维材料萃取得到，而它们的小尺寸（≪1nm）和强的原子键确保了热涨落不能产生位错或其他晶体缺陷，即使在高温也是如此。一个补充的观点是，所获得的二维晶体因在第三维尺度上的轻微褶皱而变得内禀稳定。这样的三维隆起导致弹性能升高，但却压制了热振动，由此，在某一温度以上，可以使整个系统自由能达到最小[100]。

早期尝试分离石墨片的工作集中于化学剥离，体石墨材料的石墨片层最终被插层原子或分子所分离[101]。由此，通常可以得到新的三维材料。但是，在一些情况下，大的分子可以被插在原子层之间，使原子层有较大的分离。结果，最后的化合物可以看作是孤立的石墨片镶嵌在三维基体中。而且，人们通过化学反应可以除去中间插层以获得包含重新堆积和卷曲的石墨片的淤渣[102]。由于难以控制等原因，石墨淤渣只受到人们的有限关注。

也有少量的其他尝试来生长石墨片。用于生长碳纳米管的系统可以生长薄于 100 个原子层的石墨薄膜。另一方面，通过碳氢化物在金属基片上的化学气相沉积和 SiC 的热分解，人们已经外延生长了单层和几个原子层厚度的石墨片。这些获得的石墨片由表面技术进行了表征，但它们的质量尚不得而知。直到最近，在 SiC 上获得的几个原子层厚的石墨片的电子性质得到了表征，发现了具有高迁移率的载流子的存在[103]。石墨片的外延生长或许为其在电子学领域的应用提供了唯一一条可行的路线。正因为如此重要，期待在这一方向上将会有非常迅速的发展。

在缺少高质量石墨基片情况下，目前，大多数研究小组使用体石墨的机械解理来获得石墨基片，利用此技术，人们首次获得了分离的石墨片[91,92]。经过精心调制，利用此技术，可以获得尺度在 100μm 的高质量石墨片，这一尺度完全可以满足大多数研究需要。从表面上看，此技术并不比从一块石墨中拉拔或用胶带反复剥离复杂。但是，以往利用这一技术得到的只是 20～100 层厚的石墨片。问题是留在基片上的石墨片非常少，并且，他们往往藏在上千个原子层厚的石墨薄块中。因此，即使人们利用现代技术，努力寻找石墨片以期从原子水平上研究薄的材料，也不可能发现那些具有微米尺度、分散在 1cm^2 面积内的石墨片晶体。

对于成功观察到石墨片的关键因素是在 Si 片上仔细选择合适厚度的 SiO_2，由于相对于空的基片，SiO_2 具有微弱的相干衬度，石墨片在光学显微镜下即可见。如果不是采用这一简单而又有效的方法扫描基片以寻找石墨片，那么到今天为止，石墨片仍不会被发现。的确，即使知道准确的制备方法，在发现石墨片时仍需仔细和耐心。值得注意的是，最近发现[104]，石墨片在拉曼光谱中具有清晰的指纹特征，由此，可以用于快速鉴别石墨片的厚度。

二、石墨片的性质

尽管人们已经发现了全新的一组二维晶体，但迄今为止，所有的实验和理论都集中在石墨片上，而多少忽略了其他二维晶体的存在。这一偏见是否正确还有待时间的考验，但其最基本的理由是清晰的：孤立的石墨片晶体展示了异常的电子性质，石墨片具有显著的双极电场效应（图 6-3）。在这一效应中，电荷载流子可以在电子和空穴之间连续调制，甚至在常规条件下，其浓度 n 都可以达到 $10^{13}cm^{-2}$，其迁移率 μ 可以超过 15000cm^2/(V·s)。而且，所观察到的迁移率与温度 T 弱相关，即使在 300K 温度下，也只受杂质散射的限制。因此，迁移率可以通过消除杂质而得到大幅度改善，或许可以达到 100000cm^2/(V·s)。尽管一些半导体（如 InSb）的室温迁移率高达 77000cm^2/(V·s)，但只有未掺杂的半导体才具有如此高值。对于石墨片，在电和化学掺杂器件中，其迁移率仍然保持高值（$>10^{12}cm^{-2}$），由此，导致载流子在亚微米尺度上是以导弹式的高速形式传输。石墨片的另外极端电子特性是，甚至在室温下也可观察到量子霍尔效应（QHE），将以前在其他材料中观察到的温度范围扩展了 10 倍。

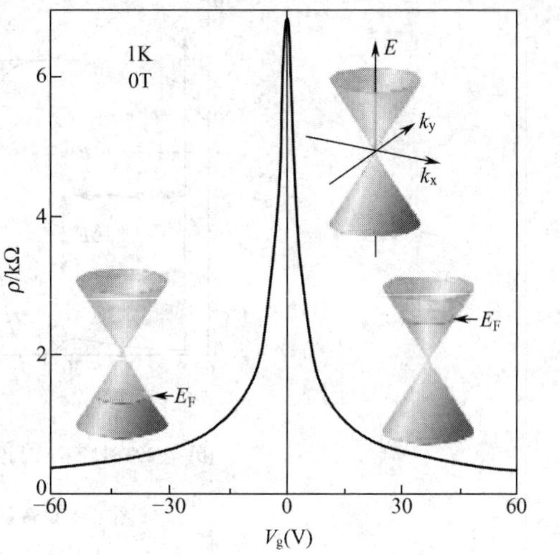

图 6-3 在单层石墨片中的双极电场效应，插图显示其圆锥低能量谱[87]

对于石墨片，人们感兴趣的同等重要的理由是，其载流子具有独特的本性。在凝聚态物理中，薛定谔方程控制了整个世界，通常利用他足以描述材料的电子行为。石墨片则是个例外，他的载流子与相对论粒子相似而更容易、更自然地用狄拉克方程而不是薛定谔方程来描述[105]。尽管围绕碳原子运动的电子没有什么特殊的相对论性，但它们与石墨网状点阵周期势的相互作用产生了新的准粒子，准粒子在低能量下，可以精确地用 2+1 维狄拉克方程描述，其有效光速为 10^6m/s。这些准粒子称为无质量狄拉克费米子，可以看作是失去了质量的电子。在理论上，对六角网络点阵的电子波函数的类相对论描述已经持续多年，但人们从未失去兴趣。如今，石墨片的实验发现，为人们通过测量石墨片的电子性质，探究量子电动力学（QDE）现象提供了一种方法。

图 6-4(a) 给出了 Novoselov 等人[106]用于测量石墨片 QHE 的装置示意图。室温下，石

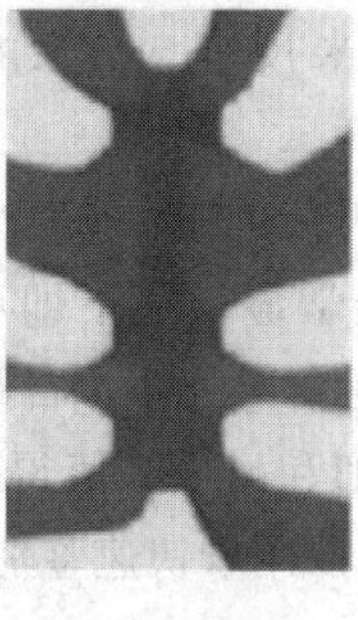

(a) 用于测量仪器之一的光学显微图

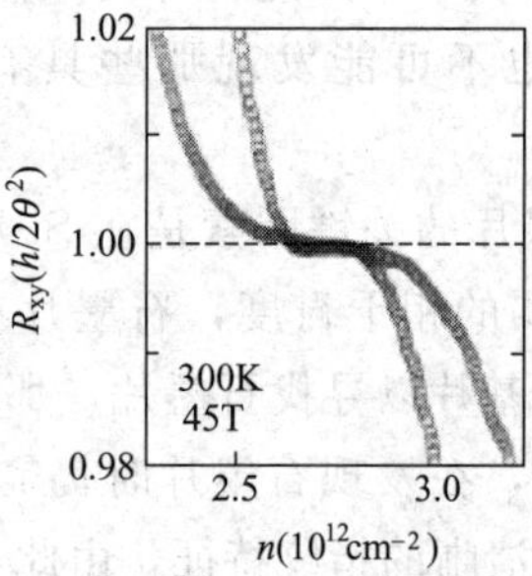

(c) 在45T下观察到的量子化电子和空穴霍尔电阻R_{xy}

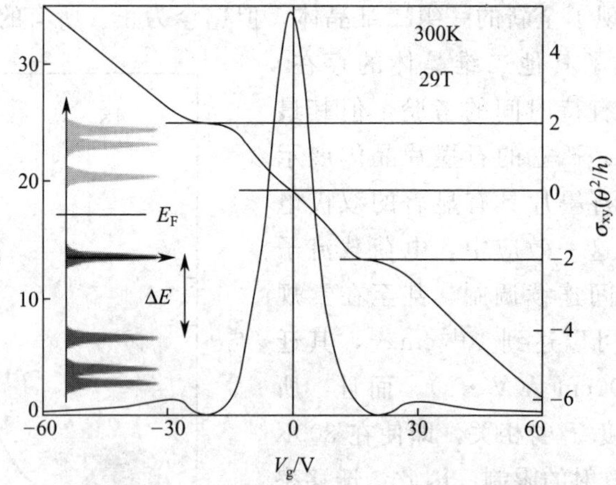

(b) 在29T磁场下，作为门电压V_g函数的σ_{xy}(红线)和ρ_{xx}(绿线)

图 6-4 石墨片的室温 QHE[106]

墨片的电子和空穴霍尔导电率 σ_{xy} 在 $2e^2/h$（e 为电子电量；h 为普朗克常数）处具有一个平台，而纵向电阻率 ρ_{xx} 接近零，显示激活能为 600K［图 6-4(b)］。σ_{xy} 量子化在实验误差 0.2%内是精确的［图 6-4(c)］。在如此高的温度下，QHE 仍存在归因于石墨片中的狄拉克费米子的大的回旋间隙 $\hbar\omega_c$。在磁感应强度 B 下，它们的能量量子化由 $E_N = \nu_F(|2e\hbar BN|)^{1/2}$ 描述，此处 ν_F 是费米速度，N 是整数 Landau 级次（LL）。如果费米能级位于最低能级 LL，$N=0$ 和第一激发能级 $N=\pm1$ 之间时，表达式给出能隙在 $B=45T$ 的 $\Delta E=2800K$。这意味着，实验中，$\hbar\omega_c$ 超过热能 k_BT 至少 10 倍。除了大的 $\hbar\omega_c$，还有一些其他因素使石墨片的 QHE 得以在高温下存在。第一，石墨片可容纳很高的载流子浓度；第二，从液氦温度到室温，样品中的狄拉克费米子的迁移率变化不显著。

另一个对石墨片的实验观察是，在载流子消失极限情况下，零场电导率并不消失而是接近于每个载流子类型所具有的导电率量子 e^2/h。图 6-5 给出几乎为 50 个原子层厚的石墨片的最低导电率 σ_{min} 测量值。对于其他已知材料，如此低的电导率在低温下不可避免地会导致金属-绝缘体转变，但对于石墨片，直到液氦温度，没有观察到相变的迹象。

众多理论已经预言到狄拉克费米子的最小量子导电率[107~110]。其中，一些理论预言依赖于线性二维光谱中零场下消失的态密度，这多少有些问题，因为在双层石墨片中所显示的最低导电率来源于其手性而非线性光谱。绝大多数理论给出 $\sigma_{min}=4e^2/h\pi$，比典型的实验观

察值大 π 倍。图 6-5 显示的实验值并没有接近这一理论值，而是接近于 $\sigma_{\min}=4e^2/h$。理论与实验值的不一致性构成了“神秘的 π 消失”现象。至今，人们仍不清楚，这一差别是由于石墨片中的电子散射，还是因为实验只探测了有限范围的样品参数（例如，长宽比）。

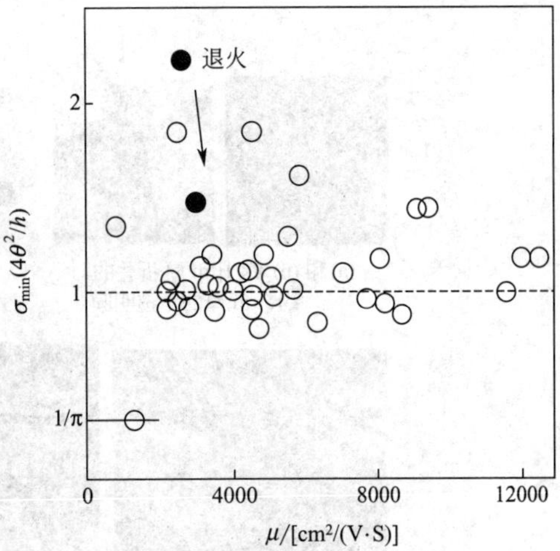

图 6-5 石墨片的最低导电率

低温下，具有高电阻率的所有金属系统必然显示出大的量子干涉（局域化）磁阻，最终导致在 $\sigma=e^2/h$ 处的金属与绝缘体的转变。这一行为被认为是普适的，但是，在石墨片中，这一转变消失。甚至在电阻率最高点，直到液氦温度也没有观察到低场下（$B<1$T）明显的磁阻[111]，这要归因于穿过电子和空穴点处渗流的改变和尺寸量子化。在远离狄拉克点（此处，石墨片变成良导体），情况则变得很清楚。据报道，普适的电导涨落在这一区域定性上是正常的，较弱的局域化磁阻多少有些随机变化，对于不同的样品，从完全不存在到显示标准行为。另一方面，早期的理论也已预言了石墨片中的每一可能类型的弱局域化磁阻，从正到负、到零。现在已经清楚，对于大的载流子密度和缺少谷间散射情况，将不会存在磁阻，因为石墨片费米面的三角隆起破坏了在每个谷中的时间反演对称性。随着谷间散射的增加，正常的（负值）弱局域化开始恢复。

值得一提的是，现在理论界主要关注两个焦点问题。一个是在狄拉克点附近的多体物理，此处由于弱屏蔽、消失的态密度和石墨片的大的耦合常数而使相互作用强烈增强。由此，可预言像分数 QHE、量子霍尔铁磁性、激子带隙等现象的出现[112~115]。另外一个则是在电动力学中讨论的一些效应，其中，Gedanken Klein 悖论和 Zitterbewegung 最为惹人注目，因为这些效应在高能物理中是无法观察到的。Klein 悖论是指相对论电子通过任意高和宽的势垒实现完美隧道贯穿的这一反直觉过程。从概念上将，在石墨片中，这一实验很容易实现。Zitterbewegung 是用于描述相对论电子由于属于正和负能量状态的波包部分间的干涉所表现出的不稳定运动的一个术语。由于石墨片不同于其他半导体系统，他的二维电子态没有深埋在表面以下，可以直接由隧穿或其他局部探针来接近，因此，石墨片确实提供了一个独特的机会。通过对石墨片的扫描、探测，可以期待将会出现许多具有重要意义的实验。

最近，Dikin 等人[116]采用溶剂-铸造方法制备了氧化石墨片纸（图 6-6），这一新材料与其他已存在的纸材料（足球烯纸：bucky paper；柔软石墨：flexible graphite；蛭石：vermiculite）相比，强度和刚度等综合性能最好（图 6-7）。氧化石墨片纸所具有的宏观柔软性和刚性复合源于纳米尺度的氧化石墨片层的相互连锁堆积。

三、展望

尽管由石墨片制成的微处理器在未来的 20 年里是不可能实现的，但是，人们乐观地认为，以石墨片为基础的微电子可能在未来占据统治地位。同时，石墨片的许多其他方面应用

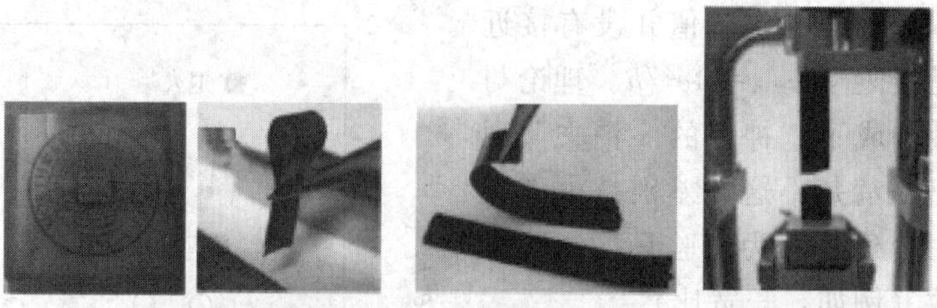

(a)和(b) 约1μm厚折叠的、约5μm厚的半透明膜　(c) 折叠的、约25μm厚的条　(d) 拉伸实验中断裂后的条

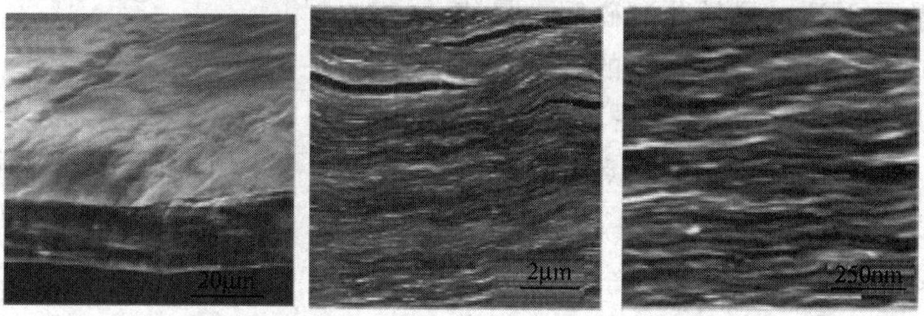

(e)～(g) 约10μm厚样品的低、中和高分辨率的扫描电镜照片

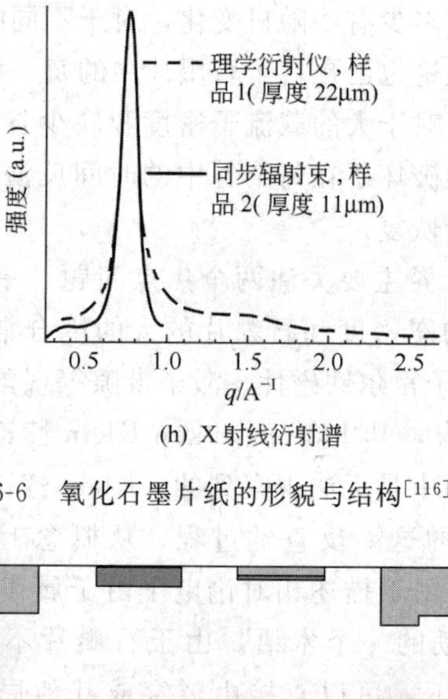

(h) X射线衍射谱

图 6-6　氧化石墨片纸的形貌与结构[116]

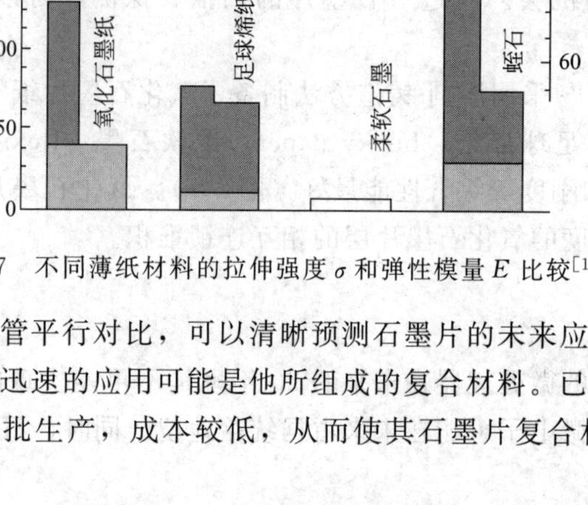

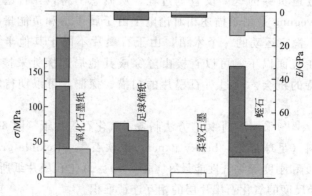

图 6-7　不同薄纸材料的拉伸强度 σ 和弹性模量 E 比较[116]

也会很快面世。与碳纳米管平行对比，可以清晰预测石墨片的未来应用前景。

石墨片的最直接、最迅速的应用可能是他所组成的复合材料。已经证明，具有微米尺度晶粒的石墨片粉末可以成批生产，成本较低，从而使其石墨片复合材料具有乐观的多种应用。但是，石墨片复合材料的强度恐怕难以与碳纳米管复合材料相比拟，原因是碳米管可以存在较多、较强的缠结。

另一吸引人的可能应用是将石墨片粉末用在电池上。石墨片粉末的大的表面积与体积比和高导电率可以改善电池效率。

尽管还没有关于石墨片的场发射研究报道，但早在发现石墨片之前，石墨薄片就已用于等离子体显示中，现已有许多有关的发明专利。可以肯定，石墨片粉末有可能可以成为更加优越的场发射源材料。

像碳纳米一样，石墨片有可能成为非常优异的固态传感器，自旋阀和超导场效应管也可能成为石墨片未来发展的目标。在^{12}C石墨片中，非常弱的自旋-轨道耦合和不存在超精细相互作用使其将成为优异的自旋量子位，这将确保以石墨片为基础的量子计算机将成为未来非常活跃的研究领域。另外，有人已经预测，石墨片能够吸附大量氢，有关此方面的实验努力值得期待。

第五节　磁性氮化铁薄膜材料

材料的功能化是材料未来发展的趋势之一，磁性材料作为功能材料的一部分在新材料研究中占有重要的一席之地。下面，我们只就具有代表性的磁性薄膜材料——氮化铁薄膜材料做一简单介绍。

人类对氮化铁材料的研究可以追溯到20世纪20年代初，当时，钢铁表面的氮化现象引起了人们的关注。由于钢铁表面具有吸收氮的能力，使得氨成为合成钢铁材料的催化剂和钢铁氮化——脱氮的媒介。同碳原子相似，氮在钢铁晶粒边界的偏聚可以取代硫和磷等脆性元素，从而提高钢铁材料的硬度，甚至提高晶粒边界的内聚性，同时，氮也能提高钢铁表面的耐蚀性。总之，氮化铁化合物相可以有效地提高钢铁材料的硬度、耐磨性、耐蚀性。

近年来，磁性氮化铁化合物又引起了研究者的广泛兴趣，α-Fe(N)，α′-Fe-N马氏体和几种氮原子有序分布的间隙化合物相，如α''-$Fe_{16}N_2$（bct），γ'-Fe_4N（fcc）和ε-Fe_3N（hcp）等都是室温下的铁磁相，其中α''-$Fe_{16}N_2$相被称为“巨磁矩”相，是最受嘱目、也是研究者们研究最多的化合物相。日本日立研究所的Sugita等人[117]用振动样品磁强计测得的α''-$Fe_{16}N_2$相的饱和磁化强度高达2.9T，远高于3d过渡金属Fe-Co系中$Fe_{0.7}Co_{0.3}$的饱和磁化强度（2.45T），该相的薄膜材料很有可能成为新型的磁头或磁记录介质。除α''-$Fe_{16}N_2$化合物相外，γ'-Fe_4N也是重要的磁性化合物相，虽然该相的饱和磁化强度（1.8T）低于纯铁的饱和磁化强度（2.15T），但是，γ'-Fe_4N化合物却具有比纯铁更高的硬度、耐磨性与耐蚀性，而且，比α''-$Fe_{16}N_2$相的化学稳定性高，不易发生分解反应，所以这种化合物同样具有广阔的应用前景。事实上，在目前已知的铁和氮组成的各种Fe_xN化合物中，$x \geqslant 3$的氮化铁化合物在室温下都是铁磁相，这些相有着各自的结构特点，下面对几种重要的铁磁性氮化铁化合物相进行结构分析。

一、氮化铁薄膜材料的相结构

图6-8为几种常见的氮化铁相的晶体结构示意图。其中ζ-Fe_2N属于正交点阵化合物相，

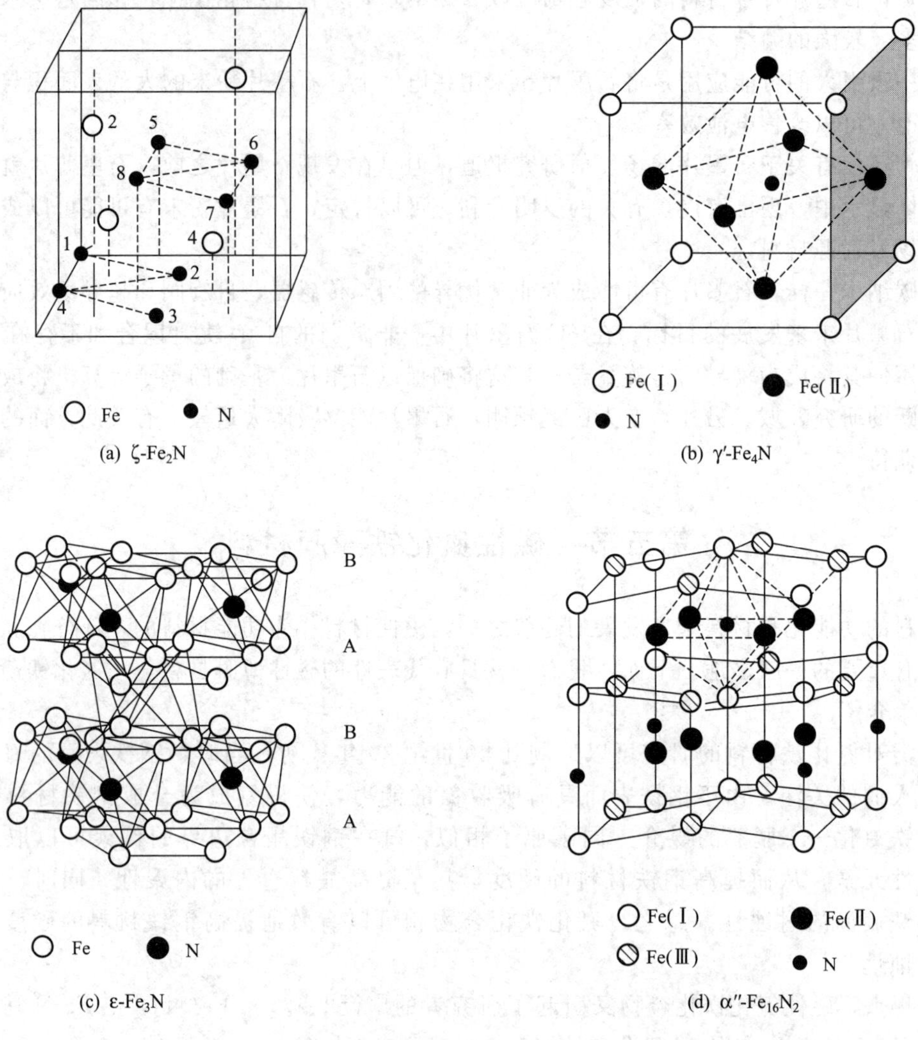

图 6-8　几种磁性氮化铁相的晶体结构

在一个正交晶胞中，有 8 个铁原子和 4 个氮原子，近似于密排六方结构。晶格常数 a=0.4437nm，b=0.5541nm，c=0.4843nm，空间群为 $Pbcn$。室温下为顺磁性物质，每个铁原子平均磁矩为 0.05μ_B，居里温度为 9K。

γ'-Fe_4N 相为面心立方晶体结构，铁原子分别占据晶胞的顶点和面心位置，其中顶点位置的铁原子表示为 Fe（Ⅰ），面心位置的铁原子表示为 Fe（Ⅱ），氮原子有序分布在铁原子所形成的正八面体间隙中，γ'-Fe_4N 相的这种结构相当于在面心立方 γ 铁中溶入了间隙 N 原子，间隙氮原子占据铁原子的正八面体间隙位置。由于间隙氮原子的溶入，使原来面心立方 γ-Fe 的晶格常数膨胀了 33%，即由晶格常数为 a=0.3450nm 的 γ-Fe 变为晶格常数为 a=0.3795nm 的 γ'-Fe_4N 相。γ'-Fe_4N 相中的 Fe（Ⅰ）原子周围有与之距离为 0.2680nm 的 12 个最近邻的铁原子，而 Fe（Ⅱ）原子则有两个最近邻的氮原子，且与 Fe（Ⅱ）相距 0.1900nm，而与 Fe（Ⅱ）原子相距 0.2680nm 处则有 12 个次近邻的铁原子。γ'-Fe_4N 相的空间群为 $Pm\bar{3}m$。γ'-Fe_4N 相具有稳定的铁磁性能，居里温度为 767K，室温饱和磁化强度为 1.8T（186emu/g），易磁化方向是〈100〉。低温时每个铁原子的平均磁矩是 2.2μ_B，采用中子衍射或通过^{57}Fe 超精细场进行推算可以确定 γ'-Fe_4N 相中两个不同位置的铁原子所具有的磁矩大小[118]。Fe（Ⅰ）位置的每个铁原子的磁矩为 2.98μ_B，而 Fe（Ⅱ）位置的每个铁原子磁矩为 2.01μ_B。

ε-Fe_3N 化合物相的居里温度为 575K，室温下铁原子的磁矩为 1.99μ_B，ε-Fe_3N 化合物的饱和磁化强度为 153emu/g，低于纯铁膜的饱和磁化强度。从几何学考虑，Jacobs 等人[119]提出了 ε-Fe_3N 的理想结构模型，如图 6-8(c) 所示。从图中可以看出，铁原子在空间组成密排六方晶格，一个晶胞中有 6 个铁原子，2 个氮原子，两个氮原子分别处于 $z=1/4$ 和 3/4 位置，且处于空间六个铁原子组成的八面体间隙中。理想的密排六方 ε-Fe_3N 相的晶格常数 $a=0.4693$nm，$c=0.4371$nm，空间群为 $P6_322$，属于六角晶系。

α''-$Fe_{16}N_2$ 相的晶体结构如图 6-8(d) 所示。$Fe_{16}N_2$ 是具有体心正方结构的有序相，晶格常数 $a=0.5720$nm，$c=0.6290$nm，空间群 $I4/mmm$，属于四方晶系。在一个体心正方晶胞中存在三种不同的铁原子位置，依次称为 Fe（Ⅰ）、Fe（Ⅱ）、Fe（Ⅲ），其中 Fe（Ⅰ）有六个近邻原子：一个同轴最近邻的氮原子，距离为 0.1790nm，四个 Fe（Ⅱ）原子，一个同轴的 Fe（Ⅰ）；Fe（Ⅱ）有七个最近邻原子：一个氮原子，距离为 0.1930nm，两个 Fe（Ⅰ），四个 Fe（Ⅲ）原子；而 Fe（Ⅲ）则没有近邻的氮原子，其位置非常类似于 α-Fe 中的铁原子。在 α''-$Fe_{16}N_2$ 相中，氮原子有序地分布在铁原子的扁八面体间隙中，这个扁八面体由四个相同的 Fe（Ⅱ）原子和两个 Fe（Ⅰ）原子构成。一个 $Fe_{16}N_2$ 单胞是由 2×2×2 个扭曲的体心立方结构 α-Fe 晶格的单胞组成。采用真空蒸镀方法，Kim 和 Takahashi[120] 首次制备了“巨磁矩”相 α''-$Fe_{16}N_2$ 的薄膜材料，并且首次给出了该相的磁化强度为 2.78T (298emu/g)，平均每个铁原子的磁矩是 3.0μ_B。

二、氮化铁薄膜材料的制备与表征

氮化铁化合物相的制备及表征研究一直是科学工作者们关注的焦点问题之一。早期，Tasaki 等人就曾对磁性 γ'-Fe_4N 粉末进行化学处理并制作成磁带。近些年来，人们又广泛采用反应磁控溅射、分子束外延及离子注入等技术手段研究制备 FeN、α-Fe(N)、γ'-Fe_4N、ε-Fe_3N 以及 α''-$Fe_{16}N_2$ 等相的薄膜材料，摸索各种实验参数对氮化铁相的形成及相转变的影响规律，从中获得生成各种单相氮化铁相的实验条件。这里首先介绍目前几种合成“巨磁矩”相——α''-$Fe_{16}N_2$ 化合物相的气相沉积方法。

(一) 真空蒸镀法

1972 年，Kim 和 Takahashi 采用真空蒸发方法得到了多晶的氮化铁薄膜。薄膜沉积前，衬底首先在真空室 400℃烘烤 1h，采用 99.999%的纯氮气作为反应气体，氮气进入真空室前，首先经连苯三酚（一种强还原剂）、硫酸和硅胶进行过滤，然后再进入真空室，并重新将真空室气压抽至 1×10^{-5} Torr，整个过程重复三次。最后，他们以纯铁丝（99.95%）作为蒸发源，在氮气分压为 $2\times10^{-5}\sim7\times10^{-3}$ Torr 的条件下，在玻璃衬底上，蒸镀了含有 α''-$Fe_{16}N_2$ 相的氮化铁薄膜。通过扭矩磁力计、磁秤、扭转摆这三种磁性测试设备，他们对制备的薄膜进行了磁性测试，最终得到了薄膜的饱和磁化强度是 1900emu/cm^3，其中室温下 α''相的饱和磁化强度是 2200emu/cm^3（298emu/g，$\rho=7.41$g/cm^3）。虽然采用这种方法 Kim 和 Takahashi 首次合成出了 α''相，但是，后来 Takahashi 研究表明，这种制备方法比较繁琐而且可重复性较差。

（二）分子束外延方法

采用分子束外延方法，Sugita及其研究小组合成了单晶 α''-$Fe_{16}N_2$ 薄膜，所采用的衬底材料是无掺杂的GaAs（100）或者是无掺杂的 $In_{0.2}Ga_{0.8}As$（100）合金片。衬底材料经5∶1∶1的 H_2SO_4∶H_2O_2∶H_2O 溶液刻蚀后再酸洗，然后用铟将其焊接在不锈钢板上，最后，放在真空架上并在真空室（$<5\times10^{-10}$Torr）中经675℃温度烘烤（5min），薄膜生长采用的沉积材料是99.999%的纯铁。由于Fe-N和GaAs之间会发生反应，所以先在基片上预镀了纯铁膜，利用扫描电镜（SEM）和反射高能电子衍射仪（RHEED）分析了纯铁膜表面粗糙度，发现，铁膜在5nm厚度时比较粗糙，大于10nm时开始变光滑。为了更好地外延生长 α''-$Fe_{16}N_2$ 相，在基片上预镀了20nm厚的铁膜。RHEED分析表明，在极慢的沉积率（<0.004nm/s）下可以获得单晶 α''-$Fe_{16}N_2$ 相，采用振动样品磁强计（VSM）测得单晶 α''相的最大饱和磁化强度可达2.8～3.0T。在众多合成 α''-$Fe_{16}N_2$ 相薄膜的研究结果中，Sugita研究组的工作是非常具有代表性的，他们首次声称合成了单相 α''-$Fe_{16}N_2$ 薄膜材料，同时，证实了该相的巨磁性。但是，这种方法获得的薄膜样品很小，而且薄膜的沉积率极低，因此，限制了其发展应用。

（三）离子注入方法

采用离子注入方法，Nakjima和Okamoto[121]合成了含 α''-$Fe_{16}N_2$ 化合物相薄膜材料，他们首先在MgO（100）基片上生长了单晶Fe膜，然后再注入 N_2^+，从而获得了氮化铁薄膜，他们将所获得的Fe-N薄膜在真空室（$<2.7\times10^{-5}$Pa）中进行了退火后处理，如果在150℃温度下退火2h，会得到 α'-马氏体相，测得该相的饱和磁化强度为257emu/g；如果在150℃下真空退火60h，则得到了由 $\alpha+\alpha'+\alpha''$组成的多相薄膜材料，其中 α''相的百分含量是30%，而测得的 α''相的饱和磁化强度也为257emu/g。虽然采用离子注入方法可以获得一定百分含量的 α''相，但是，需要的退火时间很长，而且，目前还未见有采用这种方法制备出单相 α''薄膜材料的报道。

（四）磁控溅射法

还有一种常见的合成 α''-$Fe_{16}N_2$ 化合物相薄膜材料的方法是磁控溅射法。在 $Ar+N_2$ 气氛下，Takahashi等人[122]采用对靶磁控溅射（FTS），以MgO为基片，制备出了由 $\alpha+\alpha'+\alpha''$组成的多相薄膜材料，他们利用穆斯堡尔谱（Mössbauer）和X射线衍射（XRD）方法确定出薄膜中 α''相的百分含量为23%～36%，利用VSM方法，测得该相的饱和磁化强度为240emu/g。同样在 $Ar+N_2$ 气氛下，Sun等人[123]利用对靶磁控溅射系统，在NaCl基片上制备出了 α''相，XRD分析表明薄膜中该相的含量是100%，采用VSM测试出该相的饱和磁化强度为300emu/g。Satou等人也采用对靶磁控溅射方法，在GsAs基片上，合成了 α''含量很少的多相薄膜，VSM测得薄膜的饱和磁化强度为1760emu/cm^3。综合上述研究结果，采用对靶磁控溅射系统，适当选取基片，可以得到一定百分含量的 α''相。此外，也有人采用射频磁控溅射或直流磁控溅射方法，制备出了含 α''相的氮化铁薄膜。Gao等人采用射频反应溅射方法，在 N_2-Ar混合气体放电情况下，将玻璃基片加−50V的偏压进行反应溅射，获得了含 α''-$Fe_{16}N_2$ 相的薄膜，对样品退火处理后，同样也得到了 α''-$Fe_{16}N_2$ 相。他们采用VSM方法测试了样品的磁性，得到薄膜的最大饱和磁化强度为242emu/g，薄膜是由 $\alpha+\gamma'+\alpha''$组成，其中 α''相的含量为18%，α''相的饱和磁化强度为315emu/g。Ortiz等人在直流磁控溅射系统中，外延生长了氮化铁薄膜。他们采用的基片材料是 MgO 而不是 $In_{0.2}Ga_{0.8}As$ (100)，这是由于 In 和 As 与铁有较强的亲和力，容易扩散与铁发生反应。沉积氮化铁薄膜前，他们首先在 MgO 上溅射了 3nm 厚度的纯铁膜，然后再溅射 Ag 过渡膜，以降低氮化铁薄膜与纯铁膜之间的应力，通过改变氮气流量，最后获得了含一定百分比的 α'' 相的薄膜，VSM 测试表明，薄膜的饱和磁化强度为 250emu/g。另外，Brewer 小组也采用直流磁控溅射方法，以 $Ar+N_2$ 作为放电气体，Si 作为基片，沉积了含 α'' 相的薄膜，透射电镜（TEM）显示，薄膜是由 $\alpha'+\alpha''$ 混合相组成，其中含 46% 的 α''-$Fe_{16}N_2$ 相，VSM 测出了薄膜总的饱和磁化强度为 $1780emu/cm^3$。

事实上，除了上述气相沉积方法获得 Fe-N 薄膜外，还可以采用传统的淬火+回火方法以及马氏体时效处理方法合成 α'-$Fe_{16}N_2$ 相。但是，后两种方法通常是难以得到纯的 α''-$Fe_{16}N_2$ 相，这是因为 α''-$Fe_{16}N_2$ 相是一种亚稳相。一般地，当温度高于 400℃时将分解成 γ'-Fe_4N 与 α-Fe 的混合相。因此，采用气相沉积这种非平衡技术可以极大地提高薄膜材料中该相的相对含量，甚至获得单晶 α''-$Fe_{16}N_2$ 相，只是采用气相沉积方法所制备的样品尺寸比较小。

近年来，科学工作者在研究制备 α''-$Fe_{16}N_2$ 化合物相的同时，还进行了其他氮化铁相的合成研究。使用最广泛的薄膜制备手段就是反应磁控溅射方法，包括射频磁控溅射和直流磁控溅射方法，其次是离子注入方法。基片材料大多是 Si 片或玻璃，但是得到的薄膜材料是各类氮化物的两种或多种相的混合物质。我们运用直流磁控溅射方法[124]，采用硅酸钠玻璃片作为基片材料，在 Ar/N_2 气氛下制备了氮化铁薄膜材料，并且系统分析了各实验参数，如氮气分压、基片温度、基片偏压及励磁功率对氮化铁薄膜的相结构、成分、表面形貌以及磁性性能等的影响规律，同时，分析了采用直流磁控溅射方法所制备薄膜的生长机制，归属了这种远离平衡态生长的薄膜生长普适类，获得如下结论。

① 在基片不加热情况下，随氮气流量比的增加，薄膜中 N/Fe 原子比增大。当励磁功率为 36W 时，根据氮气流量的不同，可以分别得到 ε-$Fe_3N+\alpha''$-$Fe_{16}N_2+FeN_{0.056}$（5%氮气流量比）、ε-Fe_3N（10%氮气流量比）和 FeN（大于等于 30%氮气流量比）单相或多相化合物薄膜；在其他条件相同的情况下，增大励磁功率到 45W 时，则随氮气流量比的增加，所获薄膜中所含的化合物分别是 ε-$Fe_3N+\alpha''$-$Fe_{16}N_2+FeN_{0.056}$（5%氮气流量比）、ε-$Fe_{2.26}N+\zeta$-Fe_2N（10%氮气流量比）和 ε-$Fe_{2.04}N+\zeta$-$Fe_2N+\varepsilon$-Fe_xN（大于或等于 30%氮气流量比）。这里，$FeN_{0.056}$具有正方结构，晶格常数 $a=0.2859$nm，$c=0.3016$nm，具有比纯铁高的饱和磁化强度。

② 在表征基片加热条件下所沉积的氮化铁薄膜时发现，相同氮气流量比下，随着基片温度的升高，薄膜中的氮含量降低。氮气流量比大于或等于 30%时，薄膜均是由 ε-$Fe_{2.04}N$、ζ-Fe_2N 和 ε-Fe_xN 混合物组成，而且，较高基片温度有利于富铁相的形成；对于氮气流量比为 10%的薄膜，当基片温度低于 150℃时得到了 ε-$Fe_{2.26}N+\zeta$-Fe_2N 化合物；当基片温度为 250℃，则得到单相 γ'-Fe_4N 化合物；氮气流量比为 5%时，薄膜由 ε-$Fe_3N+\alpha''$-$Fe_{16}N_2+FeN_{0.056}$组成。

③ 薄膜的饱和磁化强度与氮气的流量比及基片温度有很大的关系。随着氮气流量比的减小，薄膜的饱和磁化强度增大；随着基片温度的增加，薄膜的饱和磁化强度也呈现增大的趋势。当氮气流量比大于或者等于 30%时，无论在室温还是在基片加热下所获得的薄膜都是无磁性的；氮气流量比为 10%时，随着基片温度的升高，薄膜的饱和磁化强度增大。

250℃时薄膜的饱和磁化强度为172.1emu/g，接近单相γ'-Fe_4N的饱和磁化强度值；氮气流量比为5%，基片温度为150℃时所获薄膜的最大饱和磁化强度为246emu/g。

④ 氮气流量及基片温度对薄膜表面形貌有较大的影响。研究发现，所有样品的晶粒尺寸都在纳米数量级，随着氮气流量比的增加，薄膜表面光滑度增加，而随着基片温度的升高，样品表面的粗糙度有所增大。

⑤ 基片加偏压并未改变薄膜样品的相结构，但是在－50V偏压下获得的薄膜表面最光滑、致密，结晶的晶粒最均匀而且晶粒比较细小，－100V偏压下溅射的样品表面变得更粗糙。各偏压下获得的薄膜样品的饱和磁化强度值比较接近，但是矫顽力随衬底偏压的增大呈现出减小的规律。

⑥ 氮气流量比大于或等于30%时，增大励磁功率时所获薄膜中含有更多的铁原子，即在一定条件下，增大励磁功率有利于富铁相的沉积；随着励磁功率的增加，薄膜表面变得光滑，晶粒则随之减小。

⑦ 磁控溅射获得的Fe-N薄膜样品的表面都具有自仿射分形特点，不同氮气流量及基片温度时，薄膜生长具有不同的标度指数，但是，得到的生长指数β和粗糙度指数α都分别在$0.2\leqslant\beta\leqslant0.56$和$0.2\leqslant\alpha\leqslant1.0$范围内，而且$\alpha+\alpha/\beta\approx2$，根据得到的动力学标度指数关系，可以分析出溅射沉积的薄膜具有相同的生长机制，都属于KPZ普适类型，薄膜生长表面存在一定程度的空位或孔洞，表面有悬臂生长现象，而且薄膜生长过程中的弛豫靠解吸完成。

第六节 巨磁阻锰氧化物薄膜材料

Thomson于1857年发现了铁磁多晶体的各向异性磁电阻效应（AMR），由于科学发展水平及技术条件的限制，数值不大的各向异性磁电阻效应在一个多世纪的历史时期内并未引起人们太多的关注。1971年，Hunt提出可以利用铁磁金属的各向异性磁电阻效应制作磁盘系统的读出磁头[125]，1985年，IBM公司把这一想法付诸实施并使之商品化。1988年，Baibich等[126]首次发现$(Fe/Cr)_n$多层膜的磁电阻效应，它的磁电阻较人们所熟知的坡莫合金的各向异性磁电阻约大一个数量级，此效应称为巨磁电阻（giant magnetoresistance，GMR）效应。这一发现极大地促进了磁电子学这一学科的发展和完善，在凝聚态物理学、材料科学及电子工程技术等领域引起了划时代的轰动。国内外的物理学家和材料科学家在GMR效应的基础理论研究及实用上做了大量的工作，相继开发或正在开发出一系列全新概念的磁电子学元器件，为电子技术的发展带来了新的革命。

当金属或合金巨磁电阻薄膜的研究正方兴未艾之际，氧化物巨磁电阻薄膜也应运而生。人们在一系列具有类钙钛矿结构的稀土锰氧化物$Re_{1-x}A_xMnO_3$（R为La、Nd、Y等三价稀土离子，A为Ca、Sr、Ba等二价碱金属离子）薄膜及块材中观察到的超大磁电阻(colossal magnetoresistance，CMR）效应[127～129]，是继金属多层膜结构的巨磁电阻（GMR）材料之后，人们发现的具有更大磁阻的材料。为与金属多层膜中的GMR效应相区别，人们将其命名为CMR，国内用“超大磁电阻”或“庞磁电阻”来表述CMR效应，为简单起见，本文仍用巨磁电阻来记述CMR效应。钙钛矿锰氧化物巨磁阻薄膜的发展，为研制新的传感元件提供了更加诱人的前景，是当前材料科学和凝聚态物理学中的一个新的研究热点。

磁阻大致分为以下几类：由磁场直接引起的磁性材料的正常磁电阻（OMR，ordinary MR）、与技术磁化相联系的各向异性磁电阻（AMR，anisotropic MR）、掺杂稀土锰氧化物中的超大磁电阻（CMR，colossal MR）、磁性多层膜和颗粒膜中特有的巨磁电阻（GMR，giant MR）以及隧道磁电阻（TMR，tunnel MR）等。

一、磁阻的定义

所谓磁电阻是指导体在磁场中电阻的变化，通常用电阻变化率 $\Delta\rho/\rho$ 描述。研究发现，一般金属导体的 $\Delta\rho/\rho$ 很小，只有约 $10^{-5}\%$；对于磁性金属或合金材料（例如坡莫合金），$\Delta\rho/\rho$ 可达 3%～5%。巨磁电阻（GMR）效应，是指某些磁性或合金材料的多层膜的磁电阻在一定磁场作用下急剧减小，而 $\Delta\rho/\rho$ 急剧增大的特性，一般增大的幅度比通常的磁性与合金材料的磁电阻约高 10 倍。

目前，在锰氧化物中，磁阻的普遍定义是：$MR=\Delta\rho/\rho=(\rho_0-\rho_H)/\rho_H\times100\%$［也有人用 $MR=\Delta\rho/\rho=(\rho_0-\rho_H)/\rho_0\times100\%$来定义］，其中，$\rho_0$ 是无外加磁场时的电阻，ρ_H 是外加磁场下的电阻。在锰氧化物中，材料的电阻值的变化甚至可以与超导而引起的磁电阻变化相类比。例如，在 $La_{2/3}Ca_{1/3}MnO_3$ 和 $Nd_{0.7}Sr_{0.3}MnO_3$ 样品中，观察到的巨磁电阻比率分别大于 $10^5\%$和 $10^6\%$，在 La-Ca-Mn-O 系列中，MR 最大为在 57K 时的 $10^8\%$量级[130～132]。

二、钙钛矿锰氧化物薄膜中的 CMR 效应及机制研究

早在 20 世纪 50 年代，人们在混价锰氧化物中就发现了 MR 效应[133～135]。直到 1993 年，R. Von. Helmholt 等人首次在 $La_{2/3}Ba_{1/3}MnO_3$ 铁磁多层膜中发现了巨大的 CMR 效应，该多层膜在室温下 $\Delta\rho/\rho_0$ 也达到了 60%[127]。因 $La_{2/3}Ba_{1/3}MnO_3$ 铁磁多层膜在磁存储及传感器方面潜在的应用，从而引发了新一轮研究热潮。在一系列的钙钛矿型锰氧化物薄膜中均发现了 CMR 效应，尤其是在 1994 年，Jin[128] 在 $La_{0.67}Ca_{0.33}MnO_3$ 薄膜中发现的 MR 在 77K 时达 127000%（$\Delta\rho/\rho_0=99.92\%$），在室温时也可达 1300%。1995 年，Xiong[129] 报道的 $Nd_{0.7}Sr_{0.3}MnO_3$ 薄膜的 $\Delta\rho/\rho_H$ 高达 $10^6\%$。

掺杂稀土锰氧化物样品电阻-温度曲线的共同特征是存在电阻率极大值。图 6-9 是一个 $Nd_{0.7}Sr_{0.3}MnO_3$ 薄膜样品电阻随温度及磁场变化的实验曲线。在零磁场下，样品电阻在 T_p 处出现电阻率极大值。T_p 为出现电阻率极大值的峰值温度。样品在比峰值温度 T_p 高的温区，有类似半导体 $d\rho/dT<0$ 的电阻行为；在比 T_p 低的温区，表现出 $d\rho/dT>0$ 的金属性行为。外加磁场下，在 T_p 温度附近，样品电阻率被大大压低，即可以观察到样品有很大的巨磁电阻效应。该样品在 205K 与 8T 磁场下的巨磁电阻比率约为 3000%。由图 6-9(b) 可见，在 8T 磁场下样品的巨磁电阻比率仍未饱和[132]。

为了解释这类材料在零磁场和非零磁场下电阻的巨大差异，许多模型被相继提出，诸如双交换作用（DE）、John-Teller 畸变、电荷有序、自旋有序模型等[136～141]。我们以 $La_{1-x}Ca_xMnO_3$ 为例进行说明，这一体系两端的化合物 $LaMnO_3$ 与 $CaMnO_3$ 都是反铁磁绝缘体。由于 La 的价态为三价，而 Ca 的价态为二价，在两种化合物中，Mn 的价态分别为三价与四价。没有掺杂的 $LaMnO_3$ 晶体结构为有畸变的钙钛矿结构。随二价元素 Ca 的掺杂，

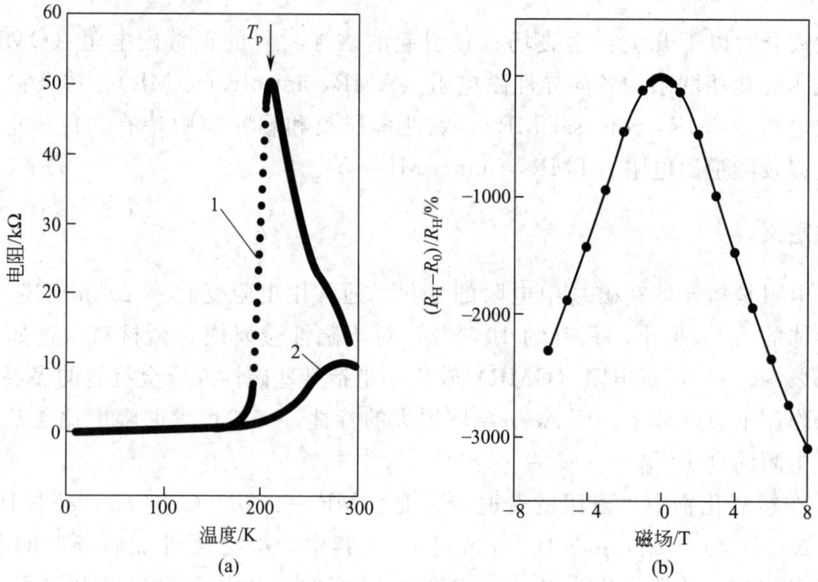

图 6-9(a) 外延生长的 $Nd_{0.7}Sr_{0.3}MnO_3$ 薄膜在零磁场下（曲线 1）与 8T 磁场下（曲线 2）的样品电阻随温度的变化（图中箭头指示零磁场下样品的电阻率峰值温度）；(b) 在 205K 下的样品负磁电阻比率随磁场的变化

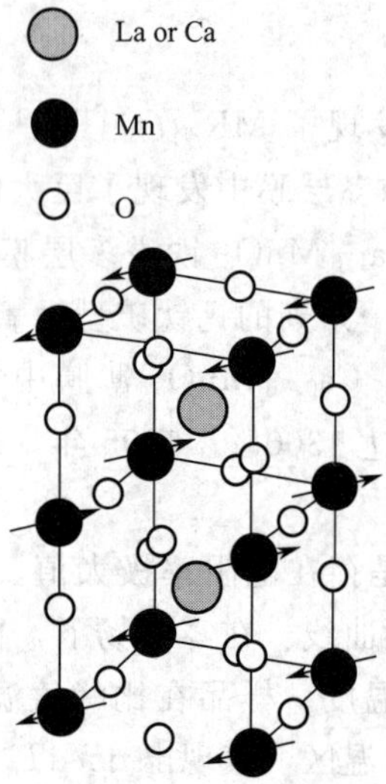

图 6-10 没有畸变的钙钛矿结构 (La, Ca)MnO_3 晶格结构示意图（图中给出了 T_N 之下 $LaMnO_3$ 的磁矩排列情况）

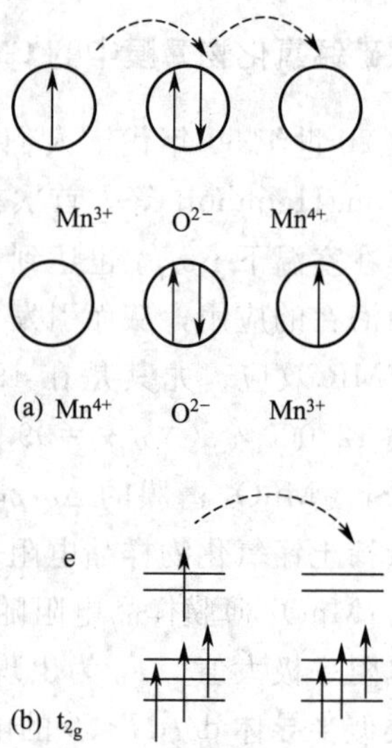

图 6-11 双交换（DE）示意图

$La_{1-x}Ca_xMnO_3$ 晶格的畸变量减少并转变为有 $d\rho/dT>0$ 行为的铁磁导体。图 6-10 为没有畸变的钙钛矿结构 $La_{1-x}Ca_xMnO_3$ 晶格结构示意图，图中还给出了反铁磁尼尔转变温度（T_N）之下 $LaMnO_3$ 的磁矩排列情况。由图 6-10 可见，在反铁磁 $LaMnO_3$ 晶格中，锰离子磁矩在 a-b 平面为铁磁有序，在 c 轴方向为反铁磁有序。$CaMnO_3$ 具有无畸变的钙钛矿结构，并且所有锰离子近邻均为反铁磁有序的磁矩排列。在 $La_{1-x}Ca_xMnO_3$ 化合物中，随二价元素 Ca 的掺杂引起 Mn^{3+} 和 Mn^{4+} 的混价。Mn 原子的电子组态是 $3d^5 4s^2$，Mn^{3+} 有 4 个 d 电子，Mn^{4+} 有 3 个 d 电子。在钙钛矿结构中，晶体场的作用比离子间库仑相互作用大得多，因而晶体场对 5 重简并的 d 态的劈裂，可以按照单一 d 电子的情况考虑，结果 d 态被立方晶场劈裂成能量较低的三重简并的 t_{2g} 态和能量较高的二重简并的 e_g 态。其次，考虑离子间库仑作用所导致的总自旋最大化原则（洪特定则），于是在一个 Mn 离子内（Mn^{3+} 或 Mn^{4+}），所有 d 电子的自旋取向必须平行，如图 6-11 所示。人们发现，随着外磁场和温度的降低，锰氧化物存在顺磁-铁磁（PM-FM）相变，在转变温度 T_C 附近，还伴随着绝缘体-金属的转变（I-M），它通常被认为是电子在两个平行的 Mn^{3+}，Mn^{4+} 离子洪特耦合壳层间的运动所导致的，因此，称为双交换（double exchange interaction）。按照 Zener 双交换模型（见图 6-12）[136]，Mn^{3+} 中的 e_g 电子，可以经过 O^{2-} 的中介跳转到 Mn^{4+}，从而产生金属电导。如果跳转电子的自旋与 Mn^{4+} 的自旋取向一致，则根据泡利不相容原理，二者在空间上就会相互回避，从而减小了位于格点的库仑排斥，使跳转容易发生。因此，与跳跃电导共存的磁有序相只能是 Mn^{3+} 和 Mn^{4+} 磁矩平行取向的铁磁态。

研究结果表明，利用双交换作用模型，可以定性解释掺杂稀土锰氧化物材料的磁学性质和电阻率随掺杂浓度和温度的变化趋势。然而，双交换模型对于材料在高温下的高电阻率行为以及外场所导致的输运特性突变却显得无能为力。Millis 采用 DE 模型对锰氧化物的电阻和铁磁转变居里温度 T_C 进行了理论计算[139,140]，结果表明，电阻相差几个数量级，理论预测的 T_C 与实验值也相差很远。模型产生偏差是由于忽略了在超巨磁电阻材料中普遍存在的 John-Teller（JT）畸变，见图 6-12。Millis 认为锰离子周围的晶格环境中存在着强烈的电-声子相互作用和自旋-晶格耦合，对锰氧化物独特的性质起着非常重要的作用。一个可能的物理图像是：JT 效应使二重简并的 e_g 能级进一步分裂成能量较低的 d_z^2 态和能量较高的 $d_{x^2-y^2}$ 态。按照超交换理论[142]，由于 O^{2-} 的 p_σ 轨道与 e_g 中的 d_z^2 轨道正交，导致电子跳转被禁止。于是，产生了与 JT 畸变相伴的高电阻率行为。随着温度下降到铁磁有序温度 T_C，JT 畸变松弛，结果使电子跳转成为可能。

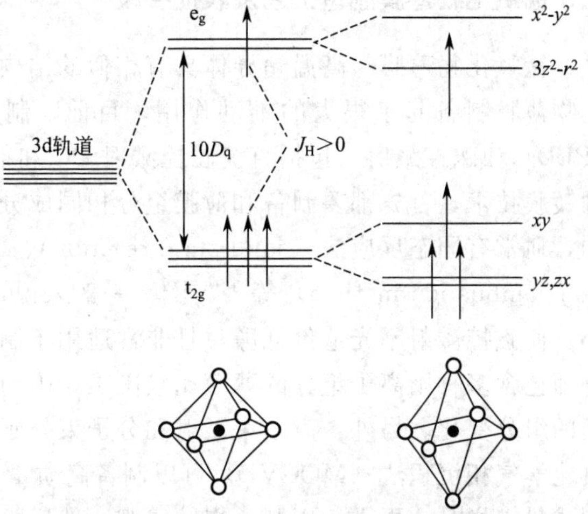

图 6-12 John-Teller 畸变和 3d 轨道的进一步劈裂[130]

基于上述考虑，为了解释锰氧化物中复杂的磁电子特性，Moreo 提出相分离理论（PS）[143,144]，指出在锰氧化物中基态是不均匀的混相态，由几种共存的、相互竞争的相（如铁磁 FM 相、反铁磁 AFM 相等）所构成，见图 6-13。

当然，这些模型都有一定的局限性。对掺杂锰氧化物材料的巨磁电阻效应研究表明，样品的巨磁电阻行为伴随有磁学性质的变化；样品电阻率的压力效应与施加外磁场的效果相似；磁致伸缩测量显示，样品的巨磁电阻行为与样品晶格的变化相联系[132]。以上这些实验

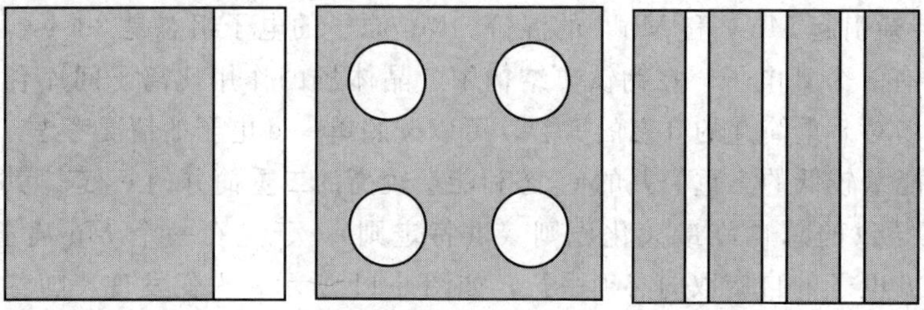

图 6-13 相分离示意图：宏观相分离态（a），在长程库仑相互作用下稳定的、可能的电荷不均匀态（b）球形小液滴（c）条形[142]

结果说明，掺杂锰氧化物材料的巨磁电阻行为是复杂的综合效应，在考虑物理模型时，必须解释所有的实验现象。目前，对掺杂稀土锰氧化物材料中巨磁电阻行为机制研究正在从理论和实验两方面开展，还需要做进一步的深入探索。

三、锰氧化物薄膜制备工艺及表征手段

锰氧化物薄膜与高温超导体具有相似的结构，所以高温超导薄膜制备技术的发展对锰氧化物薄膜制备起了很大的推动作用。目前，制备锰氧化物薄膜主要方法有激光脉冲沉积（PLD）和磁控溅射（包括直流磁控溅射 DC 和射频磁控溅射 RF）技术[145]。无论采取哪一种镀膜技术，首先都要制备和薄膜组分相同成分的陶瓷靶材，靶材的制备与块样品的制备相同，通常有固态反应法（solid state reaction）、溶胶凝胶法（sol-gel）和溶液燃烧法（solution combustion method）等[146,147]。一般来说，PLD 方法造价比较高，制备出的薄膜面积小。而磁控溅射不光造价低廉，且非常适用于制备大面积的单相薄膜，但用来沉积复杂氧化物即包含多种阳离子组分的薄膜比较困难，因为反应溅射过程有可能引起陶瓷靶材和薄膜之间的组分变化。另外，离子束溅射和分子束外延技术均可用来制备锰氧化物薄膜。用金属有机化学气相沉积法（MOCVD）可以制备高质量、多组分薄膜。具体过程是，先将原料药品制成粉末样品，再进行压制、烧结成靶，然后再进行镀膜。在沉积锰氧化物薄膜时，为保证膜中氧含量的化学配比，可用 O_2、N_2O、臭氧作为反应气体。沉积过程中，环境气体的压力非常重要。在 O_2、N_2O 气氛下，PLD 沉积锰氧化物薄膜时，为获得最优化特性的薄膜，气相中的氧化和表面氧化过程都是非常重要的[132]。而且，沉积条件如氧分压、沉积温度、激光功率对膜的性质都会产生很大的影响，例如，在（100）$LaAlO_3$ 基片上沉积 $Nd_{0.7}Sr_{0.3}MnO_3$ 膜时，当沉积温度降低时，最大电阻峰值向低温移动[141]。沉积温度对薄膜的微结构会产生强烈的影响[145]。使用磁控溅射方法镀膜时，溅射室的总气压一般为 10Pa，并且具有较高的氧分压，基片一般选用具有钙钛矿结构的 $SrTiO_3$ 或 $LaAlO_3$，可用来外延生长高纯的锰氧化物薄膜。如果从经济上考虑，也可以使用价格低廉的 Si 基片[147]。

对锰氧化物薄膜的表征主要有以下几个方面：结构、电阻、磁特性。结构表征采用 X 射线衍射（XRD）、中子衍射和电子衍射等，电阻测量一般采用标准四点法（standard four-point probe method），磁性质的表征通常采用超导量子干涉仪（quantum design SQUID）或振动样品磁强计（vibrating sample magnetometer）。此外，还可以采用红外、拉曼、穆斯堡

尔谱等对薄膜的微观结构、化学键合进行研究。

四、巨磁电阻薄膜材料的应用现状

巨磁电阻材料之所以在全世界广泛受到重视，是和它具有广泛的、重要的实际应用分不开的。巨磁电阻材料易使器件小型化、廉价化，主要用于高密度记录读出磁头、磁传感器、随机存贮器、磁光信息存储、汽车、数控机床、非接触开关、旋转编码器、自动控制系统、自动测量、卫星定位、导航系统、家用电器、商标识别、磁性开关等。与光电传感器相比，它具有功耗小，可靠性高，体积小，价格便宜和更强的输出信号以及能工作于恶劣的工作条件等优点。

对于钙钛矿锰氧化物超巨磁阻材料来说，获得最大磁阻的温度一般比较低，所需的饱和磁场较高，这成为应用上的一个障碍。但是，对于 $Re_{1-x}A_xMnO_3$ 型锰氧化物巨磁阻材料，掺杂组分（Re，A）和掺杂浓度（x）的改变，在很大程度上调节着体系的磁有序转变温度（50～380K）和磁阻率（$10^{1\sim8}\%$）[132,145]，因此，它的应用前景更为可观。目前，很多研究者对于它的应用进行了多方面的探索，例如超巨磁阻在辐射热仪（CMR bolometer）中的应用[148]。对于超巨磁阻材料物质，掺杂水平有微小不同时，物质的磁结构有很大变化，而这些性质在读写磁头、自旋阀器件、激光感生电压以及微磁传感器中有很大的应用价值[149～151]。

巨磁电阻的发展至今只不过 10 年左右的时间，在材料科学及工程技术上却引起了划时代的革命，充分显示了这种新型功能材料旺盛的生命力和广阔的应用前景。巨磁阻薄膜材料大多采用磁控溅射技术制备，使得巨磁阻器件的制造既可以与半导体集成电路制造工艺相兼容，又便于工业化批量生产。可以预见，巨磁阻材料和器件将对电子工业及材料工业生产有着广泛而深远的影响。对于钙钛矿锰氧化物，同块体样品相比，薄膜的微结构人工可调范围更大，因而它提供了更广阔的研究空间，所以，尝试应用不同的方法、不同的生长条件来制备薄膜以研究其各种性能的变化，无论从理论、还是从实验角度看都是很有必要的。现在制备 CMR 薄膜所普遍采用的激光脉冲沉积（PLD）方法虽然具备很多优点，但从实用化角度考虑，由于它在多数情况下只能制备小面积膜，而且，组建 PLD 系统价格也较昂贵，所以采用某些已实现批量制备磁性材料的较为成熟的制膜技术如直流磁控溅射、离子束溅射等方法，通过改变各种相关条件来研究钙钛矿氧化物薄膜材料的电、磁、光等性质，也是今后可以开展的研究方向。

参 考 文 献

[1] V V Brazhkin，A G Lyapin，et al. Philos Mag，2002，82：231.
[2] I V Alekasmdrov，et al. Zh eskp teor Fiz. 1987，93：680.
[3] A R Badzian. Appl Phys Lett，1988，53：2495.
[4] M T Yin ，M L Cohen. Phys Rev Lett，1983，50：2006.
[5] R Biswas，R M Martin，et al. Phys Rev B，1984，30：3210.
[6] M T Yin. Phys Rev B，1984，30：1773.
[7] S J Clark，G J A Ckland，et al. Phys Rev B，1995，1352：15035.
[8] S T Lee，Z Lin，et al. Mater Sci Eng，1999，25：123.
[9] W G Eversde，. U S Patent 3，030 188. 1962.

[10] B V Spitsyn, L L Bovilov, et al. J Cryst Growth, 1981, 52 : 219.
[11] S Marsumoto, Y Sato, et al. J Mater Sci, 1982, 17: 3106.
[12] X S Sum, N K Woo, et al. Diamond Relat Mater. in press.
[13] N Fujimori, A Ikegaya, et al. Diamond and Diamond-like Films. Electrochem. Soc Proc, Vol PV 89-12 Pennington, NJ 1989. 465.
[14] K Kurihama, K Sasaki, et al. Appl Phys Lett, 1988, 526: 437.
[15] K Mitsude, Y Kojima, et al. J Mater Sci, 1987, 22: 1557.
[16] S Yugo, T Kami, et al. Appl Phys Lett, 1991, 58: 1036.
[17] X Jiang, C P Klage. Diamond Relat Mater, 1993, 2: 1112.
[18] B R Stoner, J T Glass. Appl Phys Lett, 1992, 60: 698.
[19] M Tsuda, M Nakajima, et al. J Am Chem Soc, 1986, 108: 5780.
[20] C J Chu, M P D'Evelyn, et al. J Appl Phys, 1991, 70: 1659.
[21] S J Harris, L R Martin. J Mater Res, 1990, 5: 2313.
[22] M Frenklach, K E Spear. J Mater Res, 1988, 3: 133.
[23] A V Hamaza, G D Kubiak, et al. Surf Sci, 1990, 237: 35.
[24] Q Wei , J Narayan. Inter Mater Rev, 2000, 45: 133.
[25] J Krishnaswamy, A Rengan, et al. Appl Phys Lett, 1989, 54: 2455.
[26] S Aisenberg , R Chabot. J Appl Phys, 1971, 42: 2953.
[27] Y Lifshitz, S R Kasi, et al. Mater Sci Forum, 1989, 52-53: 237.
[28] I I Aksenov, V G Padalka, et al. Sov J Plasma Phys, 1980, 6 : 504.
[29] J J Cuomo, J P Doyle, et al. J Vac Sci Technol A, 1991, 9: 2210.
[30] D Beeman, J Silverman, et al. Phys Rev B, 1984, 30: 870.
[31] J Robertson, E P O'Reilly. Phys Rev B, 1987, 35: 2946.
[32] D A Drabold, P A Fedders, et al. Phys Rev B, 1994, 49: 16415.
[33] C Z Wang , K M Ho. Phys Rev Lett, 1993, 71: 1184.
[34] B Zheng, W T Zheng, et al. Carbon, 2005, 43: 1976-1983.
[35] F Tuinstrtaand J K Koehig. J. Chem. Phys, 1970, 53: 1126.
[36] J Schafer, J Ristein, et al. Phys Rev B, 1996, 1353: 7762.
[37] J Robertson, M J Rutter. Diam Relat Mater, 1998, 7: 620.
[38] R Lappalainen, H Heinonen, et al. Diam Relat Mater, 1998, 7: 482.
[39] E G Gerstner, D R Mckenzie. Diam Relat Mater, 1998, 7: 1172.
[40] A M Liu, M L Cohen. Science, 1989, 245: 841.
[41] D M Teter, R J Hemley. Science, 1996, 271: 53.
[42] J J Cuomo, P A Leary, et al. J Vac Sci Technol B, 1979, 16: 299.
[43] H X Han, B J Feldman. Solid Stat Commun, 1989, 65: 921.
[44] C Niu, Y Z Lu, et al. Science, 1993, 261: 334.
[45] R Alexandrescu, et al. Arpl Surf Sci, 1997, 109-110: 87.
[46] A K Sharma, P Ayyab, et al. Appl Phys Lett, 1996, 69: 3489.
[47] K J Boyd, D Marton, et al. J Vac Sci Technol A, 1995, 13: 2110.
[48] F Fujimoto, K ogata. Jpn J Appl Phys, 1993, 32: L420.
[49] J P Riviere, D Texier, et al. Mater Lett, 1995, 229: 115.
[50] W T Zheng, P J Cao, et al. Surf Coat Technol, 2003, 173: 213.
[51] Y Chen L Guo, F Chen, et al. , J Phys: condens Matter, 1996, 8: L685.
[52] W T Zheng, X Wang, et al. , Inter J Modern Phys B, 2002, 16: 1091.
[53] H Sjöstöm, S Stafatom, et al. , Phys Rev Lett, 1995, 75: 1336.
[54] L Hultman, et al. Phys Rev Lett, 2001, 87: 225503.

[55] D Li, X Li, S. Cheng, V David, and Y Chung, Appl. Phys. Lett, 1996, 68: 1211.
[56] W T Zheng, et al. J Vac Sci Technol, 1996, 14: 2696.
[57] W T Zheng, et al. Thin Solid Films, 1997, 308-309: 223.
[58] W T Zheng, et al. Surf Coat Technol, 1998, 100-101: 287.
[59] J J Li, W T Zheng, et al. appl Suf Sci, 2002, 191: 273.
[60] W T Zheng, et al. J Electron Spectrosc Relat Phenom, 1997, 87: 45.
[61] W T Zheng, et al. Diamond Relat Mater, 2001, 10: 1897.
[62] W T Zheng, et al. Diamond Relat Mater, 2000, 9: 1790.
[63] W T Zheng, et al. Phys Rev B, 2001, 64: 16201.
[64] X Wang et al. Thin Solid Films, 1995, 256: 148.
[65] J J Li, W T Zheng. J Phys D, 2003, 36: 2001.
[66] W T Zheng, et al. J Appl Phys, 2003, 94: 2471.
[67] S Miyazaki, A lshida. Mater Sci Eng A, 1999, 273-275: 106.
[68] S Miyazaki, S Kimura, et al. Philos Mag A, 1988, 57: 467.
[69] K Kuribayashi, M Yoshitake, et al.. Proceedings of Micro Electro Mechanical Systems (MEMS-90). 1990. 217.
[70] M Sato, A lshida, et al. Thin Solid Films, 1998, 315: 305.
[71] S Kajiwara, M Sato, et al. Mater Trans JIM, 1995, 36: 1349.
[72] H Gleiter. Acta Mater, 2001, 48: 1.
[73] R Hauert, J Patscheider. Adv Eng Mater, 2002, 2: 247.
[74] V Helmersson, S Todorava, et al. J Appl Phys, 1987, 62: 481.
[75] M Shinn, L Hultman, et al. J Mater, 1992, 7: 901.
[76] X Chu. PhD Thesis. Northwestern University. Evanstown. IL 1993.
[77] W D Spond. Science, 1996, 273: 889.
[78] T Hirai, S Hayashi. T Mater Sci, 1982, 17: 1320.
[79] S Li, S Yulong, et al. Plasma Chem Plasma Process, 1992, 12: 287.
[80] S Veprek, S Reiprich, et al. Appl Phys Lett, 1995, 66: 2640.
[81] S Veprek, S Mukherjee, et al. J Vac Sci Techol A, 2003, 21: 532.
[82] F Vaz, L M Rebonta, et al. Surf Coat Technol, 1998, 108-109: 236.
[83] A A Voevodin, S V Prasad, et al. J Appl Phys, 1997, 82: 855.
[84] X M Bai, W T Zheng, T An, Q Jiang, J Phys: Condens Matter, 2005, 17: 6405-6413.
[85] X M Bai, W T Zheng, et al. Appl Surf Sci, 2007, 253: 7238-7241.
[86] X M Bai, W T Zheng, T An, Progress in Natural Science, 2005, 15: 97-107.
[87] A K Geim and K S Novoselov, Nature Mater, 2007, 6: 183-191.
[88] P R Wallace, Phys Rev, 1947, 71: 622-634.
[89] J W McClure, Phys Rev, 1956, 104: 666-671.
[90] J C Slonczewski and P R Weiss, Phys Rev, 1958, 109: 272-279.
[91] K S Novoselov, et al. Science, 2004, 306: 666-669.
[92] K S Novoselov, et al. Proc Natl Acad Sci USA, 2005, 102: 10451-10453.
[93] K S Novoselov, et al. Nature, 2005, 438: 197-200.
[94] Y Zhang, et al. Nature, 2005, 438: 201-204.
[95] R E Peierls, Ann I H Poincare, 1935, 5: 177-222.
[96] L D Landau, Phys Z Sowjetunion, 1937, 11: 26-35.
[97] N D Mermin, Phys Rev, 1968, 176: 250-254.
[98] J W Evans P A Thiel, M C Bartelt, Surf Sci Rep, 2006, 61: 1-128.
[99] S Stankovich, et al. Nature, 2006, 442: 282-286.
[100] D R Nelson, T Piran, S Weinberg. Statistical Mechanics of Memberanes and Surfaces, Singapore: World Scientif-

ic，2004.
[101] M S Dresselhaus，G Dresselhaus. Adv Mater，2002，51：1-186.
[102] L M Viculis，J J Mack，R B A Kaner. Science，2003，299：1361.
[103] C Berger. Science，2006，312：1191-1196.
[104] A C Ferrari. Phys Rev Lett，2006，97：187401.
[105] M I Katsnelson，K S Novoselov，A K Geim. Nature Phys，2006，2：620-625.
[106] K S Novoselov，et al. Science，2007，315：1379.
[107] P A Lee. Phys Rev Lett，1993，71：1887-1890.
[108] A W Ludwig，et al. Phys Rev B，1994，50：7526-7552.
[109] K Ziegler. Phys Rev Lett，1998，80：3113-3116.
[110] P M Ostrovsky，et al. Phys Rev B，2006，74：235443.
[111] S V Morozov，Phys Rev Lett，2006，97：016801.
[112] K Nomura and A H MacDonald，Phys Rev Lett，2006，96：256602.
[113] V M Apalkov and T Chakraborty，Phys Rev Lett，2006，96：126801.
[114] D Khveshchenko，Phys Rev Lett，2001，87：246802.
[115] D A Abanin et al. Phys Rev Lett，2006，96：176803.
[116] D A Dikin，et al，Nature，2007，448：457-460.
[117] M Komuro，Y Kozono，et al. J Appl Phys，1990，67：5126.
[118] J M D Cody，P A I Smith. J Magn Mater，1999，200：405.
[119] H Jacobs，D Rechenbach，et al. J Alloys compounds，1995，227：10.
[120] TK Kim，M Takahashi. Appl Phys Lett，1972，120：492.
[121] K Nakajima，T Yamashita，et al. J Appl Phys，1991，70：6033.
[122] M Takahashi，H Shoji，et al. IEEE Trans Magn，1993，129：3040.
[123] D C Sun，E Y Jiang，et al. J Appl Phys，1996，79：5440.
[124] 王欣. Fe-N薄膜的直流磁控溅射生长及表征. 吉林大学博士学位论文. 2003.
[125] R P Hunt. IEEE Trans Magn，1971，7：1502 .
[126] M N Baibich，J M Broto，et al. Phys Rev Lett，1988，61：2472.
[127] R V Helmolt，J Wecker，et al. Phys Rev Lett，1993，71：2331.
[128] S Jin，T H Teifel，et al. Science，1994，264 ：413.
[129] G C Xiong，O Li，et al. Appl Phys Lett，1995，66：1427.
[130] S Jin ，et al. Appl Phys Lett，1995，65：382.
[131] E Dagotto ，T Hotta，et al. Physics reports，2001，344.
[132] 熊光成，戴道生，吴思诚. 物理，1997，26：501.
[133] G H Jonker，J H Van Santen. Physica (Utrecht). 1950，16 ：337.
[134] E O Wollan，W C Koehler. Phys Rev，1955，100 ：545.
[135] Volger. J Physica，1954，20：49.
[136] C Zener. Phys Rev，1951，82：403.
[137] P W Anderson，H Hasegawa. Phys Rev，1955，100：67.
[138] P G de Gennes. Phys Rev，1960，118：141.
[139] A J Millis，B I Shraiman. Phys Rev Lett，1996，77：175.
[140] A J Millis，R Mueller，et al. Phys Rev B，1996，54：5405.
[141] R Maezono，S Ishihara，et al. Phys Rev B，1998，58：11583.
[142] 戴闻，高政祥. 物理学进展，1998，27：343.
[143] A Moreo，S Yunki，et al. Science，1999，283：2034.
[144] A Moreo，M Mayr，et al. Phys Rev Lett，2000，84：5568.
[145] W Prellier，Ph Lecoeur，et al. J Phys ：Condens Matter，2001，13：R915.

[146] S Pignard, K Yu-Zhang, et al. Thin Solid Films, 2001, 391: 21.
[147] E Steinbei, Steenbeck, et al. Vacuum, 2000, 58: 135.
[148] 顾梅梅，张鹏翔，李国桢．物理学报，2000，49：1567.
[149] J -H Song, K K Kim, et al. J Crystal Growth, 2001, 223: 129.
[150] H -U Habermeier. Physica B, 2002, 321: 9.
[151] M C Terzzoli, D Rubi, et al. Applied Surface Science, 2002, 186: 458.